中国科学院中国孢子植物志编辑委员会　编辑

中国淡水藻志

第二十一卷

金藻门（II）

魏印心　主编

中国科学院知识创新工程重大项目
国家自然科学基金重大项目
（国家自然科学基金委员会　中国科学院　国家科学技术部　资助）

科学出版社
北　京

内 容 简 介

本卷是《中国淡水藻志》金藻门的第Ⅱ册，此卷册根据作者多年所积累的研究成果，并参考国内外最新的资料编写而成。全书分总论和各论两部分，总论部分论述了金藻类的研究简史、形态特征、分类系统、硅质鳞片金藻类在中国的地理分布和生态分布，各论部分系统全面总结了我国金藻门金藻纲、褐枝藻纲、囊壳藻纲和土栖藻纲共16属、137个种、7个变种和2个变型，其中有4个种是在中国首先发现、命名的新分类单位，对1个种进行了特征修改和分类讨论，中国新记录24个分类单位。每个种均以我国的标本逐一作了详细的描述，绘制精致细胞形态图版7幅，光学显微镜彩色照片图版2幅，电子显微镜照片图版111幅，插图5幅。列述了纲、目、科、属、种的检索表，以及译成英文的纲、目、科、属、种检索表。书末附有中文学各名和拉丁学名索引，附录中有金藻类英汉术语对照表。本书是目前中国收集最全的第一部金藻类志书。

本书可供生物学、藻类学、细胞学、生态学和环境科学研究领域的科学工作者和教学人员阅读参考。

图书在版编目（CIP）数据

中国淡水藻志. 第二十一卷，金藻门（Ⅱ）. / 魏印心主编. —北京：科学出版社，2018.1
ISBN 978-7-03-053231-2

Ⅰ. ①中… Ⅱ. ①魏… Ⅲ. ①淡水–藻类–植物志–中国 ②金藻门–植物志–中国 Ⅳ. ①Q949.2

中国版本图书馆 CIP 数据核字（2017）第 128428 号

责任编辑：韩学哲　孙　青 / 责任校对：赵桂芬
责任印制：肖　兴 / 封面设计：刘新新

科学出版社 出版
北京东黄城根北街16号
邮政编码：100717
http://www.sciencep.com

中国科学院印刷厂 印刷
科学出版社发行　各地新华书店经销
＊
2018年1月第　一　版　　开本：787×1092　1/16
2018年1月第一次印刷　　印张：13　插页：62
字数：350 000
定价：168.00元
（如有印装质量问题，我社负责调换）

CONSILIO FLORARUM CRYPTOGAMARUM SINICARUM
ACADEMIAE SINICAE EDITA

FLORA ALGARUM SINICARUM AQUAE DULCIS

TOMUS XXI

CHRYSOPHYTA

Sectio II

REDACTOR PRINCIPALIS

WEI YINXIN

**A Major Project of the Knowledge Innovation Program
of the Chinese Academy of Sciences
A Major Project of the National Natural Science Foundation of China**
(Supported by the National Natural Science Foundation of China,
the Chinese Academy of Sciences, and the Ministry of Science and Technology of China)

Science Press
Beijing

《中国淡水藻志》第二十一卷
金藻门（Ⅱ）

主 编

魏印心

参加者

袁秀平　马成学　庞婉婷　王全喜　Jørgen Kristiansen

REDACTOR PRINCIPALIS
WEI YINXIN

COLLABORATORS
YUAN XIUPING　MA CHENGXUE　PANG WANTING
WANG QUANXI　JØRGEN KRISTIANSEN

中国科学院中国孢子植物志编委会
(2007年5月)

主　　编　魏江春

副 主 编　庄文颖　夏邦美　吴鹏程　胡征宇
　　　　　阿不都拉．阿巴斯

委　　员　（以姓氏笔划为序）
　　　　　丁兰平　王全喜　王幼芳　王旭雷　吕国忠
　　　　　庄剑云　刘小勇　刘国祥　李仁辉　李增智
　　　　　杨祝良　张天宇　陈健斌　胡鸿钧　姚一建
　　　　　贾　渝　高亚辉　郭　林　谢树莲　蔡　磊
　　　　　戴玉成　魏印心

序

  中国孢子植物志是非维管束孢子植物志，分《中国海藻志》、《中国淡水藻志》、《中国真菌志》、《中国地衣志》及《中国苔藓志》五部分。中国孢子植物志是在系统生物学原理与方法的指导下对中国孢子植物进行考察、收集和分类的研究成果；是生物物种多样性研究的主要内容；是物种保护的重要依据，对人类活动与环境甚至全球变化都有不可分割的联系。

  中国孢子植物志是我国孢子植物物种数量、形态特征、生理生化性状、地理分布及其与人类关系等方面的综合信息库；是我国生物资源开发利用，科学研究与教学的重要参考文献。

  我国气候条件复杂，山河纵横，湖泊星布，海域辽阔，陆生和水生孢子植物资源极其丰富。中国孢子植物分类工作的发展和中国孢子植物志的陆续出版，必将为我国开发利用孢子植物资源和促进学科发展发挥积极作用。

  随着科学技术的进步，我国孢子植物分类工作在广度和深度方面将有更大的发展，对于这部著作也将不断补充、修订和提高。

中国科学院中国孢子植物志编辑委员会
1984 年 10 月·北京

中国孢子植物志总序

中国孢子植物志是由《中国海藻志》、《中国淡水藻志》、《中国真菌志》、《中国地衣志》及《中国苔藓志》所组成。至于维管束孢子植物蕨类未被包括在中国孢子植物志之内，是因为它早先已被纳入《中国植物志》计划之内。为了将上述未被纳入《中国植物志》计划之内的藻类、真菌、地衣及苔藓植物纳入中国生物志计划之内，出席1972年中国科学院计划工作会议的孢子植物学工作者提出筹建"中国孢子植物志编辑委员会"的倡议。该倡议经中国科学院领导批准后，"中国孢子植物志编辑委员会"的筹建工作随之启动，并于1973年在广州召开的《中国植物志》、《中国动物志》和中国孢子植物志工作会议上正式成立。自那时起，中国孢子植物志一直在"中国孢子植物志编辑委员会"统一主持下编辑出版。

孢子植物在系统演化上虽然并非单一的自然类群，但是，这并不妨碍在全国统一组织和协调下进行孢子植物志的编写和出版。

随着科学技术的飞速发展，人们关于真菌的知识日益深入的今天，黏菌与卵菌已被从真菌界中分出，分别归隶于原生动物界和管毛生物界。但是，长期以来，由于它们一直被当作真菌由国内外真菌学家进行研究，而且，在"中国孢子植物志编辑委员会"成立时已将黏菌与卵菌纳入中国孢子植物志之一的《中国真菌志》计划之内并陆续出版，因此，沿用包括黏菌与卵菌在内的《中国真菌志》广义名称是必要的。

自"中国孢子植物志编辑委员会"于1973年成立以后，作为"三志"的组成部分，中国孢子植物志的编研工作由中国科学院资助；自1982年起，国家自然科学基金委员会参与部分资助；自1993年以来，作为国家自然科学基金委员会重大项目，在国家基金委资助下，中国科学院及科技部参与部分资助，中国孢子植物志的编辑出版工作不断取得重要进展。

中国孢子植物志是记述我国孢子植物物种的形态、解剖、生态、地理分布及其与人类关系等方面的大型系列著作，是我国孢子植物物种多样性的重要研究成果，是我国孢子植物资源的综合信息库，是我国生物资源开发利用、科学研究与教学的重要参考文献。

我国气候条件复杂，山河纵横，湖泊星布，海域辽阔，陆生与水生孢子植物物种多样性极其丰富。中国孢子植物志的陆续出版，必将为我国孢子植物资源的开发利用，为我国孢子植物科学的发展发挥积极作用。

中国科学院中国孢子植物志编辑委员会

主编　曾呈奎

2000年3月　北京

Preface to the Cryptogamic Flora of China

Cryptogamic Flora of China is composed of *Flora Algarum Marinarum Sinicarum*, *Flora Algarum Sinicarum Aquae Dulcis*, *Flora Fungorum Sinicorum*, *Flora Lichenum Sinicorum*, and *Flora Bryophytorum Sinicorum*, edited and published under the direction of the Editorial Committee of the Cryptogamic Flora of China, Chinese Academy of Sciences (CAS). It also serves as a comprehensive information bank of Chinese cryptogamic resources.

Cryptograms are not a single natural group from a phylogenetic point of view which, however, does not present an obstacle to the editing and publication of the Cryptogamic Flora of China by a coordinated, nationwide organization. The Cryptogamic Flora of China is restricted to non-vascular cryptogams including the bryophytes, algae, fungi, and lichens. The ferns, a group of vascular cryptogams, were earlier included in the plan of *Flora of China*, and are not taken into consideration here. In order to bring the above groups into the plan of Fauna and Flora of China, some leading scientists on cryptogams, who were attending a working meeting of CAS in Beijing in July 1972, proposed to establish the Editorial Committee of the Cryptogamic Flora of China. The proposal was approved later by the CAS. The committee was formally established in the working conference of Fauna and Flora of China, including cryptogams, held by CAS in Guangzhou in March 1973.

Although myxomycetes and oomycetes do not belong to the Kingdom of Fungi in modern treatments, they have long been studied by mycologists. *Flora Fungorum Sinicorum* volumes including myxomycetes and oomycetes have been published, retaining for *Flora Fungorum Sinicorum* the traditional meaning of the term fungi.

Since the establishment of the editorial committee in 1973, compilation of Cryptogamic Flora of China and related studies have been supported financially by the CAS. The National Natural Science Foundation of China has taken an important part of the financial support since 1982. Under the direction of the committee, progress has been made in compilation and study of Cryptogamic Flora of China by organizing and coordinating the main research institutions and universities all over the country. Since 1993, study and compilation of the Chinese fauna, flora, and cryptogamic flora have become one of the key state projects of the National Natural Science Foundation with the combined support of the CAS and the National Science and Technology Ministry.

Cryptogamic Flora of China derives its results from the investigations, collections, and classification of Chinese cryptogams by using theories and methods of systematic and evolutionary biology as its guide. It is the summary of study on species diversity of cryptogams and provides important data for species protection. It is closely connected with human activities, environmental changes and even global changes. Cryptogamic Flora of China is a comprehensive information bank concerning morphology, anatomy, physiology, biochemistry, ecology, and phytogeographical distribution. It includes a series of special monographs for using the biological resources in China, for scientific research, and for teaching.

China has complicated weather conditions, with a crisscross network of mountains and rivers, lakes of all sizes, and an extensive sea area. China is rich in terrestrial and aquatic cryptogamic resources. The development of taxonomic studies of cryptogams and the publication of Cryptogamic Flora of China in concert will play an active role in exploration and utilization of the cryptogamic resources of China and in promoting the development of cryptogamic studies in China.

C. K. Tseng
Editor-in-Chief
The Editorial Committee of the Cryptogamic Flora of China
Chinese Academy of Sciences
March, 2000 in Beijing

《中国淡水藻志》序

中国是一个陆地国土面积960万平方公里的大国，地跨寒带、温带、亚热带和热带，不仅有陆地和海洋，还有5000多个岛屿，大陆地形十分复杂，海拔自西向东由高而低。中国西部海拔在5000 m以上的土地面积占全国总面积的25.9%（其中世界最高峰珠穆朗玛峰海拔为8848 m），往东依次为：海拔2000—3000 m的占7%，海拔1000—2000 m的占25%，海拔500—1000 m的占16.9%，东部和东北部及沿海地带海拔都在500 m以下，约占25.2%。这其间山地、高原、盆地、平原和丘陵等等连绵起伏。中国又是一个河流丰富的国家，仅流域面积超过100平方公里的就有50 000条以上；几条大的河流自西向东或向南流入大海。我国的湖泊也很多，已知的天然湖泊，面积在1平方公里以上的即有2800个，人工湖86 000个，还有难以计数的塘堰、水池、溪流、沟渠、沼泽、泉水等。这些地理特征使得我国各地在日照、气温和降水等方面有极大的差异，产生了种类丰富的植物。我国已知的高等植物，包括苔藓、蕨类和种子植物超过30 000种。无数的大小水坑，包括临时积水、稻田、水井，还有地下水、温泉、湿地、草场，以及表面多少覆盖有土壤的或潮湿的岩石、道路和建筑物等，形成无法计算、情况各异的小生境，生长着各种藻类。

中国的淡水藻类，早期是由外国专家采集和研究的。其中，最先于1884年由俄国专家J.Istvanffy发表的一种绿球藻的报告，是由N.M.Przewalski在蒙古采得标本而由圣彼得堡植物园主任K.Maximovicz研究的。其后德国的Schauinsland和Lemmermann采集和研究了长江中下游的藻类（1903年，1907年）。瑞典学者和探险家Sven-Hedin曾在1893—1901年和1927—1933年，几次到我国新疆、青海、甘肃、西藏和北京，其所得材料分别由Wille（1900，1922）、Borge（1934）和Hustedt（1922，1927）研究发表。1913—1914年，奥地利的植物学家Handel-Mazzatti曾深入我国云南、贵州、四川、湖南、江西、福建6省，所得藻类由H.Skuja于1937年正式发表。前东吴大学任教的美籍教授Gee于1919年发表了他研究苏州和宁波藻类的文章。俄国的Skvortzow自1925年起即定居我国，直到20世纪60年代，他采集和研究过我国东北数省的藻类，还为各地的许多专家研究过不少的中国标本。

中国科学家所发表的第一篇淡水藻类学论文，是1916—1921年毕祖高的题为"武昌长湖之藻类"一文，分4次在当时的《博物学杂志》上刊登。其后有王志稼（1893—1981年）、李良庆（1900—1952年）、饶钦止（1900—1998年）、朱浩然（1904—1999年）和黎尚豪（1917—1993年）。到1949年，除西藏、宁夏、西康（今四川）外，所采标本大体上已遍及全国各个省、自治区和直辖市。研究的类群主要是蓝藻、绿藻、红藻、硅藻，兼及轮藻、黄藻和金藻。饶钦止还建立了腔盘藻科（Coelodiscaceae 1941），即今之饶氏藻科（Jaoaceae 1947）；又发现了两种采自四川的褐藻（1941 年）：层状石皮藻（*Lithoderma zonata*）和河生黑顶藻（*Sphacelaria fluviailis*）。

　　1949 年后，中国的藻类学发展很快，研究人员增加，所采标本遍及全国，研究的类群不断增加。1979 年饶钦止出版的《中国鞘藻目专志》中记述了在中国采集的 2 属 301 种，81 变种和 33 变型，其中的 96 种，38 变种和 32 变型的模式标本产于中国[①]。

　　1964 年我国决定编写《中国藻类志》。1973 年，编写工作正式开始。其后《中国藻类志》决定采用曾呈奎院士建立的分类系统，将藻类分成如下 12 门（Division）：①蓝藻门（Cyanophyta），②红藻门（Rhodophyta），③隐藻门（Cryptophyta），④甲藻门（Dinophyta），⑤黄藻门（Xanthophyta），⑥金藻门（Chrysophyta），⑦硅藻门（Bacillariophyta），⑧褐藻门（Phaeophyta），⑨原绿藻门（Prochlorophyta），⑩裸藻门（Euglenophyta），⑪绿藻门（Chlorophyta）和⑫轮藻门（Charophyta）。1984 年，为了工作方便，又决定将《中国藻类志》分为《中国海藻志》和《中国淡水藻志》两大部分，各自分开出版。由于各类群在我国原有的工作基础不一致，"志"的编写工作又由不同的主编负责进行，工作进度和交稿时间难以统一安排，因此《中国淡水藻志》的卷册编序，决定不以门、纲、目等分类学类群的次序为序，而以出版先后为序，即最先出版者为第一卷，以下类推。种类较多，必须分成若干册出版者，即在同一卷册号之下再分成若干册，依次编成册号。

　　1988 年，由饶钦止主编的《中国淡水藻志》第一卷"双星藻科"（Zygnemataceae）出版，此卷记录本科藻类 9 属 347 种，其中有 219 种的模式标本产于中国。到 1999 年，已先后出版 6 卷。这 6 卷中，所有的描述和附图，除极少数例外，几乎全是根据中国的标本作出的，所采标本覆盖了全国省、自治区、直辖市的 80%—100%。轮藻门、蓝藻门和褐藻门的分类系统经过了主编修订。包括鞘藻目在内，上述已出版的各类群中，中国记录的种的数目，绝大多数均占全国已知种数的 40%以上，如色球藻纲的蓝藻已超过 80%。特有种（endemic species）在许多类群中也很显著，如鞘藻目和双星藻科的中国特有种几乎占国内已记录的一半！

　　中国的淡水藻类，种类十分丰富，并有自己的区系特点。但是目前在编写和出版《中国淡水藻志》时，还存在一些问题。

　　第一，已出版的 6 个卷册，由于原来各类群的研究基础不同，所达到的水平和质量也不一样。例如，对有些省（自治区），所记种类太少，有一个省甚至只有一种；有许

[①] 刘国祥与毕列爵于 1993 年正式报道了采自武汉的勃氏枝鞘藻（*Oedocladium prescotti* Islam），至此鞘藻目（科）所含的 3 个属，在中国已全有报道。

多报道较早的种类，特别是早期由外国专家发表的，已难以看到模式标本；还有许多种类，只在较早时期报告过一次，但描述非常简单，甚至没有附图，并且还未能第二次采到。对这些情况，我们尽量在适当的地方加以说明，更希望再版时有所改进。

第二，在 12 门藻类植物中，除原绿藻外，每一门都有淡水种类。但到目前为止，还有许多类群，尤其是门以下的某些纲、目和科，我国还没有开始进行调查研究，有的几乎是空白。金藻门、隐藻门、甲藻门还有许多种类是由动物学家进行研究的。

第三，藻类分类学是一门既古老又年轻的科学。百多年来，已积累了非常丰富的、极有价值的科学知识，但也存在很多问题。由于不断有许多新属种被发现；新的研究手段，特别是电镜研究、培养和分子生物学的研究，在增加了很多新知识的同时，也使藻类的系统学和分类学出现许多新问题。只有把传统的形态分类学与近代新兴的科学研究手段结合起来，才能使藻类分类学得到长足进步，才能编写出更高质量的《中国淡水藻志》。

总之，我们已取得不少成绩，但肯定还有缺点和不足，希望国内外读者不吝赐教。

毕列爵（湖北大学，武汉 430062）
胡征宇（中国科学院水生生物研究所，武汉 430072）
1997 年 8 月 18 日

FLORA ALGARUM SINICARUM AQUAE DULCIS
FOREWORD

China is a big country with an area of 9,600,000 km^2, covering not only land and ocean, but also 5 thousand islands, with a territory across the cold, temperate, subtropical and tropical belts of the northern Hemisphere. The topography of China is very complicated. In the main, the land runs from high to low gradually along the direction from the west to the east. Of the whole area of the country, 25.9% in the western part are at an altitude of 5,000 m, and then successively from the west to the east, 7% at 2,000 to 3,000 m, 25% at 1,000 to 2,000 m, 16.9% at 500 to 1,000 m, and 25.2% in the eastern, north-eastern and coastal regions below 500 m. There are countless rises and falls of the land to make the various topographical reliefs into mountains, plateaus, basins, plains and mounts. China is a country full of rivers and rivulets too. There are over 50,000 rivers with their basins of 100 km^2. The principal rivers overflow from the west to the eastern or southern seas of the country. The lakes and ponds are also numerous. The number of ever-known natural lakes of an area more than 1 km^2 is no less than 2,800, and the artificial reservoirs are believed to be 86,000. And the ponds, pools, streams, ditches, swamps and springs are uncountable. All the above fundamental characteristics comprehensively lead to a very complicated variation of the sunshine, temperature and precipitation in different localities in China, and thus produce a very rich flora of higher plants, including the bryophytes, ferns and seed plants of more than 30,000 species. In addition, there are innumerable pits of different size marshes, grasslands and rocks, roads and buildings with more or less moisture or soil, all of which forms quite a big number of niches for the freshwater algae inhabitants.

Chinese freshwater algae was collected and studied by foreign experts in the earlier years. The first paper published was written by Russian scientist (J.Istvanffy) in 1884 and the specimens were collected by Russian Military Officer N.M. Przewalski from Mongolia and studied by K. Maximovicz. Later two Germany phycologists, H.Schauinsland and E.Lemmermann, collected and studied the algae of the middle and lower reaches of Yangtze River (1903,1907). Sven-Hedin, a Swedish scholar and explorer, traveled through Xinjiang, Qinghai, Gansu, Xizang (Tibet), and Beijing for several times in 1893—1901 and 1927—1933. The specimens he obtained were studied and published separately by N. Wille (1900,1922), O. Borge (1934), and F. Hustedt (1922, 1927). In 1913—1914, the famous Austrian botanist H.Handel-Mazzatti collected Chinese plants thoroughly in his journey in Yunnan, Guizhou, Sichuan, Hunan, Jiangxi and Fujian Provinces. Among those, the algal material were published formally by the phycologist, H. Skuja (1937). About the same period, N. Gee, an American teacher of the Soochou University, Suzhou, Jiangsu province published his paper about the freshwater algae from Suzhou and Ningbo, Zhejiang province. And B. V. Skvortzow, a Russian naturalist, settled from Russia to China in 1925 till the 1960s of the 20th century. He collected and studied tremendous algal materials both collected from the NE-provinces from China and those presented by a number of experts from various localities of China.

The first paper of Chinese freshwater algae titled as "Algae from Changhu Lake, Wuchang, Hubei" by Bi Zugao, was published in *Journal of Natural History* separately in 4 volumes in 1916—1921. From then on, Wang Chichia (1893—1981), Li Liangching (1900—1952), Jao Chinchih (1900—1998), Zhu Haoran (1904—1999) and Li Shanghao (1917—1993) were the successors. Up to 1949, specimens were collected almost over all the provinces, municipalities and autonomous regions of China with few exceptions as Xizang (Tibet) and Ningxia. The groups were examined carefully concerning the cyanophytes, chlorophytes, rhodophytes, diatoms; and at the same time some attention has been given to charophytes, xanthophytes and chrysophytes too. By C. C. Jao, a new family, the Coelodiscaceae (1941), now the Jaoaceae (1947) was established, and two very rare freshwater brown algae, *Lithodera zonata* and *Sphacelaria fluviatilis* were discovered (1941).

The development of phycology in China was more rapid than ever from 1949 on. The faculties were enlarged, specimens were obtained over all the country and the group's studies were increased. In 1979, Jao published his monograph *Monographia Oedogoniales Sinicae*. In his big volume Jao described 301 species, 81 varieties and 33 forms belonging to 2 of the 3 of the world genera from China. Among them, the types of 96 species, 38 varieties and 32 forms are inhabited in this country[1].

In 1964 a resolution of editing the *Flora of Chinese Algae* was made by the Chinese phycologists. The work was actually put into being since 1973. It was decided in 1978 that the system published by Academician Tseng Chenkui would be adopted in the FLORA. Accordingly, the algae are to be divided into 12 Divisions: (1) Cyanophyta, (2) Rhodophyta, (3) Cryptophyta, (4) Dinophyta, (5) Xanthophyta, (6) Chrysophyta, (7) Bacillariophyta, (8) Phaeophyta, (9) Prochlorophyta, (10) Euglenophyta, (11) Chlorophyta and (12) Charophyta. In 1984, for the convenience in practical work, phycologists agreed that the FLORA could be written separately into two parts, the FLORA of Marine Algae and that of the freshwater forms. Because the achievements of researches of the different algal groups are not at the same level, so the work could not be done according to the taxonomic sequence of the algal groups. We may try to publish first the group we have gotten more information and better results about it.

---

1) Liu Guoxiang and Bi Liejue reported *Oedocladium prescottii* Islam from Wuhan in 1993, so all the 3 genera of the Oedogoniales (-aceae) have been reported in China since then.

And, at the same time, the numbers of the sequence of the volumes of the FLORA are also arranged not basing upon the taxonomic series but upon the priority of publications. Thus one volume may be separated into two or more parts if necessary.

In 1988, the first volume of the *Flora Algarum Sinicarum Aquadulcis* "Zygnemataceae" edited by Jao Chinchih was published. In it, 347 species of 9 genera were described, and the types of 219 species were all collected from China. Up to 1999, six volumes of the FLORA had been published, from those we may know it may be concluded that the specimens collected and used are at least 80% and at most 100% from the provinces, municipalities and autonomous regions in China. The descriptions and drawings with very few exceptions are all based on Chinese materials. The taxonomic systems of Chroococophyceae, Charophyta and Euglenophyta had been more or less modified by the editors. The percentage of the number of species in each volume, including the Oedogoniales, to that of the world records is remarkably as large as over 40%. The extreme one is 80% in Chroococophyceae. The number of endemic species is also distinct, for example, in Oedogoniales and Zygnemataceae, they are both over 50%.

The flora of Chinese freshwater algae are plentiful, and the floral composition is evidently peculiar. However, there were still quite a lot of problems to be solved in the editing of the FLORA.

First, in some examples the record of provincial distribution of the country is insufficient. It is unreasonable for a big province to have recorded only a single species. In a number of old literatures, the species description is usually either too simple or lacking, and the drawings are also wanting. For many species, it is very hard to check up with more information because it was reported only once for a very long time. And, an unconquerable difficulty is that the majority of the types, especially in the earlier publications, could not hope some improvements can be made in the successive volumes.

Second, except the Prochlorophyta, freshwater algae could be found in each of the 12 Divisions of algae. Unfortunately, there are a number of subgroups under the Divisions which have not yet been studied especially in the Xanthophyta, Chrysophyta and Cryptophyta. Many dinophytes are investigated by zoologists. In addition, some genera with reputation as "big" taxa, such as the *Navicula*, *Cosmarium*, and *Scenedesmus*, etc., have yet not been collected and studied enough in China.

Third, the taxonomy of algae is a science both old and young. In the past hundreds of years, numerous and valuable information was accumulated. New conceptions in taxonomy and systematics are arising in proceedings of the additions of new taxa, and particularly new facts and ideas are appearing from the new means such as the electron microscopy, culture and molecular biology. The suitable way may be making comprehensive studies in these fields. Unfortunately, this is at present nearly a blank in the phycology research of freshwater algae in China. The combination of traditional and modern methodology is of course necessary and urgent. It is universally hope that more improvements could be achieved in the following volumes.

For the flaws and mistakes in both of the volumes ever published and those to follow, any suggestions and corrections are welcomed by the authors.

Bi Leijue （Hubei University, Wuhan, 430062）

Hu Zhengyu （Institute of Hydrobiology, CAS, Wuhan, 430072）

August 18, 1997

前　言

　　本卷册根据金藻类的细胞形态、光合作用色素、细胞的超微结构特征和分子生物学的近代研究结果，选择采用 Kristiansen（2005）、Kristiansen 和 Preisig（2007）及 Škaloud 等（2013）提出的分类系统，将我国已发现的生长在淡水和半咸水中的金藻门的藻类分成 4 个纲：金藻纲（Chrysophyceae）、褐枝藻纲（Phaeothamniophyceae）、囊壳藻纲（Bicosoecophyceae）和土栖藻纲（Prymnesiophyceae）。

　　我国国土辽阔，从北到南的大片国土位于温带、亚热带、热带的不同纬度地带，生态环境复杂多样，在各种生境中生长的金藻类非常丰富，由于种类多，有些种类的细胞结构十分复杂，描述的分类特征较多、篇幅较长，因此中国的金藻类拟分为 2 册编写。本志书是金藻门的第 II 册，记载了中国金藻门（Chrysophyta）中金藻纲（Chrysophyceae）的色金藻目（Chromulinales）色金藻科（Chromulinaceae）中的屋胞藻属（*Oikomonas*）、锥囊藻科（Dinobryaceae）中的金粒藻属（*Chrysococcus*）和杯棕鞭藻属（*Poterioacromonas*）、近囊孢藻科（Paraphysomonadaceae），黄群藻目（Synurales）和水树藻目（Hydrurales）；褐枝藻纲（Phaeothamniophyceae）；囊壳藻纲（Bicosoecophyceae）和土栖藻纲（Prymnesiophyceae）共 16 属、137 个种、7 个变种和 2 个变型，绝大多数种类选用透射和扫描电子显微镜的照片图。属于我国模式产地的新种类 4 种，特征修改 1 种，新记录 24 个分类单位。

　　1973 年在广州召开的"三志"工作会议上决定有计划、有步骤地开始编写中国的志书。1978 年在桂林召开的"藻类系统演化及分类系统学术讨论会"中，我国藻类学家拟定了将藻类分为 11 个门的分类系统，即蓝藻门、红藻门、隐藻门、甲藻门、金藻门、黄藻门、硅藻门、褐藻门、裸藻门、绿藻门、轮藻门。Tseng 等（1982）在南中国海的西沙发现并报道了原绿藻（*Prochloron* sp.）后，决定增加原绿藻门（Prochlorophyta）。本志书在 2011 年正式被中国孢子植物志编辑委员会确立为《中国淡水藻类志》金藻门的第 II 册以来，现已对我国的此类金藻类进行全面的总结整理，完成全部文稿，编写成志书。它的问世是在中国科学院中国孢子植物志编辑委员会组织和领导下完成的，并得到国家自然科学基金委员会、中国科学院和国家科学技术部对本册的支持和资助，也是作者从 20 世纪 80 年代以来从我国很多省、自治区和直辖市采集的藻类标本进行金藻类的分类区系、生态方面研究，以及全面系统地总结、整理中外藻类学者对我国金藻类的分类区系以往研究工作的结果，地区覆盖面除辽宁、吉林和广西以外的所有省、自治区和直辖市。随着我国经济建设的高速发展，人们对科学技术的要求越来越迫切，对藻类学知识的了解也日趋需要，作者在本志中着重介绍了金藻类的形态结构、分类系统、地理分布和生态分布方面的内容，以解决目前国内有关金藻类书籍缺乏的问题，以及反映国内外对金藻类的近期研究成果。

　　由于物种的变异是普遍存在的，在不同地区或不同水体采得的某一种的若干标本，它们都有或多或少的变异，作者是从采得的该种所有标本中，选择出最典型的、多数个体所具有的共同特征去撰写、描述和选择电子显微镜照片（电镜照片图版）、光学显微镜照片及手绘图（光镜照片及手绘图版）。本志书记载的种类，在我国发表的新种是采用其原始的描述，或根据各地的标本附加说明。其他种类的描述和附图都是以我国采集的标本为依据去撰写、描绘并选用电子显微镜和光学显微镜照片图。极少数的种类，以往的金藻类工作者曾经报道过，但物种的描述均很简单或无描述，无附图或附图没有进行电子显微镜的观察或电子显微镜的观察不清楚，则按照此种原著在中国的记载被放在附录中。

　　作者魏印心曾在20世纪90年代2次获丹麦哥本哈根大学生物学研究所（Biological Institute, University of Copenhagen）的资助，在哥本哈根大学生物学研究所研究金藻类，得到该研究所的著名国际金藻学家Kristiansen博士的耐心指导和帮助，在其后的20多年来一直都得到他的指导、支持和鼓励。中国科学院水生生物研究所的杨潼先生多次帮助采集藻类植物标本和修改书稿，以及本所的牛梅玉、刘媚、宋立荣和张琪等先生帮助采集藻类植物标本，深圳水务集团水质监测站的乔春兰先生、哈尔滨师范大学生命科学与技术学院的刘妍先生、中国热带农业科学研究院热带生物技术研究所的张家明先生、原华侨大学学生杨峻先生等帮助采集金藻类植物标本，中国地质大学的田友萍先生赠送在新疆天池附近采集的水树藻标本及水树藻的照片，中国科学院水生生物研究所的马明洋先生提供的马勒姆杯棕鞭藻（*Poterioochromonas malhamensis*）用卡尔科弗卢尔荧光增白剂-伊文思蓝染色剂（Calcofluor White-Evans blue）染色，在荧光显微镜下观察细胞和囊壳的照片，大大丰富了编写本卷册的第一手资料。哈尔滨师范大学地理系的惠洪宽博士帮助绘制中国各省（自治区、直辖市）金藻类的地理分布地图。同时也得到美国中密歇根大学生物系（Department of Biology, Central Michigan University）的金藻学家Wujek博士和西康涅狄格州立大学生物系（Biology Department, West Connecticut State University）的藻类学家Siver博士的指导和赠送的一些珍贵参考文献。作者对他们所作的奉献致以深切和诚挚的感谢。

　　在编写全国性的金藻类志书过程中，作者虽力求完善使其达到编志所要求的标准，但限于水平和经验，以及有些条件的限制，编写内容和工作方法不免存在缺点和疏漏，诚盼读者不吝见教。

魏印心
2015年11月于武汉

目 录

序
中国孢子植物志总序
《中国淡水藻志》序
前言

总论 ··· 1
  一、研究简史 ··· 1
  二、细胞的形态结构和生殖 ··· 4
  三、分类系统 ··· 5
  四、具有机质或硅质鳞片金藻类在中国的地理分布和生态分布 ··························· 7
  五、电子显微镜观察具有机质鳞片、钙质鳞片及硅质鳞片金藻类的制备方法 ········· 11

各论 ··· 13
  金藻门 CHRYSOPHYTA ··· 13
    一、金藻纲 CHRYSOPHYCEAE ··· 14
      1. 色金藻目 CHROMULINALES ··· 16
        1. 色金藻科 CHROMULINACEAE ·· 16
          屋胞藻属 *Oikomonas* Kent ·· 17
        2. 锥囊藻科 DINOBRYACEAE ·· 21
          1. 金粒藻属 *Chrysococcus* G.A. Klebs ··· 21
          2. 杯棕鞭藻属 *Poterioochromonas* Scherffel ······································ 22
        3. 近囊胞藻科 PARAPHYSOMONADACEAE ······································ 24
          1. 金球藻属 *Chrysosphaerella* Lauterborn em. Nicholls ························ 25
          2. 近囊胞藻属 *Paraphysomonas* de Saedeleer ···································· 30
          3. 刺胞藻属 *Spiniferomonas* Takahashi ·· 42
      2. 黄群藻目 SYNURALES ·· 49
        1. 鱼鳞藻科 MALLOMONADACEAE ·· 49
          鱼鳞藻属 *Mallomonas* Perty ·· 50
        2. 黄群藻科 SYNURACEAE ·· 125
          1. 双金藻属 *Chrysodidymus* Prowse ··· 125
          2. 棋盘藻属 *Tessellaria* Playfair ·· 126
          3. 黄群藻属 *Synura* Ehrenberg ··· 127
      3. 水树藻目 HYDRURALES ·· 142
        水树藻科 HYDRURACEAE ··· 142
          水树藻属 *Hydrurus* Agardh ·· 142

二、褐枝藻纲 PHAEOTHAMNIOPHYCEAE ……………………………………………… 143
　　褐枝藻目 PHAEOTHAMNIALES …………………………………………………… 144
　　　褐枝藻科 PHAEOTHAMNIACEAE ………………………………………………… 144
　　　　褐枝藻属 *Phaeothamnion* Lagerheim …………………………………………… 144
三、囊壳藻纲 BICOSOECOPHYCEAE ………………………………………………… 145
　　囊壳藻目 BICOSOECALES ………………………………………………………… 145
　　　1. 囊壳藻科 BICOSOECACEAE …………………………………………………… 146
　　　　囊壳藻属 *Bicosoeca* H. J. Clark ………………………………………………… 146
　　　2. 似树胞藻科 PSEUDODENDROMONADACEAE ……………………………… 150
　　　　似树胞藻属 *Pseudodendromonas* Bourrelly …………………………………… 150
四、土栖藻纲 PRYMNESIOPHYCEAE ………………………………………………… 151
　　土栖藻目 PRYMNESIALES ………………………………………………………… 152
　　　土栖藻科 PRYMNESIACEAE ……………………………………………………… 152
　　　　1. 土栖藻属 *Prymnesium* Massart ex Conrad …………………………………… 152
　　　　2. 金色藻属 *Chrysochromulina* Lackey ………………………………………… 155

参考文献 …………………………………………………………………………………… 156
附录Ⅰ　金藻类英汉术语对照表 ………………………………………………………… 165
附录Ⅱ　本册未收录的种类 ……………………………………………………………… 169
中文学名索引 ……………………………………………………………………………… 173
拉丁学名索引 ……………………………………………………………………………… 176
图版
彩图

总 论

金藻类（chrysophyte）是一群微观藻类，绝大多数种类具有鞭毛，能在水体中自由游动，由于叶黄素中的岩藻黄素在色素中的比例较大而掩盖了叶绿素 a 和叶绿素 c，所以常呈美丽的金黄色。金藻类具有独特的鞭毛构造、特有的光合作用色素、特有的光合作用产物金藻昆布糖（chrysolaminaran）和金藻孢子囊（stomatocyst）。具有叶绿体的金藻鞭毛类进行光合作用的自养营养（autotrophy），也能够吞食并吸收消化颗粒物质进行吞噬营养（phagotrophy），无色素体的金藻鞭毛类能够分解有机碳的渗透营养（osmotrophy）。在藻类的系统演化上，金藻类与硅藻类、黄藻类和原生动物有密切的亲缘关系，在国际上，金藻门（Chrysophyta）现在作为独立的一个门的分类地位。

在总论中拟分成以下五部分进行叙述。

一、研 究 简 史

金藻类的分类学研究已有 200 多年的历史，关于此类藻类的概念和研究方法与使用有效的技术手段密切有关。主要经历了三个时期，光学显微镜时代是从 18 世纪后期到 20 世纪中期，20 世纪 50 年代后，电子显微镜技术在藻类学领域的广泛应用，细胞超微结构研究的迅速发展，深刻影响了金藻类的分类学和系统学的观点和概念。在其后的年代，金藻类分子生物学研究的快速发展，结合超微结构和生物化学的研究结果，金藻类的分类学和系统学取得了革命性的进展。

从 20 世纪初期直到现在，国际上对金藻类的形态、分类及其系统演化关系、细胞学、生态学进行了较全面的研究，研究地域遍及世界各大洲（包括南极和北极），其中欧洲、北美洲和日本对此类藻类有较全面和深入的研究。Pascher（1913）主编的志书"Flagellatae II, In Pascher（ed.）Die Süsswasserflora Deutschlands, Österreichs und der Schweiz, 2"中，将金藻类分为 3 个目：Chromulinales、Isochrysidales、Ochromonadales，在 1914 年首次建立金藻纲（Chrysophyceae），其分类系统指出了藻类平行的组织结构水平（parallel organization level），在比较形态学的基础上，发展了 Blackmann 在 1900 年提出的藻类并（平）行进化理论（parallelism evolution theory），1931 年，Pascher 首次建立金藻门（Chrysophyta），门下分三个纲：金藻纲（Chrysophyceae）、硅藻纲（Diatomeae）和异鞭藻纲（Heterokontae）。国际上的藻类学家出版关于用光学显微镜进行金藻类分类学研究的主要专著和志书有 Huber-Pestalozzi（1941）的"Chrysophyceae, Farblose flagellaten, Heterokonten. - In Huber-Pestalozzi（ed.）Das Phytoplankton des Süsswassers. 2（1）"，该金藻类专著引用和扩展了 Pascher 在 1931 年建立的形态分类系统。Bourelley（1957）的"Recherches sur les Chrysophycées. Morphologie, Phylogénie, Systématique. Rev. Algol. Mém. Hors-Série. 1"和在 1965 年出版的"La classification des chrysophyceés: ses problèms"，

以及在 1968 年和 1981 年（第 2 版）出版的 "Les algues d'eau douce II: Les Algues Jaunes et brune"，主要根据光学显微镜研究细胞的形态结构特征和鞭毛数目，将金藻类分为 3 个类群：①无鞭毛类群 Acontochrysida；②鞭毛类群 Heterochrysida，具 1 条鞭毛或具 2 条不等长鞭毛（代表色金藻目 Chromulinales 和棕藻鞭目 Ochromonadales）；③等鞭毛类群 Isochrysidales，具 2 条等长鞭毛。Starmach 在 1980 年出版的 "Chrysophyceae-Złotowiciouce.—Flora Słodkowodna Polski 5" 和在 1985 年出版的 "Chrysophyceae und Haptophyceae. in Ettl et al.（eds）：Süsswasserflora von Mitteleuropa, 1."这 2 本专著的分类系统是以 Bourelley 的分类系统为基础的。

用电子显微镜进行金藻类生物学研究的主要专著、志书有 Takahashi 在 1978 年出版的《日本黄群藻科（金藻纲）的电子显微镜研究，分类和生态》"Electron microscopical studies of the Synuraceae（Chrysophyceae）in Japan. Taxonomy and ecology"。Asmund 和 Kristiansen 在 1986 年出版的《鱼麟藻属（黄群藻纲）》，根据硅质鳞片和刺毛超微结构的分类观察 "The Genus *Mallomonas*（Synurophyceae）—A taxomonic survey based on the ultrastructure of silica scales and bristles"。Siver 在 1991 年出版的《鱼鳞藻属的生物学——形态，分类和生态》"The Biology of *Mallomonas*. Morphology, Taxonomy and Ecology"，Siver 在 2002 年出版的（2014 年第 2 版）"Synurophyte Algae, *in* Wehr et al.（eds.）：Freshwater Algae of North America. Ecology and Classification"。Nicholls 和 Wujek 在 2002 年出版的（2014 年第 2 版）"Chyrysophycean Algae, *in* Wehr et al.（eds）：Freshwater Algae of North America. Ecology and Classification"。Kristiansen 在 2002 年出版的《鱼麟藻属（黄群藻纲）——根据硅质鳞片和刺毛超微结构的分类观察》"The Genus *Mallomonas*（Synurophyceae）—A taxomonic survey based on the ultrastructure of silica scales and bristles"。Kristiansen 在 2005 年出版的《金色藻类——金藻类的生物学》"Golden Algae—A Biology of Chrysophytes"。Kristiansen 和 Preisig 主编，在 2001 年出版的《金藻类属的百科全书》"Encyclopedia of *Chrysophyte* Genera"。Kristiansen 和 Preisig 在 2007 年出版的《金藻类和定鞭藻类》"Chrysophyte and Haptophyte Algae, 2 Teil/Part 2: Synurophyceae. *In* Büdel et al.（eds）：Süsswasserflora von Mitteleuropa Band 1/2"。Kristiansen 和 Vigna 在 2002 年出版的《阿根廷金藻纲和黄群藻纲专志》"Chrysophyceae y Synurophyceae de Tierra del Fuego（Argentina）. - Monogr. Mus. Argentino Cienc. Nta. 3"。Brodie 和 Lewis 在 2007 年出版的 "Unraveling the Algae. The Past, Present and Future of Algal Systematics" 等。

从 1983 年开始，金藻类的国际会议每 4 年或 5 年召开一次，会后出版的论文集有如下几种。

（1）Kristiansen J, Andersen R A. 1986."Chrysophytes. Aspects and Problems" Cambridge Univ. Press, Cambridge, UK. xiv 337 pp. Proc. First Intern. Chrysophyte Symp., 收录 1983 年召开的第 1 次国际金藻类会议的论文。

（2）Kristiansen J, Cronberg G, Geissler U.（Eds.）1989."Chrysophytes. Developments and Perspectives." Beih. Nov. Hedw. 95：1-287. Proc. Second Intern. Chrysophyte Symp., 收录 1987 年召开的第 2 次国际金藻类会议的论文。

（3）Sandgren C D，Smol J P，Kristiansen J.（Eds.）. 1995."Chrysophyte Algae. Ecology，Phylogeny and Development"Cambridge Univ. Press，Cambridge，UK. xiv. 399 pp. Proc. Third Intern. Chrysophyte Symp.，收录 1991 年召开的第 3 次国际金藻类会议的论文。

（4）Cronberg G，Kristiansen J.（Eds.）1996."Chrysophytes. Prograss and New Horizons"Beih. Nov. Hedw. 114：1-266. Proc. Forth Intern. Chrysophyte Symp.，收录在 1995 年召开的第 4 次金藻类国际会议的论文。

（5）Siver P A，Wee J L.（Eds.）2001."Chrysophytes and Related Organisms：Topic and Issues"Beih. Nov. Hedw. 122：1-258. Proc. Fifth Intern. Chrysophyte Symp.，收录 1999 年召开的第 5 次金藻类国际会议的论文。

（6）Kristiansen J，Cronberg G.（Eds.）2004."Chrysophytes. Past and Present" Beih. Nov. Hedw. 128：1-337. Proc. Sixth Intern. Chrysophyte Symp.，收录在 2003 年召开的第 6 次金藻类国际会议的论文。

（7）Wee J L，Siver P A，Lott Anne-Marie（Eds.）2010."Chrysophytes. from Fossil Perspectives to Molecular Characterizations" Beih. Nov. Hedw. 136：1-331. Proc. Seventh Intern. Chrysophyte Symp.，收录在 2008 年召开的第 7 次国际金藻类会议的论文。

（8）Neustupa J，Kristiansen J，Němcová Y.（Eds.）2013."Chrysophytes and Related Organisms：New Insights Into Diversity and Evolution" Beih. Nov. Hedw. 142：1-190. Proc. Eighth Intern. Chrysophyte Symp.，收录在 2012 年召开的第 8 次国际金藻类会议的论文。

中国用光学显微镜进行金藻类的分类研究始于 20 世纪 20 年代，对金藻类的活体和能用固定剂保存的标本进行种类鉴定，多数为一些地区性的零星报道。国外的藻类学家 Skuja（1937）报道在 1914—1918 年由 Handel-Mazzetti 在云南西北和四川西南、横断山脉地区采得的金藻类锥囊藻属（*Dinobryon*）3 种和他建立的 1 个新属 *Nanurus* 和新种 *N. flaccidus*（此属已归在水树藻属和种水树藻 *Hydrurus foetidus* 中）。苏联藻类学家 Skvortzow（1925，1961）报道东北、黑龙江哈尔滨及其周边地区金藻类分类区系的地区性研究，对有些种类鉴定的正确与否在附录中加以说明。日本藻类学家 Yamagish（1992）编写出版的《台湾产浮游性藻类》一书中报道中国台湾的金藻类 4 属 11 种。

中国藻类学家饶钦止（1940）在四川康定报道水树藻（*Hydrurus foetidus*）。饶钦止等（1974）报道西藏自治区珠穆朗玛峰地区的金藻类 3 属 3 种。施之新等（1992）报道西藏自治区的金藻类 7 属 12 个分类单位。施之新等（1994）报道武陵山区的金藻类 4 属 11 个分类单位。施之新（1997，1998）分别报道中国的金藻类共 4 属 4 种。魏印心等（1994）报道横断山区的金藻类 9 属 13 个分类单位。魏印心（1994）报道湖北、安徽、江苏、浙江等省的中国淡水金藻类新记录 10 种 1 个变种。魏印心（1995）报道湖北省洪湖的金藻类 5 属 8 种，其中中国新记录 1 种。冯佳和谢树莲（2010，2011a，2011b，2012a，2012b，2012c）报道了关于中国金藻门分类方面已发表的综合性文章。

用电子显微镜研究中国金藻类的精致结构始于 20 世纪 70 年代，Péterfi 和 Asmund（1972）首次记录了河北省的 Hochiatao（地名）具硅质鳞片和刺毛的铁闸门鱼鳞藻（*Mallomonas portae–ferreae* Péterfi & Asmund）。Asmund 和 Kristiansen（1986）出版的

鱼鳞藻属专著中，记录了产于中国河北省的铁闸门鱼鳞藻和具尾鱼鳞藻（*Mallomonas caudata* Ivanov em. Krieger）。丹麦的金藻学家 Kristiansen（1989，1990）发表的论文 "Silica-scaled chrysophytes from China" 和 "Studies on silica-scaled chrysophytes from Central Asia. From Xinjiang and from Gansu, Qinghai, and Shaanxi Provinces, P. R. China"。Kristiansen 和中国藻类学者彤丹（Kristiansen and Tong，1988，1989a，1989b）发表的论文 "Silica-scaled chrysophytes of Wuhan, a preliminary note"，"Studies on silica-scaled chrysophytes from Wuhan, Hanzhou and Beijing, P. R. China" 和 "*Chrysosphaerella annulata* n. sp., a new scale-bearing chrysophyte"，这些论文报道了对北京、哈尔滨、南京、扬州、杭州、武汉、陕西、甘肃、青海、新疆等地区的硅质鳞片金藻类的透射电子显微镜研究。Kristiansen 和 Tong（1991）发表的论文 "Investigations on silica-scaled chrysophytes in China" 叙述了在丹麦哥本哈根植物博物馆——Botanical Museum in Copenhagen（H），Asmund 收集的电子显微镜照片材料中保存有采于中国河北省的澳大利亚黄群藻 *Synura australiensis* Playfair 的电子显微镜照片。魏印心和 Kristiansen（1994，1998）发表的论文 "Occurrence and distribution of silica-scaled chrysophytes in Zhejiang, Jiangsu, Hubei, Yunnan and Shandong Provinces, China" 和 "Studies on silica-scaled chrysophytes from Fujian Province, China"。魏印心和袁秀平（2001，2013，2015）发表的论文 "Studies on silica-scaled chrysophytes from the tropics and subtropics of China"，"Studies on silica-scaled chrysophytes from Zhejiang, Jiangsu and Jiangxi Provinces, China" 和 "Studies on silica-scaled chrysophytes from Daxinganling Mountains and Wudalianchi Lake Region, China"。魏印心、袁秀平和 Kristiansen 在 2014 年发表的论文 "Silica-scaled chrysophytes from Hainan, Guangdong Provinces and Hong Kong Special Administrative Region, China"。马成学和魏印心在 2013 年发表的论文 "A new species of genus *Mallomonas* found in the national wetland preserve in Zhenbaodao, Heilongjiang, northeast China"。庞婉婷、王幼芳和王全喜在 2012 年发表的论文 "Stomatocyst of *Synura petersenii*."。庞婉婷和王全喜在 2013 年发表的论文 "A new species *Synura morusimila* sp. nov. Chrysophyta from Great Xing'an Mountains, China"。这些论文报道了对内蒙古自治区、黑龙江省、上海市、江苏省、浙江省、安徽省、福建省、江西省、山东省、湖北省、湖南省、广东省、海南省、四川省、贵州省、云南省、香港特别行政区等地区的硅质鳞片金藻类的扫描和透射电子显微镜研究。

二、细胞的形态结构和生殖

金藻类自由游动的单细胞或群体种类具有鞭毛，群体的种类是由细胞放射状排列成球形、卵形和长圆形的群体，有的具透明的胶被，不能运动的种类有根足虫形、胶群体形、球粒形、叶状体形、不分枝或分枝的丝状体。细胞球形、椭圆形、卵形或梨形等。运动的种类细胞前端具 1 条、2 条等长或不等长的鞭毛，具 2 条不等长的鞭毛的种类，长的 1 条为侧茸鞭毛（pleuronematic flagellum, flimmer flagellum），具有两列侧生的绒毛，绒毛管状，由短的基部、具 1 条或 2 条末端丝的绒毛杆和许多很薄的侧丝三部分组成，另一条短的鞭毛平滑，为尾鞭鞭毛（acronematic flagellum），有的种类短的一条鞭毛大大退化，在光学显微镜下不能观察到，透射电子显微镜观察侧茸鞭毛具 11 条轴丝（9+2），即由周围的 9 条轴丝围绕中间的 1 对轴丝所组成，轴丝形成鞭毛轴；在土栖藻纲（Prymnesiophyceae）中，细胞前端具 2 条等长或不等长的鞭毛，还具有一条特殊的附着鞭毛或称定鞭毛（haptonema）；细胞裸露或原生质外具囊壳，有的种类细胞外覆盖许多有机质鳞片、钙质鳞片或硅质鳞片，硅质鳞片在位于与叶绿体表面相邻的硅质沉积囊中形成，细胞具 1—2 个伸缩泡，位于细胞的前部或后部，具 1 个眼点或无；不能运动的种类具细胞壁，壁的组成成分以果胶质为主。细胞无色或具叶绿体，叶绿体周生、片状，1 个或 2 个，少数多个，叶绿体内具规律排列的 3 条近平行的类囊体片层，光合作用色素主要由叶绿素 a（chlorophyll a）、叶绿素 c（chlorophyll c）、β-胡萝卜素（β-carotene）、岩藻黄素（fucoxanthin）或称墨角藻黄素、硅藻黄素（diatoxanthin）、硅甲藻黄素（diadinoxanthin）组成，由于叶黄素（xanthophyll）中的岩藻黄素在色素中的比例较大而掩盖了叶绿素 a 和叶绿素 c，所以常呈金黄色、金褐色、黄褐色，具金藻昆布糖液泡（chrysolaminaran vesicle），光合作用产物为金藻昆布糖（chrysolaminaran，也称麦白朊（leucosin），一些脂类液滴、高尔基体位于细胞核前端，线粒体的数目是不确定的，具数个液泡，细胞核 1 个。

营养繁殖：单细胞种类由细胞纵分裂形成 2 个子细胞，群体种类以群体断裂成 2 个或多个段片，每个段片长成 1 个新群体，或以细胞从群体中脱离而发育成一新群体，丝状体以丝体断裂进行繁殖。

无性生殖：不能运动的种类产生具鞭毛的动孢子，动孢子裸露，具 1 个或 2 个周生、片状的叶绿体。产生静孢子（statospore）。金藻类中有的孢子具厚的硅质的壁，硅质在细胞质的硅质沉积囊（silica sediment vesicular）中内生形成，称金藻孢子囊（stomatocyst），金藻孢子囊是金藻类所特有的，硅质壁平滑或具各种纹饰，顶端具一个小孔，孔口有一个无硅质的胶塞，孢子萌发时原生质体从溶解的胶塞孔口逸出形成新个体，绝大多数呈球形或卵形。少数种类产生无硅质壁的孢子囊（cyst）。

有性生殖：少数种类发现有性生殖，为同配和异配，合子的壁具硅质，合子经过减数分裂，萌发产生新个体。

三、分 类 系 统

金藻门（Chrysophyta）由 Pascher 在 1931 年建立，门下分金藻纲（Chrysophyceae）、硅藻纲（Diatomeae）和异鞭藻纲（Heterokontae）。2005 年 Kristiansen 提出的分类系统是将金藻门（Chrysophyta）分为 8 个纲：①金藻纲 Chrysophyceae Pascher；②黄群藻纲 Synurophyceae R. A. Andersen；③网骨藻纲 Dictyochophyceae P. C. Silva（硅鞭藻纲 Silicoflagellata Lemmerm 1901）；④海金藻纲 Pelagophyceae R. A. Andersen & G. W. Saunders in Andersen；⑤褐枝藻纲 Phaeothamniophyceae R. A. Andersen & J. C. Bailey in Bailey & et al.；⑥油脂藻纲 Pinguiphyceae Kawachi；⑦囊壳藻纲 Bicosoecophyceae nomen nudum（A. R. Loeblich III & L. A. Loeblich）；⑧土栖藻纲 Prymnesiophyceae Hibberd。

Andersen（1987）根据金藻类的鞭毛器、叶绿体、硅质鳞片等的超微结构特征和光合色素（仅含有叶绿素 c_1，不含有叶绿素 c_2）的不同将具有硅质鳞片的鱼鳞藻属（*Mallomonas*）、黄群藻属（*Synura*）、双金藻属（*Chrysodidymus*）、棋盘藻属（*Tessellaria*）等从金藻纲（Chrysophyceae）中分出，建立黄群藻纲（Synurophyceae）。Andersen（2007）提出这两个纲的分子系统。

Škaloud 等（2013）从新近获得的黄群藻属（*Synura*）、鱼鳞藻属（*Mallomonas*）和金球藻属（*Chrysosphaerella*）数个种类的 SSU-rDNA 和 *rbcl* 序列中，对金藻类的系统发育进行重建指出，金藻纲（Chrysophyceae）和黄群藻纲（Synurophyceae）之间有密切的亲缘关系，因此黄群藻纲不作为一个独立的不等鞭毛藻纲存在，将黄群藻纲中的藻类放在金藻纲中作为单独的一个目——黄群藻目（Synurales）。

Hibberd 在 1976 年根据金藻类的鞭毛器、光合接受器、硅质鳞片的超微结构以及光合色素和 SSU-rRNA 和 rRNA 序列的系统进化分析研究结果，将具有一条特殊附着鞭毛（haptonema）的土栖藻属（*Prymnesium*）、金色藻属（*Chrysochromulina*）等从金藻纲中分出，建立土栖藻纲（Prymnesiophyceae）。基因序列系统进化分析的研究结果证明土栖藻纲与金藻纲甚至于与黄藻门的亲缘关系很远。

Kavachi 等（2002）根据基因分析建立油脂藻纲（Pinguiphyceae），仅 1 个属 *Polypodochrysis*，1 个种 *P. teissieri*，生长在海洋中，含有大量的脂肪酸是其主要特征之一。此纲与金藻纲关系较远，与褐枝藻纲（Phaeothamniophyceae）、黄藻纲（Xanthphyceae）和褐藻纲（Phaeophyceae）关系较近，Kristiansen 和 Preisig（2001）认为 *Polypodochrysis* 是分类位置不确定的属。

本志书所采用的金藻类分类系统是著者依据生物系统学原理，按照金藻类的系统演化和亲缘关系，根据金藻类的形态学、细胞的超微结构特征、生物化学和分子系统学的近代研究结果，参照国际上广泛承认和使用的由 Kristiansen（2005）、Kristiansen 和 Preisig（2007）和 Škaloud 等（2013）提出的分类系统进行分析和比较，结合我国对此类金藻类研究中的新发现进行适当调整，采用比较符合自然现象和演化规律的分类系统，将我国已发现的生长在淡水和半咸水中的金藻门分为 4 个纲：

金藻纲（Chrysophyceae）；

褐枝藻纲（Phaeothamniophyceae）；

囊壳藻纲（Bicosoecophyceae）；

土栖藻纲（Prymnesiophyceae）。

本志书将中国金藻纲中的色金藻目（Chromulinales）、色金藻科（Chromulinaceae）中的屋胞藻属（*Oikomonas*）、锥囊藻科（Dinobryaceae）中的金粒藻属（*Chrysococcus*）和杯棕鞭藻属（*Poterioacromonas*）、近囊胞藻科（Paraphysomonadaceae）、黄群藻目（Synurales）、水树藻目（Hydrurales）、褐枝藻纲（Phaeothamniophyceae）、囊壳藻纲（Bicosoecophyceae）和土栖藻纲（Prymnesiophyceae）的种类进行系统和全面的整理。上一卷册在中国未曾发现的种类以及增加的地理分布也包括在本卷册中。

四、具有机质或硅质鳞片金藻类在中国的地理分布和生态分布

1. 地理分布

国际上对具有机质或硅质鳞片金藻类的生物地理学已进行了长期和广泛的研究，这些金藻类的地理分布主要分为普遍分布类型（cosmopolitan type）、广泛分布类型（wide distributed type）、散生分布类型（scattered distribution type）、地区性种类类型（endemic species type），地区性种类分布在一定的地区，有些地区特有的种类随着研究工作的不断广泛和深入，在其他地区也逐渐被发现而失去了地区的特有性。

在中国发现的具有机质或硅质鳞片金藻类的大多数种类是世界普遍分布和广泛分布的种类，在温带、热带、亚热带地区的稻田、水坑、池塘、湖泊、水库、河流、湿地和沼泽中发现的世界普遍分布的种类有近囊胞藻（*Paraphysomonas vestita*）、无穿孔近囊胞藻（*P. imperforata*）、三肋刺胞藻（*Spiniferomonas trioralis*）、顶刺毛丛鱼鳞藻（*Mallomonas akrokomos*）、高山湖鱼鳞藻（*M. alpina*）、芒果形鱼鳞藻（*M. mangofera*）、马伟科鱼鳞藻（*M. matvienkoae*）、乳突鱼鳞藻（*M. papillosa*）、光滑鱼鳞藻（*M. tonsurata*）、彼得森黄群藻（*Synura petersenii*）等。世界广泛分布的种类有短刺金球藻（*Chrysosphaerella brevispina*）、花环金球藻（*C. coronacircumspina*）、班达近囊胞藻（*Paraphysomonas bandaiensis*）、布彻近囊胞藻（*P. butcheri*）、埃菲尔铁塔状近囊胞藻（*P. eiffelii*）、刺胞藻（*Spiniferomonas bourrellyi*）、鱼鳞藻（*Mallomonas acaroides*）、宽翅鱼鳞藻（*M. alata*）、环饰鱼鳞藻（*M. annulata*）、网纹鱼鳞藻（*M. areolata*）、具尾鱼鳞藻（*M. caudata*）、具肋鱼鳞藻（*M. costata*）、厚鳞鱼鳞藻（*M. crassisquama*）、篮形鱼鳞藻（*M. cratis*）、鸡冠状鱼鳞藻（*M. cristata*）、杯状鱼鳞藻（*M. cyathellata*）、长鱼鳞藻（*M. elongata*）、远东鱼鳞藻（*M. eoa*）、花形鱼鳞藻（*M. flora*）、凹孔纹鱼鳞藻（*M. guttata*）、异刺鱼鳞藻（*M. heterospina*）、多刺鱼鳞藻（*M. multisetigera*）、平滑鱼鳞藻（*M. rasilis*）、聚合双金藻（*Chrysodidymus synuroideus*）、短刺黄群藻（*Synura curtispina*）、小刺黄群藻（*S. echinulata*）、平滑黄群藻（*S. glabra*）、乳突黄群藻（*S. mammillosa*）、泥炭藓黄群藻（*S. sphagnicola*）、具刺黄群藻（*S. spinosa*）、具刺黄群藻长刺变型（*S. spinosa* f. *longispina*）、黄群藻（*S. uvella*）、褐枝藻（*Phaeothamnion confervicola*）、金色藻（*Chrysochronulina parva*）、土栖藻（*Prymnesium parvum*）等。

从中国发现世界散生分布的种类有隔刺金球藻（*Chrysosphaerella septispina*）、阿贝刺胞藻（*Spiniferomonas abei*）、具卷须近囊胞藻（*Paraphysomonas capreolata*）、环孔近囊胞藻（*P. circumforaminifera*）、环脊近囊胞藻（*P. circumvallata*）、冠状近囊胞藻（*P. diademifera*）、同形近囊胞藻（*P. homolepis*）、蜂巢状近囊胞藻（*P. morchella*）、倒齿状近囊胞藻（*P. runcinifera*）、近囊胞藻未定种（*P.* sp.）、蜂窝纹鱼鳞藻（*Mallomonas alveolata*）、卡利纳鱼鳞藻（*M. kalinae*）、散刺毛鱼鳞藻（*M. lelymene*）、斑点纹鱼鳞藻（*M. maculata*）、鱼尾状鱼鳞藻（*M. ouradion*）、华美鱼鳞藻（*M. splendens*）、细脊黄群藻（*Synura leptorrhabda*）等。浮雕状近囊胞藻（*Paraphysomonas caelifrica*）、剑状

近囊胞藻（*P. gladiata*）、细脊黄群藻（*Synura leptorhabda*）、显著鱼鳞藻（*Mallomonas insignis*）和似篮形鱼鳞藻（*M. pseudocratis*）是在世界广泛分布但散生存在的种类。

中国位于东亚，因此中国的硅质鳞片金藻类的区系和地理分布具有这个地区的特征。在更新世的冰川（pleistocenic glaciations）时期，日本由一个陆地桥与中国相连，中国与韩国、越南、孟加拉国毗邻，东亚陆地东部的绝大部分地区在更新世的冰川时期有游离的冰群（Pielou, 1979），与印度—马来西亚和北澳大利亚之间有开放的迁移路线，没有高山的阻碍，因此中国具有机质或硅质鳞片金藻类的区系和地理分布与东亚、东南亚、南亚、澳大利亚和新西兰的金藻类区系和地理分布相类似，分布在这些国家的许多种类在中国也有分布。鱼鳞藻钝顶变种（*Mallomonas acaroides* var. *obtusa*）仅在日本报道，我国分布在黑龙江省的珍宝岛、江苏省的无锡、浙江省的新昌和江西省的上饶；哈里斯鱼鳞藻（*Mallomonas harrisae*）仅在日本报道，我国分布在黑龙江的珍宝岛和浙江省的新昌；直肋鱼鳞藻（*Mallomonas recticostata*）仅在日本报道，在我国黑龙江珍宝岛的牛轭湖中是第二次被发现；增高鱼鳞藻（*Mallomonas elevata*）在韩国的亚热带地区首次报道，在中国广东深圳的两个水库是第二次被发现；济州鱼鳞藻（*Mallomonas jejuensis*）在韩国的济州岛首次被发现，在我国湖北武汉的张渡湖和黑龙江珍宝岛的牛轭湖中相继被发现；六角状网纹鱼鳞藻（*Mallomonas hexareticulata*）在韩国首次报道，在我国海南岛三亚的一个池塘中第二次被发现；韩国鱼鳞藻（*Mallomonas koreana*）在韩国首次报道，其后又在法国被发现，在我国浙江的新昌是第三次报道，其后相继又在湖北的武汉和黑龙江的镜泊湖被发现；具刺鱼鳞藻（*Mallomonas spinosa*）首次在越南报道，其后在我国海南万宁的兴隆、广东的深圳被发现，接着又在湖北的武汉、孝感被发现；眼纹鱼鳞藻（*Mallomonas ocellata*）分布在日本、新加坡和马来西亚，在我国产于广东深圳的东湖水库中；羽状鱼鳞藻（*M. plumosa*）散生分布在印度、马来西亚、澳大利亚和新西兰，我国产于香港的大潭水库中；喜悦鱼鳞藻（*M. grata*）散生分布在东亚、东南亚、北美洲，此种在我国的上海、浙江、江苏、湖北、广东、福建等的热带、亚热带地区广泛分布。凹孔纹鱼鳞藻单列变种（*Mallomonas guttata* var. *implex*）仅在加拿大报道，其后在中国福建的泉州和同安、广东的深圳相继被发现。鳟鱼湖黄群藻（*Synura truttae*）仅在美国的康涅狄格州和佛罗里达州报道，在我国阿尔山市的沼泽中第二次被发现。

仅分布在中国的地区性特有种类有海南近囊胞藻（*Paraphysomonas hainanensis*），在海南海口市的一个池塘中发现；不对称鱼鳞藻（*Mallomonas asymmetrica*）在中国黑龙江珍宝岛的水坑、池塘、牛轭湖中生长有丰富的个体；似桑葚黄群藻（*Synura morusimila*）在中国大兴安岭地区的沼泽中发现；颈状囊壳藻（*Bicosoeca colliformis*）在中国湖北沙市的一个池塘中发现。

中国国土辽阔，从北到南位于温带、亚热带、热带的不同纬度地带，在不同的纬度地带分布有不同的硅质鳞片金藻种类。

在中国的温带地区有分布在温带和北温带地区的种类，如金球藻（*Chrysosphaerella longispina*）、钟形近囊胞藻（*Paraphysomonas campanulata*）、点纹近囊胞藻（*P. punctata*）、点纹近囊胞藻小鳞变种（*P. punctata* ssp. *microlepis*）、具翼刺胞藻（*Spiniferomonas alata*）、双孔刺胞藻（*S. bilacunosa*）、角状刺胞藻（*S. cornuta*）、锯齿状刺胞藻（*S. serrata*）、

银湖刺胞藻（*S. silverensis*）、辐射肋鱼鳞藻（*Mallomonas actinoloma*）、多伊格诺鱼鳞藻（*M. doignonii*）、多伊格诺鱼鳞藻细肋变种（*M. doignonii* var. *tenuicostis*）、拉博鱼鳞藻（*M. leboimei*）、怪异鱼鳞藻（*M. phasma*）、点纹鱼鳞藻（*M. punctifera*）、园孔纹鱼鳞藻（*M. crobiculata*）、颈环鱼鳞藻（*M. torquata*）、班纹黄群藻（*Synura punctulosa*）等。也有分布在南半球和北半球温带地区的种类，如花序状鱼鳞藻（*M. corymbosa*）、芒果形鱼鳞藻精致变种（*Mallomonas mangofera* var. *gracilis*）、矮小鱼鳞藻（*M. pumilio*）、特兰西瓦尼亚鱼鳞藻（*M. transsylvanica*）等。

在中国的热带、亚热带地区有分布在热带、亚热带地区的种类，如多孔近囊胞藻（*Paraphysomonas porosa*）、斯里兰卡鱼鳞藻（*Mallomonas ceylanica*）、芒果形鱼鳞藻网纹变种（*M. mangofera* var. *reticulata*）、眼纹鱼鳞藻（*M. ocellata*）、胸针形鱼鳞藻孟加拉变种（*M. peronoides* var. *banglad ishica*）、羽状鱼鳞藻（*M. plumosa*）、具刺鱼鳞藻（*M. spinosa*）、澳大利亚黄群藻（*Synura australiensis*）等。环饰金球藻（*Chrysosphaerella annulata*）、芒果形鱼鳞藻凹孔纹变种（*Mallomonas mangofira* var. *foveata*）、胸针形鱼鳞藻（*M. peronoides*）、铁闸门鱼鳞藻（*M. portae-ferreae*）是普遍和广泛分布的种类，但主要是分布在热带、亚热带地区，或者在温带地区温暖的季节出现，这些种类也分布在中国的热带、亚热带地区或在温带地区温暖的季节。

2. 生态分布

金藻类绝大多数种类生长在淡水，有些种类生长在高电导的半咸水（brackish）和海水中，在各种类型的水体中都能发现金藻类。多样性的金藻类群落存在于清洁、透明度大、偏酸性、有机质含量适度的弱酸性到中性的贫营养型静水水体中。长期以来金藻类被认为主要是生长在寒冷的、贫营养型的生境中，近代的研究指出，在热带、亚热带地区生长有丰富和多样性的金藻类，有些种类也能够在比较富营养型的水体中和在夏季出现。

具硅质鳞片的金藻类是浮游藻类中的重要类群之一，根据硅质鳞片的超微结构形态特征对硅质鳞片金藻类的种类进行分类，现在仍然广泛利用在藻类多样性的调查、生态分析和古湖沼学研究中。群落生态学和湖泊的浮游藻类传播动力学显示出这些微形群落是由环境和空间变量构成的。pH、电导、盐度、营养含量、温度、辐照度在自然的群落生境中是控制硅质鳞片金藻种类存在和分布的主要环境因子。硅质鳞片金藻类表现出喜生长在低电导的生境中，但有些种类生长在电导幅度为 345—1000 μS/cm 的富营养池塘和湖泊中。

我国的生态环境复杂多样，发现具有机质或硅质鳞片的金藻类共有 115 种，7 变种，2 变型，多数生长在池塘、湖泊、水库、湿地和沼泽中，少数生长在稻田、水坑、泉水、溪流和河流中。

饶钦止（1962）在 1951 年对江苏省五里湖的湖泊学调查中，报道用光学显微镜鉴定浮游植物的数量和生物量的季节变化，其中金藻类的数量以冬季最多，春季次之，夏季和秋季最少。

饶钦止和张宗涉（1980）报道武汉东湖在 1956—1975 年浮游植物的演替中，金藻的种类和数量在秋末、冬季和早春较多，随着东湖的逐渐富营养化，金藻的种类和数量逐年减少。

Guo 等（1996）报道土栖藻（*Prymnesium parvum*）在中国的生态分布和有害毒素对水生生物的危害。土栖藻在中国水体中生长的理化条件为水温 2—30℃，透明度（Secchi disk）20—70 cm，pH 7.2—9.3，盐度 2.2‰—20.0‰，碱度 2.50—17.22 mol/L，Cl^- 339—10800 mg/L，SO_4^{2-} 375—7590 mg/L，HCO_2^{2-} 130.8—446.76 mg/L，CO_2^{2-} 0—63.54 mg/L，Ca^{2+} 45.9—547.6 mg/L，Mg^{2+} 187.5—906.9 mg/L，$Na^+ + K^+$ 75.8—3054.9 mg/L，化学需氧量（COD）23.4—42.2 mg/L。生长丰度与 pH、盐度和碱度有密切的关系，pH 7.2—7.6、碱度低于 20 mol/L 和盐度 4‰—8‰时最为适宜，盐度为 4‰—8‰时土栖藻的细胞数大于 100×10^6 cells/L。在 4 月末至 5 月和 6 月、10 月至 11 月、12 月至 1 月为生长高峰期，细胞数可达 1400×10^6 cells/L。土栖藻分布在中国沿海地区的半咸水水体中或受海水影响的氯化钠（NaCl）型的咸水水体中，有分布在内陆地区的含硫酸盐的咸水（sulfate-containing salt water）和氯化钠的咸水（NaCl-containing salt water）、半咸水的贫营养和中营养的池塘和湖泊中。

土栖藻产生的毒素有鱼毒素、细胞毒素、神经毒素，这些毒素影响到生物膜，鱼毒素的作用是由于增加了鱼鳃的渗透性，其结果是搅乱了离子的平衡。土栖藻大量繁殖时形成水华，对鱼类和其他水生生物造成危害。土栖藻生长在贫、中营养的咸水或半咸水或高矿物质水体中，为了控制土栖藻的生长和产生水华，降低鱼池的盐度（少于 2‰）和增加有机肥（如硫酸铵）是有效和经济的方法。

魏印心（1996）报道武汉东湖在 1990—1993 年金色藻（*Chrysochronulina parva*）的季节消长，金色藻在 12 月出现，第二年 6 月消失，水温为 6—22℃，pH 为 7.65—8.3，在 1 月和 2 月，水温为 6—8℃、pH 为 7.7—8.1 时形成生长高峰期，细胞密度可达 8357.6 cells/ml 和 8737.0 cells/ml，占整个浮游植物细胞总数的 84.8%和 85.3%，生物量可达 0.7 mg/L，高密度的种群持续时间约 1 个月。金色藻生长的水体绝大多数为富营养型的，武汉东湖为富营养型的湖泊，位于东湖水果湖区的湖湾，湖水中含的氮、磷含量及电导高于近湖中间的另外 2 个采集站。在营养程度较高的水果湖区的湖湾金色藻的细胞密度和生物量略高于营养程度较低的近湖中间的另外 2 个采集站。

硅质鳞片金藻种类具有特殊硅质鳞片结构，有些硅质鳞片金藻类对水环境的变化和反应很敏感，它们的生长常常有特殊的生态要求，可被用作生物指示种类，能够作为短期和长期水生态环境变化的比较研究，对水环境质量监测、评价、预测有一定的作用。

在中国发现生长在 pH 低的（小于 6）、贫营养型的水体（池塘、湖泊、湿地、沼泽）中的硅质鳞片金藻类群有泥炭藓黄群藻（*Synura sphagnicola*）、乳突黄群藻（*S. mammillosa*）、聚合双金藻（*Chrysodidymus synuroideus*）、拉普兰棋盘藻（*Tessellaria lappanica*）。生长在 pH 5—7、贫营养型水体中的类群有多伊格诺鱼鳞藻（*Mallomonas doignonii*）、颈环鱼鳞藻（*M. torquata*）、特兰西瓦尼亚鱼鳞藻（*M. transsylvanica*）、小刺黄群藻（*Synura echinulata*）、具刺黄群藻（*S. spinosa*）、具刺黄群藻长刺变种（*S. spinosa* f. *longispina*）。生长在 pH 大于 7 的碱性、富营养型水体中的类群有鱼鳞藻（*Mallomonas acaroides*）、高山湖鱼鳞藻（*M. alpina*）、花序状鱼鳞藻（*M. corymbosa*）、长鱼鳞藻（*M. elongata*）、点纹鱼鳞藻（*M. punctifera*）、光滑鱼鳞藻（*M. tonsurata*）、短刺黄群藻（*Synura curtispina*）、黄群藻（*S. uvella*）等。异刺鱼鳞藻（*Mallomonas heterospina*）能够忍受高富营养的水体，彼得森黄群藻（*Synura petersenii*）有宽的 pH 幅度。在贫营养的、溪流石上生长的有水树藻（*Hydrurus foetidus*）。

温度的变化是影响硅质鳞片金藻类生长的主要因素，大多数硅质鳞片金藻类在早春或晚秋和冬季水温比较低的时候生长，但阿贝刺胞藻（*Spiniferamonas abei*）和泥炭藓黄群藻（*Synura sphagnicola*）是在水温较高时出现，彼得森黄群藻（*Synura pertersenii*）在全年所有的季节都存在。

营养盐类是影响硅质鳞片金藻类生长的主要因素，耐受鱼鳞藻（*Mallomonas tolerans*）、土栖藻（*Prymnesium parvum*）在咸水、半咸水或盐水水体中存在。布彻近囊胞藻（*Paraphysomonas butcheri*）、无穿孔近囊胞藻（*P. imperforata*）和近囊胞藻（*P. vestita*）在淡水、半咸水、咸水水体或海水中存在。

由于硅质鳞片金藻类的种类对水体营养环境有指示作用，硅质鳞片金藻类的有机体死亡分解后的硅质鳞片以及产生的金藻孢子下沉至湖底部的沉积物中，在合适的条件下能够在湖泊的沉积物和地层中长期保存达到数百万年，在最上层表面沉积物记录鉴定的种类是最近栖息的水体。因此硅质鳞片金藻类和金藻孢子囊连同在地层剖面显露的其他硅质鳞片微化石（硅藻壳体）能够用来进行古湖沼学（paleolimnology）的研究，湖泊历史的变迁、湖泊营养型的变化引起金藻类群落的演替可以分析和解释地层的年代和历史，从而对古代湖泊环境进行重建，并对湖泊的现状和演变进行评估和预测。

多数硅质鳞片金藻类生长在透明度大、温度较低、有机质含量少的没有污染的清水水体中，硅质鳞片金藻类细胞中含有金藻昆布糖、脂肪，是水体中鱼、虾、贝类等水生动物的优质饵料。但极少数种类含有毒素，对鱼类和其他水生生物造成危害。

五、电子显微镜观察具有机质鳞片、钙质鳞片及硅质鳞片金藻类的制备方法

近囊胞藻科（Paraphysomonadaceae）和黄群藻目（Synurales）的种类，细胞表面均具硅质鳞片，土栖藻纲（Prymnesiophyceae）的种类细胞表面通常具有机质鳞片或钙质鳞片，正确鉴定种类、尤其是描述新分类单位时，作为主要分类依据的硅质鳞片和刺毛、有机质鳞片或钙质鳞片的精致结构须用电子显微镜进行观察和鉴定。由于这些金藻类不能用固定剂长期保存，所以需要在采集到标本后及时用电子显微镜进行观察和鉴定。

用扫描电子显微镜的制备方法是将采集到的具有硅质鳞片金藻类的标本立刻直接或用冰乙酸、鲁哥氏碘液进行固定，将浓度适中的标本悬浮液滴在附有1%赖氨酸的铝片或盖玻片上，等干燥后，用蒸馏水洗2—3次，然后用双面胶粘到铝载物台上，或者直接滴在铝载物台上，等干燥后，用蒸馏水洗2—3次，用离子溅射仪喷金后，在扫描电子显微镜下观察。采集到的具有机质鳞片、钙质鳞片的金藻类标本立刻直接或用冰乙酸、鲁哥氏碘液或用2.5%戊二醛进行固定，用磷酸盐缓冲液（phosphate buffer solution，PBS）洗2—3次，用乙醇梯度脱水，乙酸异戊酯置换，脱水和置换过程中不能使标本暴露于空气中，临界点干燥，离子溅射仪喷金后，在扫描电子显微镜下观察和拍照。

淡水硅质鳞片金藻类的透射电子显微镜样品制备方法在袁秀平和魏印心（1999）"A preparation method of silica-scaled chrysophytes for transmission electron microscopy"一文中已有详细说明。将采集到的具有硅质鳞片金藻类的标本立刻直接或用冰乙酸、鲁哥氏碘液固定，将浓度适中的标本悬浮液滴在涂有 Formvar 的铜网上（铜网的网眼大小为 150 目或 200 目），铜网要预先悬空粘在贴有双面胶带的载玻片上，使其形成一悬滴液珠，待液珠自行干燥后，再在蒸馏水中将铜网漂洗 2—3 次，干燥后，在透射电子显微镜下观察和拍照。

各 论

金藻门 CHRYSOPHYTA

金藻门中自由运动的种类为单细胞或群体，群体的种类由细胞放射状排列成球形或卵形群体，有的具透明的胶被；不能运动的种类为根足虫形（rhizopodial form）、胶群体形（palmelloid form）、球粒形（coccoid form）、原生质的聚集（plasmodial aggregation）、叶状体形（thalloid form）、不分枝丝状体或分枝的树状体形（unbranched filamentous, branched dendroid form）、薄壁组织状形（parenchymatous form）；细胞球形、椭圆形、卵形或梨形等；运动的种类细胞前端具 1 条、2 条等长或不等长的鞭毛，具 2 条不等长的鞭毛的种类，长的 1 条为侧茸鞭毛，具有两列侧生的绒毛，成正弦波形有节奏地舒张与收缩，另一条短的为平滑的鞭毛，在土栖藻纲中，除具 2 条鞭毛外，还具有 1 条附着鞭毛；细胞裸露或在原生质体表面覆盖许多有机质鳞片或硅质鳞片，有的原生质体外具囊壳，不能运动的种类具细胞壁；运动的种类细胞具 1—2 个伸缩泡（contractile vacuole），位于细胞的前部或后部；细胞无色或具叶绿体，叶绿体被 4 层膜包围，周生，片状，1—2 个或多个，光合作用色素主要由叶绿素 a、叶绿素 c、β-胡萝卜素和岩藻黄素、硅藻黄素、硅甲藻黄素组成，常呈金黄色、黄褐色，有的呈黄绿色或灰黄褐色，具裸露的蛋白核或无，蛋白核表面没有同化产物包被，具金藻昆布糖液泡（chrysolaminaran vesicle），光合作用产物为金藻昆布糖和脂肪，运动种类具眼点或无，具眼点的种类具 1 个眼点，位于细胞的前部或中部，具数个液泡，细胞核 1 个，位于细胞的中央，具有两层膜，外膜与核糖体相连。

营养繁殖：单细胞种类常为细胞纵分裂形成 2 个子细胞，群体种类以群体断裂成 2 个或多个段片，每个段片长成 1 个新群体，或以细胞从群体中脱离而发育成一新群体，丝状体以丝体断裂进行繁殖。

无性生殖：不能运动的种类细胞产生单鞭毛或双鞭毛的动孢子，动孢子裸露，具 1—2 个周生、片状的叶绿体；产生具硅质的金藻孢子、不具硅质的孢子或静孢子，呈球形、卵形或椭圆形。

有性生殖：在有些种类中发现有性生殖，同配或异配，有丝分裂为开放式。

金藻鞭毛类的营养方式有光合作用的自养（autotrophy），具光合作用色素的金藻鞭毛类也能够吞食颗粒物质，具有这 2 种营养方式的称混合营养（mixotrophy），能够摄取、吞食并吸收消化淀粉颗粒物质，通常是细菌和微形藻类的吞噬营养（phagotrophy），能够在暗环境中生长分解有机碳的为渗透营养（osmotrophy）。

金藻门的种类大多数生长在淡水中，少数生长在半咸水或海水中。

全世界已报道金藻门的种类大约有 200 个属，1200 多种。

金藻门分纲检索表

1. 细胞具有一条特殊的附着鞭毛 ··· **4. 土栖藻纲 Prymnesiophyceae**
1. 细胞不具有一条特殊的附着鞭毛 ··· 2
   2. 藻体为不分枝的丝状体或分枝的树状体、薄壁组织状体 ········· **2. 褐枝藻纲 Phaeothamniophyceae**
   2. 藻体为单细胞、群体或胶群体 ·· 3
3. 金藻孢子囊具有硅质 ··· **1. 金藻纲 Chrysophyceae**
3. 孢子囊不具有硅质 ··· **3. 囊壳藻纲 Bicosoecophyceae**

Key to the Classes of Phylum Chrysophyta

1. Cells with a special haptonema ··· 4. Prymnesiophyceae
1. Cells without a special haptonema ··· 2
   2. Thallus unbranched filaments or branched dendroid, parenchymatous ········· 2. Phaeothamniophyceae
   2. Thallus unicellar, colonies or mucilaginous colonies ······································ 3
3. With silcified stomatocysts ··· 1. Chrysophyceae
3. Non-silcified cysts ··· 3. Bicosoecophyceae

一、金藻纲 CHRYSOPHYCEAE

    金藻纲中自由运动的种类为单细胞或群体，群体的种类由细胞放射状排列成球形或卵形群体，有的具透明的胶被；不能运动的种类为根足虫形、胶群体形、球粒形、叶状体形；细胞球形、椭圆形、卵形或梨形等，细胞裸露或原生质外具囊壳，原生质外覆盖许多有机质鳞片或硅质鳞片，具有硅质鳞片的有近囊胞藻科（Paraphysomonadaceae）和黄群藻目（Synurales），硅质鳞片具刺毛或无刺毛，有的种类具 2 种不同形状的鳞片，鳞片和刺毛的形状是具硅质鳞片种类的主要分类依据，不能运动的种类具细胞壁。运动的种类细胞前端具 1 条、2 条等长或不等长的鞭毛，具 2 条不等长鞭毛的种类，长的 1 条为侧茸鞭毛，短的 1 条平滑，图 1 指出在色金藻目（Chromulinales）藻类的根系统中，2 条鞭毛的基部呈一个角度，而在黄群藻目（Synurales）藻类的根系统中，2 条鞭毛的基部呈近平行，有的种类短的一条鞭毛大大退化。具 1—2 个伸缩泡，位于细胞的前部或后部，细胞无色或具叶绿体，周生，片状，1—2 个，常呈金黄色、黄褐色、黄绿色或灰黄褐色，具裸露的蛋白核或无，具金藻昆布糖液泡，光合作用产物为金藻昆布糖和脂肪，运动种类具眼点或无，眼点 1 个，位于细胞的前部或中部，具数个液泡，细胞核 1 个，位于细胞的中央，在黄群藻目（Synurales）中，细胞核与叶绿体的外膜连接弱或不相连，在其他的目中，细胞核与叶绿体的外膜相连。

    营养繁殖：单细胞种类细胞通常纵分裂形成 2 个子细胞，群体种类以群体断裂成 2 个或多个段片，每个段片长成 1 个新群体，或以细胞从群体中脱离而发育成一新群体，丝状体以丝体断裂进行繁殖。

    无性生殖：不能运动的种类产生单鞭毛或双鞭毛的动孢子，动孢子裸露，具 1—2 个周生、片状的叶绿体；产生金藻孢子、孢子、静孢子，呈球形、卵形或椭圆形，金藻孢子具厚的硅质的壁，顶端具一个小孔，孔口有一个明显的、无硅质或稍微硅化的胶塞，孢子下沉至湖底部的沉积物中并可保持到直至萌发。

有性生殖：在有些种类中发现有性生殖，有丝分裂为开放式，锥囊藻属（*Dinobryon*）的有性生殖为同配和异配，黄群藻属（*Synura*）的有性生殖为异配，合子的壁具硅质，合子萌发产生新个体。

金藻纲的大多数种类生长在淡水中，少数生长在半咸水或海水中。

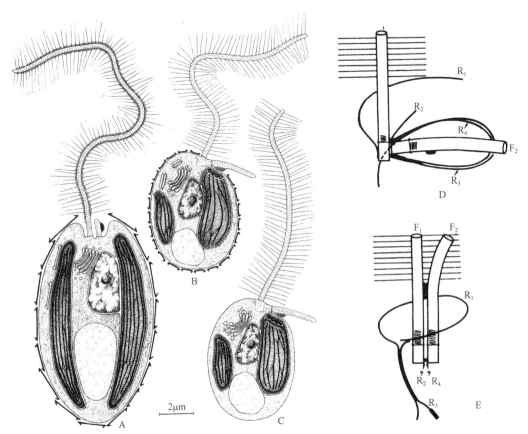

图 1 金藻纲（Chrysophyceae）的特征。A. 鱼鳞藻科（Mallomonadaceae），B. 近囊胞藻科（Paraphysomonadaceae），C. 棕藻鞭科（Ochromonadaceae），引自 Belcher（1969）和 Mignot 和 Brugerolle（1982），并由 Preisig 和 Hibberd（1983）再修改；D. 色金藻目（Chromulinales）鞭毛的根系统图解，E. 黄群藻目（Synurales）鞭毛的根系统图解。F_1 = Flagellum$_1$, F_2 = Flagellum$_2$, R_1 = Root$_1$, R_2 = Root$_2$, R_3 = Root$_3$, R_4 = Root$_4$（引自 Andersen, 1987）。注意：根的数目可变化（Kristiansen, 2005）。

金藻纲分目检索表

1. 藻体微观，单细胞或细胞辐射状排列成球形、椭圆形或分枝的群体···2
1. 藻体宏观，细胞在胶质群体中··· **3. 水树藻目 Hydrurales**
  2. 细胞裸露或具囊壳或细胞表面具鳞片，鳞片为同极的（homopolar）、辐射对称或两侧辐射对称，鳞片彼此疏松排列·· **1. 色金藻目 Chromulinales**
  2. 细胞表面具鳞片，鳞片为异极的（heteropolar）、两侧对称，螺旋状或覆瓦状排列成壳体··· **2. 黄群藻目 Synurales**

Key to the orders of Class Chrysophyceae

1. Thallus microscopic, unicellar or cells radially arranged in spherical, ellipsoid or branched colonies ····· 2
1. Thallus macroscopic, cells in mucilaginous colonies ··· 3. Hydrurales
 2. Cells bare, or cells housed in a lorica, or cell surface with scales which are homopolar with radial or biradial symmery, and arranged a loose layer together with the other scales ············ 1. Chromulinales
 2. Cells surface with scales which are heteropolar with bilateral symmery, and arranged in spiral or overlapping rows into a armour ··· 2. Synurales

1. 色金藻目 CHROMULINALES

藻体为单细胞或分枝的群体，或为疏松的暂时性群体，自由运动或着生；细胞裸露可变形或细胞外具囊壳或硅质鳞片，具硅质鳞片的有近囊胞藻科（Paraphysomonadaceae），硅质鳞片是在细胞质中与内质网囊（endoplasmic reticulum vesicles，ERV）相连的硅质沉积囊（silica deposition vesicles，SDV）中产生，具 1 条或 2 条等长或不等长的鞭毛，2 条不等长鞭毛的基部呈一个角度，鞭毛器与有关的细胞器有 1 个方位，具 1 个至数个伸缩泡，具或不具叶绿体，叶绿体周生、片状，1 个或 2 个，光合作用色素主要由叶绿素 a、叶绿素 c_1（chlorophyll c_1）、叶绿素 c_2（chlorophyll c_2）、β-胡萝卜素和岩藻黄素、硅藻黄素、硅甲藻黄素组成，常呈金黄色、黄褐色，有的呈黄绿色或灰黄褐色，具 1 个眼点或无，细胞核 1 个，具金藻昆布糖液泡，光合作用产物为金藻昆布糖和油滴。

营养繁殖为细胞纵分裂形成 2 个子细胞，具囊壳的种类为囊壳内的原生质体分裂形成新个体。无性生殖形成金藻孢子、孢子。

主要生长在淡水中，为池塘、湖泊、水库、沼泽、湿地中的浮游藻类。

色金藻目分科检索表

1. 细胞通常裸露可变形·· **1. 色金藻科 Chromulinaceae**
1. 细胞具囊壳或具硅质鳞片·· 2
 2. 细胞具囊壳·· **2. 锥囊藻科 Dinobryaceae**
 2. 细胞具硅质鳞片··· **3. 近囊胞藻科 Paraphysomonadaceae**

Key to the families of Order Chromulinales

1. Cells usually naked and variously shaped ·· 1. Chromulinaceae
1. Cells housed in a lorica or cells with siliceous scales ·· 2
 2. Cells housed in a lorica ··· 2. Dinobryaceae
 2. Cells with siliceous scales ··· 3. Paraphysomonadaceae

1. 色金藻科 CHROMULINACEAE

藻体为单细胞，自由游动；细胞裸露，可变形，球形、椭圆形、卵形、梨形、纺锤形等，具 1 条或 2 条不等长的鞭毛从细胞前端伸出，具 1 个至多个伸缩泡，具 1 个眼点或无，无色或具叶绿体，叶绿体周生、片状，1个至2个，金褐色，具金藻昆布糖液泡，光合作用产物为金藻昆布糖。

繁殖为细胞纵分裂形成 2 个子细胞；无性生殖形成数个细胞或许多细胞的胶群体（palmelloid colony），形成金藻孢子。

生长在淡水和海水中。

屋胞藻属 Oikomonas Kent
Man. Infus. 230，250，1880.

包括 *Oicomonas* Scherffel（1901），*Heterochromulina* Pascher（1912）

单细胞，球形到卵形，前端通常斜截，不侧扁，自由游动或偶而以后端的丝状延长部分固着到基质上；细胞裸露，无叶绿体，1条长鞭毛从细胞的前端凹入处伸出，退化的第二条鞭毛可能存在，但仍然没有被电子显微镜研究证实，眼点仅在小眼屋胞藻（*O. ocellata*）中观察到，伸缩泡1—3个，初级的食物泡伸到细胞的后部与1个较大的食物泡融合并进行消化。

营养方式为渗透营养（osmotrophic nutrition）、腐生营养（saprozoic nutrition）和吞噬营养（phagotrophic nutrition）。

营养繁殖为细胞纵分裂；无性生殖形成金藻孢子囊（stomatocyst）仅在1个种中报道；有性生殖观察到配子融合。

绝大多数生长在污染的淡水中，也有生长在咸水和土壤中的报道。

此属与色金藻属（*Chromulina*）极相似，Silva（1960）和 Preisig 等（1991）认为这个属的特征是不清楚的。异色金藻属（*Heterochromulina*）是 Pascher 在 1912 年建立的，仅一个种 *H. ocellata*（Scherffel）Pascher，Bourrelly（1981）和 Starmach（1985）认为这个属经过验证作为一个单独的属，但 Preisig 等（1991）认为这个属可能不合理和应该包括在屋胞藻属（*Oikomonas*）中。Cavalier-Smith 等（1996）提出将屋胞藻属放在他建立的屋胞藻目（Oikomonales）中，但 Andersen 等（1999）和 Caron 等（1999）的分子序列分析不支持金藻纲（Chrysophyceae）中建立屋胞藻目这个目的等级。

模式种：*Oikomonas mutabilis* Kent，1880。

屋胞藻属分种检索表

1. 群体···**7. 聚屋胞藻 O. socialis**
1. 单细胞··2
   2. 细胞具眼点···**3. 小眼屋胞藻 O. ocellata**
   2. 细胞无眼点··3
3. 细胞顶端略突出或延伸呈唇状··4
3. 细胞顶端钝圆或喙状··8
   4. 细胞球形、卵形或卵圆形···5
   4. 细胞宽或长倒卵形···7
5. 细胞长 33—34 μm··**4. 斜屋胞藻 O. obliqua**
5. 细胞长 5—20 μm··6

  6. 鞭毛约等于体长 ··· **1. 外穴屋胞藻** *O. excavata*
  6. 鞭毛约为体长的 2 倍 ··· **9. 球屋胞藻** *O. termo*
7. 细胞长倒卵形 ··· **5. 方形屋胞藻** *O. quadrata*
7. 细胞宽倒卵形 ·· **8. 斯坦屋胞藻** *O. steinii*
  8. 细胞顶端钝圆 ··· **2. 屋胞藻** *O. mutabilis*
  8. 细胞顶端喙状 ·· **6. 喙状屋胞藻** *O. rostrata*

Key to the species of Genus *Oikomonas*

1. Colonies ··· 7. *O. socialis*
1. Unicellar ··· 2
  2. Cells with stigma ·· 3. *O. ocellata*
  2. Cells without stigma ·· 3
3. Apices of cells slight process or elongate lip ··· 4
3. Apices of cells obtuse or rostrate ·· 8
  4. Cells spherical, ovate or ovoid ··· 5
  4. Cells broad or long obovate ··· 7
5. Cells length 33—34 μm ·· 4. *O. obliqua*
5. Cells length 5—20 μm ·· 6
  6. Flagella approximately equal to the cell length ································· 1. *O. excavata*
  6. Flagella about 2 times to the cell length ·· 9. *O. termo*
7. Cells long obovate ·· 5. *O. quadrata*
7. Cells broad obovate ·· 8. *O. steinii*
  8. Apices of cells obtuse ·· 2. *O. mutabilis*
  8. Apices of cell rostrate ·· 6. *O. rostrata*

1. 外穴屋胞藻   光镜照片及手绘图版 I: 1

Oikomonas excavata Schewiakoff, in Scherffel, Bot. Zeitung(Berlin), 1. Abt., 59: 143—158, 1901.

  种名是根据细胞前端凹入而命名。

  细胞近球形，裸露，无色，自由游动，前端延伸呈唇状，当固着时略呈长卵形，其后端具短尖尾状的柄，顶端具 1 条鞭毛，约等于体长，伸缩泡 1 个，位于细胞前端，细胞核位于细胞的近中部。细胞长 8—9 μm，宽 3—5.5 μm。

  产地：湖北：武昌。采于污水池塘中。

  沈韫芬等，1990. 微型生物监测新技术，p. 237，图版 I，图 7，原生动物的中文名称外穴屋滴虫。

2. 屋胞藻   光镜照片及手绘图版 I: 2

Oikomonas mutabilis Kent, Man. Infus. 230, 250, 1880.

  种名是根据细胞能变形而命名。

  细胞近球形、卵形或倒卵形，裸露，无色，自由游动或固着，细胞前端钝圆，细胞后端延伸成 1 条长柄，顶端具 1 条鞭毛，约为体长的 2 倍，伸缩泡 2 个，位于细胞的后端，细胞核位于细胞的中部偏前端。细胞长 16—17 μm，宽 8—9.5 μm。

产地：湖北：武昌。采于污水池塘中。

分布：世界广泛分布，在污水中常见。

沈韫芬等，1990. 微型生物监测新技术，p. 238，图版 I，图 13，原生动物的中文名称变形屋滴虫。

3. 小眼屋胞藻　　光镜照片及手绘图版 I：3

Oikomonas ocellata Scherffel，Arch. Protistenkt 22：299—344，1901.

Heteochromulina ocellata（Scherffel）Pascher，Ber. Deutsch. Bot. Ges. 30：152—158，1912.

种名是根据细胞具眼点而命名。

细胞近球形或卵形，裸露，无色，自由游动，前端略平和略斜截，延伸呈唇状，略可变形，顶端具 1 条鞭毛，略长于体长（有时具 1 条辅鞭毛），伸缩泡 1 个，位于细胞近前端，眼点位于细胞前端近口缘处，橘红色，细胞核球形，位于细胞的近中部。细胞长 8—15 μm，宽 8—9 μm。

产地：湖北：武昌。采于污水池塘、东湖中。

沈韫芬等，1990. 微型生物监测新技术，p. 238，图版 I，图 13，原生动物的中文名称小眼屋滴虫。

4. 斜屋胞藻　　光镜照片及手绘图版 I：4

Oikomonas obliqua Kent，Man. Infus. 230，250，1880.

种名是根据鞭毛与细胞的纵轴呈斜向伸出而命名。

细胞近球形，裸露，无色，自由游动，前端具尖形的锥状唇，略可变形，顶端具 1 条鞭毛，约为体长的 3 倍，与细胞的纵轴呈斜向伸出，伸缩泡和细胞核看不清。细胞长 33—34 μm，宽 31—33 μm。

产地：湖北：武昌。采于污水池塘中。

沈韫芬等，1990. 微型生物监测新技术，p. 238，图版 I，图 9，原生动物的中文名称侧屋滴虫。

5. 方形屋胞藻　　光镜照片及手绘图版 I：5

Oikomonas quadrata Kent，Man. Infus. 230，250，1880.

种名是根据细胞呈方形而命名。

细胞变形，自由游动，当固着时呈长的倒卵形，裸露，无色，顶端具 1 条鞭毛，为体长的 2—3 倍，伸缩泡 1 个，位于细胞的中间略偏前，细胞核球形，位于细胞的近中部。细胞长 16—17 μm，宽 8—9 μm。

产地：湖北：武昌。采于污水池塘中。

沈韫芬等，1990. 微型生物监测新技术，p. 238，图版 I，图 11，原生动物的中文名称方形屋滴虫。

6. 喙状屋胞藻　　光镜照片及手绘图版 I：6

Oikomonas rostrata Kent, Man. Infus. 230, 250, 1880.

种名是根据细胞前端呈喙状而命名。

细胞卵圆形或倒卵形，自由游动，裸露，略可变形，当固着时呈宽纺锤形，无色，前端呈喙状，向后延伸成锥形，顶端具 1 条鞭毛，约等于体长，伸缩泡 2 个，位于细胞的近中间，细胞核球形，位于细胞的后端。细胞长 16—17 μm，宽 8—9 μm。

产地：湖北：武昌。采于污水池塘的腐烂草汁浸液中。

沈韫芬等，1990. 微型生物监测新技术，p. 238，图版 II，图 14，原生动物的中文名称钩屋滴虫。

7. 聚屋胞藻　　光镜照片及手绘图版 I：7

Oikomonas socialis Kent, Man. Infus. 230, 250, 1880.

种名是根据细胞聚集成群体而命名。

细胞后端的短柄互相粘连形成自由游动的群体，群体细胞聚集可多达 50—60 个，群体有时可固着在其他基质上，细胞多少呈梨形，裸露，前端具宽凹陷，后端具尖的、丝状短柄，细胞顶端具 1 条鞭毛，2 倍于体长，无色，伸缩泡 1 个，偶然有 2 个，位于细胞前端近鞭毛的基部，细胞核球形，位于细胞的中间偏后。细胞长 8—12 μm，宽 5—10 μm。

产地：湖北：武昌。采于污水池塘中。

分布：世界广泛分布，在污水中常见。

沈韫芬等，1990. 微型生物监测新技术，p. 238，图版 I，图 12，原生动物的中文名称聚屋滴虫。

8. 斯坦屋胞藻　　光镜照片及手绘图版 I：9—10

Oikomonas steinii Kent, Man. Infus. 230, 250, 1880.

种名是纪念生物学家斯坦而命名。

细胞倒卵形，自由游动，可变形，裸露，当固着时呈宽的倒卵形，前端略突出，顶端具 1 条鞭毛，约等于体长或略长于体长，无色，伸缩泡 1 个，位于细胞的中间偏前，细胞核球形，位于细胞的后端。细胞长 16—17 μm，宽 9—10 μm。

产地：湖北：武昌。采于污水池塘中。

沈韫芬等，1990. 微型生物监测新技术，p. 238，图版 I，图 10，原生动物的中文名称梨屋滴虫。

9. 球屋胞藻　　光镜照片及手绘图版 I：8a—c

Oikomonas termo（Ehrenberg）Kent, Man. Infus. 230, 250, 1880.

Oikomonas termo Ehrenberg, Die Infusionsthierchen als vollkommene Organismen. 548 pp. 1838.

种名是根据细胞呈球状而命名。

细胞球形或卵圆形，裸露，前端延伸呈唇状，自由游动，顶端具 1 条鞭毛，约为体长的 2 倍，鞭毛伸出处具有一凹痕，无色，伸缩泡 1 个，位于细胞前端近鞭毛基部，细胞核球形，位于细胞的近中部或前端近伸缩泡处。细胞长 5—20 μm，宽 5—19 μm。

此种可能是屋胞藻（O. mutabilis）的同物异名。

产地：湖北：武昌。采于各种污水池塘中。

世界广泛分布，在污水中常见。

沈韫芬等，1990. 微型生物监测新技术，p. 237，图版 I，图 6，原生动物的中文名称气球屋滴虫。

2. 锥囊藻科 DINOBRYACEAE

藻体为单细胞或分枝群体，原生质体外具囊壳，柔软，囊壳球形、卵形、圆柱状锥形等，囊壳壁平滑或具纹饰，无色透明或由于铁的沉积而呈褐色，细胞前端具 1 条或 2 条不等长的在光学显微镜下可观察到的鞭毛，原生质体具 1 个至数个伸缩泡，叶绿体周生，片状，1 个或 2—3 个，黄褐色，具 1 个眼点，细胞核 1 个，具金藻昆布糖液泡，光合作用产物为金藻昆布糖和油滴，颗粒状。

营养繁殖为细胞纵分裂，无性生殖常形成金藻孢子；有性生殖为同配和异配。

主要生长在淡水中，少数生长在半咸水的水体中，在池塘、湖泊、水库、湿地和沼泽中浮游或着生。

锥囊藻科分属检索表

1. 细胞具有 1 条可见的鞭毛（光学显微镜），浮游 ·················· **1. 金粒藻属 Chrysococcus**
1. 细胞具有 2 条不等长的鞭毛，囊壳柄固着在基质上 ·················· **2. 杯棕鞭藻属 Poterioochromonas**

Key to the genus of Family Dinobryaceae

1. Cells with one visible flagellum（light microscopy），plankton ·················· 1. *Chrysococcus*
1. Cells with two unequal flagella，lorica stipe attached to a substratum ·················· 2. *Poterioochromonas*

1. 金粒藻属 Chrysococcus G. A. Klebs
Zeitsch. Wiss. Zool.，55：413，1892.

藻体为单细胞，原生质外具囊壳，囊壳球形或近球形，囊壳壁平滑或具花纹，无色透明或由于铁的沉积而呈褐色，少数种类具长刺，囊壳前端具 1 个圆形的小孔，常也有后端具 1 个小孔的，少数种类囊壳具有几个孔，细胞具有 2 条鞭毛，长鞭毛从囊壳前端的小孔伸出，短鞭毛留在囊壳内，非常退化，光学显微镜下不能观察到，具 1 个至数个伸缩泡；原生质体几乎不附贴囊壳的壁，叶绿体周生，片状，1 个、2 个或数个，黄褐色，具 1 个眼点或无眼点，细胞核 1 个，具金藻昆布糖液泡，光合作用产物为金藻昆布糖和油滴，颗粒状。

营养繁殖为囊壳内的原生质体分裂成 2 个，其中的 1 个从小孔逸出，并分泌 1 个新囊壳，形成新个体；无性生殖形成具硅质壁的金藻孢子囊（stomatocyst），在囊壳内形成。

生长在淡水水体中，池塘、湖泊中普通和常见的浮游藻类。

根据 Kristiansen 和 Preisig（2001）的报道，全世界至少描述 46 种，但许多种类是可疑的。

模式种：*Chrysococcus rufescens* G. A. Klebs，1892。

三孔金粒藻　　光镜照片及手绘图版 II：2

Chrysococcus triporus Mack，Österr. Bot. Zeitschr. 98：249—279，1951；Stamach，Chrysophyceae and Haptophyceae, in Ettl et al. eds., Süsswasserflora von Mitteleuropa 1：91，Fig. 146—147，1985.

种名是根据囊壳具有 3 个小孔而命名。

单细胞，囊壳球形，壁平滑；原生质体几乎充满囊壳，囊壳具有 3 个小孔，1 个位于囊壳的前端，1 条约为体长 1.5 倍的鞭毛从囊壳前端中央的小孔中伸出，另外 1 个小孔位于囊壳的一侧近中间，第 3 个小孔位于囊壳的另一侧偏下，细胞前端具 2 个伸缩泡，叶绿体周生，片状，2 个，褐色，细胞核 1 个，位于细胞的中央，金藻昆布糖液泡 1 个，位于细胞的后端。细胞直径 7—10 μm。

营养繁殖：囊壳内的原生质体纵分裂形成子细胞。

产地：黑龙江：珍宝岛。采于牛轭湖中。

光学显微镜记录——欧洲：俄罗斯；南美洲：阿根廷。

2. 杯棕鞭藻属 Poterioochromonas Scherffel
Bot. Zeitung（Berlin），1. Abt.，59：147，1901.

藻体为单细胞，原生质体外具囊壳，原生质体缺乏固着在囊壳内的基部柄，囊壳杯形，薄而透明，囊壳后端具一条细长中空的柄固着在基质上，但常无囊壳成为自由游动的细胞；细胞前端具 2 条不等长的鞭毛，短的 1 条鞭毛很短；叶绿体周生，片状，1 个或 2—3 个，具有 1 个残存的眼点，具金藻昆布糖液泡，光合作用产物为金藻昆布糖。

电子显微镜观察囊壳由具螺旋状排列的几丁质微纤维（chitinous microfibril）组成，内质网槽（endoplasmic reticulum cistern）从叶绿体内质网（chloroplast endoplasmic reticulum, CER）伸向短鞭毛的膨大处，有 1 个简单的高尔基体（Golgi body），线粒体脊（mitochondrial cristae）管状。具有复杂的鞭毛根系统，在其他许多金藻类中具有的明显的根丝体（rhizoplast），但在此属的种类中仅具有残存的根丝体。

营养繁殖：细胞纵分裂。

无性生殖：细胞形成具有硅质壁的金藻孢子，可在沉积物中发现。

有性生殖：配子与营养细胞略有不同，2 个同形配子融合形成合子，合子发育成金藻孢子，减数分裂在孢子逸出时发生。

营养方式为混合营养，既具光合的自养和摄取、吞食并吸收消化淀粉颗粒物质，通常是吞噬细菌和微形藻类的吞噬营养，也能够在暗环境中生长分解有机碳的渗透营养。

此属实验室培养的种类已被广泛用作生理学和毒理学的研究。

用光学显微镜观察时，原生质体外的囊壳不明显，细胞也容易从囊壳中逸出，而与棕鞭藻属（*Ochromonas*）的种类不易区别，常难鉴定。活的标本用相差显微镜

（phase-contrast microscopy）观察，用荧光剂染色后用荧光显微镜（fluorescence microscopy）观察，或干燥的标本用显微镜观察能较好地看到原生质体外的囊壳。

根据 Kristiansen 和 Preisig（2001）的报道，全世界有 3 种。

模式种：*Poterioochromonas stipitata* Scherffel，1901。

中国发现 1 种。

马勒姆杯棕鞭藻　　光镜照片及手绘图版 II：3，图版 III：1—4（见书后彩图）

Poterioochromonas malhamensis（Pringsheim）Peterfi, Nova Hedwigia 17：93—103，1969；
　　Andersen et al. Protist 150：71—84，1999.

Ochromonas malhamensis Pringsheim, Quart. J. Microsc. Sci. 93：71—96. 1952.

种名是根据细胞从英国英格兰的北约克夏郡（Yorkshire，England）马勒姆塔恩（Malham Tarn）湖的石上分离获得而命名。

单细胞，原生质体卵形到球形，直径 5—15 μm，原生质体外具囊壳，囊壳杯状，囊壳后端具 1 条细而长的中空的柄（stalk），柄的基部具有单一的足（foot），少数足具 2 条分枝固着在基质上，但常脱离囊壳成为自由运动的细胞，原生质体的形状和大小根据营养方式而变化；细胞前端具 2 条不等长的鞭毛，长鞭毛约为体长的 2 倍，短鞭毛很短，鞭毛基部具 1 个伸缩泡，叶绿体周生，片状，1 个，具金藻昆布糖液泡，光合作用产物金藻昆布糖，无眼点。

光镜照片及手绘图版 III 中是用卡尔科弗卢尔荧光增白剂-伊文思蓝染色剂（Calcofluor White-Evans blue）染色，在荧光显微镜下观察到的囊壳。

在此种培养液中加入微囊藻属（*Microcystis*）中的种类后，在显微镜下连续观察，观察到吞噬单个微囊藻的细胞，营吞噬营养，其细胞大小与其吞噬微囊藻的多少和消化程度有关，体积普遍增大，直径最大可达 25 μm，同时叶绿体不明显或消失。

扫描电子显微镜中观察到 2 条不等长的鞭毛，长鞭毛约为细胞长度的 2 倍，鞭毛两侧有微细茸毛，为侧茸鞭型，短的一条平滑，为尾鞭型鞭毛，长约为长鞭毛的 1/8。

用透射电子显微镜观察吞噬饵料后的细胞，叶绿体片层变得模糊或者叶绿体不可见，线粒体增多，线粒体的增多与活跃的细胞运动和旺盛的新陈代谢密切相关，吞噬的饵料在细胞内的食物泡中逐渐消化。用高浓度饵料喂食后，藻体细胞内积聚嗜锇滴粒。

营养繁殖：细胞纵分裂，一个子细胞保留在囊壳内，另一个逸出囊壳形成新的囊壳固着在原囊壳的侧缘。

无性生殖：单个细胞形成金藻孢子囊，球形，具厚的硅质壁，顶端具 1 个突出的孢孔。

有性生殖：配子与营养细胞略有不同，2 个同形配子融合形成合子，合子发育成金藻孢子，减数分裂在孢子逸出时发生。

淡水中的普通种类，生长在池塘、湖泊和沼泽中，最普通的是存在于小的掩蔽的池塘和暂时性的水塘中。

产地：湖北：武汉。从池塘中采集的微囊藻属（*Microcystis*）种类的胶被中分离培养；从中国科学院水生生物研究所的小球藻属（*Chlorella*）种类的培养液中分离培养；从北京小球藻属（*Chlorella*）种类的培养液中分离培养。

分布类型：世界广泛分布。

光学显微镜记录——亚洲：日本；欧洲：英国，德国，捷克；大洋洲：澳大利亚；北美洲：美国。

此种与此属的模式种杯棕鞭藻（*Poterioochromonas stipitata* Scherffel）的形态特征相似，杯棕鞭藻（*P. stipitata*）的形态特征为单细胞，原生质体球形到略伸长，直径 5—15 μm，原生质体外具囊壳，囊壳杯状，原生质体的形状和大小根据营养方式而变化，囊壳后端具 1 条细而长的中空的柄，柄基部的足固着在基质上，足具有 3 条或多于 3 条分枝，但常无囊壳成为自由运动的细胞；近细胞顶部具 2 条不等长的鞭毛，长鞭毛约为体长的 2.5 倍，短鞭毛很短，叶绿体周生，片状，1 个，具金藻昆布糖液泡，光合作用产物金藻昆布糖，无眼点。分布在英国、德国、美国。数位作者认为将马勒姆杯棕鞭藻包括在杯棕鞭藻（*P. stipitata*）中，但是 Andersen 等（1999）根据 18 小亚基核糖体核糖核酸基因序列（18S rRNA sequences）分析研究指出，这两者有不同的 18S rRNA sequences。形态上的不同为此种囊壳柄基部为单一的足，少数足具有 2 条分枝固着在基质上，而杯棕鞭藻（*P. stipitata*）囊壳柄基部的足具有 3 条或多于 3 条分枝固着在基质上。

采自武汉水生生物研究所小球藻属（*Chlorella*）培养液中分离培养的品系的 18S rDNA 序列与 *Poterioochromonas malhamensis* 的相似度为 100%，1,5-二磷酸核酮糖羧化/加氧酶（rbcl）序列的相似度为 100%，线粒体脱氧核糖核酸细胞色素氧化酶亚基 I（mtDNA COI）序列的相似度为 99%。采自武汉微囊藻属（*Microcystis*）胶被中分离培养的品系的 18S rDNA 序列与 *Poterioochromonas malhamensis* 的相似度为 95%。从分子序列上分析这 3 个品系均属于马勒姆杯棕鞭藻（*Poterioochromonas malhamensis*）。

3. 近囊胞藻科 PARAPHYSOMONADACEAE

藻体为单细胞或群体，自由运动。群体球形，由细胞放射状排列组成，细胞部分包埋在球形的透明胶被内；细胞球形到卵形、梨形、长圆形等；细胞前端具 2 条不等长的鞭毛；原生质体具 1 个或多个伸缩泡，位于细胞的前端或后端，具有叶绿体或无叶绿体而仅具有白色体（leucoplast），叶绿体周生，片状，1—2 个，黄褐色，具或不具眼点，细胞核 1 个，位于细胞的中部，具金藻昆布糖液泡，光合作用产物为金藻昆布糖和油滴；细胞具许多硅质鳞片，鳞片的硅质沉积在原生质内特殊的硅质沉积囊中，邻近高尔基体并与内质网囊相连，内质网囊膨胀凸出并进入硅质沉积囊中，形成一个具有硅质鳞片特征的模板（mold），鳞片形成后释放到细胞表面形成细胞的覆盖物，在细胞表面鳞片之间较疏松排列，鳞片为同极（homopolar）的，辐射对称或两侧辐射对称（radial or bilateral radial symmetry）排列，在两侧辐射对称排列的种类中，细胞两极的鳞片排列相似；硅质鳞片有 3 种类型，板状鳞片无结构或网状结构，刺状鳞片具有一条中央长刺，冠状鳞片呈冠状，多少具有复杂的表面结构。有些种类具有 3 种鳞片类型中的 1 种鳞片，有的种类具有板状鳞片和刺状鳞片或板状鳞片和冠状鳞片 2 种类型的鳞片。

Preisig 和 Hibberd（1983，1986）的研究指出，金球藻属（*Chrysosphaerella*）、刺胞藻属（*Spiniferomonus*）、近囊胞藻属（*Paraphysomonas*）和多鳞胞藻属（*Polylepidomonas*）的细胞表面虽然都覆盖许多硅质鳞片，但细胞内部的超微结构特征比具硅质鳞片的鱼鳞藻属（*Mallomonas*）和黄群藻属（*Synura*）更类似于无硅质鳞片的色金藻属（*Chromulina*）和棕鞭藻属（*Ochromonas*）中的种类，因此提出这 4 个属不再属于黄群藻目（Synurales）中的鱼鳞藻科（Mallomonaceae），而移到色金藻目（Chromulinales）中，并建立独立的一个科，近囊胞藻科（Paraphysomonadaceae）。

此科共有 4 个属，在中国报道 3 个属，多鳞胞藻属（*Polylepidomonas*）在中国尚未发现。

正确的鉴定具硅质鳞片的近囊胞藻科的种类需要使用透射电子显微镜（TEM）或扫描电子显微镜（SEM）技术观察硅质鳞片的超微结构特征。用光学显微镜观察和鉴定近囊胞藻科的种类在中国的分布记录均未列入本卷册中。在本卷册中，增加了在金藻门第Ⅰ册中未列入的近囊胞藻科 3 个属在中国没有记录过的种类的分布地区，增加了在金藻门第Ⅰ册中未列入的在中国发现的近囊胞藻科 3 个属的新种和新记录种类，并对这些种类用透射电子显微镜进行了观察和鉴定，重新详细和准确地描述了这些种类和附有这些种类的透射电子显微镜或扫描电子显微镜照片图。

近囊胞藻科分属检索表

1. 细胞无叶绿体··· 2. 近囊胞藻属 *Paraphysomonas*
1. 细胞具 1 个或 2 个叶绿体··· 2
   2. 单细胞或群体，刺状鳞片的基部漏斗形、宽圆锥形或线筒状或滑轮状，具 2 个分隔的盘或折叠，刺的基部与刺杆间具有隔膜，隔膜上端具有 1 个孔······························ 1. 金球藻属 *Chrysosphaerella*
   2. 单细胞，刺状鳞片的基部圆锥形或呈一个简单的平盘，刺的基部与刺杆间无隔膜，隔膜上端没有一个孔·· 3. 刺胞藻属 *Spiniferomonus*

Key to the genus of Family Paraphysomonadaceae

1. Cells colourless ··· 2. *Paraphysomonas*
1. Cells with one or two chloroplasts ··· 2
   2. Unicellular or colonial, base of spine scales funnel, broad conical or bobbin or pulley-like with two separated discs or folds, with a septum between spine base and spine shaft, with a hole upper a septum ··· 1. *Chrysosphaerella*
   2. Unicellular, base of spine scales conical or a simple flat disc, without a septum between spine base and spine shaft, without a hole upper a septum ··· 3. *Spiniferomonus*

1. 金球藻属 Chrysosphaerella Lauterborn em. Nicholls

Lauterborn, Zool. Anz., 19: 1—32, 1896.

Nicholls, Pl. Syst. Evol. 135: 95—106, Figs. 1—19. 1980.

藻体为单细胞或群体，自由运动。群体球形，由细胞放射状排列组成，细胞部分包埋在群体的透明胶被内；细胞球形到梨形或卵形，细胞前端具 2 条不等长的鞭毛；原生质体具 1 个或数个伸缩泡，叶绿体周生，片状，1 个或 2 个，黄褐色，眼点 1 个，位于细胞的前部，具金藻昆布糖液泡，光合作用产物为金藻昆布糖和油滴；细胞表面覆盖许多硅质板状鳞片和刺状鳞片，板状鳞片圆形、卵形到椭圆形，平滑或具有纹饰，单细胞种类刺状鳞片围绕细胞周边辐射排列，群体种类刺状鳞片从每个群体细胞远轴端辐射出，有的种类具长刺和短刺 2 种类型的刺，刺状鳞片的基部漏斗形、宽圆锥形、线筒状或滑轮状，基部漏斗形、宽圆锥形的种类的基部和刺杆之间具有隔膜，隔膜上端具有 1 个孔，线筒状或滑轮状种类的基部具有 2 个分隔的盘或互相折叠，刺杆的顶端尖、二叉或三叉状。绝大多数种类的板状鳞片和刺状鳞片仅在电子显微镜下观察到。

模式种：*Chrysosphaerella longispina* Lauterborn em. Nicholls 1980。

根据 Kristiansen 和 Preisig（2001）的报道，全世界约有 6 种，其中的金球藻（*Chrysosphaerella longispina*）和短刺金球藻（*C. brevispina*）是群体种类，其他 4 种是单细胞种类。

金球藻属分种检索表

1. 板状鳞片具有 3 种类型 ·· **4. 金球藻 *C. longispina***
1. 板状鳞片具有 1 种类型 ·· 2
   2. 刺状鳞片的基部漏斗形、宽圆锥形 ·· 3
   2. 刺状鳞片的基部线筒状或滑轮状，具 2 个分隔的盘 ·· 4
3. 刺状鳞片的基部漏斗形，板状鳞片内侧边缘具有一轮 9—15 个环状的纹饰 ······················
·· **1. 环饰金球藻 *C. annulata***
3. 刺状鳞片的基部宽圆锥形，板状鳞片内侧具一轮不连续的、弯的短肋和小凹孔 ··············
·· **5. 隔刺金球藻 *C. septispina***
   4. 刺状鳞片的基部线筒状，板状鳞片内侧具一轮短脊形成圆齿状的纹饰 ···························
·· **2. 短刺金球藻 *C. brevispina***
   4. 刺状鳞片的基部滑轮状，板状鳞片内侧边缘具一轮小的凹孔 ·······································
·· **3. 花环金球藻 *C. coronacircumspina***

Key to the species of Genus *Chrysosphaerella*

1. Plate scales with three types ·· 4. *C. longispina*
1. Plate scales with one type ·· 2
   2. Basal part of spine scales funnel, broad conical ·· 3
   2. Basal part of spine scales bobbin or pulley-like, with two separated discs or folds ············ 4
3. Basal part of spine scales funnel, inside of plate scales with a series of 9—15 annulate pattern ···············
·· 1. *C. annulata*
3. Basal part of spine scales broad conical, inside of plate scales with a series of short curved ribs and small pits
·· 5. *C. septispina*
   4. Basal part of spine scales bobbin, inside of plate scales with a series of short ridges forming a scalloped pattern ·· 2. *C. brevispina*
   4. Basal part of spine scales pulley-like, inside of plate scales with a series of small pits ···············
·· 3. *C. coronacircumspina*

1. 环饰金球藻　　电镜照片图版 I

Chrysosphaerella annulata Kristiansen & Tong, Nord. J. Bot., 9: 329—332, Figs. 1—6, 1989; Wei & Kristiansen, Arch. Protistenk., 144 (1994): 433—449, Fig. 6, 1994.

种名是根据壳体的板状鳞片具环状纹饰而命名。

单细胞，球形，直径 8—11 μm；细胞表面覆盖许多板状鳞片，卵形，长 2.1—3.0 μm，宽 1.4—2.0 μm，板状鳞片外侧边缘平滑，内侧边缘宽为 0.3—0.5 μm，具有一轮 9—15 个不规则排列的环状纹饰，直径 0.2—0.4 μm，沿环状纹饰的周边内具一轮细圆齿，鳞片的中间平滑无纹饰；刺状鳞片的基部几乎平和略呈漏斗形，漏斗口直径 2.3—4.5 μm，有时具有不规则排列的环状结构，漏斗形上端的刺杆管状，长 2.3—8.5 μm，不规则圆锥形，刺的基部与刺杆间具隔膜，隔膜上端常略膨大和刺杆壁上具一个圆形小孔，刺的顶部具 2 个小齿。

产地：电子显微镜记录——北京，采于池塘、密云水库中。江苏：苏州，采于池塘中。浙江：绍兴，鲁镇，采于小湖中；建德，采于千岛湖中。山东：青州，采于南阳河湿地中。河南：郑州，采于尖岗水库中。湖北：孝感，采于天紫湖和小湖中；武汉，采于池塘中。湖南：岳阳，采于洞庭湖中。福建：泉州，采于小水库中；同安，采于坂头水库中。广东：深圳，采于沙头角水库和梅沙水库中；潮州，采于西湖中。海南：海口，采于沙坡水库和池塘中；琼海，采于稻田中；万宁，采于池塘中；兴隆，采于池塘、小湖中。

分布类型：世界广泛分布，主要分布在热带或亚热带地区。

电子显微镜记录——亚洲：孟加拉国，斯里兰卡；欧洲：奥地利，匈牙利；非洲：马达加斯加，津巴布韦，博茨瓦纳，尼日利亚，南非；大洋洲：澳大利亚；北美洲：美国；中美洲：牙买加；南美洲：巴西。

2. 短刺金球藻　　电镜照片图版 II

Chrysosphaerella brevispina Korshikov em. Harris & Bradley；Korshikov，Arch. Protistenk. 95：22—44，1941；Harris & Bradley，J. gen. Microbiol.，18：71—83，1958；Wei & Kristiansen，Arch. Protistenk.，144（1994）：433—449，Figs. 2—3，1994.

种名是根据壳体的刺状鳞片具短刺而命名。

群体球形；细胞卵形，长 9—13 μm，宽 8—12 μm；细胞表面覆盖许多椭圆形到卵形的板状鳞片，长 1.2—4.4 μm，宽 0.8—3.4 μm，板状鳞片外侧边缘平滑，内侧边缘具一轮短脊形成圆齿状的纹饰，围绕长圆形平滑无纹饰的中间部分，每个细胞具数条中空的长而直的刺状鳞片，长 7.6—16 μm，刺状鳞片的基部线筒状，由 2 个大小不同的圆盘组成，上端的圆盘大于下端的圆盘，2 个圆盘间由中空的筒相连接，刺杆顶端二叉状。

产地：电子显微镜记录——北京，采于池塘、昆明湖中。河北：唐山，采于池塘中；承德，采于小湖中。黑龙江：哈尔滨，采于松花江中；宁安市，采于镜泊湖中；密山市，采于小兴凯湖中；扎龙自然保护区，采于仙鹤湖中；伊春，采于凉水湿地中；塔河市，采于池塘中；索伦，采于池塘中。江苏：南京，采于池塘中；淮安，采于洪泽湖中；高邮，采于高邮湖中。浙江：宁波，采于池塘中；南浔，采于池塘中；新昌，采于池塘中。湖北：武汉，采于池塘、张渡湖中；巴东，采于小河中。福建：泉州，采于城东水库中。云南：路南，石林，采于小水库中。

分布类型：世界广泛分布。在温带地区，清洁的湖泊和池塘中十分丰富。

电子显微镜记录——亚洲：日本，孟加拉国，斯里兰卡；欧洲：英国，芬兰，荷兰，瑞典，丹麦，冰岛，葡萄牙，奥地利，匈牙利，罗马尼亚，俄罗斯；非洲：津巴布韦；大洋洲：澳大利亚；北美洲：美国，加拿大；南美洲：巴西，智利，阿根廷。

3. 花环金球藻　　电镜照片图版 III

Chrysosphaerella coronacircumspina Wujek & Kristiansen, in Wujek et al. Michigan Bot. 16: 191—194, 1977; Wei & Kristiansen, Arch. Protistenk., 144 (1994): 433—449, Figs. 4—5, 1994.

Chrysosphaerella solitaria Preisig & Takahashi, Pl. Syst. Evol. 129: 135—142, 1978.

种名是根据壳体的板状鳞片具有花环状纹饰而命名。

单细胞，卵形，长 3.8—10 μm，宽 3—6 μm，细胞表面覆盖许多椭圆形到长椭圆形板状鳞片，长 1.2—2.6 μm，宽 0.7—1.9 μm，鳞片外侧边缘平滑，内侧边缘具一轮圆形凹孔（pits）围绕中间长圆形平滑无纹饰部分，刺状鳞片长 3—14.8 μm，刺状鳞片的基部滑轮状，由 2 个大小不同的圆盘组成，上端的圆盘较小于下端的圆盘，圆盘直径 2.8—3.0 μm，刺杆长而直，刺杆的顶端尖。

产地：电子显微镜记录——北京，采于北海中。内蒙古：扎兰屯，采于池塘中；阿尔山，采于沼泽中。黑龙江：珍宝岛，采于牛轭湖和七虎林河中；伊春，采于凉水湿地中；塔河，采于池塘中。江苏：南京，采于西北水库中；苏州，采于池塘中；高邮，采于高邮湖中；吴江，采于太湖中；泰州，采于漆湖中。浙江：杭州，采于池塘中；新昌，采于池塘、长诏水库中；宁波，采于东钱湖中；溪口，采于池塘、小水库中；德清，采于莫干湖中。江西：湖口，采于鄱阳湖中。湖北：洪湖，采于富弯河中；孝感，采于天紫湖中；武汉，采于池塘、张渡湖中；贺胜桥，采于斧头湖和上涉湖中；巴东，采于小河中。广东：深圳，采于深圳水库、铁岗水库、西丽水库、东湖水库和梅沙水库中。海南：海口，采于沙坡水库和池塘中；琼海，采于稻田中；万宁，采于池塘中；兴隆，采于池塘、小湖、生态湖中；三亚，采于池塘中。香港：采于大潭水库、薄扶林村水库、石梨贝水库和石壁水库中。

分布类型：世界广泛分布。

电子显微镜记录——亚洲：日本，韩国，斯里兰卡，孟加拉国；欧洲：芬兰，瑞典，荷兰，丹麦，冰岛，奥地利，俄罗斯；非洲：马达加斯加，博茨瓦纳；大洋洲：澳大利亚，新西兰；北美洲：美国；南美洲：阿根廷。

4. 金球藻　　电镜照片图版 IV

Chrysosphaerella longispina Lauterborn em. Nicholls, Lauterborn, Zool. Anz., 19: 14—18, 1896; Nicholls, Pl. Syst. Evol. 135: 95—106, Figs. 1—19. 1980; Nicholls, Nord. J. Bot. 13: 343—351, 1993; Wei, Yuan & Kristiansen, Nord. J. Bot. 32: 881—892, Fig. 12, 2014; Wei & Yuan, Nova Hedwigia1 101: 299—312, Figs. 6—8, 2015.

Chrysosphaerella multispina Bradley, J. gen. Microbiol. 37: 321—331, 1964.

种名是根据壳体刺状鳞片具有长刺而命名。此种是此属藻类的模式种类，用金球藻属的属名作种的命名。

群体球形，可由多达 64 个细胞组成，群体外具胶被，直径 60—75μm；细胞卵形到梨形，长 13—15μm，宽 10—12μm，细胞表面覆盖许多椭圆形或卵形的板状鳞片，板状鳞片有 3 种类型，小的板状鳞片无纹饰，具厚的棱边，长 1.8—2.5μm，宽 1.0—1.6 μm，较大的板状鳞片具宽的无纹饰的边缘和在鳞片的中央具网状的狭脊，长 2.1—4.2μm，宽 1.5—2.6μm，大的板状鳞片具宽的无纹饰的外侧边缘，外侧边缘内具一轮放射状脊并围绕无纹饰的长圆形中央区，长 3.5—6.0μm，宽 2.2—3.0μm，每个细胞可多达 15 条刺状鳞片，刺状鳞片具刺杆长的长刺和刺杆短的短刺 2 种类型，长 3—85μm，刺状鳞片的基部具 1 个圆形到卵形的基部板，基部板的上端漏斗形并连接中空的刺杆，刺杆的顶部具 2 个小齿，短刺的基部板具一轮 7—12 个大的小孔。

产地：电子显微镜记录——内蒙古：甘河，采于池塘中；扎兰屯，采于池塘中；阿尔山，采于沼泽中；索伦，采于池塘中。黑龙江：珍宝岛，采于牛轭湖、阿布沁河和七虎林河中；洪河自然保护区，采于洪河中；塔河，采于池塘中；呼源，采于池塘中。湖北：孝感，采于天紫湖中；武汉，采于东湖中。海南：兴隆，采于池塘中。

分布类型：在温带地区广泛分布，在温带地区清洁的湖泊和池塘中十分丰富。

电子显微镜记录——亚洲：日本；欧洲：芬兰，丹麦，瑞典，冰岛，葡萄牙，德国，罗马尼亚，俄罗斯，乌克兰；北美洲：美国，加拿大。

5. 隔刺金球藻　　电镜照片图版 V

Chrysosphaerella septispina（Nicholls）Kristiansen & Tong, Nord. J. Bot., 9：329—332，1989b；Wei & Kristiansen, Chin. J. Oceanol. Limnol. 16：256—261, Pl. I, Fig. 3, 1998.

Spiniferomonas septispina Nicholls, Pl. Syst. Evol. 148：103—117, Figs. 1—5, 1984a.

种名是根据壳体刺状鳞片的基部与管状的刺杆间具隔膜而命名。

单细胞，球形，直径 10—11 μm；细胞表面覆盖许多椭圆形的板状鳞片，长 1.7—3.5 μm，宽 1.1—2.3 μm，板状鳞片具厚的棱边，板状鳞片的棱边内平滑，板状鳞片的棱边内和中间之间具不连续的、弯的短肋和小凹孔，板状鳞片的中间平滑无纹饰，刺状鳞片长 3.2—18 μm，每条刺的基部宽圆锥形，其棱边厚，直径 1.3—4.5 μm，刺的基部与管状的刺杆间具隔膜，在隔膜的上端刺杆壁上具 1 个圆形到椭圆形的孔，刺的顶端尖。

金藻孢子囊球形，直径 10 μm，孢孔具领，宽 2—3 μm，高 2 μm。中国未见到金藻孢子。

产地：电子显微镜记录—江苏：常州，采于宋剑湖中。浙江：临安，清凉峰，采于池塘中。湖北：神农架，采于大九湖和湖边湿地中；武汉，采于张渡湖中；巴东，采于小河中。福建：泉州，采于城东水库中。广东：深圳，采于西丽水库中。海南：万宁，采于池塘中。

分布类型：世界散生分布。

电子显微镜记录——非洲：马达加斯加，尼日利亚；北美洲：美国，加拿大；南美洲：巴西。

附：*Thaumatomastix triangulate*（Balonov）Beech & Moestrup, 1986　电镜照片图版 X：6

三角金球藻 *Chrysosphaerella triangulate* J. M. Balonov, 1980.

三角金球藻（*C. triangulate*）最初由 Balonov 在 1980 年建立，其后 Dürrschmid 和 Cronberg（1989）在斯里兰卡报道，并指出 Beech 和 Moestrup（1986）将此种归入无色鞭毛类的属 *Thaumatomastix* 中。Dürrschmid 在马来西亚、新西兰、智利（Malaysia, New Zealand, Chile）相继报道了此种。

产地：电子显微镜记录——黑龙江：五大连池，采于草本沼泽中。

分布：电子显微镜记录——亚洲：斯里兰卡，马来西亚；欧洲：英国，俄罗斯；大洋洲：新西兰；北美洲：加拿大；南美洲：智利。

2. 近囊胞藻属 Paraphysomonas de Saedeleer
Ann. Protistol. 2: 177—178, 1929.

藻体为单细胞，球形到卵形或长圆形，自由运动或附着于基质的表面，或偶尔在细胞的后端形成一个薄而柔软的柄着生。细胞前端具 2 条不等长的鞭毛，长鞭毛有分成 3 个部分的管状毛，短鞭毛平滑；原生质体具 1 个或 2 个伸缩泡，无叶绿体，具有小的白色体（leucoplast），以吞食食物颗粒，如细菌和微形藻类的异养营养，可能含有金藻昆布糖液泡，除浮雕状近囊胞藻（*Paraphysomonas caelifrica*）外细胞无眼点，细胞表面覆盖许多硅质板状鳞片、冠状鳞片或刺状鳞片，板状鳞片无结构或网状，冠状鳞片呈冠状和具有复杂的表面结构，刺状鳞片在鳞片基部中央具有 1 条刺，刺状鳞片的刺从基部到顶部大小均匀或从基部到顶部逐渐狭窄，刺的顶端钝或锥形、尖形。多数种类具有 1 种类型的鳞片，有的种类具有板状鳞片和刺状鳞片或板状鳞片和冠状鳞片。绝大多数种类的板状鳞片、冠状鳞片和刺状鳞片仅在电子显微镜下才能观察到。

细胞分裂形成 2 个子细胞；在有些种类中观察到金藻孢子。

根据 Škaloud 等（2013）报道，全世界约有 50 种，Kristiansen 和 Preisig（2001）报道其中的 11 种生长在海水中。根据 Scoble 和 Cavalier-Smith（2013）报道，全世界已描述 56 种。

根据 Thomsen 等（1981）的意见，将此属分为 4 个类群：①卵形板状鳞片；②网纹鳞片；③钉形刺状鳞片；④多少呈畸变反常的鳞片（*P. cylicophora*）。

模式种：*Paraphysomonas vestita*（Stokes）de Saedeleer, 1929.

近囊胞藻属分种检索表

1. 仅具有刺状鳞片、板状鳞片或冠状鳞片··· 2
1. 具有刺状鳞片和板状鳞片或板状鳞片和冠状鳞片··· 14
   2. 仅具有刺状鳞片··· 3
   2. 仅具有板状鳞片或冠状鳞片··· 10
3. 具网纹的刺状鳞片··· **18. 高桥近囊胞藻 *P. takahashii***
3. 不具网纹的刺状鳞片··· 4
   4. 刺状鳞片基部边缘无棱边··· **13. 无穿孔近囊胞藻 *P. imperforata***
   4. 刺状鳞片基部边缘具有棱边··· 5
5. 刺状鳞片基部棱边内具有小孔··· 6

5. 刺状鳞片基部棱边内无小孔		7
6. 刺状鳞片基部棱边内具有一轮小孔环绕	**6. 环孔近囊胞藻** *P. circumforaminifera*	
6. 刺状鳞片基部棱边内具有等距离分布的小孔	**15. 多孔近囊胞藻** *P. porosa*	
7. 刺状鳞片从刺的基部到顶部直径相同，顶端圆	**1. 班达近囊胞藻** *P. bandaiensis*	
7. 刺状鳞片从刺的基部到顶部逐渐锥形变狭，顶端尖		8
8. 刺状鳞片的基部椭圆形	**10. 剑状近囊胞藻** *P. gladiata*	
8. 刺状鳞片的基部圆形		9
9. 刺状鳞片的基部不具有 5—7 条辐射脊	**19. 近囊胞藻** *P. vestita*	
9. 刺状鳞片的基部具有 5—7 条辐射脊	**20. 近囊胞藻未定种** *P. ssp.*	
10. 仅具有冠状鳞片	**14. 蜂巢状近囊胞藻** *P. morchella*	
10. 仅具有板状鳞片		11
11. 板状鳞片无网纹结构	**7. 环脊近囊胞藻** *P. circumvallata*	
11. 板状鳞片具网纹结构		12
12. 板状鳞片远轴端的一面中间部分不凹入	**12. 同形近囊胞藻** *P. homolepis*	
12. 板状鳞片远轴端的一面中间部分凹入		12
13. 板状鳞片远轴端的一面具有规律排列的小乳突	**16. 点纹状近囊胞藻** *P. punctata*	
13. 板状鳞片远轴端的一面具有孔纹	**17. 倒齿状近囊胞藻** *P. runcinifera*	
14. 具有刺状鳞片和板状鳞片		15
14. 具有板状鳞片和冠状鳞片		19
15. 刺状鳞片钟形、塔状网纹或具有杆形的刺杆		16
15. 刺状鳞片的刺具 3—6 翼		18
16. 刺状鳞片塔状网纹	**9. 埃菲尔铁塔状近囊胞藻** *P. eiffelii*	
16. 刺状鳞片钟形或具有杆形的刺杆		17
17. 刺状鳞片钟形	**4. 钟形近囊胞藻** *P. campanulata*	
17. 刺状鳞片的刺中空杆状，近顶点略加宽，2 叉状	**5. 具卷须近囊胞藻** *P. capreolata*	
18. 板状鳞片中间具有微小的小孔和乳突	**3. 浮雕状近囊胞藻** *P. caelifrica*	
18. 板状鳞片中间具一个大的椭圆形的空腔	**11. 海南近囊胞藻** *P. hainanensis*	
19. 板状鳞片具网纹	**2. 布彻近囊胞藻** *P. butcheri*	
19. 板状鳞片具小的穿孔	**8. 冠状近囊胞藻** *P. diademifera*	

Key to the species of Genus *Paraphysomonas*

1. Only with spine scales, plate scales or crown scales	2
1. With spine scales and plate scales or plate scales and crown scales	14
2. Only with spine scales	3
2. Only with plate scales or crown scales	10
3. With meshwork spine scales	18. *P. takahashii*
3. Without meshwork spine scales	4
4. Without a rim on the basal margin of spine scales	13. *P. imperforata*
4. With a rim on the basal margin of spine scales	5
5. With pores inside the basal rim of spine scales	6
5. Without pores inside the basal rim of spine scales	7
6. With a ring of perforations immediately inside the basal rim of spine scales	6. *P. circumforaminifera*
6. With equally distributed pores inside the basal rim of spine scales	15. *P. porosa*
7. Spine scales with same diameter from spinal base to tip, terminating in a round tip	1. *P. bandaiensis*

7. Spine scales gradually taper from spinal base to tip, terminating in an acute tip ················ 8
   8. Spine scales with elliptical base parts ··· 10. *P. gladiata*
   8. Spine scales with circular base parts ··· 9
9. Spine scales without 5-7 radial ridges on the base parts ··································· 19. *P. vestita*
9. Spine scales with 5-7 radial ridges on the base parts ······································ 20. *P.* ssp.
   10. Only with crown scales ·· 14. *P. morchella*
   10. Only with plate scales ·· 11
11. Plate scales without meshwork structure ·· 7. *P. circumvallata*
11. Plate scales with meshwork structure ··· 12
   12. Distal side of plate scales without concave centre part ······················· 12. *P. homolepis*
   12. Distal side of plate scales with concave centre part ······································· 13
13. Distal side of plate scales with a regular array of small papillae ················· 16. *P. punctata*
13. Distal side of plate scales with apertures ··· 17. *P. runcinifera*
   14. With spine scales and plate scales ··· 15
   14. With plate scales and crown scales ··· 19
15. Spine scales bell-shaped, tower-shaped meshwork or with hollow rod-shaped spines ········· 16
15. Spine bearing 3-6 wings in spine scales ·· 18
   16. Spine scales tower-shaped meshwork ·· 9. *P. eiffelii*
   16. Spine scales bell-shaped or with hollow rod-shaped spines ······························· 17
17. Spine scales bell-shaped ··· 4. *P. campanulata*
17. Spine scales with hollow rod-shaped spines, which broadens slightly and then bifurcates near apex ·······
··· 5. *P. capreolata*
   18. With small pores and papillae in the centre of plate scales ······················· 3. *P. caelifrica*
   18. With a large ellipsoid lacuna in the centre of plate scales ························ 11. *P. hainanensis*
19. Plate scales with meshwork structure ·· 2. *P. butcheri*
19. Plate scales with punctulate structure ··· 8. *P. diademifera*

1. 班达近囊胞藻　　电镜照片图版 XIV：1—2

Paraphysomonas bandaiensis Takahashi, Brit. Phycol. Jour. 11: 39—48, Figs. 6—8, 1976; Takahashi, Electron microscopical studies of the Synuraceae (Chrysophyceae) in Japan: Taxonomy and ecology. p. 82, Figs. 271—273, 1978; Kristiansen & Tong, Nova Hedwigia 49: 183—202, Fig. 27, 1989a; Wei & Yuan, Nova Hedwigia 101: 299—312, Fig. 14, 2015.

种名是根据壳体在日本的班达存在而命名。

细胞球形或卵形，球形直径 5 μm，卵形长 5 μm，宽 4 μm；细胞前端具 2 条不等长的鞭毛，长鞭毛长 20 μm，短鞭毛长 4 μm；细胞体部覆盖许多刺状鳞片，刺状鳞片的基部圆盘形，直径 0.28—0.33 μm，边缘具向上翻转的棱边，刺状鳞片基部的中间具 1 条从基部到顶部相同直径圆柱形的刺，顶端圆形，长 0.23—0.33 μm。

产地：电子显微镜记录——内蒙古：索伦，采于池塘中。浙江：临安，天目山，采于月亮桥水库中。湖北：武汉，采于池塘中。

分布类型：世界广泛分布。

电子显微镜记录——亚洲：日本，印度；欧洲：英国，荷兰，丹麦，奥地利，希腊，匈牙利,俄罗斯;北美洲:美国,加拿大。

2. 布彻近囊胞藻　　电镜照片图版 XV:1,6—8

Paraphysomonas butcheri Pennick & Clarke, Br. Phycol. J. 7: 45—48, Figs. 1—13, 1972; Takahashi, Br. Phycol. J. 11: 39—48, Figs. 10—13, 1976; Takahashi, Electron microscopical studies of the Synuraceae (Chrysophyceae) in Japan: Taxonomy and ecology. p. 83, Figs. 275—278, 1978; Kristiansen, Nord. J. Bot. 8 (5): 539—552, Fig. 7, 1989; Wei & Kristiansen, Chin. J. Oceanol. Limnol. 16: 256—261, Pl. I, Fig. 8, 1998.

Paraphysomonas inconspicua Takahashi, Brit. Phycol. Jour. 11: 39—48, Figs. 14—16, 1976.

种名是授于藻类学家布彻(Butcher)而命名。

细胞通常球形,直径 2.4—3.1 μm;细胞前端具 2 条不等长的鞭毛,长鞭毛长 6.0—9.0 μm,短鞭毛长 2.4—3.0 μm;细胞体部覆盖板状鳞片和冠状鳞片 2 种类型的鳞片;板状鳞片椭圆形,长 0.8—1.0 μm,宽 0.4—0.7 μm,外周的一轮网纹约具 11 个网孔,内周的一轮网纹约具 15 个网孔,中间区域的网纹约具 12 个网孔,冠状鳞片盒形,每个冠状鳞片顶部和基部各具有一个环,直径 0.3—0.4 μm,由 4—6 个高约 0.25 μm 垂直的杆连接,顶部的一个环周边具有 5 个网孔和中间区域具多角形的网孔。

生长在淡水和海水中。

产地:电子显微镜记录——内蒙古:锡林浩特,采于锡林湖中。黑龙江:哈尔滨,采于松花江中;五大连池市,采于草本沼泽中。福建:厦门,采于万石岩水库中。湖北:孝感,采于天紫湖中。

分布类型:世界广泛分布。

电子显微镜记录——亚洲:日本;欧洲:英国,挪威,芬兰,希腊,丹麦,荷兰,奥地利,捷克,匈牙利,罗马尼亚;非洲:马达加斯加,阿尔及利亚;大洋洲:澳大利亚,新西兰;北美洲:美国;南美洲:巴西,阿根廷;南极。

3. 浮雕状近囊胞藻　　电镜照片图版 XVI

Paraphysomonas caelifrica Preisig & Hibberd, Nord. J. Bot. 2: 397—420, Fig. 9A-L, 1982a; Nicholis, Can. J. Bot. 67: 2525—2527, Figs. 1—3, 1989.

种名是根据壳体板状鳞片呈浮雕状纹饰而命名。

细胞近球形,直径 2.5—6 μm;细胞前端具 2 条不等长的鞭毛,长鞭毛长 6—12 μm,短鞭毛长 2—3 μm;细胞体部覆盖板状鳞片和刺状鳞片 2 种类型的鳞片;板状鳞片椭圆形,长 0.5—1.3 μm,宽 0.4—0.9 μm,板状鳞片向外倾斜的拱形冠状棱边宽约 0.2 μm,其外侧具有微小的小孔和有时具有瘤,其内侧具有乳突,棱边内的中间部分具有微小的小孔(25—50 个),微小的小孔之间具乳突(30—65 个);刺状鳞片长 1.8—2.3 μm,刺状鳞片的基部浅碟形(saucer shape),直径 0.6—1.5 μm,浅碟形的中间具 1 条刺,刺的近轴端具 3—6 个翼沿刺杆逐渐从基部向上加宽扩展到刺长的 1/2 或 2/3,翼到顶端逐渐锥形或末端具尖的角或钩状，刺杆的远轴端纤细，其顶端圆锥形，刺状鳞片具有微小小孔。每个细胞板状鳞片和刺状鳞片的数目有变化，散生覆盖在细胞的表面。

产地：电子显微镜记录——黑龙江：密山市，采于小兴凯湖湿地中。湖北：巴东，采于小河中。

分布类型：世界广泛分布，但比较散生。

电子显微镜记录——亚洲：印度；欧洲：英国，丹麦，匈牙利；非洲：马达加斯加；大洋洲：澳大利亚，新西兰；北美洲：加拿大。

4. 钟形近囊胞藻　　电镜照片图版 XVII

Paraphysomonas campanulata Nichollis, Br. Phycol. J. 19：239—244, 1984b.

种名是根据壳体刺状鳞片呈钟形而命名。

细胞近球形，直径 4—5 μm，细胞前端具 2 条不等长的鞭毛，长鞭毛略长于体长，短鞭毛短于体长；细胞体部覆盖许多板状鳞片和刺状鳞片 2 种类型的鳞片，板状鳞片椭圆形，长 1.0—1.8 μm，宽 0.6—1.0 μm，板状鳞片的边缘具有宽约为 0.05 μm 的棱边，刺状鳞片钟形，高 1.3—1.8 μm，钟形顶部突出形成 1 个短节结，长 0.2—0.3 μm，直径 0.1 μm，其顶端钝圆，钟形的基部圆形，直径 1.0—1.5 μm。每个细胞板状的鳞片和刺状鳞片的数目有变化，散生覆盖在细胞的表面。

产地：电子显微镜记录——黑龙江：密山市，采于小兴凯湖湿地中。

分布类型：稀少种类，分布在北温带。

电子显微镜记录——北美洲：加拿大。

5. 具卷须近囊胞藻　　电镜照片图版 XVIII：1—2

Paraphysomonas capreolata Preisig & Hibberd, Nord. J. Bot. 2：412, Fig. 8A-H, 1982a.

种名是根据壳体表面的刺状鳞片似卷须而命名。

细胞近球形，直径 3.0—6.5 μm；细胞前端具 2 条不等长的鞭毛，长鞭毛长 15—28 μm，茸鞭型鞭毛，短鞭毛约等于体长，平滑；细胞体部覆盖许多板状鳞片和刺状鳞片 2 种类型的鳞片；板状鳞片平或略呈波状，椭圆形或略不规则的圆形，长 1.8—3.0 μm，宽 1.3—2.4 μm，具有略高出和增厚的缘边；刺状鳞片的基部椭圆形，长 2.0—2.9 μm，宽 1.5—2.0 μm，基部边缘具厚和向上翻转的棱边和中间具 1 条长的、中空的杆状刺，长 1.4—5.3 μm，厚 0.2—0.6 μm，杆状刺的近顶部略加宽，然后斜向上张开分叉各形成一条锥形的刺，锥形刺长 0.4—0.8 μm。

产地：电子显微镜记录——湖北：赤壁，采于陆水湖中。

分布类型：世界散生分布。

电子显微镜记录——亚洲：日本；欧洲：英国，希腊，丹麦。

6. 环孔近囊胞藻　　电镜照片图版 XIV：3

Paraphysomonas circumforaminifera Wujek, Trans. Am. Microsc. Soc., 102：165—168, Figs. 1—3, 1983.

种名是根据壳体刺状鳞片圆盘形基部的棱边内具有一轮小孔环绕而命名。

细胞近球形，直径 3—4 μm，细胞前端具 2 条不等长的鞭毛，长鞭毛约为体长的 3 倍，短鞭毛约等于体长；细胞体部覆盖许多刺状鳞片，刺状鳞片的基部圆盘形，直径 0.28—0.33 μm，其边缘具向上翻转的棱边，在棱边内具有一轮小孔环绕，圆盘形的中间具 1 条圆柱形的刺，顶端圆形，长 0.8—0.9 μm。

产地：电子显微镜记录——湖北：武汉，采于池塘、张渡湖中；丹江口，采于小湖中。

分布类型：世界散生分布。

电子显微镜记录——亚洲：斯里兰卡；欧洲：英国，希腊，匈牙利；北美洲：美国。

7. 环脊近囊胞藻　　电镜照片图版 XV：3

Paraphysomonas circumvallata Thomsen, Nord. J. Bot. 1: 559—581, Figs. 3—4, 1981; Kristiansen, Nord. J. Bot. 8: 539—552, Fig. 8, 1989.

种名是根据壳体板状鳞片周边具棱边环绕而命名。

细胞球形，直径 6 μm，细胞前端具 2 条不等长的鞭毛，长鞭毛长 8 μm，短鞭毛长 2.5 μm；细胞体部覆盖许多一种类型的板状鳞片，椭圆形，长 1.5—2.2 μm，宽 1.3—1.8 μm，板状鳞片的 2 个表面不同，近轴端的一面具有 0.15 μm 宽的棱边围绕在鳞片的周边，中间部分有时具有不明显的颗粒，远轴端的另一面几乎平滑无结构。

产地：电子显微镜记录——湖北：武昌，采于池塘中。

分布类型：世界散生分布。

电子显微镜记录——欧洲：英国，丹麦，希腊；大洋洲：新西兰；北美洲：美国，加拿大。

8. 冠状近囊胞藻　　电镜照片图版 XIX：5

Paraphysomonas diademifera（Takahashi）Preisig & Hibberd, Nord. J. Bot. 2: 601—638, Fig. 10A-J, 1982b; Kristiansen & Tong, Nova Hedwigia 49: 183—202, Fig. 29, 1989.

Ochromonas diademifera Takahashi, Bot. Mag. Tokyo, 85: 293—302, Figs. 2, 18—26, 1972.

种名是根据壳体具冠状鳞片而命名。

细胞球形，直径 2.5—7.5 μm，细胞前端具 2 条不等长的鞭毛，长鞭毛长 8—15 μm，短鞭毛长 2—3.5 μm；细胞体部覆盖许多板状鳞片和冠状鳞片 2 种类型的鳞片，板状鳞片椭圆形，长 0.45—1.0 μm，宽 0.4—0.7 μm，近轴端的一面具有宽的棱边围绕周边，棱边内具小的穿孔，远轴端的一面平滑，冠状鳞片的基部椭圆形，长 0.5—1.0 μm，宽 0.48—0.8 μm，周边具有一轮棱边，棱边内具有一轮 4—8 个垂直的小杆等距离排列，杆高 0.4—0.6 μm，杆的远轴端由拱形的杆互相连接形成冠状。

产地：电子显微镜记录——湖北：武汉，采于池塘中。

分布类型：世界散生分布。

电子显微镜记录——亚洲：日本；欧洲：英国，丹麦，希腊，匈牙利；非洲：马达加斯加；北美洲：加拿大。

9. 埃菲尔铁塔状近囊胞藻　　电镜照片图版 XX

Paraphysomonas eiffelii Thomsen, Nord. J. Bot. I: 559—581, Figs. 41—44, 1981; Preisig & Hibberd, Nord. J. Bot. 2: 601—638, Fig. 16 A-J, 1982b; Wei & Yuan, Nova Hedwigia 101: 299—312, Figs. 12—13, 2015.

种名是根据壳体的刺状鳞片网状、塔形的形状类似于法国巴黎的埃菲尔铁塔状而命名。

细胞球形，直径 3.5—4 μm；细胞前端具 2 条不等长的鞭毛，长鞭毛长 8—13 μm，短鞭毛长 1—3 μm；细胞体部覆盖 2 种类型的网状鳞片，网状的板状鳞片和网状塔形的刺状鳞片，板状鳞片卵形，长 0.6—1.2 μm，宽 0.3—0.9 μm，外周的一轮网纹约具有 13 个较大的网孔，紧挨着为内周的一轮约 16 个网孔，和中间区域约具 10 个网孔，另一种为网状塔形的刺状鳞片，长 0.9—2.0 μm，塔形刺状鳞片的基部漏斗形，直径 0.7—1.5 μm，具有较大的网孔，从基部逐渐呈锥形向顶部变狭和具有较小的网孔，其顶端 2 叉状。每个细胞塔形的刺状鳞片的数目高度变化，数量多的塔形刺状鳞片散生覆盖在细胞的整个表面。

产地：电子显微镜记录——黑龙江：五大连池市，采于草本沼泽中，温度 20℃，pH 8.7；密山市，采于小兴凯湖湿地中。

分布类型：世界广泛分布，广温性。

电子显微镜记录——亚洲：印度，斯里兰卡；欧洲：英国，丹麦，奥地利，匈牙利；非洲：马达加斯加；北美洲：美国；南美洲：智利。

10. 剑状近囊胞藻　　电镜照片图版 XXI

Paraphysomonas gladiata Preisig & Hibberd, Nord. J. Bot. 2: 397—420, Figs. 4A-H, 5A-E, 1982a; Wei & Yuan, Beih. Nova Hedwigia 142: 163—179, Fig. 8, 2013.

种名是根据壳体的刺状鳞片形状类似剑状而命名。

细胞球形，直径 3—8 μm；细胞前端具 2 条不等长的鞭毛，长鞭毛长 11—33 μm，短鞭毛长 2—6 μm；细胞体部覆盖许多刺状鳞片，刺状鳞片的基部椭圆形，长 1.3—4.4 μm，宽 1.2—3.8 μm，边缘具略向上翻转的棱边，刺状鳞片基部的中间具 1 条中空的锥形刺，从基部到顶部逐渐呈锥形变细，刺的顶端尖，长 1.2—9 μm。

在同一个细胞中，刺状鳞片刺的长度有很大的变化。

产地：电子显微镜记录——北京，采于池塘中。江苏：扬州，采于凤凰岛湿地中；常州，采于丁塘河湿地中。浙江：杭州，采于池塘、西湖、西溪湿地中。湖北：孝感，采于天紫湖和小湖中；武汉，采于东湖中；襄阳，采于泉池中。广东：深圳，采于铁岗水库和西丽水库中。

分布类型：世界广泛分布，但比较散生。

电子显微镜记录——亚洲：印度；欧洲：英国，芬兰，丹麦，匈牙利，俄罗斯；非洲：马达加斯加，尼日利亚；北美洲：加拿大。

11. 海南近囊胞藻　　电镜照片图版 XXII

Paraphysomonas hainanensis Wei & Kristiansen, Nord. J. Bot. 32: 881—896, Figs. 2—4, 2014.

种名是根据壳体首先在中国海南发现而命名。

细胞球形到卵形，长 4.3—4.7 μm，宽 4.2—4.5 μm，细胞前端具 2 条不等长的鞭毛，长鞭毛长约 6 μm，短鞭毛长约 2.5 μm；细胞体部覆盖板状鳞片和刺状鳞片 2 种类型的鳞片，板状鳞片椭圆形，长 1.2—1.4 μm，宽 0.8—1.1 μm，其边缘的棱边宽，宽 0.2—0.23 μm，具有辐射状排列的肋，在中间具一个大的椭圆形的空腔，刺状鳞片长 4.2—5.4 μm，具一个碟形、盘状的基部和 3 个长和狭的翅沿中轴从基部伸向顶部；每个细胞刺状鳞片的数目高度变化，数量多，散生地覆盖在细胞的整个表面。

分布类型：地方性种类。

产地：电子显微镜记录——海南：海口，采于中度富营养的池塘中，水温 22℃，pH 7.2，电导率 250.3 μS/cm。

此种与 *P. acantholepis* 类似，但板状鳞片的纹饰和长的刺状鳞片与后者不同。

12. 同形近囊胞藻　　电镜照片图版 X：5

Paraphysomonas homolepis Preisig & Hibberd, Nord. J. Bot. 2: 601—638, Fig. 1A-F, 1982b; Wei & Yuan, Beih. Nova Hedwigia 142: 163—179, Fig. 12, 2013.

种名是根据壳体的板状鳞片形状类似而命名。

细胞近球形，直径 2.5—7 μm，细胞前端具 2 条不等长的鞭毛，长鞭毛长 6—14 μm，短鞭毛长 2—3.5 μm；细胞体部覆盖 1 种板状鳞片，网状，椭圆形，长 0.6—1.4 μm，宽 0.5—0.8 μm，少数圆形，外周一轮具有 11—21 个较大的网孔，内周一轮具有 7—17 个较小的网孔，外周一轮较大的网孔和内周一轮较小的网孔之间的网增厚，内周一轮网孔之间具有高的结节，中间区域具有不规则排列的较小的孔。

产地：电子显微镜记录——浙江：杭州，采于池塘中。

分布类型：世界散生分布。

电子显微镜记录——欧洲：英国，俄罗斯；南美洲：巴西。

13. 无穿孔近囊胞藻　　电镜照片图版 XXIII

Paraphysomonas imperforata Lucas, Jorn. Mar. Biol. Ass. U. K. 47: 329—334, Plate 1: A, B, D. 1967; Wei & Kristiansen, Arch. Protistenk., 144（1994）: 433—449, Fig. 10, 1994.

种名是根据壳体的刺状鳞片无穿孔而命名。

细胞通常卵形，长 5.1 μm，宽 3.8 μm，运动或偶尔具有为细胞长度 2—3 倍的精致的柄；细胞前端具 2 条不等长的鞭毛，长鞭毛长 13.5—18 μm，短鞭毛约等于细胞的长（4—4.5 μm）；细胞体部覆盖许多刺状鳞片，刺状鳞片的基部圆盘形，直径 0.7—2.3 μm，圆盘形的缘边细而精致和没有棱边，圆盘形基部的中央具有一条细杆状的刺，长 0.9—12.3 μm，刺的顶端急速的呈锥形。

生长在淡水和海水中。

产地：电子显微镜记录——河北：承德，采于小湖中。黑龙江：哈尔滨，采于松花江中；珍宝岛，采于牛轭湖中；密山市，采于小兴凯湖湿地中。江苏：南京，采于紫霞湖中；泰州，采于漆湖中。浙江：杭州，采于池塘、西湖中；临安，天目山，采于月亮桥水库、龙潭水库中；溪口，采于小水库中。福建：泉州，采于草邦水库中；漳州，采于西溪亲水湿地中。江西：上饶，采于池塘中。湖北：神农架，采于大九湖和湖边湿地中；孝感，采于小湖中；武汉，采于池塘、东湖中；襄阳，采于泉池中。广东：广州，采于池塘中；深圳，采于铁岗水库、西丽水库中；潮州，采于西湖中。海南：海口，采于沙坡水库中；兴隆，采于生态湖中；三亚，采于池塘中。重庆，采于黛湖中。四川：都江堰，青城山，采于小湖中。云南：丽江，采于池塘中。甘肃：嘉峪关，采于小湖中。宁夏：银川，采于池塘、鸣翠湖中。

分布类型：世界普遍分布。

电子显微镜记录——亚洲：日本，韩国，印度；欧洲：英国，芬兰，瑞典，丹麦，荷兰，葡萄牙，冰岛，希腊，奥地利，匈牙利，俄罗斯；非洲：马达加斯加，津巴布韦；大洋洲：澳大利亚，新西兰；北美洲：美国，加拿大；南美洲：厄瓜多尔，巴西，智利，阿根廷。

14. 蜂巢状近囊胞藻　　电镜照片图版 XIX：3—4

Paraphysomonas morchella Preisig & Hibberd, Nord. J. Bot. 2: 601—638, Figs. 13, 14A-Z, 1982b; Kristiansen & Tong, Nova Hedwigia 49: 183—202, Figs. 22—23, 1989.

种名是根据壳体的冠状鳞片的网纹呈蜂巢状而命名。

细胞球形，直径 3—4 μm，细胞前端具 2 条不等长的鞭毛，长鞭毛长 7—13 μm，短鞭毛长 2—3.5 μm；细胞表面覆盖许多冠状鳞片，冠状鳞片的网纹呈蜂巢状，鳞片具有厚的基部环，直径 0.3—0.5 μm，5—7 个较狭的杆等距离垂直围绕在基部环的外周边，杆高 0.15—0.3 μm，杆的近轴端由拱形的杆互相连接形成冠状网纹结构，其中的 1 个拱形网纹特别扩大形成片状，5—7 个狭的杆等距离垂直围绕在基部环的内周边，基部环的内周板通常分成 5—7 个近五角形的网孔并围绕中间的数个小网孔。

产地：电子显微镜记录——湖北：武汉，采于池塘中。

分布类型：世界散生分布。

电子显微镜记录——亚洲：日本；欧洲：英国，希腊，丹麦。

15. 多孔近囊胞藻　　电镜照片图版 XIV：4

Paraphysomonas porosa Dürrschmidt & Cronberg, Arch. Hydrobiol. Suppl. 82, Algol. Stud. 45: 15—37, Figs. 47—49, 1989.

种名是根据壳体刺状鳞片的基部板具许多小孔而命名。

细胞近球形，直径 3 μm，细胞前端具 2 条不等长的鞭毛；细胞表面覆盖许多刺状鳞片，刺状鳞片由基部板和刺组成，基部板圆盘形，直径 0.3—0.4 μm，其边缘具狭的棱边围绕，在棱边内具有等距离分布的小孔，圆盘形的中间具 1 条圆柱形的刺，顶端圆形，刺长 0.5—0.6 μm。

产地：电子显微镜记录——湖北：武汉，采于张渡湖中。

分布类型：热带地区，稀少存在。

电子显微镜记录——亚洲：印度，斯里兰卡；非洲：马达加斯加。

16. 点纹近囊胞藻

Paraphysomonas punctata Zimmemann, in Thomsen et al. Nord. J. Bot. 1：559—581，Figs. 5—10，1981；Preisig & Hibberd，Nord. J. Bot. 601—638，Fig. 3A-F，1982b；Wei & Kristiansen，Arch. Protistenkd.，144（1994）：433—449，Fig. 12，1994.

16a. 原变种　　电镜照片图版 XXIV

var. punctata

种名是根据壳体的板状鳞片远轴端的一面中间区域具小孔而命名。

细胞球形，直径 3—5 μm，细胞前端具 2 条不等长的鞭毛，长鞭毛长 15 μm，短鞭毛长 4 μm；细胞体部覆盖由网纹组成的板状鳞片，椭圆形，长 1.8—2.3 μm，宽 1.3—2.7 μm，鳞片近轴端的一面略凹入，向外翻转的棱边宽 0.1—0.2 μm，其中间区域具有小乳突，小乳突排列在 3 条呈 60° 对角线的交叉点上，每个小乳突由 6 个小乳突围绕，远轴端的一面略凸起，其中间区域具规则排列的小孔，小孔呈三角形或菱形。

产地：电子显微镜记录——黑龙江：珍宝岛，采于牛轭湖中。浙江：杭州，采于池塘中。湖北：孝感，采于小湖中；武汉，采于池塘中。

分布类型：北半球北温带，稀少存在。

电子显微镜记录——欧洲：英国，芬兰，丹麦，匈牙利，俄罗斯；北美洲：加拿大。

16b. 点纹近囊胞藻小鳞变种　　电镜照片图版 XV：4

Paraphysomonas punctata ssp. **microlepis** Preisig & Hibberd，Nord. J. Bot. 601—638，Fig. 4D-G，1982b；Kristiansen，Nord. J. Bot. 8：539—522，Fig. 9，1989.

变种名是根据板状鳞片小而命名。

此变种与原变种不同在于板状鳞片较小，宽椭圆形，长 0.8—1.5 μm，宽 0.7—1.2 μm，板状鳞片近轴端的一面的中间区域的小乳突不明显，远轴端一面的中间区域的小孔较小，不规则排列。

产地：电子显微镜记录——黑龙江：哈尔滨，采于松花江中。

分布类型：北半球北温带，稀少存在。

电子显微镜记录——欧洲：英国，芬兰，荷兰。

17. 倒齿状近囊胞藻　　电镜照片图版 XIX：1—2

Paraphysomonas runcinifera Preisig & Hibberd，Nord. J. Bot. 2：601—638，Fig. 6A-K，1982b；Kristiansen & Tong，Nova Hedwigia 49：183—202，Figs. 24—25，1989；Wei，Yuan & Kristiansen，Nord. J. Bot. 32：881—896，Fig. 8，2014.

种名是根据壳体的板状鳞片的网纹似倒齿状而命名。

细胞近球形，直径 2—4.5 μm，细胞前端具 2 条不等长的鞭毛，长鞭毛长 4—8 μm，管状侧茸鞭茸毛，除末端丝外长 1.4—1.7 μm，短鞭毛长 1—2 μm，平滑；细胞体部覆盖一种类型的板状鳞片，板状鳞片具网纹，每个板状鳞片近轴端的基部平，椭圆形，长 0.4—1.0 μm，宽 0.3—0.7 μm，具 10—50 个网孔组成的网纹，板状鳞片的基部周边具有向上明显凹入的侧边，高 0.15—0.3 μm，网纹结构，但具有无穿孔的、宽 0.06—0.075 μm 的水平的缘边，板状鳞片的远轴端的形状和网纹结构与板状鳞片近轴端基部的网纹结构相似。

产地：电子显微镜记录——湖北：武汉，采于池塘中。福建：漳州，采于西溪亲水湿地中。海南：海口，采于沙坡水库中。

分布类型：世界散生分布。

电子显微镜记录——亚洲：印度；欧洲：英国，丹麦，匈牙利。

18. 高桥近囊胞藻　　电镜照片图版 XV：2，5

Paraphysomonas takahashii Cronberg & Kristiansen, Bot. Notiser 133：595—618, Fig. 10B-D, 1980; Thomsen et al. Nord. J. Bot. 1: 559—581, Figs. 49—58, 1981; Kristiansen, Nord. J. Bot. 8：539—552, Figs. 10—11, 1989; Kristiansen & Tong, Nova Hedwigia 49：183—202, Figs. 26, 1989.

种名是授于日本藻类学家高桥（Takahashi）而命名。

细胞球形，直径 4 μm，细胞前端具 2 条不等长的鞭毛，长鞭毛长 17 μm，短鞭毛长 3.5 μm；细胞体部覆盖许多具网纹的刺状鳞片，刺状鳞片的基部长圆形，长 1.3—2.5 μm，宽 1.0—2.1 μm，具有 4—7 轮由同心圆组成的网纹，外周一轮的网孔最明显，刺状鳞片基部的中央具一条刺，长 1.5—7.2 μm，刺的基部三叉形的 3 个脊（高 0.8—1.6 μm）具有网纹，其后逐渐锥形尖细，刺的顶端尖。

此种刺状鳞片刺的长度有很大变化。

产地：电子显微镜记录——黑龙江：哈尔滨，采于松花江中。湖北：武汉，采于池塘中。

分布类型：世界广泛分布。

电子显微镜记录——亚洲：日本；欧洲：芬兰，瑞典，荷兰，丹麦，冰岛，奥地利，保加利亚，匈牙利，俄罗斯；大洋洲：澳大利亚；北美洲：美国，加拿大。

19. 近囊胞藻　　电镜照片图版 XXV

Paraphysomonas vestita（Stokes）de Saedeleer, Ann. Protistor. 2：177—178, 1929; Wei & Kristiansen, Arch. Protistenk., 144（1994）：433—449, Fig. 11, 1994.

Physomonas vestita Stokes, Am. J. Sci., Ser. 3, 29: 313—328, 1885.

种名是根据壳体被覆盖而命名。此种是囊胞藻属（*Paraphysomonas*）的模式种，用囊胞藻属的属名作为种的命名。

细胞通常球形，直径 8—20 μm，运动或有时用精致的柄固着；细胞前端具 2 条不等长的鞭毛，长鞭毛长 16—40 μm，短鞭毛 2—6 μm；细胞体部覆盖许多刺状鳞片，刺状鳞片的基部圆盘形，直径 0.8—2.6 μm，边缘具略向上翻转的棱边，基部的中央具一条锥形的刺，长 1.3—10.4 μm，刺的顶端尖。

此种刺状鳞片刺的长度在不同的种群中有很大的变化。

金藻孢子囊球形，直径 11 μm。

Scoble 和 Cavalier-Smith（2013）根据大量分子资料的广泛分析，在近囊胞藻（*Paraphysomonas vestita* s.l.）数个种的复合体内发现隐形的多样性，这个种有很类似的鳞片形态学。

生长在淡水和海水中，在池塘和湖泊中是很常见的浮游种类，要求的水温（水温 5—32℃）和 pH（pH 5.4—9.5）的幅度很宽。

产地：电子显微镜记录——北京，采于池塘、昆明湖、北海中。河北：承德，采于小湖中。内蒙古：锡林浩特，采于锡林湖中；甘河，采于池塘中；扎兰屯，采于池塘中；阿尔山，采于小湖中；索伦，采于池塘中。黑龙江：哈尔滨，采于松花江中；珍宝岛，采于池塘、牛轭湖、阿布沁河、七虎林河中；宁安市，采于镜泊湖中；密山市，采于小兴凯湖湿地中；扎龙自然保护区，采于扎龙湖中；双鸭山市，采于安邦河湿地中；伊春，采于凉水湿地中；五大连池市，采于草本沼泽中；塔河，采于池塘中。上海，采于池塘中。江苏：南京，采于池塘、紫霞湖中；扬州，采于池塘、凤凰岛湿地中；无锡，采于池塘中；高邮，采于高邮湖中；泰州，采于生态小湖中；常州，采于淹城环形池塘、丁塘河湿地和宋剑湖中。浙江：杭州，采于池塘、白马湖、西湖、西溪湿地中；德清，采于莫干湖中；临安，天目山，采于池塘、月亮桥水库、半月潭、龙潭水库中，清凉峰，采于池塘中；新昌，采于水坑、池塘中；绍兴，采于小湖中；建德，采于千岛湖、小溪中；南浔，采于池塘中；宁波，采于池塘、东钱湖、莫枝河中；溪口，采于小溪、小水库中。安徽：宿松，采于龙感湖中。福建：福州，采于八一水库、登云水库中；闽侯，采于池塘中；泉州，采于池塘、草邦水库、城东水库、小水库中；同安，采于坂头水库中；仙游，采于九鲤湖中；莆田，采于东张水库中；厦门，采于池塘、万石岩水库、湖边水库中；漳州，采于西溪亲水湿地中。山东：青岛，采于小湖中；微山，采于微山湖中。河南：郑州，采于尖岗水库中。湖北：神农架，采于大九湖和湖边湿地中，木鱼坪，采于小溪中；孝感，采于天紫湖中；武汉，采于池塘、小湖、东湖、张渡湖中；洪湖市，采于富湾河中；丹江口，采于小湖中；襄阳，采于泉池中；咸宁，采于斧头湖、上涉湖中。湖南：岳阳，采于洞庭湖中。广东：广州，采于池塘中；深圳，采于深圳水库、铁岗水库、西丽水库和东湖水库中。海南：海口，采于池塘、沙坡水库中；琼海，采于稻田中；万宁，采于池塘中；兴隆，采于池塘、小湖、生态湖中；三亚，采于池塘中；潮州，采于西湖中。四川：武隆，采于池塘中；成都，采于池塘中；都江堰市，青城山，采于小湖中；眉山，采于池塘中。云南：昆明，采于松花坝水库中；路南，石林，采于池塘中；丽江，采于池塘中；景洪，采于池塘中。陕西：西安，采于池塘中。甘肃：敦煌，采于池塘、小湖、月牙泉中；嘉峪关，采于小湖中。宁夏：银川，采于池塘、鸣翠湖、沙湖和小河中。香港：采于大潭水库和薄扶林村水库中。

分布类型：世界普遍分布。

电子显微镜记录——亚洲：日本，韩国，印度，孟加拉国，斯里兰卡，马来西亚；欧洲：英国，挪威，芬兰，丹麦，荷兰，瑞典，冰岛，葡萄牙，希腊，奥地利，德国，法国，捷克，罗马尼亚，匈牙利，保加利亚，俄罗斯；非洲：南非，马达加斯加，津巴布韦，尼日利亚，阿尔及利亚，乍得；大洋洲：澳大利亚，巴布亚新几内亚，新西兰；北美洲：美国，加拿大；中美洲：巴拿马，牙买加，哥斯达黎加，危地马拉；南美洲：厄瓜多尔，智利，哥伦比亚，巴西，阿根廷；南极。

20. 近囊胞藻未定种　　电镜照片图版 XVIII：3—5

Paraphysomonas ssp. Hansen, Arch. Protistank. 47：145—172，1996；Wei, Yuan & Kristiansen, Nord. J. Bot. 32：881—896, Figs. 9—10, 2014.

此未知种与近囊胞藻（*P. vestita* s.l）的不同为刺状鳞片圆盘形的基部具有 5—7 条辐射脊，刺状鳞片直径 0.8—2.6 μm，刺长 1.3—10.4 μm。

产地：电子显微镜记录——黑龙江：珍宝岛，采于七虎林河中。广东：深圳，采于铁岗水库中。香港：采于大潭水库、薄扶林村水库、石梨贝水库和石壁水库中。

分布类型：世界散生分布。

电子显微镜记录——亚洲：日本，斯里兰卡；欧洲：爱尔兰，冰岛；非洲：马达加斯加；南美洲：巴西。

此未知种首先由 Takahashi（1976）在日本发现，描述为近囊胞藻的变型 *Paraphysomonas vastita* form. no.1 sp.，Wujek 和 Bicudo（1993）在巴西发现，描述为近囊胞藻的变型 *P. vestita* form，Hansen（1996）在马达加斯加发现，描述为 *P. vestita* ssp.，Řezáčová 和 Škaloud（2004）在爱尔兰发现，描述为 *P. vestita* ssp.。

3. 刺胞藻属 Spiniferomonus Takahashi
Bot. Mag. Tokyo，86：75—88，1973.

藻体为单细胞，自由运动。细胞球形到卵形，细胞前端具 2 条不等长的鞭毛；原生质体具 1 个或 2 个伸缩泡，位于细胞的后部，叶绿体周生，片状，1 个，灰黄褐色，具或无眼点，眼点位于细胞的前部，具金藻昆布糖液泡，光合作用产物为金藻昆布糖和油滴；细胞表面覆盖许多板状鳞片和刺状鳞片，板状鳞片圆形、椭圆形到卵形，具有宽的边缘和中间具有 1 个或 2 个空腔（lacuna），有的种类的板状鳞片具有 2—3 种不同的类型，每个细胞具 3 条到多条刺状鳞片放射状辐射出，每条刺状鳞片的基部圆锥形或呈一个简单的平盘，刺杆管状、圆锥形、三角锥形或具有 3 个翼。绝大多数种类的板状鳞片和刺状鳞片仅在电子显微镜下观察到。

生长在淡水池塘、湖泊、水库、沼泽中。

Škaloud 等（2013）对金球藻属（*Chrysosphaerella*）与刺胞藻属（*Spiniferomonas*）的基因序列研究报道，这两个属是没有关系的，刺胞藻属的系统分类地位不清楚。

根据 Škaloud 等（2013）的报道，全世界约有 26 种。

模式种：*Spiniferomonas bourrellyi* Takahashi, 1973。

刺胞藻属分种检索表

1. 刺状鳞片的刺杆中空管状 ··· **4. 刺胞藻 S. bourrellyi**
1. 刺状鳞片的刺杆不中空，三角锥形或平 ·· 2
　2. 刺状鳞片的刺杆平 ·· **1. 阿贝刺胞藻 S. abei**
　2. 刺状鳞片的刺杆三角锥形 ··· 3
3. 板状鳞片具有 1 个空腔 ·· 4
3. 板状鳞片具有 2 种类型，大的板状鳞片具 1 个空腔，小的板状鳞片被中间的肋分隔成 2 个空腔 ···· 7
　4. 刺状鳞片的刺杆三角锥形到顶部 ·· 5
　4. 刺状鳞片的刺杆具有钩或扩展的翼 ·· 6
5. 刺状鳞片具宽圆锥形的基部和刺杆的近轴端较狭 ··· **7. 银湖刺胞藻 S. silverensis**
5. 刺状鳞片具平圆或浅碟形的基部和刺杆的近轴端较宽 ·· **9. 三肋刺胞藻 S. trioralis**
　6. 刺状鳞片三角形刺杆的 3 个翼在杆的顶部扩展 ······································· **2. 具翼刺胞藻 S. alata**
　6. 刺状鳞片三角形刺杆的 2 个翼在杆的中部扩展 ····································· **8. 高桥刺胞藻 S. takahashii**
7. 刺状鳞片的基部具有一轮锯齿状的边缘 ··· **6. 锯齿状刺胞藻 S. serrata**
7. 刺状鳞片的基部没有一轮锯齿状的边缘 ·· 8
　8. 具 2 个空腔的鳞片的中肋的中间具有 1 个小节结或垂直的杆 ··················· **3. 双孔刺胞藻 S. bilacunosa**
　8. 具 2 个空腔的鳞片的中肋的每一端具有 1 个直立的杆 ···························· **5. 角状刺胞藻 S. cornuta**

Key to the species of Genus *Spiniferomonus*

1. Spine shaft of spine scales hollow（tubular）·· 4. *S. bourrellyi*
1. Spine shaft of spine scales not hollow, triangular taper or flat ·· 2
　2. Spine shaft of spine scales flat ·· 1. *S. abei*
　2. Spine shaft of spine scales triangular taper ··· 3
3. Plate scales with a single lacuna ·· 4
3. Plate scales of two type, large scales with a single lacuna and smaller scales with two lacunae separated by a median rib ·· 7
　4. Spine shaft of spine scales triangular taper to apex ·· 5
　4. Spine shaft of spine scales with hooks or flared wings ·· 6
5. Spine scales with broad conical base and relately narrow shaft in the proximal region ········ 7. *S. silverensis*
5. Spine scales with a circular flat or saucer-shaped base and relately broad shaft in the proximal region ··· 9. *S. trioralis*
　6. Spine scales with three wings of triangular shaft flared at apex of shaft ················ 2. *S. alata*
　6. Spine scales with two wings of triangular shaft flared（small hooks to broad wings）in midregion of shaft ·· 8. *S. takahashii*
7. Base of the spine scales with a saw-toothed margin ·· 6. *S. serrata*
7. Base of the spine scales without a saw-toothed margin ·· 8
　8. A single median nodule or vertical rod on the median rib of double lacunae scales ········ 3. *S. bilacunosa*
　8. A single erect rod at each end of the median rib of double lacunae scales ···················· 5. *S. cornuta*

1. 阿贝刺胞藻　　电镜照片图版 VI

Spiniferomonas abei Takahashi, Bot. Mag. Tokyo, 86: 75—88, Figs. 2, 7—12, 1973;
　　Takahashi, Electron microscopical studies of the Synuraceae (Chrysophyceae) in Japan:

Taxonomy and ecology. p. 79, Figs. 254—256, 1978; Nicholls, Can. J. Bot. 59: 107—117, Figs. 1—3, 1981; Wei, & Yuan, Nova Hedwigia 101: 299—312, Figs. 3—4, 2015.

种名是授于日本藻类学家阿贝（Abe）而命名。

细胞球形或卵圆形，直径 3—10 μm；前端具 2 条不等长的鞭毛；细胞表面覆盖许多板状鳞片，宽椭圆形，长 1.3—3 μm，宽 0.7—1.8 μm，板状鳞片的边缘较狭，其中间具 1 个大的椭圆形的空腔，每个细胞具有较多的刺状鳞片，长 1.25—7.1 μm，刺的基部具一个圆形的盘，直径 0.4—0.8 μm，在有的种群中刺在基部盘上端的刺杆平、宽，并快速锥形向近顶端尖细形成针状，在另一种群中刺在基部盘上端近平行和逐渐锥形向顶部尖细形成长的针状。

孢子囊球形，直径 6.3 μm。中国未见到金藻孢子。

产地：电子显微镜记录——黑龙江：五大连池，采于草本沼泽中；富锦，采于富锦国家湿地保护区的三环泡湿地中。湖北：武汉，采于池塘、东湖中；丹江口，采于小湖中。

分布类型：世界散生分布。

电子显微镜记录——亚洲：日本；欧洲：芬兰，丹麦，奥地利，匈牙利，保加利亚，俄罗斯；非洲：马达加斯加；北美洲：加拿大；南美洲：智利，阿根廷。

2. 具翼刺胞藻　　电镜照片图版 VII: 3

Spiniferomonas alata Takahashi, Bot. Mag. Tokyo, 86: 75—88, Fig. 23, 1973; Takahashi, Electron microscopical studies of the Synuraceae (Chrysophyceae) in Japan: Taxonomy and ecology. p. 80, Fig. 265, 1978; Nicholls, Can. J. Bot. 59: 107—117, Figs. 4—6, 1981.

种名是根据壳体刺状鳞片的刺杆具翼而命名。

细胞球形，直径 3—6.6 μm；前端具 2 条不等长的鞭毛；细胞表面覆盖许多板状鳞片，椭圆形到圆形，椭圆形长 1.2—1.5 μm，宽 0.7—0.9 μm，圆形直径 1.1—1.5 μm，板状鳞片的边缘较宽，其中间具 1 个大的椭圆形或圆形的空腔，每个细胞具有数条刺状鳞片，长 2.5—4.1 μm，刺状鳞片的基部圆形，直径 0.6—0.7 μm，基部盘上端的刺杆三角锥形，在刺杆的近轴端从中肋辐射出的 3 个翼向外展开变宽，然后翼逐渐向顶端尖细形成尖顶，在有的种群中，刺状鳞片 3 个翼中的一个翼的顶端具第 2 个次生的尖顶。

产地：电子显微镜记录——湖北：神农架，大九湖，采于湖边湿地中。

分布类型：温带地区散生分布。

电子显微镜记录——亚洲：日本；欧洲：芬兰，奥地利，俄罗斯；北美洲：美国，加拿大。

3. 双孔刺胞藻　　电镜照片图版 VIII

Spiniferomonas bilacunosa Takahashi, Bot. Mag. Tokyo, 86: 75—88, Figs. 13—15, 1973; Takahashi, Electron microscopical studies of the Synuraceae (Chrysophyceae) in Japan: Taxonomy and ecology. p. 79, Figs. 260—261, 1978; Nicholls, Can. J. Bot. 59: 107—117, Figs. 10—11, 1981; Wei & Yuan, Beih. Nova Hedwigia 142: 163—179,

Fig. 4, 2013.

种名是根据壳体的板状鳞片的中间具 2 个空腔而命名。

细胞球形，直径 3—5 μm；前端具 2 条不等长的鞭毛；细胞表面覆盖 3 种类型的板状鳞片和 1 种刺状鳞片，板状鳞片的边缘宽，较大的板状鳞片圆形，直径 1.0—1.3 μm，少数椭圆形，长 1.6 μm，宽 1.3 μm，其中间具有 1 个圆形的空腔，较小的板状鳞片椭圆形，长 0.8—1.0 μm，宽 0.6—0.8 μm，其中间具有 1 个椭圆形的空腔，另一种较小的板状鳞片椭圆形，长 0.8—1.0 μm，宽 0.6—0.8 μm，由中间的肋（桥）分隔成 2 个空腔，肋的中间具 1 个小节结或垂直的杆，其高度为 0.05—0.2 μm，但常缺少；每个细胞大约具有 10 条直的刺状鳞片，长 3.6—7.6 μm，刺状鳞片的基部圆形，其上端的刺杆三角锥形，顶端尖。

产地：电子显微镜记录——黑龙江：伊春，采于凉水湿地中。浙江：新昌，采于池塘中。

分布类型：温带地区散生分布。

电子显微镜记录——亚洲：日本；欧洲：芬兰，瑞典，丹麦，俄罗斯；北美洲：美国，加拿大。

4. 刺胞藻　　电镜照片图版 IX

Spiniferomonas bourrellyi Takahashi, Bot. Mag. Tokyo 86：75—88, Figs. 1, 4—6, 1973；Nicholls, Can. J. Bot. 59：107—117, Figs. 12—27, 1981；Nicholls, Nord. J. Bot. 5：403—406, 1985；Wei & Kristiansen, Arch. Protistenk., 144 (1994)：433—449, Fig. 7, 1994.

Spiniferomonas conica Takahashi, Bot. Mag. Tokyo, 86：75—88, Figs. 21—22, 1973；Takahashi, Electron microscopical studies of the Synuraceae (Chrysophyceae) in Japan：Taxonomy and ecology. p. 80, Figs. 263—264, 1978.

种名是授于法国藻类学家 Bourrelly 而命名。此种是刺胞藻属（*Spiniferomonas*）的模式种，用刺胞藻属的属名作为种的命名。

细胞球形到卵形，直径 4—10 μm；前端具 2 条不等长的鞭毛，较长的鞭毛长 10—18 μm，较短的鞭毛长 2—3 μm；细胞表面覆盖许多板状鳞片，圆形、椭圆形或卵形，长 0.9—1.5 μm，宽 0.6—1.1 μm，边缘宽，平滑，中间具 1 个大的椭圆形的空腔，每个细胞可多达 8 条长的刺状鳞片放射状辐射出，长 4.0—18 μm，刺状鳞片的基部浅碟形、圆锥形或漏斗形，直径 1.2—2.0 μm，刺杆中空管状，逐渐锥形向远轴端变狭，顶端尖或略呈 2 叉状。

金藻孢子囊球形，直径 5.0—6.0 μm。

产地：电子显微镜记录——黑龙江：哈尔滨，采于松花江中；宁安市，采于镜泊湖湿地中；密山市，采于小兴凯湖湿地中；富锦，采于富锦国家湿地保护区的三环泡湿地中；双鸭山市，采于安邦河湿地中；伊春，采于凉水湿地中。江苏：南京，采于池塘中；常州，采于宋剑湖中。浙江：杭州，采于西湖中；溪口，采于池塘中。湖北：孝感，采于天紫湖中；武汉，采于池塘、小湖中；襄阳，采于泉池中。湖南：岳阳，采于洞庭湖中。福建：泉州，采于城东水库中。广东：深圳，采于深圳水库中。海南：琼海，采于稻田中。甘肃：敦煌，采于月牙泉中。新疆。乌鲁木齐，采于天池中。

分布类型：世界广泛分布。

电子显微镜记录——亚洲：日本，韩国，孟加拉国，斯里兰卡；欧洲：芬兰，瑞典，丹麦，荷兰，冰岛，葡萄牙，希腊，奥地利，匈牙利，俄罗斯；非洲：马达加斯加；大洋洲：澳大利亚，新西兰；北美洲：美国，加拿大；中美洲：巴拿马；南美洲：巴西，阿根廷。

5. 角状刺胞藻   电镜照片图版 X：1—4

Spiniferomonas cornuta Balonov, Bot. J. Acad. Sci. U.S.S.R. 63: 1639—1647, 1978;
Nicholls, Can. J. Bot. 59: 107—117, Figs. 34—35, 1981; Wei, Yuan & Kristiansen, Nord. J. Bot. 32: 881—896, Figs. 16—17, 2014.

种名是根据壳体板状鳞片中间肋的每一端具有1个垂直的杆似角而命名。

细胞球形，直径 2.5—6 μm；细胞前端具 2 条不等长的鞭毛，较长的鞭毛长 6—9 μm，较短的鞭毛长 1—2 μm；细胞表面覆盖 2 种板状鳞片和 1 种刺状鳞片，较大的板状鳞片椭圆形，长 1.4—2.2 μm，宽 1.0—1.8 μm，中间具有 1 个空腔，较小的板状鳞片椭圆形，长 0.8—1.4 μm，宽 0.6—0.9 μm，由中间的肋分隔成 2 个空腔，中间肋的每一端具有 1 个直立的杆，杆的高度 0.2—0.4 μm，刺状鳞片直或略弯，长 2.5—10 μm，从细胞放射状辐射出，刺状鳞片的基部平或浅碟形，基部边缘平滑，直径 0.5—1.3 μm，其上端的刺杆三角锥形，横切面呈三角形，刺顶端尖。

金藻孢子未发现。

产地：电子显微镜记录——湖北：武汉，采于池塘中。广东：广州，采于池塘中。

分布类型：温带地区散生分布，比较稀少的种类。

电子显微镜记录：亚洲——日本；欧洲：英国，瑞典，挪威，芬兰，荷兰，丹麦，奥地利，匈牙利，俄罗斯；北美洲：美国，加拿大。

6. 锯齿状刺胞藻   电镜照片图版 XI

Spiniferomonas serrata Nicholls, Can. J. Bot. 59: 107—117, Figs. 28—33, 1981.

种名是根据壳体刺状鳞片的基部盘具有一轮锯齿状的边缘而命名。

细胞球形，直径 5—7 μm；细胞表面覆盖 2 种类型的板状鳞片和 1 种刺状鳞片，大的板状鳞片圆形，直径 2.8—3.2 μm，或略呈卵形，长 2.9—3.2 μm，宽 2.6—3.0 μm，较小的板状鳞片椭圆形，长 1.6—2.0 μm，宽 1.0—1.4 μm，由中间的肋分隔成 2 个空腔，肋的中间具有 1 个小节结或垂直的杆，杆的高度可达 0.8 μm；刺状鳞片直或弯，长 9—15 μm，刺状鳞片的基部平或浅碟形和具有一轮锯齿状的边缘，其上端的刺杆三角锥形，横切面呈三角形，刺顶端锥形到尖形。

金藻孢子未发现。

产地：电子显微镜记录——黑龙江：珍宝岛，采于牛轭湖中。

分布类型：北半球北温带。

electron 显微镜记录——欧洲：芬兰，瑞典，冰岛，奥地利，俄罗斯；北美洲：美国，加拿大。

7. 银湖刺胞藻　　电镜照片图版 XII

Spiniferomonus silverensis Nicholls, Can. J. Bot. 62: 2329—2335, Figs. 7—9, 1984d; Wei & Yuan, Beih. Nova Hedwigia 142: 163—179, Figs. 15—16, 2013.

种名是根据壳体在加拿大的银湖存在而命名。

细胞球形，直径 4—6 μm；细胞前端具 2 条不等长的鞭毛，较长的鞭毛长 9—20 μm，较短的鞭毛长 2 μm；细胞表面覆盖许多椭圆形的板状鳞片，长 1.5—2.4 μm，宽 0.7—1.5 μm，边缘增厚、平滑，宽度 0.3—0.4 μm，其中间具 1 个大的椭圆形的空腔，刺状鳞片从细胞放射状辐射出，每个细胞可多达 8 条，长 8—18 μm，刺状鳞片的基部宽圆锥形，直径 2.0—2.8 μm，高约 1 μm，刺杆三角锥形，横切面呈三角形，3 个在近轴端较狭的翅沿共同的中肋逐渐狭窄到锥形的顶端，顶端二叉状。

产地：电子显微镜记录——江西：上饶，采于池塘中。

分布类型：北半球北温带。

电子显微镜记录——欧洲：丹麦，匈牙利，俄罗斯；北美洲；加拿大。

8. 高桥刺胞藻　　电镜照片图版 VII: 1—2

Spiniferomonus takahashii Nicholls, Can. J. Bot. 59: 107—117, Figs. 36—42, 1981; Kristiansen & Tong, Nova Hedwigia 40: 183—202, Fig. 12, 1989a.

Spiniferomonus takahashii f. Kristiansen & Tong, Nova Hedwigia 40: 183—201, Fig. 13, 1989.

种名是授于日本藻类学家 Takahashi 而命名。

细胞球形，直径 2.5—5.0 μm；前端具 2 条不等长的鞭毛，长的鞭毛长 7—11 μm，短的鞭毛长 1.5—2.0 μm；细胞表面覆盖许多椭圆形板状鳞片，长 0.7—1.7 μm，宽 0.4—1.2 μm，其中间具 1 个椭圆形的空腔，刺状鳞片从细胞放射状辐射出，长 2.2—3.5 μm，刺状鳞片的基部平圆形或浅碟形，其上端的刺杆三角锥形，横切面呈三角形，刺杆远轴端的 1/2 或 1/3 长度是钝弯的，从刺杆的中肋辐射出 3 个膜状翼，3 个翼中的 2 个翼在刺杆远轴端的 1/2 或 1/3 长度向外展开变宽，其边缘短钩状、波状或宽尖翅状。

产地：电子显微镜记录——武昌，采于池塘中。

分布类型：北半球北温带。

电子显微镜记录——亚洲：日本；欧洲：挪威，俄罗斯；北美洲：美国，加拿大。

Kristiansen 和 Tong（1989a）在武昌的池塘中采到此种的一个变型，但没有命名，此变型与原变种的不同为刺杆在近轴端的 1/2 长度处具一个额外的齿，日本的 Ito（1988）将刺状鳞片的这种类型作为种内的特征，现将此变型归入种中。

9. 三肋刺胞藻　　电镜照片图版 XIII

Spiniferomonus trioralis Takahashi, Bot. Mag. Tokyo, 86: 75—88, Figs. 16—18, 1973;

Takahashi, Electron microscopical studies of the Synuraceae (Chrysophyceae) in Japan: Taxonomy and ecology. p. 79—80, Figs. 257—259, 1978; Wei & Kristiansen, Arch. Protistenk., 144 (1994): 433—449, Figs. 8—9, 1994.

种名是根据壳体刺状鳞片具三角锥形的刺而命名。

细胞球形或卵形，直径 3—11 μm；细胞前端具 2 条不等长的鞭毛；细胞表面覆盖 2 种类型的鳞片，板状鳞片和刺状鳞片，板状鳞片椭圆形，长 0.8—3.0 μm，宽 0.5—2.0 μm，偶然圆形，边缘增厚、平滑，其中间具 1 个大的椭圆形的孔腔，每个细胞具 10 条以上，或可多达 80 条刺状鳞片从细胞放射状辐射出，刺状鳞片的长度变化很大，为 2.5—24 μm，每条刺的基部平圆形或浅碟形，直径 0.5—1.5 μm，其上端的刺杆三角锥形，在近轴端的 3 个较宽的翅沿共同的中肋逐渐狭窄到锥形的顶端，横切面呈三角形，刺顶端尖。

孢子囊球形，直径 5.9 μm。中国未见孢子。

在常州淹城的环形大池中采集到的此种可见具圆形的板状鳞片，刺状鳞片的近顶部逐渐锥形变狭，其顶端具一条细长刺。

产地：电子显微镜记录——北京，采于池塘、北海、密云水库中。河北：承德，采于小湖中。内蒙古：扎兰屯，采于池塘中；阿尔山，采于沼泽中；索伦，采于池塘中。黑龙江：珍宝岛，采于牛轭湖和七虎林河中；宁安市，采于镜泊湖湿地中；密山市，采于小兴凯湖湿地中；伊春，采于凉水湿地中；五大连池市，采于草本沼泽中；塔河，采于池塘中；呼源，采于池塘中。上海，采于池塘中。江苏：南京，采于池塘、紫霞湖、西北水库中；无锡，采于池塘、五里湖中；淮安，采于洪泽湖中；扬州，采于瘦西湖、凤凰岛湿地中；常州，采于淹城环形池塘、丁塘河湿地中。浙江：杭州，采于池塘、西湖、西溪湿地中；临安，天目山，采于半月潭、龙潭水库中；诸暨，采于池塘中；新昌，采于池塘中；绍兴，采于小湖中；德清，采于莫干湖中；溪口，采于池塘、小水库中。山东：微山，采于微山湖中。福建：泉州，采于城东水库、草邦水库中。厦门，采于池塘中；同安，采于坂头水库中；宏路，采于东张水库中；莆田，采于东圳水库中。江西：湖口，采于鄱阳湖中；上饶，采于池塘中。河南：南阳，采于麒麟湖中。湖北：神农架，采于大九湖和湖边湿地中，木鱼坪，采于小河中；孝感，采于天紫湖和小湖中；武汉，采于池塘、小湖、东湖、张渡湖中；襄阳，采于泉池中；咸宁，采于斧头湖、上涉湖中。广东：广州，采于池塘中；中山，采于长江水库中。海南：琼海，采于稻田中；兴隆，采于小湖和生态湖中；三亚，采于池塘中。重庆，采于黛湖中。云南：路南，石林，采于石林水库中；景洪，采于池塘中。甘肃：敦煌，采于月牙泉中。香港：采于大潭水库、石壁水库中。

分布类型：此种是这个属中最普通的种类，世界普遍分布。

电子显微镜记录——亚洲：日本，韩国，马来西亚；欧洲：英国，瑞典，瑞士，芬兰，荷兰，丹麦，冰岛，奥地利，希腊，保加利亚，匈牙利，俄罗斯；非洲：马达加斯加，津巴布韦，南非，尼日利亚；大洋洲：澳大利亚，巴布亚新几内亚，新西兰；北美洲：美国，加拿大；中美洲：巴拿马；南美洲：智利，巴西，厄瓜多尔，哥伦比亚，阿根廷。

2. 黄群藻目 SYNURALES

藻体为自由运动的单细胞或群体，具或无群体胶被。细胞球形、卵形、椭圆形等，细胞前端具 2 条不等长或近等长的鞭毛，2 条鞭毛的基部近平行，不形成 1 个角度，鞭毛根 1（flagellar roots 1）和鞭毛根 2（flagellar roots 2）高度退化，鞭毛器有 2 个或 4 个方向与细胞器有关，细胞表面覆盖许多硅质鳞片，以覆瓦状重叠连接排列成硅质壳体，硅质鳞片为异极的（heteropolar），两侧对称，鳞片的近轴端和远轴端具不同的纹饰，硅质鳞片在与叶绿体内质网（chloroplast endoplasmic reticulum，CER）相连的硅质沉积囊（silica deposition vesicles，SDV）中产生，硅质沉积囊与叶绿体外膜相连，具 2 个伸缩泡，数个液泡分散在原生质中，叶绿体周生，片状，多数 2 个，少数 1 个，具叶绿素 c_1（chlorophyll c_1）、岩藻黄素（fucoxanthin）和堇菜黄素（violaxanthin），缺乏叶绿素 c_2（chlorophyll c_2），具一个金藻昆布糖液泡，光合作用产物为金藻昆布糖和油滴，无眼点，但鞭毛基部呈现膨胀。

繁殖：细胞纵分裂进行繁殖。

无性生殖：形成胶群体，产生金藻孢子。

有性生殖：同配或异配。

生长在稻田、水坑、池塘、湖泊、水库、湿地和沼泽中，少数存在于溪流、河流中。黄群藻目分 2 个科。

黄群藻目分科检索表

1. 藻体为单细胞 ··· **1. 鱼鳞藻科 Mallomonadaceae**
1. 藻体为群体 ··· **2. 黄群藻科 Synuraceae**

Key to the families of Order Synurales

1. Thallus unicellular ··· 1. Mallomonadaceae
1. Cells in a colony ··· 2. Synuraceae

1. 鱼鳞藻科 MALLOMONADACEAE

藻体为自由运动的单细胞，细胞表面覆盖许多硅质鳞片，鳞片具刺毛或无刺毛，细胞前端 2 条不等长的鞭毛，具 2 个伸缩泡，数个液泡分散在原生质中，叶绿体周生，片状，多数 2 个，少数 1 个，具一个明显的金藻昆布糖液泡，光合作用产物为金藻昆布糖和油滴。

繁殖：细胞纵分裂。

无性生殖：产生金藻孢子。

有性生殖：在很少几个种中报道，为同配生殖。

生长在稻田、水坑、池塘、湖泊、水库、湿地和沼泽中，少数存在于溪流、河流中是淡水水体常见的浮游藻类，有时也在咸水和半咸水水体中存在。

此科仅 1 属。

鱼鳞藻属 Mallomonas Perty
Zur Kenntnis Kleinster Lebensformen 1851

　　藻体为单细胞，自由运动。细胞球形、卵形、椭圆形、长圆形、圆柱形、纺锤形等。细胞覆盖许多硅质鳞片，绝大多数种类的鳞片具刺毛，少数无刺毛，鳞片和刺毛均为内生起源，从硅质沉积囊释放出后刺毛根用弹性带（elastic band）连接到鳞片，鳞片单个连续的释放，每个鳞片移到细胞表面，鳞片的边缘以覆瓦状重叠连接形成完整的硅质壳体，鳞片的远轴端通常是尖的，以便刺毛从壳体伸出。在绝大多数种类中，鳞片的纵轴与细胞的纵轴多少斜向，鳞片呈螺旋状排列；在有些种类中，体部鳞片纵轴的右角对细胞的纵轴，鳞片呈轮状排列；在很少数种类中，鳞片的纵轴与细胞的纵轴平行，鳞片呈直向排列；仅 *Mallomonas retrorsa* 的鳞片是向后排列的。每个细胞的鳞片的平均数是不同种类的一个特征，从 27 个鳞片到 150 个鳞片之间变化。图 2 指出鱼鳞藻属（*Mallomonas*）细胞最重要的器官和另外结构的图解。

　　鳞片在细胞中的位置不同，其大小和形状有变化。绝大多数种类中，从细胞的顶部到尾部，不同类型的鳞片形状有一个顺序，位于细胞顶部的称领部鳞片（collar scales），领部鳞片围绕鞭毛的近轴端部分，常远轴端的尖端向前，位于细胞中部的称体部鳞片（body scales），体部鳞片的远轴端斜向细胞的纵轴，位于细胞后部的尾部鳞片（tail scales），较小和常具有向后突出的刺。鳞片具刺毛或无刺毛。

　　鳞片的构造是最重要的分类特征，鳞片有数种主要的类型，最普通的鳞片分成三个部分（tripartite）——拱形盖（dome）、盾片（shield）和翼（flange）。图 3 指出鳞片的术语，拱形盖由拱形盖的后边缘肋（posterior border rib of dome）与盾片隔开。每个鳞片由基部板（base plate）组成，基部板的内表面，即面对细胞的表面是平滑和没有纹饰的，基部板的外表面具有次生层（secondary layer），由肋（rib）、乳突（papillae）等组成。在许多种类中，次生层存在近边缘肋（submarginal rib）并且将鳞片分成中部的盾片和边缘的翼。在有些种类中，次生层由两层组成，外表面层和内表面层，内表面层的结构在透射电子显微镜中能观察到，但在扫描电子显微镜中不能观察到。近边缘肋的后部称 V 形肋（V-rib），V 形肋近轴端的角在有些种类具有明显的冠状盖（hooded）和形成薄的冠状盖顶。围绕 V 形肋的是后翼（posterior flange），围绕前端近边缘肋的是前翼（anterior flange），前端近边缘肋（anterior submarginal rib）通常达到拱形盖的基部。基部板的近轴端边缘向上弯折形成近轴端边缘，常具有一个狭的反折的（reflexed）缘边（rim）。

　　硅质刺毛由刺毛杆（shaft）和刺毛足（foot）组成，不具拱形盖的鳞片刺毛足固着在鳞片远轴端的内表面，具拱形盖的鳞片刺毛足紧扣在拱形盖，刺毛足常具小齿或沿着刺毛杆边缘凸出与刺毛杆形成一个角度。当细胞游动时，刺毛向后，静止时，刺毛放射状辐射。刺毛杆平滑或具锯刺，具锯刺的刺毛有 2 种主要类型：一种称缘膜形（craspedodont），形成刺毛杆的薄片不完全卷包起来，刺毛杆远轴端具明显的纵裂缝和纵裂缝的一侧缘具锯齿；另一种称刺突形（notacanthic），形成刺毛杆的薄片完全卷包起来成管状。刺毛远轴端的各种构造具有分类意义。

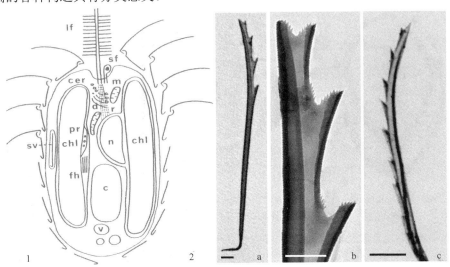

图 2　1. 鱼鳞藻属（*Mallomonas*）细胞最重要的器官和另外结构的图解：lf. 长鞭毛，sf. 短鞭毛，具有光接受器，r. 根丝体，m. 线粒体，d. 高尔基体，chl. 叶绿体，n. 细胞核，cer. 叶绿体内质网（简化了的膜系统），pr. 周质体网，fh. 鞭毛的毛，sv. 产生鳞片的囊，c. 金藻昆布糖液泡，v. 伸缩泡，细胞被鳞片包被，前端鳞片具有刺毛。2. 具锯刺的刺毛有两种主要类型，a-b.具尾鱼鳞藻（*M. caudata*）的刺毛呈缘膜形（craspedodont），c.鱼鳞藻（*M. acaroides*）的刺毛呈刺突形（notacanthic）。（1. 引自 Asmund and Kristiansen，1986）

细胞前端具 2 条鞭毛，1 条长的为侧茸鞭型鞭毛，另 1 条短的为平滑鞭毛，侧茸鞭型鞭毛具有 2 列管状、由三部分组成的绒毛，有的种类鞭毛具很小的环状鳞片。短的平滑鞭毛绝大多数常退化，成为很短的根，少数种类平滑鞭毛几乎与侧茸鞭型鞭毛有相同的长度，短的平滑鞭毛具有 1 个色素膨大物，认为是光合接受器，但不具有眼点。

叶绿体周生，片状，1 个或 2 个，黄绿色或黄褐色，叶绿体被 4 层膜包被，最外层的叶绿体内质网（chloroplast endoplasmic reticulum，CER）与核膜的外层相连续，类囊体排列成 3 层。具质体小球（plastoglobuli）仅在具尾鱼鳞藻（*Mallomonas caudata*）报道过，具 1 个蛋白核。在周质体囊泡（periplastidial cisterna）中叶绿体内侧具周质体网（periplastidial reticulum）。高尔基器（Golgi apparatus）由 1 个大的网体（dictyosome）组成，在核的前端或靠近核，硅质蓄存囊形成鳞片和刺毛。内质网（ER）在细胞中形成 1 个分枝系统，尾部连接伸缩泡系统，另外部分同核膜外层相连续，组成微管的细胞骨架（cytoskeleton）发育好。

细胞核 1 个，位于细胞的中部，一个明显的金藻昆布糖液泡多位于细胞核下端，光合作用产物为金藻昆布糖，伸缩泡 3 个到多个，位于细胞的后端。

无性生殖为细胞纵分裂，产生金藻孢子囊，球形、卵形，前端具 1 个领，壁平滑或具各种纹饰。

有性生殖：在很少几个种中报道，为同配生殖。

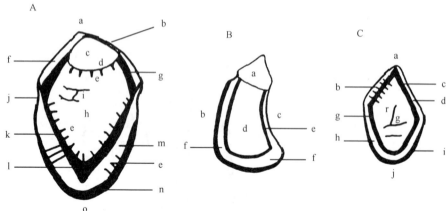

图 3 鱼鳞藻属（*Mallomonas*）鳞片的术语。A. 典型分成 3 个部分的鳞片的图解：a. 远轴端（distal end），b. 唇瓣（lip），c. 拱形盖（dome），d. 拱形盖的后边缘线（posterior border of dome），e. 隆起（struts），f. 前翼（anterior flange），g. 前端近边缘肋（anterior submarginal rib），h. 盾片（shield），i. 肋（ribs），j. 侧缘内凹入（lateral incurving），k. V 形肋（V-rib），l. 冠状盖（hood），m. 后翼（posterior flange），n. 近轴端边缘（proximal border），o. 近轴端（proximal end）；B. 具颈组领部鳞片（collar scale from sect. Torquatae）：a. 拱形盖（dome），b. 背脊（dorsal edge），c. 腹脊（ventral edge），d. 盾片（shield），e. 近边缘肋（submarginal rib），f. 翼（flange）；C. 具颈组体部鳞片（body scale from sect. Torquatae）：a. 远轴端（distal end），b. 隆起（struts），c. 前端近边缘肋（anterior submarginal rib），d. 前翼（anterior flange），e. 盾片（shield），f. 肋（rib），g. 后端近边缘肋（posterior submarginal rib），h. 后翼（posterior flange），i. 近轴端边缘（proximal end），j. 近轴端（proximal end）。（引自 Asmund and Kristiansen，1986）

生长在稻田、水坑、池塘、湖泊、水库、湿地和沼泽中，少数存在于溪流河流中。鱼鳞藻属是湖泊和水库中浮游藻类群落种类多样性和生物量的重要组成部分。硅质鳞片和金藻孢子囊能保存在湖泊的沉积物中，在湖泊生态学的研究中作为湖泊历史重建的重要依据之一，特别是从贫营养型转化成为富营养型或酸化的那些湖泊。

鱼鳞藻属是此目中最大的一个属，根据 Kristiansen（2002，2005），Kristiansen 和 Preisig（2007）、Kim 和 Kim（2008，2010）报道，全世界已用电子显微镜描述鱼鳞藻属（*Mallomonas*）180 多个分类单位，大多数是世界广泛分布的种类，大约 1/3 是地方性种类，受限制的分布是由于扩散能力差和研究不够深入。

鱼鳞藻属的分类主要是根据硅质鳞片及刺毛的超微结构特征（Asmund and Kristiansen，1986；Siver，1991；Kristiansen，2002；Kristiansen and Preisig，2007）。Kristiansen（2002）根据硅质鳞片的超微结构特征，分鱼鳞藻属（*Mallomonas*）为 20 个组（section），组再分系（series）。在中国发现 14 个组：

I. 平滑组 Sectio Planae Momeu & Péterfi 1979；

II. 多刺组 Sectio Multisetigerae Asmund & Kristiansen 1986；

III. 乳突组 Sectio Papillosae Asmund & Kristiansen 1986；

IV. 显著组 Sectio Insignes Asmund & Kristiansen 1986；

V. 方形组 Sectio Quadratae Momea & Péterfi 1979；

VI. 点纹组 Sectio Punctiferae Asmund & Kristiansen 1986；

Ⅶ. 异刺组 Sectio Heterospinae Momeu & Péterfi 1979；

Ⅷ. 顶刺毛丛组 Sectio Akrokomae Asmund & Kristiansen 1986；

Ⅸ. 线纹组 Sectio Striatae Asmund & Kristiansen 1986；

Ⅹ. 拉博组 Sectio Leboimeanae Asmund & Kristiansen 1986；

Ⅺ. 鱼鳞藻组 Sectio Mallomonas；

Ⅻ. 似冠状组 Sectio Pseudocoronatae Asmund & Kristiansen 1986；

ⅩⅢ. 环饰组 Sectio Annulatae Asmund & Kristiansen 1986；

ⅩⅣ. 具颈组 Sectio Torquatae Momeu & Péterfi 1979。

鱼鳞藻属分组检索表

1. 鳞片不具拱形盖 ··· 2
1. 鳞片具拱形盖或另外的特殊区域连接刺毛（一些体部鳞片或所有的体部鳞片可能缺少拱形盖）··· 4
  2. 鳞片薄，平滑或具简单的网纹 ·· **Ⅰ. 平滑组 Sectio Planae**
  2. 鳞片厚，具密集的网纹 ·· 3
3. 具顶部和尾部刺，具 V 形肋 ··· **Ⅳ. 显著组 Sectio Insignes**
3. 无顶部和尾部刺，无 V 形肋 ·· **Ⅴ. 方形组 Sectio Quadratae**
  4. 鳞片典型的分成三个部分 ··· 5
  4. 鳞片具另外的构造 ··· 11
5. 鳞片的盾片具乳突 ·· 6
5. 鳞片的盾片不具乳突；盾片和翼具肋或网纹 ··· 8
  6. 盾片仅具乳突 ·· **Ⅲ. 乳突组 Sectio Papillosae**
  6. 盾片具乳突和小孔 ·· 7
7. 乳突不形成网纹，每个鳞片常具数条刺毛 ··································· **Ⅱ. 多刺组 Sectio Multisetigerae**
7. 乳突融合成角状的网纹，每个鳞片具有 1 条刺毛 ······················· **ⅩⅢ. 环饰组 Sectio Annulatae**
  8. 盾片具横线纹（或至少呈横向排列的小孔）；前翼常具隆起或缺少；刺毛缘膜形··············
    ·· **Ⅸ. 线纹组 Sectio Striatae**
  8. 盾片平滑，或具线纹或网纹；前翼不具隆起；刺毛刺突形 ··· 9
9. 前端近边缘肋不具或具可忽视的翅状扩展 ································ **Ⅺ. 鱼鳞藻组 Sectio Mallomonas**
9. 前端近边缘肋翅状扩展 ·· 10
  10. 翅状扩展不沿拱形盖伸展；无尾部刺 ································· **Ⅹ. 拉博组 Sectio Leboimeanae**
  10. 翅状扩展沿拱形盖伸展；可能存在明显的尾部刺 ············· **Ⅻ. 似冠状组 Sectio Pseudocoronatae**
11. 绝大多数鳞片具拱形盖 ·· 12
11. 仅特化的顶部鳞片具拱形盖 ·· 13
  12. 鳞片具 U 形肋（或少数平滑）；刺毛具 3 列锯齿 ···················· **Ⅵ. 点纹组 Sectio Punctiferae**
  12. 鳞片平滑或具有网纹；刺毛针形或钩形 ······························ **Ⅶ. 异刺组 Sectio Heterospinae**
13. 具 2 列特化拱形盖的顶部鳞片；尾部鳞片长和针形 ······················ **Ⅷ. 顶刺毛丛组 Sectio Akrokomae**
13. 具 1 列特化拱形盖的顶部鳞片；尾部鳞片另外的形状 ·· 14
  14. 尾部鳞片不具刺或另外的突起 ·· **ⅩⅢ. 环饰组 Sectio Annulatae**
  14. 尾部鳞片绝大多数常具刺或另外的突起 ································ **ⅩⅣ. 具颈组 Sectio Torquatae**

Key to the Sections of Genus Mallomonas

1. Scales without dome ·· 2
1. Scales with dome or other special area for bristle attachment（some or all body scales may lack dome）·· 4

2. Scales thin, smooth or with simple meshwork ··············· I. Sectio Planae
2. Scales thick, with dense reticulation ··············· 3
3. With apical and caudal spine; V-rib present ··············· IV. Sectio Insignes
3. Without apical and caudal spine; V-rib absent ··············· V. Sectio Quadratae
    4. Typical tripartite scales ··············· 5
    4. Scales of other construction ··············· 11
5. Scales with papillae on shield ··············· 6
5. Scales without papillae on shield; shield and flanges with ribs or reticulation ··············· 8
    6. Shield with papillae only ··············· III. Sectio Papillosae
    6. Shield with papillae and pores ··············· 7
7. Papillae not forming reticulum; per scales with often several bristles ··············· II. Sectio Multisetigerae
7. Papillae fusing into angular reticulum, per scale with one bristle ··············· XIII. Sectio Annulatae
    8. Shield with transverse striation (or at least are the pores arranged in transverse rows); Anterior flange often with struts, or absent; bristles craspedodont ··············· IX. Sectio Striatae
    8. Shield smooth, or with striation or reticulum; anterior flange without struts; bristles notacanthic ······ 9
9. No or negligible winglike expansions of the anterior submarginal rib ··············· XI. Sectio Mallomonas
9. Winglike expansions of the anterior submarginal rib ··············· 10
    10. Winglike expansions not extending along the dome; no caudal spines ··············· X. Sectio Leboimeanae
    10. Winglike expansions extending along the dome; strong caudal spines may be present ··············· XII. Sectio Pseudocoronatae
11. Most scales with dome ··············· 12
11. Only specialized apical scales with dome ··············· 13
    12. Scales with U-rib (or in few cases smooth); bristles with three rows of serration ··············· VI. Sectio Punctiferae
    12. Scales smooth or with reticulum; bristles needle shaped or hooked ··············· VII. Sectio Heterospinae
13. Two rows of special domed apical scales; caudal scales long and needle shaped ··············· VIII. Sectio Akrokomae
13. One rows of special domed apical scales; caudal scales other shapes ··············· 14
    14. Caudal scales without spine or other processes ··············· XIII. Sectio Annulatae
    14. Caudal scales most often with spine or other processes ··············· XIV. Sectio Torquatae

I. 平滑组（Sectio Planae Momeu & Péterfi 1979）

包括 Sectio Mallomonopsis（Matvienko 1941）Asmund & Kristiansen 1986。

细胞常具发育很好的第 2 条鞭毛。鳞片没有任何固着刺毛根的特殊区域，无拱形盖，没有近边缘肋，具或不具次生的纹饰，侧面不向内弯，鳞片螺旋状排列，其纵轴几乎与细胞纵轴平行，使覆盖细胞的鳞片远轴端边缘大部分离和一侧缘游离。

刺毛平滑二叉状或缘膜形（craspedodont），刺毛一侧边缘具齿和刺毛杆具纵沟，在有些种类中，每个鳞片具 1 条以上的刺毛。

模式种 *Mallomonas caudata* Ivanov, p. 250, Pl. B, Figs. 1—3, 1899。

平滑组分种检索表

1. 鳞片无次生层··············· **1. 具尾鱼鳞藻 *M. caudata***
1. 鳞片具次生层或结构··············· 2

2. 鳞片远轴端不增厚；无特殊结构；顶部鳞片不尖 ·· 3
　　2. 鳞片远轴端增厚；近边缘具1个小的圆形凹入；具尖的顶部鳞片 ··························· 6
3. 鳞片具网纹 ·· 4
3. 鳞片具乳突 ·· 5
　　4. 鳞片远轴端的2/3具肋形成的网纹，刺毛的顶端钝或短的分叉 ·································
　　　·· **2. 马伟科鱼鳞藻 *M. matvienkoae***
　　4. 鳞片远轴端的2/3具六角形的网纹，刺毛的顶端具锯齿 ··· **3. 六角状网纹鱼鳞藻 *M. hexareticulata***
5. 鳞片近轴端的边缘具隆起 ··· **4. 耐受鱼鳞藻 *M. tolerans***
5. 鳞片近轴端的边缘平滑 ·· **5. 卵形鱼鳞藻 *M. oviformis***
　　6. 一条增高的宽脊横向穿过鳞片 ································ **6. 胸针形鱼鳞藻 *M. peronoides***
　　6. 无增高的脊横向穿过鳞片 ······································ **7. 斯里兰卡鱼鳞藻 *M. ceylanica***

Key to the species of Sectio Planae

1. Scales without secondary layer ··· 1. *M. caudata*
1. Scales with secondary layer or structures ··· 2
　　2. Distal part of the scales not thickened. No special structures；apical scales not pointed ······· 3
　　2. Distal part of the scales thickened；with a small circular depression near the edge；pointed apical scales ·· 6
3. Scales with reticulum ·· 4
3. Scales with papillae ··· 5
　　4. Distal two-thirds of the scale with ribs forming a fine meshed meshwork，bristles with a blunt distal tip or short bifurcated ·· 2. *M. matvienkoae*
　　4. Distal two-thirds of the scale with a hexagonal meshed meshwork，bristles with a serrated distal tip ······
　　　·· 3. *M. hexareticulata*
5. Proximal border of scales with struts ··· 4. *M. tolerans*
5. Proximal border of scales smooth ·· 5. *M. oviformis*
　　6. A raised broad ridge across the scale ·· 6. *M. peronoides*
　　6. No raised ridge across the scale ·· 7. *M. ceylanica*

A. 具尾系列 Series Caudata

　　鳞片无次生层，刺毛缘膜形（craspedodont），远轴端具一条明显的纵裂缝。
　　模式种 *Mallomonas caudata* Ivanov，p. 250，Pl. B，Figs. 1—3，1899。

1. 具尾鱼鳞藻　　电镜照片图版 XXVI

Mallomonas caudata Ivanov em. Krieger，Ivanov，Bull. Acad. Imp. Sci. St.-Petersbourg，11：250，Pl. B，Figs. 1—3，1899，Krieger，Bot. Arch.，29：258—329，1930；Asmund & Kristiansen，Opera Batanica，85：29—33，Fig. 14 a-f，1986；Kristiansen，Opera Batanica，139：21—24，Fig. 7 a-f，2002；Kristiansen & Preisig，Chrysophyte and Haptophyte Algae，2 Teil/Part 2：Synurophyceae. In：Büdel et al.（eds）：Süsswasserflora von Mitteleuropa Band 1/2：17，Fig. 2，Pl. 1 c-e，2007；Wei & Kristiansen，Arch. Protistenk.，144（1994）：433—449，Figs. 22—23，1994.

　　种名是根据壳体具尾而命名。
　　平滑的第2条鞭毛从细胞前端伸出，短，因为鳞片的遮盖用光学显微镜很难观察到。

细胞的形状有变化，呈卵圆形、椭圆形、纺锤形或圆柱形等，具尾或不具尾（tail），细胞有一定程度的变形，Weimann（1933）用电子显微镜观察细胞在 24 h 周期内的形态变化，细胞在白天具尾但在黎明时无尾。整个细胞覆盖刺毛，顶部的一群刺毛短，细胞的其他部分较短和较长的刺毛彼此散生分布，在后端的刺毛较长，常每个鳞片多于 1 条刺毛，有时一个鳞片具 1 条较短的和 1 条较长的刺毛。细胞长 16—100 μm，宽 10—30 μm。

鳞片近圆形、卵形、倒卵圆形、椭圆形或长圆形，长 6—9 μm，宽 5—6.5 μm，常多少不对称，后部鳞片特别明显的长、狭和不对称，除近轴端刺毛根固着处以外，基部板具均匀密集排列的、近圆形的小孔（pores）；在鳞片后半部的中间具 1 个不规则形的、大的小孔，并被密集排列的微小的小孔（minute pores）所围绕。近轴端的边缘狭，并向前伸展达鳞片的 2/3 长度。尾部鳞片长 6.8—8.7 μm，宽 4.8—5.0 μm。

刺毛弯，长 15—85 μm，刺毛杆后部平滑，远轴端具一条明显的纵裂缝和一侧具 3—10 个齿达刺毛杆的近顶端，杆的顶端和每个齿的顶端具三角形的小齿。在刺毛杆的边缘，与每个齿相对，是类似齿的 1 个短边缘。

金藻孢子囊多少呈球形，大，前端具 1 个无领的、圆锥形的小孔，小孔被或不被一个圆形无纹饰的孢壁包围。在显微镜下观察孢壁呈点状，在扫描电子显微镜下观察表面呈不规则的、形状变化的网状纹饰。

产地：电子显微镜记录——河北：Hochiatao（在 Péterfi and Asmund，1972 的论文中，Asmund 在河北的 Hochiatao 发现此种，有电子显微镜照片记录，现在保存在丹麦哥本哈根的植物学博物馆）。内蒙古：甘河，采于池塘中；扎兰屯，采于池塘中；阿尔山，采于小湖、沼泽中。黑龙江：珍宝岛，采于水坑、牛轭湖和阿布沁河中；富锦市，采于三环泡湿地中；黑河，采于池塘中。江苏：无锡，采于五里湖中；淮安，采于洪泽湖中；泰州：采于池塘中；常州，采于宋剑湖中。浙江：杭州，采于池塘中；新昌，采于池塘、长诏水库中；建德，采于千岛湖中；南浔，采于池塘中；德清，采于莫干湖中。福建：闽侯，采于池塘中；泉州，采于草邦水库中；南安，采于山美水库中；福清，宏路镇，采于东张水库中。江西：上饶，采于池塘中；湖口，采于鄱阳湖中。湖北：孝感，采于天紫湖中；武汉，采于小湖、东湖、张渡湖、上涉湖中；襄阳，采于泉池中。湖南：岳阳，采于洞庭湖中。广东：广州，采于池塘中；中山，采于长江水库中；深圳，采于深圳水库、铁岗水库、西丽水库、梅沙水库中。海南：海口，采于池塘中；文昌，采于池塘中；万宁，采于池塘中；兴隆，采于小湖中。重庆，采于黛湖中。贵州：遵义，采于小水库中。香港：采于大潭水库、薄扶林村水库、石梨贝水库中。

分布类型：广泛分布，特别是在温带地区。

电子显微镜记录——亚洲：日本；欧洲：英国，苏格兰，瑞典，挪威，芬兰，荷兰，丹麦，法国，德国，希腊，奥地利，捷克；北美洲：美国，加拿大，墨西哥；中美洲：巴拿马；南美洲：巴西，智利。

光学显微镜记录——欧洲：芬兰，奥地利，匈牙利，乌克兰，俄罗斯；北美洲：美国；南美洲：阿根廷。

B. 马伟科系列 Series Matvienkoae Asmund & Kristiansen 1986

鳞片具次生增厚，乳突常融合成网纹。

模式种 *Mallomonas matvienkoae*（Matvienko）Asmund & Kristiansen, p. 17, Fig. 8, 1986。

2. 马伟科鱼鳞藻 电镜照片图版 XXVII

Mallomonas matvienkoae（Matvienko）Asmund & Kristiansen, Opera Batanica, 85: 17, Fig. 7a-e, 1986; Kristiansen, Opera Batanica, 139: 25—27, Fig. 8 a-e, 2002; Kristiansen & Preisig, Chrysophyte and Haptophyte Algae, 2 Teil/Part 2: Synurophyceae. In: Büdel et al.（eds）: Süsswasserflora von Mitteleuropa Band 1/2: 18, Fig. 4, Pl. 1 f-g, 2007; Wei & Kristiansen, Arch. Protistenk. 144（1994）: 433—449, Figs. 13—14, 1994.

Mallomonopsis elliptica Matvienko, Trudy Inst. Bot. Kharkov, 4: 42, Fig. 2, 1941.

种名是授于乌克兰金藻类专家马伟科（A. M. Matvienko）而命名。

细胞椭圆形，长 14—56 μm，宽 8—20 μm。

鳞片卵形或倒卵圆形，长 3.7—8.5 μm，宽 2.3—6.5 μm；前端的 1/3—2/3 或多于 2/3 由肋形成精致的网纹，每个网眼包围 1 个小孔，在有些细胞中形成网纹的肋是平滑的，在另一些细胞中形成网纹的肋是不规则的，乳突位于肋的交叉处，常常有些乳突或所有的乳突沿着肋伸展，有时多少与厚的、平滑的肋相融合；鳞片后部的 1/3 基部板小孔近圆形，稠密和均匀排列；鳞片的近轴端具 1 个大的近圆形的小孔，被一群微小的小孔围绕；近轴端的边缘宽，具翻转的棱边和棱边具不规则排列的放射肋。

刺毛长 11—20 μm。在绝大多数种群中，刺毛直或略弯，刺毛杆具一条明显的纵裂缝，在刺毛杆的远轴端纵裂缝广张开，顶端钝或具很短的、略不等长的钝尖二分叉，分叉间的凹穴有一列小齿；在澳大利亚的一个种群中，刺毛明显的长，刺毛杆具闭合的纵裂缝，刺毛杆顶端不对称二分叉，较长的分叉弯、宽和具锥形到钝尖的顶端，其长度比较短的分叉略长或达到较短分叉长度的许多倍。

金藻孢子囊卵形到圆形，平滑，前端具有 1 个小的小孔，小孔有时有一个宽的浅碟形的缘边，有时无，这个结构类似粗糙的皮革。在中国未见到金藻孢子。

不同种群的细胞之间，鳞片的大小、形状和次生网纹有很大的变化。

产地：电子显微镜记录——北京，采于小湖中。黑龙江：扎龙自然保护区，采于扎龙湖中；洪河自然保护区，采于洪河湿地中。江苏：南京，采于池塘中；淮安，采于洪泽湖中；扬州，采于瘦西湖中；无锡，采于池塘中；吴江，采于太湖中。浙江：杭州，采于池塘、西湖、西溪湿地中；临安，天目山，采于池塘、半月潭、龙潭水库中，清凉峰，采于池塘中；新昌，采于池塘中；建德，采于千岛湖中。福建：闽侯，采于池塘中；厦门，采于池塘中。山东：青州，采于弥河湿地中。湖北：神农架，采于大九湖和湖边湿地中；孝感，采于天紫湖中；武汉，采于池塘、小湖、张渡湖、上涉湖中；襄阳，采于泉池中。广东：广州，采于池塘中；深圳，采于深圳水库、沙头角水库、西丽水库、东湖水库中；潮州，采于西湖中；汕头，采于汕头大学水库中。海南：海口，采于沙坡水库中；万宁，采于池塘中，兴隆镇，采于池塘、小湖中；三亚，采于池塘中。香港：采于石梨贝水库中。

分布类型：世界普遍分布。

电子显微镜记录——亚洲：日本，韩国，孟加拉国，斯里兰卡，新加坡，马来西亚；欧洲：英国，芬兰，瑞士，瑞典，荷兰，葡萄牙，丹麦，德国，法国，奥地利，捷克，罗马尼亚，俄罗斯，乌克兰；非洲：马达加斯加，博茨瓦纳，尼日利亚，津巴布韦，采于乍得湖中；大洋洲：澳大利亚；北美洲：美国，加拿大；南美洲：厄瓜多尔，阿根廷，智利，巴西，哥伦比亚。

光学显微镜记录——欧洲：乌克兰；非洲：象牙海岸。

3. 六角状网纹鱼鳞藻　　电镜照片图版 XXVIII

Mallomonas hexareticulata Jo, Shin, Kim, Siver & Andersen, Phycologia 52: *266—278*; Figs. 8—12, 2013; Wei, Yuan & Kristiansen, Nord. J. Bot. 32: 881—898, Figs. 19—20, 2014.

种名是根据壳体的鳞片具六角状网纹而命名。

细胞卵圆形或椭圆形，长 12—18 μm，宽 7—12 μm。

鳞片卵形或倒卵圆形，长 2—5 μm，宽 2—3 μm；鳞片远轴端的 2/3 具六角形的次生网纹；鳞片后部的 1/3 具不规则的基部板小孔；鳞片的后部具 1 个大的小孔和被一丛微型小孔围绕；鳞片近轴端边缘的棱边围绕鳞片周长的一半。

刺毛略弯、平滑，顶端具锯齿，长 9—11 μm，刺毛杆具一条纵裂缝。

孢子未发现。

产地：电子显微镜记录——海南岛：三亚，采于池塘中，pH7.2，水温 24℃。

分布类型：分布在韩国的地区性种类。

电子显微镜记录——亚洲：韩国。

4. 耐受鱼鳞藻　　电镜照片图版 XXIX：1

Mallomonas tolerans（Asmund & Hilliard）Asmund & Kristiansen, Opera Batanica, 85: 17—19, Fig. 8a-d, 1986; Kristiansen, Opera Batanica, 139: 28—29, Fig. 10. a-d, 2002; Kristiansen & Preisig, Chrysophyte and Haptophyte Algae, 2 Teil/Part 2: Synurophyceae. In: Büdel et al.（eds）: Süsswasserflora von Mitteleuropa Band 1/2: 20, Fig. 5, Pl. 2a, 2007; Kristiansen, Arch. Protistenk., 138（1990）: 298—303, Fig. 6, 1990.

Mallomonopsis elliptica var. *salina* Asmund & Hilliard, Hydrobiol., 26: 521, Figs. 1—4, 1965.

种名是根据壳体在淡水和咸水中都能够生长而命名。

细胞形状变形大，狭长圆形到卵圆形、卵圆形或具尾倒卵圆形，长 21—41 μm，宽 16—22 μm。

鳞片宽卵形到倒卵形，常略不对称，长 4.5—6.0 μm，宽 2.1—2.5 μm。基部板具密集的小的小孔,在鳞片的中间区域,每个孔由肋形成的精致网眼的网纹包围,网纹位于内层。鳞片的外层具相隔宽和规列的乳突,并与鳞片的边缘平行排列,向着鳞片的近轴端的边缘的乳突逐渐变小和稀疏排列。鳞片近轴端的边缘具密集的、辐射状排列的隆起。

刺毛覆盖壳体表面,刺毛管状、平滑,向顶端略扩大,长 6.5—15 μm。

金藻孢子囊圆形,直径 19—21 μm,平滑,前端具有 1 个小的小孔。在中国未见到金藻孢子。

常在低盐度的水体中发现,如盐沼泽和盐湖。

产地:电子显微镜记录——青海:刚察县附近,采于青海湖和青海湖附近的淡水小湖中。

分布类型:北温带。

电子显微镜记录——欧洲:英国,丹麦,德国,法国,匈牙利,荷兰,葡萄牙,俄罗斯,瑞士;北美洲:美国。

5. 卵形鱼鳞藻　　电镜照片图版 XXX

Mallomonas oviformis Nygaard, Kgl. Dan. Vid. Selsk. Biol. Skr., 7(1): 1—293; 1949; Kristiansen, Opera Batanica, 139: 28—31, Fig. 10 e-h, 2002; Kristiansen & Preisig, Chrysophyte and Haptophyte Algae, 2 Teil/Part 2: Synurophyceae. In: Büdel et al.(eds): Süsswasserflora von Mitteleuropa Band 1/2: 20, Fig. 6, Pl. 2 b-d, 2007; Wei & Kristiansen, Arch. Protistenkd. 144(1994): 433—449, Figs. 15, 1994; Wei & Yuan, Beih. Nova Hedwigia 142: 163—179, Figs. 20—21, 2013.

种名是根据壳体细胞的形状而命名。

细胞卵圆形或椭圆形,长 18—55 μm,宽 11—22 μm。刺毛覆盖壳体表面。

鳞片卵形到倒卵形,长 4.5—7 μm,宽 2—4.2 μm,前端鳞片有时形状不规则。基部板具密集排列的小孔,除鳞片近轴端部分无乳突外,鳞片具密集和规则排列的小乳突,小乳突由肋连接形成稠密的短蠕虫状纹饰,属于内层,鳞片的近边缘区域无短蠕虫状纹饰。鳞片近轴端的边缘围绕鳞片周边的一半、平滑。

刺毛平滑,远轴端略弯,顶端略扩大和不等长纤细的二分叉,长 5—25 μm。

金藻孢子囊卵形到圆形,直径 19—21 μm,平滑,前端具有 1 个小的小孔,小孔具一个宽的浅碟形的缘边。在中国未见到金藻孢子。

常生长在富营养、偏碱性的水体中。

Jo 等(2013)经过大量的分子资料分析,发现在 *M. oviformis* Nygaard 数个种的复合体内有隐形的多样性,这个种有很相似的鳞片形态学。

产地:电子显微镜记录——江苏:南京,采于池塘中;苏州,采于池塘中;无锡,采于池塘中。浙江:杭州,采于池塘中;南浔,采于池塘中。湖北:武汉,采于东湖中。

分布类型:分布在北温带,包括北极和近北极,东亚。

电子显微镜记录——亚洲:日本;欧洲:英国,捷克,德国,匈牙利,荷兰,爱沙尼亚,芬兰,丹麦,葡萄牙,罗马尼亚;北美洲:美国。

光学显微镜记录——欧洲:丹麦。

C. 胸针形系列 Series Peronoides Asmund & Kristiansen 1986

平滑的鞭毛几乎与侧茸鞭毛（flimmer）等长，但比较纤细。

体部鳞片卵形或近卵形，具特殊的顶部鳞片，在近轴端边缘内，基部板薄和具稠密的、大的圆形小孔，在前端部分，基部板比较厚，具较不规则形状和稀疏排列的较小的小孔，每个体部鳞片前端 1/2—2/3 有一个中间增厚的高出区域，高出区域的纹饰是每个种的特征，一个浅的圆形小凹陷接近鳞片远轴端的边缘，所有的鳞片具有乳突。

刺毛略弯，短、纤细、平滑，顶部具有 1 个短的、纤细的针形附属物。

模式种 *Mallomonas peronoides*（Harris）Momeu & Péterfi 1979，Harris 1966。

6. 胸针形鱼鳞藻

Mallomonas peronoides(Harris)Momeu & Péterfi, Contr. Bot. Cluj.-Napoca, 1979：13—20, 1979；Asmund & Kristiansen, Opera Batanica, 85：22—23, Fig. 10a-c, 1986；Kristiansen, Opera Batanica, 139：33, Figs. 13 a, 14 a-c, 2002；Kristiansen & Preisig, Chrysophyte and Haptophyte Algae, 2 Teil/Part 2: Synurophyceae. In: Büdel et al.（eds）: Süsswasserflora von Mitteleuropa Band 1/2：22, Fig. 7, Pl. 3 a-d, 2007；Wei & Kristiansen, Arch. Protistenk., 144（1994）：433—449, Figs. 16—18, 1994；Wei & Yuan, Beih. Nova Hedwigia 142：163—179, Figs. 22—23, 2013.

Mallomonopsis peronoides Harris, J. gen. Microbiol., 42：179—180, Figs. 7—12, pl. 4, Figs. 15—21, 1966.

种名是根据壳体鳞片的形状呈胸针形状而命名。

6a. 原变种　　　电镜照片图版 XXXI

var. peronoides

细胞宽卵圆形，刺毛覆盖整个细胞，但有时缺少，长 11—26 μm，宽 11—13 μm。

鳞片宽卵形或卵形，长 3.5—7 μm，宽 2—4 μm。细胞前部的鳞片较小，不对称，体部的鳞片卵形，对称；基部板具稠密的小孔，鳞片前端的小孔小，后端的较大，鳞片后端的边缘明显的宽和厚，具内部隆起，并形成狭而增厚的棱边围绕鳞片的前端部分，一条增高的宽冠状脊横向穿过鳞片，其两侧向前弯曲并连接前端增厚区域，而在鳞片的中间形成 1 个凹陷，薄的近边缘区域围绕前端厚的区域，鳞片表面的大部分区域具密集的乳突，乳突在横脊和近轴端边缘间小的区域罕见和缺乏。

刺毛短、平滑、略弯，刺毛顶端突然变狭呈短的针尖状，长 7—14 μm。每个鳞片可具有 3 条刺毛。

金藻孢子未发现。

产地：电子显微镜记录——内蒙古：扎兰屯，采于池塘中。黑龙江：珍宝岛，采于牛轭湖中；富锦市，采于三环泡湖湿地中。江苏：南京，采于池塘中；扬州，采于凤凰岛湿地中。浙江：溪口，采于池塘中。福建：厦门，采于池塘中；漳州，采于西溪亲水湿地中。江西：上饶，采于池塘中。湖北：神农架，采于大九湖和湖边湿地中；武汉；采于池塘、张渡湖中。广东：广州，采于池塘中；潮州，采于西湖中；汕头，采于汕头大学水库中。海南：万宁，采于稻田中；琼山，采于中超湖中；琼海，采于稻田中；兴隆，采于池塘、小湖、生态湖中；三亚，采于池塘中。四川：眉山，采于池塘中。

分布类型：世界普遍分布，但主要分布在热带和亚热带地区或温带的温暖季节。

电子显微镜记录——亚洲：日本，孟加拉国，斯里兰卡；欧洲：英国，匈牙利，葡萄牙；非洲：马达加斯加，津巴布韦，博茨瓦纳，尼日利亚；大洋洲：澳大利亚；北美洲：美国，加拿大，墨西哥；南美洲：巴西，阿根廷。

6b. 胸针形鱼鳞藻孟加拉变种　　电镜照片图版 XXXII

Mallomonas peronoides var. **bangladeshica**（Takahashi & Hayakawa）Kristiansen & Preisig, Chrysophyte and Haptophyte Algae, 2 Teil/Part 2: Synurophyceae. In: Büdel et al.（eds）: Süsswasserflora von Mitteleuropa Band 1/2: 23, Pl. 3 e-h, 2007; Wei & Yuan, Beih. Nova Hedwigia 122: 169—187, Figs. 15, 21, 2001.

Mallomonopsis peronoides var. *bangladeshica* Takahashi & Hayakawa, Phykos, 18: 131, Figs. 3—5, 7—8, 1979.

变种名是根据壳体在孟加拉国发现而命名。

此变种与原变种的区别为细胞长圆状椭圆形，刺毛覆盖整个细胞，长 25—32 μm，宽 10—14 μm。顶部鳞片明显不对称，远轴端的一侧具 1 个刺状突起，近轴端边缘明显不对称。体部鳞片前部具 1 个近圆形的高出附属纹饰，每个附属纹饰表面沿边缘具 9—13 个裂片和在每个裂片表面具 1—3 个小孔，侧面观这个结构形成 1 个厚的小锚，一些后部较小的体部鳞片具有圆锥形或管状的附属纹饰或无附属纹饰，少数小的尾部鳞片为倒卵形。较大鳞片长 4.8—5.7 μm，宽 2.6—3.4 μm，较小鳞片长 2.4—4.3 μm，宽 1.6—2.8 μm，刺毛长 8.8—14.6 μm。

金藻孢子未发现。

产地：电子显微镜记录——浙江：杭州，采于池塘中。湖北：孝感，采于天紫湖中；武汉，采于池塘、张渡湖中；咸宁，采于斧头湖中。广东：深圳，采于深圳水库中。海南：海口，采于池塘中；万宁，采于池塘中。贵州：沿河，采于稻田中。香港：采于石梨贝水库中。

分布类型：主要分布在热带。

电子显微镜记录——亚洲：韩国，斯里兰卡，孟加拉国；欧洲：匈牙利，葡萄牙；非洲：博茨瓦纳，津巴布韦，采于乍得湖中；大洋洲：巴布亚新几内亚；南美洲：巴西，阿根廷。

7. 斯里兰卡鱼鳞藻　　电镜照片图版 XXIX: 2

Mallomonas ceylanica Dürrschmidt & Cronberg, Arch. Hydrobiol. Suppl. 82, Algol. Stud. 45: 15—37, Figs. 9—16, 1989; Kristiansen, Opera Batanica, 139: 35, Fig. 13. b-c, 2002; Kristiansen & Preisig, Chrysophyte and Haptophyte Algae, 2 Teil/Part 2: Synurophyceae. In: Büdel et al.（eds）: Süsswasserflora von Mitteleuropa Band 1/2: 23, Pl. 3 l-m, 2007; Wei, Yuan & Kristiansen, Nord. J. Bot. Fig. 26, 2014.

种名是根据壳体在斯里兰卡发现而命名。

细胞卵圆形或椭圆形，长 17—25 μm，宽 91—13 μm，具 2 条几乎等长的长鞭毛。

细胞由三种类型的鳞片组成，无拱形盖和 V 形肋。顶部鳞片不对称，长 3.6 μm，宽 2.1 μm，前端略呈锥形，其一侧具一个呈三角形的明显突起，后端宽圆形，在中间区域和沿着无棱边的一侧具少数的乳突，次生层发育弱，近轴端边缘延伸到顶角，远轴端具有 1 个小孔，可能是刺毛插入孔。体部鳞片卵形，长 3.3—3.8 μm，宽 1.9—2.2 μm。基部板具圆形或有时长圆形的小孔，鳞片的后半部的小孔大，鳞片的中部和远轴端的小孔小，在鳞片中央区域具有密集的次生层和在中央区域具一个纵向椭圆形凹陷，有些鳞片在凹陷的前端具 1 个花状或棘刺状纹饰，除后端外鳞片均具圆锥形的小乳突，围绕远轴端边缘和在近轴端区域无次生层，近轴端边缘宽和具内部隆起的纹饰。尾部鳞片小，倒卵形或椭圆形，长 2.6 μm，宽 2.1 μm，有时无纹饰。

刺毛柔细、精致，具短的针形的顶端，长 10—15 μm。

金藻孢子未发现。

产地：电子显微镜记录——海南：海口。采于池塘中。

分布类型：热带地区。

电子显微镜记录——亚洲：印度，斯里兰卡。

II. 多刺组（Sectio Multisetigerae Asmund & Kristiansen 1986）

鳞片具拱形盖或具使刺毛能固着的特殊区域。

纤细的平滑鞭毛略比侧茸鞭型的鞭毛短。

鳞片分成三个部分，螺旋状排列。整个细胞被刺毛覆盖。基部板（包括拱形盖）具有稠密和规律排列的近圆形的小孔。具有 2 种类型的鳞片，前部鳞片倒卵形、不对称和具有大和宽的拱形盖，后部鳞片卵形、对称和具较小和较圆的拱形盖，拱形盖内的凹陷浅，略有冠状盖（hooded）的 V 形肋（V-rib）尖角形，近轴端边缘狭，鳞片外表面具乳突。

刺毛不完全卷起和具有宽的纵裂缝。

模式种：*Mallomons multisetigera* Dürrschmidt p. 127—131，Figs. 4—9，1982a。

8. 多刺鱼鳞藻　　电镜照片图版 XXXIII：1—2

Mallomonas multisetigera Dürrschmidt, Arch. Hydrobiol. Suppl.，63/Algol. Stud. 31：127—131，Figs. 4—9，1982a；Asmund & Kristiansen, Opera Batanica，85：24—25，Fig. 11 a-e，1986；Kristansen, Opera Batanica，139：37，Fig. 15 a-e，2002；Kristiansen & Preisig, Chrysophyte and Haptophyte Algae，2 Teil/Part 2：Synurophyceae. In：Büdel et al.（eds）：Süsswasserflora von Mitteleuropa Band 1/2：25，Pl. 4a，2007；Kristiansen & Tong, J. Wuhan Bot. Research，6：97—100，Fig. 12，1988；Wei, Yuan & Kristiansen, Nord. J. Bot. 31：881—892，Fig. 44，2014.

种名是根据壳体细胞的刺毛而命名。

细胞椭圆形，长 21—30 μm，宽 10—18 μm。鳞片几乎呈横向螺旋覆瓦状排列。刺毛通常覆盖整个细胞。每个前端鳞片可多达 5 条刺毛，其他鳞片具 1 条刺毛或无刺毛。

鳞片长 2.5—5.0 μm，宽 1.8—2.8 μm；前部鳞片倒卵形、不对称，拱形盖宽卵形，不对称，具一个明显的后边缘肋，基部板小孔从鳞片的前端向后端逐渐增大，除后翼外具稠密和规列排列的乳突，乳突从鳞片的前端向后端逐渐减小，乳突偶然由薄的肋互相连接；后部鳞片卵形，拱形盖较小，较圆，对称，具一个不明显的后边缘肋；对称的体部鳞片的前端近边缘肋不明显，不对称的体部鳞片的前端近边缘肋明显，呈翼状。

刺毛略弯，长 4—10 μm，刺毛杆近轴端 2/3 纵裂缝的一侧边缘具锯齿，刺毛杆的远轴端扩大和不等长二分叉。

金藻孢子未见。

产地：电子显微镜记录——湖北：武汉，采于池塘中。海南：兴隆，采于小湖中。

分布类型：世界普遍分布。

电子显微镜记录——亚洲：日本，新加坡，马来西亚；欧洲：荷兰，丹麦，芬兰，意大利，瑞士，法国，奥地利；非洲：博茨瓦纳，马达加斯加，尼日利亚；大洋洲：澳大利亚；北美洲：美国，加拿大；中美洲：牙买加；南美洲：厄瓜多尔，阿根廷，巴西，智利。

III. 乳突组（Sectio Papillosae Asmund & Kristiansen，1986）

平滑的鞭毛纤细和不明显，常缺少。

整个细胞覆盖刺毛。

鳞片纵轴略斜向细胞的纵轴螺旋状排列。鳞片分为 3 个部分。拱形盖的大小与鳞片的其他部分相比小或者缺乏。拱形盖凹陷浅，但与内表面其余部分的界线清楚。拱形盖的一个大的三角形的区域具有不规则形的稠密小孔。后边缘肋短和不达到后翼。由于次生物质，基部板的孔不明显和模糊不清楚。乳突组的种类常产生不成热的鳞片和出现大的稠密的小孔。鳞片表面具圆锥形乳突。

刺毛平滑或缘膜形（craspedodont）。

模式种：*Mallomonas papillosa* Harris，p. 185，Figs. 1—2，4，Pl. 1，Figs. 1—2，1967.

乳突组分种检索表

1. 鳞片无拱形盖 ··· 2
1. 鳞片具拱形盖 ··· 3
    2. 前端近边缘肋缺乏，沿 V-rib 的内侧没有乳突 ················ **15. 小鱼鳞藻 *M. parvula***
    2. 前端近边缘肋存在，与 V-rib 连续和在远轴端聚合 ·········· **16. 鱼尾状鱼鳞藻 *M. ouradion***
3. 盾片具散生的乳突，每个乳突被透明的狭带围绕 ················ **9. 拖鞋状鱼鳞藻 *M. calceolus***
3. 盾片具密集排列的乳突，每个乳突无透明的带围绕 ······································· 4
    4. 盾片具大的圆形凹孔 ·· **14. 凹孔纹鱼鳞藻 *M. guttata***
    4. 盾片无大的圆形凹孔 ··· 5
5. 前翼具隆起 ·· **11. 乳突鱼鳞藻 *M. papillosa***
5. 前翼不具隆起 ··· 6
    6. 前翼平滑 ·· **13. 卡利纳鱼鳞藻 *M. kalinae***
    6. 前翼具乳突 ··· 7
7. 前端近边缘肋存在 ·· **10. 钉状鱼鳞藻 *M. paxillata***
7. 前端近边缘肋不明显或缺乏 ·· **12. 平滑鱼鳞藻 *M. rasilis***

Key to the species of Sectio Papillosae

1. Scales without dome ·· 2
1. Scales with dome ·· 3
    2. Anterior submarginal ribs lacking, papillae lacking along the inner side of the V-rib ······· 15. *M. parvula*
    2. Anterior submarginal ribs present, continuous with the V-rib and converging distally ···· 16. *M. ouradion*
3. Shield with scattered papillae, each papilla surrounded by a transparent narrow zone ········ 9. *M. calceolus*
3. Shield with densely arranged papillae, each papilla not surrounded by a transparent zone ···················· 4
    4. Shield with large circular pits ·· 14. *M. guttata*
    4. Shield without circular pits ·· 5
5. Anterior flange with struts ·· 11. *M. papillosa*
5. Anterior flange without struts ·· 6
    6. Anterior flange smooth ·· 13. *M. kalinae*
    6. Anterior flange with papillae ·· 7
7. Anterior submarginal ribs present ·· 10. *M. paxillata*
7. Anterior submarginal ribs indistinct or lacking ·· 12. *M. rasilis*

A. 乳突系列（Series Papillosa）

鳞片具拱形盖。

模式种：*Mallomonas papillosa* Harris, p. 185, Figs. 1—2, 4, Pl. 1, Figs. 1—2, 1967。

9. 拖鞋状鱼鳞藻　　电镜照片图版 XXIX：3—5

Mallomonas calceolus Bradley, J. gen. Microbial., 37: 321—333, 1964; Asmund & Kristiansen, Opera Batanica, 85: 25, Fig. 11 f-j, 1986; Kristiansen, Opera Batanica, 139: 38, Fig. 15 f-i, 2002; Kristiansen & Preisig, Chrysophyte and Haptophyte Algae, 2 Teil/Part 2: Synurophyceae. In: Büdel et al. (eds): Süsswasserflora von Mitteleuropa Band 1/2: 25, Fig. 82, Pl. 4 b, 2007; Wei & Kristiansen, Arch. Protistenk., 144 (1994): 433—449, Fig. 19, 1994.

种名是根据壳体的鳞片像拖鞋状而命名。

平滑的鞭毛与侧茸鞭毛等长。

细胞小，卵圆形，具宽圆形的末端，长 11—18 μm，宽 9—12 μm。

鳞片卵形或近卵形，长 2.8—4 μm，宽 1.0—2.0 μm，前端鳞片较狭，后端鳞片比中部鳞片较圆，前端和后端鳞片略不对称；拱形盖平滑或具一些乳突；前翼平滑或具少数乳突，后翼平滑；前端近边缘肋常发育弱，弯形围绕拱形盖侧缘；狭的冠状盖 V 形肋（hooded V-rib）尖角形；前端鳞片肋末端的尖短突起与拱形盖唇瓣（lip）相邻；盾片具散生稀疏的乳突，每个乳突被透明的狭带围绕。

刺毛短、平滑，略弯，刺毛长 4—15 μm，远轴端不卷起和扩大，顶端为略不等长 2 分叉。

金藻孢子未发现。

产地：电子显微镜记录——黑龙江：珍宝岛，采于牛轭湖和阿布沁河中。浙江：溪口，采于小水库中。

分布类型：世界广泛分布，特别是在欧洲。

电子显微镜记录——亚洲：日本；欧洲：英国，罗马尼亚，丹麦，捷克，俄罗斯，瑞典，瑞士，芬兰，冰岛，法国，德国，匈牙利，荷兰，葡萄牙，西班牙；大洋洲：澳大利亚；北美洲：美国，加拿大；南美洲：阿根廷，巴西，智利，哥伦比亚。

10. 钉状鱼鳞藻　　电镜照片图版 XXXIV

Mallomonas paxillata（Bradley）Péterfi & Momeu, Nov. Hedw. 27: 353—392, 1976a; Asmund & Kristiansen, Opera Batanica, 85: 25—27, Fig. 12 a-b, 1986; Kristiansen, Opera Batanica, 139: 39, Fig. 16 a-b, 2002; Kristiansen & Preisig, Chrysophyte and Haptophyte Algae, 2 Teil/Part 2: Synurophyceae. In: Büdel et al.（eds）: Süsswasserflora von Mitteleuropa Band 1/2: 26, Fig. 9, Pl. 4 d, 2007; Wei & Yuan, Beih. Nova Hedwigia 142: 163—179, Figs. 25—27, 2013.

Mallomonopsis paxillata Bradley, J. protozool., 13: 143—154, 1966.

种名是根据壳体的鳞片具有乳突或呈钉子状而命名。

侧茸鞭毛具有小的环纹的鳞片。

细胞卵圆形，长 12—24 μm，宽 9—12 μm。

鳞片近卵形，侧面略内弯，长 4—5.7 μm，宽 2.5—4 μm。顶部鳞片较短和较宽的卵形，略不对称，少数尾部鳞片小和狭，略不对称；前翼具乳突，有些顶部鳞片一侧的前端近边缘肋发育好，并从鳞片表面远轴端伸出形成前端尖的齿（tooth），另一侧的前端近边缘肋模糊不清，有些鳞片两侧的前端近边缘肋均模糊不清；冠状盖狭，V 形肋尖角形；后翼平滑；鳞片的其余部分包括拱形盖具密集的乳突呈斜的纵向和横向彼此交错排列。

刺毛短，略弯，长 4.5—8 μm，刺毛杆平滑，顶端具近平行的、不等长的短分叉。

金藻孢子未发现。

产地：电子显微镜记录——江苏：无锡，采于池塘中。浙江：杭州，采于池塘中；新昌，采于池塘中。

分布类型：世界广泛分布，主要在欧洲。

电子显微镜记录——亚洲：日本，韩国，孟加拉国；欧洲：英国，丹麦，荷兰，芬兰，瑞士，葡萄牙，德国，罗马尼亚，匈牙利，捷克，俄罗斯；非洲：尼日利亚；大洋洲：澳大利亚；北美洲：美国，加拿大；南美洲：阿根廷，智利。

11. 乳突鱼鳞藻　　电镜照片图版 XXXV

Mallomonas papillosa Harris & Bradley em. Harris, Harris & Bradley, J. Roy. Microscop. Soc. Ser. 3, 76: 37—46, Fig. 12 c-g, 1957, Harris, J. gen. Microbiol., 46: 185—191, 1967; Asmund & Kristiansen, Opera Batanica, 85: 27, Fig. 12 c-e, 1986; Kristiansen, Opera Batanica, 139: 39—41, Fig. 16 c-e, 2002; Kristiansen & Preisig, Chrysophyte and Haptophyte Algae, 2 Teil/Part 2: Synurophyceae. In: Büdel et al.（eds）: Süsswasserflora von Mitteleuropa Band 1/2: 26, Fig. 10, Pl. 4 e-f, 2007; Wei & Yuan,

Beih. Nova Hedwigia 142: 163—179, Fig. 28, 2013.

种名是根据壳体的鳞片具有乳突的纹饰而命名。

平滑的鞭毛与侧茸鞭毛等长，但非常纤细，常不发育。

细胞宽椭圆形，长 7—20 μm，宽 5—12 μm。

顶部鳞片较小和较狭，数个，体部鳞片卵形，尾部鳞片较圆和略不对称，鳞片长 2—4 μm，宽 1.8—3.5 μm。前端近边缘肋沿拱形盖侧缘向前伸展形成翼状突起，顶部鳞片的翼状突起特别明显；前翼具均匀斜向排列的隆起；盾片具稠密和均匀的排列的乳突，盾片后端无乳突和具数个圆形小孔，每个小孔被狭的高出的棱边围绕；拱形盖的部分区域具乳突；冠状盖狭，V 形肋尖。有些鳞片 V 形肋的基部、冠状盖边缘具有一列小齿；后翼平滑。

刺毛短，强壮，长 4—11 μm，刺毛杆缘膜形，其一侧具短齿，逐渐锥形伸向纤细的顶端。

金藻孢子囊倒卵形，平滑，孢孔边缘略增厚和前端直，宽 10—12 μm。在中国未见到金藻孢子。

产地：电子显微镜记录——内蒙古：阿尔山，采于沼泽中；索伦，采于池塘中。黑龙江：珍宝岛，采于水坑、牛轭湖和七虎林河中；密山市，采于小兴凯湖和小兴凯湖湿地中；伊春，采于凉水湿地中；五大连池市，采于五大连池、草本沼泽中；阿木尔，采于池塘、沼泽中。江苏：南京，采于池塘中；无锡，采于池塘中。浙江：杭州，采于池塘、西溪湿地中；临安，天目山，采于半月潭、龙潭水库中；南浔，采于池塘中。山东：青岛，采于小湖中。湖北：神农架，采于大九湖和湖边湿地中；武汉，采于池塘、小湖、东湖中。广东：深圳，采于沙头角水库中。

分布类型：世界普遍分布。

电子显微镜记录——亚洲：日本，韩国，马来西亚；欧洲：英国，瑞典，瑞士，芬兰，丹麦，冰岛，意大利，西班牙，德国，法国，奥地利，捷克，保加利亚，匈牙利，俄罗斯；非洲：马达加斯加；大洋洲：澳大利亚；北美洲：美国，加拿大；南美洲：厄瓜多尔，阿根廷，巴西，哥伦比亚。

12. 平滑鱼鳞藻　　电镜照片图版 XXXVI

Mallomonas rasilis Dürrschmidt, Nord. J. Bot. 3: 423—430, 1983a; Asmund & Kristiansen, Opera Batanica, 85: 27—29, Fig. 13 a-c, 1986; Kristiansen, Opera Batanica, 139: 42, Fig. 17 a-c, 2002; Kristiansen & Preisig, Chrysophyte and Haptophyte Algae, 2 Teil/Part 2: Synurophyceae. In: Büdel et al.(eds): Süsswasserflora von Mitteleuropa Band 1/2: 27—28, Pl. 4 k-l, 2007; Wei & Kristiansen, Chin. J. Oceanol. Limnol., 16（3）: 256—261, Pl. II, Figs. 14—15, 1998.

种名是根据壳体平滑和鳞片前翼无隆起而命名。

细胞椭圆形，长 15—20 μm，宽 8—11 μm。整个细胞被刺毛覆盖。具 2 条不等长的鞭毛。

鳞片长 3.0—4.1 μm，宽 2.0—2.5 μm；顶部鳞片较短和较宽，拱形盖宽卵形，略不对称；体部鳞片近卵形，拱形盖狭；尾部鳞片短和宽，略不对称，拱形盖宽卵形；拱形盖具或不具乳突；前翼狭，具稠密规则排列的乳突；前端近边缘肋不明显或缺乏，但在有些鳞片中沿拱形盖侧缘唇瓣角上具齿或翼状突起；除盾片后端 V 形肋圆的基角上具 1 个大的圆形小孔外，基部板小孔不明显，V 形肋内部具不规则形状的隆起；盾片具稠密、规则排列的乳突，盾片后端的乳突小或无；后翼平滑；近轴端的边缘宽和具内部不规则形状的隆起。

刺毛弯，长 6—15 μm，向顶端逐渐锥形尖细，单侧具短尖齿的锯齿。

金藻孢子未发现。

产地：电子显微镜记录——黑龙江：珍宝岛，采于牛轭湖中；密山市，采于小兴凯湖和小兴凯湖湿地中；五大连池市，采于草本沼泽中。浙江：新昌，采于池塘中。福建：泉州，采于池塘中；漳州，采于西溪亲水湿地中。河南：南阳，采于鸭河水库中。广东：广州，采于池塘中；深圳，采于铁岗水库和沙头角水库中。海南：兴隆，采于生态湖中；三亚，采于池塘中。

分布类型：世界普遍分布。

电子显微镜记录——亚洲：日本，斯里兰卡，新加坡，印度尼西亚；欧洲：瑞典，丹麦，法国，德国，匈牙利，葡萄牙，瑞士；非洲：博茨瓦纳，马达加斯加，津巴布韦，尼日利亚；大洋洲：澳大利亚；北美洲：美国，墨西哥；中美洲：牙买加；南美洲：阿根廷，智利，巴西。

13. 卡利纳鱼鳞藻　　电镜照片图版 XXXIII：3—4

Mallomonas kalinae Řezáčová, Preslia 78: 353—358, Figs. 1—2, 2006; Kristiansen & Preisig, Chrysophyte and Haptophyte Algae, 2 Teil/Part 2: Synurophyceae. In: Büdel et al. (eds): Süsswasserflora von Mitteleuropa Band 1/2: 28, Pl. 4m, 2007.

种名是授于捷克藻类学家卡利纳（T. Kalina）而命名。

细胞椭圆形，长 15—17.5 μm，宽 8—9.5 μm。整个细胞被具有刺毛的鳞片覆盖。

体部鳞片近卵形，长 3.7—3.9 μm，宽 1.7—2.0 μm，由 3 个部分组成，拱形盖小和平滑；尾部鳞片比体部鳞片小，长 2.5 μm，宽 1.3 μm；前翼平滑；前端近边缘肋明显；V 形肋尖角形；盾片具规则排列的小乳突，具明显的基部板小孔，或偶然在 V 形肋的基部、盾片的近轴端具 2 个小孔；后翼平滑；近轴端边缘平滑。

刺毛略弯，平滑，并向顶端逐渐锥形尖细，长 4.1—7.3 μm。

金藻孢子未发现。

此种与平滑鱼鳞藻（*M. rasilis*）的不同为鳞片较狭，前端近边缘肋明显，前翼平滑，近轴端边缘平滑，刺毛平滑。

产地：电子显微镜记录——黑龙江：密山市，采于小兴凯湖湿地中。湖北：武汉，采于张渡湖中。

分布类型：世界散生分布。

电子显微镜记录——亚洲：日本；马来西亚；欧洲：瑞士，德国，捷克；大洋洲：澳大利亚，巴布亚新几内亚。

14. 凹孔纹鱼鳞藻

Mallomonas guttata Wujek, Brenesia, 22: 309—133, 1984; Asmund & Kristiansen, Opera Batanica, 85: 29, Fig. 13d-g, 1986; Kristiansen, Opera Batanica, 139: 44, Fig. 17 d-g, 2002; Kristiansen & Preisig, Chrysophyte and Haptophyte Algae, 2 Teil/Part 2: Synurophyceae. In: Büdel et al.（eds）: Süsswasserflora von Mitteleuropa Band 1/2: 28, Pl. 5 a-b, 2007; Wei & Yuan, Beih. Nova Hedwigia 122: 169—187, Figs. 22—23, 2001.

14a. 原变种　　电镜照片图版 XXXVII

var. guttata

种名是根据壳体鳞片的表面具有大的凹孔（pits）而命名。

细胞椭圆形，长 7—12 μm，宽 3—7 μm。整个细胞被刺毛覆盖。领部鳞片形成一个领围绕鞭毛的近轴端部分。

除盾片后端 V 形肋角上具 1 个圆形小孔外，基部板小孔不明显；鳞片具三种类型：领部鳞片宽圆形，不对称，长 2.5—3.1 μm，宽 1.9—2.6 μm，具前端近边缘肋，一个前端近边缘肋伸出形成强壮的长圆形翼，另一个前端近边缘肋具一列乳突，拱形盖和盾片具散生的乳突；体部鳞片卵形，长 3.5—4.0 μm，宽 2.2—3.1 μm，拱形盖平滑或具乳突，拱形盖被 2 个在唇瓣角上的远轴端短侧肋围绕，短侧肋延伸形成短齿状突起，无前端近边缘肋，盾片具 9—15 个大的圆形凹孔（pits）排成 4—5 横列或较不规则的散生，除盾片后端外，盾片和前翼具有稠密均匀的排列的乳突，V 形肋基部近尖角形，后翼平滑；尾部鳞片小，不对称，具散生的乳突。

刺毛弯，平滑，长 6.5—8.5 μm，向顶端逐渐锥形尖细。

金藻孢子未见。

产地：电子显微镜记录——黑龙江：富锦，采于三环泡湿地中。湖北：孝感，采于天紫湖中；武汉，采于池塘中。海南：琼山，采于稻田、中超湖中。

分布类型：世界广泛分布。

电子显微镜记录——亚洲：日本，韩国，孟加拉国，斯里兰卡，马来西亚，印度尼西亚；欧洲：法国，奥地利；非洲：博茨瓦纳，马达加斯加，津巴布韦；大洋洲：澳大利亚，新西兰；北美洲：美国，加拿大；中美洲：牙买加，哥斯达黎加；南美洲：厄瓜多尔，阿根廷，智利，巴西。

14b. 凹孔纹鱼鳞藻单列变种　　电镜照片图版 XXXVIII

Mallomonas guttata var. **simplex** Nicholls, J. Phycol. 25: 292—300, 1989b; Kristiansen, Opera Batanica, 139: 44, Fig. 17. h, 2002; Kristiansen & Preisig, Chrysophyte and Haptophyte Algae, 2 Teil/Part 2: Synurophyceae. In: Büdel et al.（eds）: Süsswasserflora von Mitteleuropa Band 1/2: 28, Pl. 5 c, 2007; Wei & Kristiansen, Chin. J. Oceanol. Limnol., 16（3）: 256—261, Pl. II, Figs. 12—13, 1998.

变种名是根据壳体鳞片的表面仅具单列大的凹孔而命名。

此变种与原变种的不同为鳞片的盾片沿中轴仅具一列大的凹孔。细胞长 7—12 μm，宽 3—7 μm；鳞片长 2.5—4.0 μm，宽 1.9—3.1 μm；刺长 6.5—8.5 μm。

金藻孢子未见。

产地：电子显微镜记录——福建：泉州，采于城东水库、草邦水库中；同安，采于坂头水库中。广东：深圳，采于沙头角水库中。

分布类型：稀少的种类，仅分布在加拿大。

电子显微镜记录——北美洲：加拿大。

B. 鱼尾系列（Series Ouradiotae Asmund & Kristiansen 1986）

2 条鞭毛近等长，平滑的鞭毛比侧茸鞭毛更纤细。

鳞片具近边缘肋。次生层不完全显现。鳞片无拱形盖，具乳突。每个鳞片具 1—5 条刺毛。

模式种：*Mallomonas ouradion* Harris & Bradley，p. 72，Figs. 1—5，Pl. 1，Figs. 1—7，Pl. 2，Fig. 8，1958。

15. 小鱼鳞藻 电镜照片图版 XXXIX

Mallomonas parvula Dürrschmidt，Can. J. Bot.，60：651—656，1982b；Asmund & Kristiansen，Opera Batanica，85：21，Fig. 9 e-g，1986；Kristiansen，Opera Batanica，139：45，Fig. 18 b-e，2002；Kristiansen & Preisig，Chrysophyte and Haptophyte Algae，2 Teil/Part 2: Synurophyceae. In: Büdel et al.（eds）: Süsswasserflora von Mitteleuropa Band 1/2：29，Pl. 5 d-f，2007；Wei & Kristiansen，Arch. Protistenk.，144（1994）：433—449，Fig. 20，1994.

种名是根据壳体细胞小而命名。

细胞小，球形，直径 10—15 μm。通常整个细胞覆盖刺毛，但有些细胞仅具少数刺毛。每个鳞片具 1 条刺毛。

基部板小孔未见，可能是被疏松纤维结构的次生物质所模糊。鳞片长 1.6—2.2 μm，宽 1.3—1.4 μm；鳞片具三种类型：顶部鳞片倒宽卵形；体部鳞片菱形；尾部鳞片较小，近卵形或倒卵形；所有的鳞片具强壮冠状盖的 V 形肋和具圆的基部，V 形肋的两侧分开，冠状盖沿边缘的后部具一短列小齿；盾片具横向规律排列的大乳突，乳突从盾片前端向后端逐渐变小，沿 V 形肋内侧的沟中无乳突；翼的近轴端区域在外表面具 1 个大的凹孔（depression）；近轴端边缘宽和厚。

刺毛短，纤细，长 4.0—4.5 μm，顶端不等长 2 分叉。

金藻孢子未见。

产地：电子显微镜记录——浙江：杭州，采于池塘中；临安，清凉峰，采于池塘中。江西：湖口，采于鄱阳湖中。湖北：神农架，采于大九湖和湖边湿地中；武汉，采于张渡湖中。

分布类型：世界广泛分布。

电子显微镜记录——亚洲：日本；欧洲：英国，德国，法国，捷克，芬兰，荷兰，丹麦，奥地利，匈牙利，意大利，罗马尼亚，葡萄牙，俄罗斯，瑞士；非洲：尼日利亚；大洋洲：澳大利亚；北美洲：美国，加拿大；南美洲：厄瓜多尔，阿根廷，智利。

16. 鱼尾状鱼鳞藻　　电镜照片图版 XL

Mallomonas ouradion Harris & Bradley, J. gen. Microbiol. 18：71—85，1958；Asmund & Kristiansen, Opera Batanica, 85：21, Fig. 9 e-g, 1986; Kristiansen, Opera Batanica, 139：45—47, Fig. 18 f-g, 2002; Kristiansen & Preisig, Chrysophyte and Haptophyte Algae, 2 Teil/Part 2: Synurophyceae. In: Büdel et al.（eds）: Süsswasserflora von Mitteleuropa Band 1/2: 29-30，Fig. 11, Pl. 5 h-i, 2007.

种名是根据壳体的刺毛顶部鱼尾状而命名。

2 条鞭毛近等长，平滑的 1 条鞭毛非常纤细，与侧茸鞭毛近等长。

细胞椭圆形或卵圆形，长 11—33 μm，宽 7—12 μm。整个细胞覆盖刺毛，每个鳞片具 1—5 条刺毛。

鳞片卵形，长 5—7 μm，宽 2.5—4.0 μm。基部板具大的、密集的、多少不规则排列的但常不明显的小孔；前端近边缘肋与具冠状盖的 V 形肋连续，一侧的前端近边缘肋比另一侧的前端近边缘肋较长向前伸展，并在远轴端互相聚合；盾片具乳突，盾片的乳突逐渐向后端较小和较稀疏；翼狭，无乳突；后端边缘短和狭。

刺毛长 4—12 μm，刺毛杆略弯，远轴端不卷起，向顶端逐渐扩大，顶端具 2 个短的、近三角形的、略不等长的 2 分叉。

光学显微镜观察的金藻孢子囊呈球形，平滑和具有一个小的小孔（porus），直径 16—19 μm。在中国未见到金藻孢子。

产地：电子显微镜记录——黑龙江：密山市，采于小兴凯湖和小兴凯湖湿地中。湖北：武汉，采于张渡湖中。

分布类型：世界散生分布。

电子显微镜记录——亚洲：日本；欧洲：英国，荷兰，捷克，法国，德国；北美洲：美国，加拿大。

IV. 显著组（Sectio Insignes Asmund & Kristiansen 1986）

细胞长椭圆形，具尾。无刺毛。鳞片不具拱形盖，具盾片、V 形肋和翼。顶部和尾部鳞片具刺。

模式种：*Mallomonas insignis* Penard，p. 122—128, Fig. 1, 1919.

17. 显著鱼鳞藻　　电镜照片图版 XLI

Mallomonas insignis Penard, Bull. Soc. Bot. Genève 2e sér 11: 122—128, Fig. 1, 1919; Asmund & Kristiansen, Opera Batanica, 85: 34—36, Fig. 18 a-d, 1986; Kristiansen, Opera Batanica, 139: 47—48, Fig. 19 a-d, 2002; Kristiansen & Preisig, Chrysophyte and Haptophyte Algae, 2 Teil/Part 2: Synurophyceae. In: Büdel et al.（eds）: Süsswasserflora von Mitteleuropa Band 1/2: 30, Fig. 12, Pl. 5, j-l, 2007; Wei & Yuan, Beih. Nova Hedwigia 142: 163—179, Figs. 31—36, 2013.

种名是根据壳体具有可识别的标记而命名。

细胞大，长椭圆形，长 25—100 μm，宽 14—28 μm，前端钝尖，后端锥形到长度变化的尾部，尾部常略弯。

鳞片三层。基部板的小孔小，形状和排列不规则，常不可见。从细胞前端到后端鳞片逐渐变化，但形态基本相同。形态有下列特征：除了鳞片外层小乳突数目变化外，盾片的中央区域是薄和平滑的；围绕这个区域，连接 V 形肋和伸展到鳞片的整个前端区域是肋形成的蜂窝状纹（honeycomb pattern），蜂窝状纹通常被乳突外层遮盖；V 形肋具有宽圆形的基部和略呈冠状盖；无前端近边缘肋；翼具有从 V 形肋辐射出的规律排列的内部隆起；翼的近轴端是较少电子密度的窗孔（window）；近轴端边缘宽，常具有向后弯的边缘，底部具规律间隔的隆起，是翼内部隆起的延长。具有 4 种类型的鳞片。①顶部鳞片对称或略不对称，长 2.7—9.0 μm，宽 2.2—5.5 μm，具刺，前端尖，围绕鞭毛的近轴端，一条强壮的、中空的锥形刺从每个顶部鳞片的顶端斜向伸出；鳞片内表面的 SEM 观察显示出一个孔通向刺的空腔（cavity）；刺在基部呈脊状和具一个特征性的弯顶及有时具一个短的近顶部的分叉。②体部鳞片螺旋状排列，卵形，无刺，长 2.7—9.0 μm，宽 2.2—5.5 μm，体部鳞片向细胞尾部逐渐变小和比较宽和圆。③在尾的基部是一群比较小的、不对称的略有变化的鳞片。④尾部鳞片比通常的体部鳞片小，长 3.1—6.3 μm，宽 1.7—3.3 μm，有 1 条纤细的、锥形中空的长刺，刺的长度有变化，但伸展到尾部尾端的刺最长，刺的顶端 2 叉状或有一短的、近顶部的分枝，在刺的基部有 1 个孔；尾部鳞片重叠排列，其游离端具有刺，刺的尖端斜向后。鳞片类型之间有互相转变的过程。

Harris（1958）描述了显著鱼鳞藻（*M. insignis*）的发育过程，常观察到具尾和不完全具尾的细胞，曾有几个不同种类的描述，Harris（1970）认为是显著鱼鳞藻的同物异名。

金藻孢子囊近球形，长 25.0—30.0 μm，宽 14.0—28.0 μm，平滑，具 1 个直向向后略突出的孢孔（porus）。在中国未见到金藻孢子。

产地：电子显微镜记录——黑龙江：密山市，采于小兴凯湖湿地中；五大连池市，采于草本沼泽中。江苏：南京，采于池塘中；无锡，采于五里湖中。浙江：杭州，采于池塘、西溪湿地中；临安，天目山，采于池塘中。湖北：武汉，采于东湖中。

分布类型：世界散生分布，但广泛散布。

电子显微镜记录——亚洲：斯里兰卡，马来西亚；欧洲：英国，挪威，瑞典，瑞士，芬兰，荷兰，德国，奥地利，法国，葡萄牙，捷克，匈牙利，波兰，罗马尼亚，俄罗斯，斯洛文尼亚，丹麦，乌克兰，拉脱维亚；大洋洲：澳大利亚；北美洲：美国，加拿大。

光学显微镜记录——欧洲：瑞士，法国，奥地利，波兰，俄罗斯，拉脱维亚，乌克兰；北美洲：美国。

V. 方形组（Sectio Quadratae Momeu & Péterfi 1979）

刺毛仅位于细胞的顶端、两端或者缺乏。

鳞片厚。鳞片纵轴与细胞的纵轴成直角螺旋状排列。每个鳞片的近轴端边缘被两个相邻鳞片略向内弯曲的前翼重叠，形成坚硬的甲片。具有特化的顶部鳞片和后部鳞片。鳞片具或不具拱形盖，近轴端的边缘宽和厚，常不对称，平滑。鳞片表面具明显短尖头的乳突，具凹孔。基部板的小孔位于凹孔的底部。

模式种：*Mallomonas allorgei*（Deflandre）Conrad，p. 16，Fig. 4，1933。

方形组分种检索表

1. 鳞片具蜂窝状纹·· 18. 华美鱼鳞藻 *M. splendens*
1. 鳞片不具蜂窝状纹·· 19. 斑点纹鱼鳞藻 *M. maculata*

Key to the species of Sectio Quadratae

1. Scales with honeycomb ··· 18. *M. splendens*
1. Scales without honeycomb ·· 19. *M. maculata*

A. 阿洛盖系列（Series Allorgei）

鳞片很厚，具明显拱形的外表面。具纵向排列的基部板小孔，蜂窝状纹（honeycomb）结构的内层，外表面具乳突和凹孔。近轴端的边缘宽，不对称。前端尖的顶部鳞片近宽圆形，凹孔不规则排列。体部鳞片圆菱形，凹孔呈列状排列。尾部鳞片小，倒卵形，略不对称，具少数凹孔。

模式种：*Mallomonas allorgei*（Deflandre）Conrad，p. 16，Fig. 4，1933。

18. 华美鱼鳞藻　　电镜照片图版 XLII：1—3

Mallomonas splendens（G. S. West）Playfair em. Croome，Dürrschmidt & Tyler，1985，Playfair，Proc. Linn. Soc. New South Wales 46：99—146，1921，Croome，Dürrschmidt & Tyler，Nova Hedwigia 41：463—470，Fig. 72 a-i，1985；Asmund & Kristiansen，Opera Batanica，85：118，Fig. 72 a-f，1986；Kristiansen，Opera Batanica，139：50—53，Fig. 21 a-f，2002；Kristiansen & Preisig，Chrysophyte and Haptophyte Algae，2 Teil/Part 2：Synurophyceae. In：Büdel et al.（eds）：Süsswasserflora von Mitteleuropa Band 1/2：32，Fig. 14，Pl. 6 b-c，2007；Wei & Yuan，Beih. Nova Hedwigia 142：163—179，Figs. 37—38，2013.

Lagerbeimia splendens G. S. West，J. Linn. Soc. Bot. 39：1—88，1909.

种名是根据壳体细胞华美的形状而命名。

细胞长圆柱形，长 22—46 μm，宽 8—13 μm。细胞两端各具 2—4 条刺毛。

鳞片明显螺旋状排列。所有的鳞片外层具乳突（用扫描电子显微镜观察）和内层为网纹形成规律的蜂窝状纹（用透射电子显微镜观察）。

具三种类型的鳞片：①4 个顶部鳞片长圆形或长的长圆形，具拱形盖，从后端到拱形盖是较薄的盾片区域，以高出的 M 形脊为界线；②体部鳞片菱形，长 5.6—7.3 μm，宽 4.4—5.6 μm，无前端近边缘肋，近轴端的边缘平滑，具不明显的 V 形肋；③后部鳞片宽卵形，具不对称拱形盖，略类似于顶部鳞片。

刺毛平滑，具有一条明显的纵裂缝，逐渐呈锥形，钝或具双齿的顶端。顶部刺毛几乎与细胞成直角，长 14—23 μm，后部的刺毛直向向后，长 22—35 μm。

金藻孢子未发现。

产地：电子显微镜记录——浙江：新昌，采于池塘中。广东：深圳，采于东湖水库中。

光学显微镜记录——台湾，采于南仁湖及南仁湖周边的池塘中。

分布类型：世界散生分布。

电子显微镜记录——亚洲：马来西亚；欧洲：英国；大洋洲：澳大利亚。

光学显微镜记录——亚洲：印度；欧洲：荷兰；大洋洲：澳大利亚，G.S.West，第一次用光学显微镜记录了采于澳大利亚的此种，鉴定作为绿藻类。

B. 斑点纹系列（Series Maculatae Kristiansen 2002）

体部鳞片长方形到菱形，具特化的顶部鳞片和后部鳞片。所有的鳞片均具乳突。无拱形盖。刺毛平滑。

模式种：*Mallomonas maculata* Bradley, p. 328, Pl. 3, Fig. 26, Pl. 5, Figs. 37—41, 1964。

19. 斑点纹鱼鳞藻　　电镜照片图版 XLII：4—5

Mallomonas maculata Bradley, J. gen. Microbiol. 37：321—333，1964；Asmund & Kristiansen, Opera Batanica, 85：33—34, Fig. 17 a-e, 1986；Kristiansen, Opera Batanica, 139：56—57, Fig. 25 a-e, 2002；Kristiansen & Preisig, Chrysophyte and Haptophyte Algae, 2 Teil/Part 2: Synurophyceae. In: Büdel et al.（eds）: Süsswasserflora von Mitteleuropa Band 1/2：34, Pl. 7 a-c, 2007；Wei, & Yuan, Nova Hedwigia 101（3-4）：299—312, Figs. 48—49, 2015.

种名是根据壳体具有斑点纹和电子显微镜中鳞片的外形而命名。

细胞长圆形，长 30 μm，宽 15 μm，前端略尖，顶端具数条刺毛。

鳞片长 3.5—4.5 μm，宽 2.0—3.0 μm，具三种类型的鳞片：①顶部鳞片长圆形，向远轴端逐渐狭窄和弯曲，一侧边凸起，另一侧边凹入；②体部鳞片长方形到菱形；③后部鳞片与顶部鳞片相似，但比较小，近轴端的缘边宽，常不对称。鳞片的内部系统具不规则排列的乳突，乳突间由细的、不明显的肋互相连接，外层具散生的乳突；具短和规列排列的隆起从近轴端边缘的内边缘放射状排列，隆起间具凹孔，每个凹孔的底部具 1 个小孔；顶部鳞片和后部鳞片的外表面的中央和前端各有一个大而浅的凹孔（pits）。

刺毛短，平滑，略弯，长 8—10 μm。

金藻孢子未发现。

产地：电子显微镜记录——内蒙古：甘河市，采于池塘中。

分布类型：世界散生分布。

电子显微镜记录——欧洲：瑞典，法国，德国，冰岛，西班牙，俄罗斯；北美洲：美国，加拿大；大洋洲：澳大利亚，新西兰。

VI. 点纹组（Sectio Punctiferae Asmund & Kristiansen 1986）

细胞覆盖刺毛，具特殊的顶部刺毛，有些种类的顶部鳞片和尾部鳞片无刺毛。顶端具一个略呈三角形的冠和前端尖的鳞片。具特殊的尾部鳞片。

基部板小孔大小不同，稠密和略不规则排列。体部鳞片的内表面前端具狭的凹陷，外表面具略高起的缺乏小孔的拱形盖并与围绕鳞片的表面没有明确的界限。鳞片具近边缘肋、盾片和翼，近轴端边缘狭。

刺毛刺突形（notacanthic），体部刺毛的背侧和两侧都具齿，两侧的齿近折叠的边。具特殊的顶部刺毛。

模式种：*Mallomonas punctifera* Korshikov，p. 68，Pl. 7，Figs. 8—9，1941。

点纹组分种检索表

1. 鳞片无 U 形肋 ··· **22. 羽状鱼鳞藻 *M. plumosa***
1. 鳞片具 U 形肋 ·· 2
　2. 盾片具肋 ··· **20. 特兰西瓦尼亚鱼鳞藻 *M. transsylvanica***
　2. 盾片具网纹 ··· **21. 点纹鱼鳞藻 *M. punctifera***

Key to the species of Sectio Punctiferae

1. Scales without U-rib ··· **22. *M. plumosa***
1. Scales with U-rib ·· 2
　2. Shield with rib ·· **20. *M. transsylvanica***
　2. Shield with reticulum ··· **21. *M. punctifera***

点纹系列（Series Punctifera）

　　细胞长圆状椭圆形，个体小的为较宽的椭圆形或卵圆形。体部鳞片的纵轴与细胞的横轴平行。鳞片的纵轴略重叠，鳞片的横列明显重叠。翼和基部板的前端部分无小孔。体部鳞片倒宽卵形或具圆角的近梯形，对称。拱形盖的顶部常突出略超过基部板远轴端的边缘，拱形盖的凹陷被向内弯的副翼包围和外表面肋状增厚。体部鳞片和尾部鳞片具厚的近边缘肋，类似倒 U 形，为 U 形肋（U-rib），U 形肋向后张开，其闭合的前端常围绕拱形盖。

　　刺毛强壮，略呈锥形逐渐伸向顶部，顶端钝和具 3 个小齿。具 3 列明显的短尖齿。具特殊的顶部刺毛。

20. 特兰西瓦尼亚鱼鳞藻　　电镜照片图版 XLIII

Mallomonas transsylvanica Péterfi & Momeu，Pl. Syst. Evol.，125：47—57，Figs. 1—27，1976b；Asmund & Kristiansen，Opera Batanica，85：45，Fig. 23 a-e，1986；Kristiansen，Opera Batanica，139：64—65，Fig. 31 a-e，2002；Kristiansen & Preisig，Chrysophyte and Haptophyte Algae，2 Teil/Part 2：Synurophyceae. In：Büdel et al.（eds）：Süsswasserflora von Mitteleuropa Band 1/2：37，Fig. 18，Pl. 8 f-i，2007.

　　种名是根据壳体在罗马尼亚的特兰西瓦尼亚（Transsylvania）发现而命名。

　　细胞长 20—40 μm，宽 10—18 μm。细胞顶部具一丛刺毛贴附到冠状鳞片，但活的细胞冠不明显，部分遮盖在刺毛中。

具有三种类型的鳞片。①冠状鳞片通常8个，长4.5—5 μm，宽 3.5—4.5 μm。略呈三角形，其前端向前伸出形成一个三角形的短而宽的突起，其顶端具数个小齿，突起底部扩大区域位于冠状鳞片凹入的一侧；冠状鳞片具肋状纹饰类似体部鳞片，但肋略不规则排列，常纵向和缠绕。②体部鳞片长 5.0—6.0 μm，宽 4.0—4.5 μm。盾片的纹饰由密集、规律排列的横肋组成波状边缘，达拱形盖区域常截断或不规律排列，有些鳞片具少数纵肋连接横肋，翼具规律隆起从厚的近边缘肋（U形肋）放射状排列。③小的尾部鳞片类似于体部鳞片，但无拱形盖，远轴端平滑或不规则凹陷。有些鳞片的基部板小孔具一个未知性质的中央圆点（dot）。

顶部鳞片刺毛长 12—15 μm。刺毛较短略弯，除近顶端具数个齿以外，沿凹入的一侧无锯齿。每个冠状鳞片具 1 条刺毛，贴附在冠状鳞片扩大区域下端凹入的一侧。体部鳞片刺毛长 25—35 μm，刺毛长和直，具 3 列尖齿。

金藻孢子囊球形，直径 16—17 μm，具圆点和小棘刺（throns）。领短、宽和略外倾，领直径 4—6 μm。在中国未见到孢子。

产地：电子显微镜记录——黑龙江：珍宝岛，采于牛轭湖和阿布沁河中。

分布类型：北半球和南半球的温带地区。

电子显微镜记录——欧洲：瑞典，芬兰，德国，法国，捷克，匈牙利，罗马尼亚，西班牙，葡萄牙，冰岛，俄罗斯；北美洲：美国，加拿大；南美洲：阿根廷，智利。

光学显微镜记录——欧洲：法国；北美洲：美国。

21. 点纹鱼鳞藻　　电镜照片图版 XLIV，LXXXI：1

Mallomonas punctifera Korshikov, Trudy Inst. Bot. Kharkov. 4：68，Pl. 7，Figs. 8—9，1941；Asmund & Kristiansen, Opera Batanica, 85：45—46, Fig. 24 a-g, 1986; Kristiansen, Opera Batanica, 139：65—67, Fig. 32 a-g, 2002; Kristiansen & Preisig, Chrysophyte and Haptophyte Algae, 2 Teil/Part 2：Synurophyceae. In：Büdel et al.（eds）：Süsswasserflora von Mitteleuropa Band 1/2：37，Fig. 17，Pl. 9 c-h，2007；Wei & Kristiansen, Arch. Protistenk., 144（1994）：433—449, Figs. 25—26, 1994.

种名是根据壳体的鳞片在光学显微镜中观察具有点纹而命名。

细胞长 12.6—62 μm，宽 8—18 μm。细胞顶端没有一丛特殊的刺毛。冠状鳞片明显。所有盾片的较大或较小区域具有多角形或近圆形网眼的网纹，每个网眼具有许多小孔，有时网纹仅覆盖一条狭带横向通过盾片；翼平滑，无小孔；近轴端边缘有时具不规则凹口向上的卷起的棱边。具 3 种类型的鳞片：①冠状鳞片不对称，长 5.5—7.6 μm，宽 3—3.7 μm，一侧缘凸出和另一侧缘凹入，前端伸出形成 1 个强壮的、较短或较长的弯刺，其顶端锥形，刺凸出的一侧有一短列小齿；②体部鳞片略呈梯形，长 4.3—5.8 μm，宽 3.2—4.5 μm，有些体部鳞片拱形盖两侧的翼扩展形成 2 个平耳状、略不等长的突起；③尾部鳞片小，长 3.2—4.4 μm，宽 1.9—2.8 μm，无拱形盖，但具有 1 个不规则凹口的前缘边。

刺毛长 15—45 μm，具 2 列明显的短尖齿，第 3 列短尖齿很难察觉，但推测通常是存在的。

金藻孢子囊宽椭圆形到近球形，长 18—22 μm，宽 15—17 μm，平滑，具一个厚或低的领围绕小的孢孔。在中国未见到孢子。

产地：电子显微镜记录——内蒙古：扎兰屯，采于池塘中；阿尔山，采于沼泽中。黑龙江：珍宝岛，采于水坑、池塘、牛轭湖、溪流、阿布沁河、七虎林河中；宁安市，采于镜泊湖湿地中；双鸭山市，采于安邦河湿地中；伊春，采于凉水湿地中；塔河，采于池塘中。江苏：泰州，采于生态湖中。浙江：杭州，采于池塘、西溪湿地中；新昌，采于池塘中；绍兴，采于小湖中；宁波，采于池塘、莫枝河中；南浔，采于池塘中；建德，采于溪流中。江西：上饶，采于池塘中；湖口，采于鄱阳湖中。湖北：神农架，采于大九湖和湖边湿地中；武汉，采于池塘、东湖中；襄阳，采于泉池中。广东：广州，采于池塘中。海南：海口，采于池塘中；万宁，采于池塘中。

分布类型：北温带，包括北极和近北极，东亚、东南亚。

电子显微镜记录——亚洲：日本，马来西亚；欧洲：英国，瑞典，芬兰，挪威，荷兰，丹麦，冰岛，西班牙，葡萄牙，奥地利，法国，德国，捷克，匈牙利，罗马尼亚，俄罗斯，乌克兰；北美洲：美国。

光学显微镜记录——欧洲：法国，奥地利，乌克兰，俄罗斯。

22. 羽状鱼鳞藻　　电镜照片图版 XLV：4

Mallomonas plumosa Croome & Tyler, Br. Phycol. J. 18：151—158，Figs. 1—18，1983；Asmund & Kristiansen, Opera Batanica, 85：46—47，Fig. 25a-g，1986；Kristiansen, Opera Batanica, 139：67—69，Fig. 33 a-g，2002；Kristiansen & Preisig，Chrysophyte and Haptophyte Algae, 2 Teil/Part 2: Synurophyceae. In: Büdel et al.（eds）：Süsswasserflora von Mitteleuropa Band 1/2: 38, Pl. 9l-o, 2007; Wei, Yuan & Kristiansen, Nord. J. Bot. 32：881—896，Fig. 34，2014.

种名是根据壳体顶部刺毛呈羽状命名。

细胞狭椭圆形到宽椭圆形，长 16—44 μm，宽 8—12 μm。细胞前端冠状。每个冠状鳞片可多达 5 条羽状刺毛。每个体部鳞片具一条刺毛，一些后部的体部鳞片无刺毛。尾部鳞片具刺。

具有 3 种类型的鳞片。①冠状鳞片略具圆角的三角形，长 2.5—3.6 μm，宽 1.5—2.4 μm，不对称，一侧直，另一侧略弯，略弯的一侧具增厚的边缘，可能是由于边缘反曲的缘故，细胞前端呈冠状，是由一轮冠状鳞片侧面重叠形成，使增厚略弯的一侧游离，冠状鳞片的远轴端区域增厚，具一个大的凹孔，大的凹孔的底部具基部板小孔，近轴端边缘很不对称。②体部鳞片略呈圆形或向尾端呈宽卵形，长 2.7—4.3 μm，宽 2—3.5 μm，拱形盖不对称，前端边缘具 1—4 个小齿，位于拱形盖的顶端前，前翼的远轴端呈耳状，U 形肋发育不全，部分与近轴端边缘的远轴端融合，较小无刺毛的后部体部鳞片近卵圆形，缺乏次生层。③尾部鳞片顶端延长成反曲的尖刺。

每个冠状鳞片具 1—5 条羽状刺毛，长 5.5—9 μm。羽状刺毛的足附着在冠状鳞片增厚边缘区域的内表面，与边缘平行列状排列，羽状刺毛杆的近轴端纤细，杆的纤细部分具明显的纵裂缝，羽状刺毛的远轴端弯，向顶端加宽，顶端向内弯，远轴端具 2 个或 3 个中空的、扁平的、略呈三角形的突起，除近轴端的 1 个突起外，每个突起的外边缘向内弯，突起可认为是变异的齿。体部刺毛长 25—35 μm，具三列明显长的尖齿和钝的三齿的顶端。

金藻孢子未发现。

产地：电子显微镜记录——香港：采于大潭水库中。

分布类型：南亚、澳大利亚和新西兰散生分布。

电子显微镜记录——亚洲：印度，马来西亚；大洋洲：澳大利亚，新西兰。

VII. 异刺组（Sectio Heterospinae Momeu & Péterfi 1979）

整个细胞覆盖刺毛。鳞片纵轴与细胞纵轴呈斜向螺旋状排列。鳞片薄，卵形或倒卵形，没有角或侧缘向内弯，疏松覆盖在细胞表面。除拱形盖外，基部板具稠密的小孔。拱形盖凹陷浅，但与内表面其余部分有明显的界线，其后边缘线不明显或无，近轴端边缘狭。鳞片无次生层或具有简单或复杂的网纹。整条刺毛杆卷起，具狭的裂缝，有些种类具 2 种类型的刺毛：针形刺毛和钩状刺毛，钩状刺毛的刺毛杆不完全卷起，钩状刺毛的远轴端具钩，钩较下的宽颚为中空的凸出部分，是一种变异的齿，在远轴端边缘具一列小齿，向上弯的颚是杆的末端部分，针形刺毛通常位于钩状刺毛的前端或散生。

模式种：*Mallomonas heterospina* Lund，p. 284，Fig. 6A-D，1942。

异刺组分种检索表

1. 拱形盖没有平行的纵肋 ·· **23. 异刺鱼鳞藻 *M. heterospina***
1. 拱形盖具有平行的纵肋 ·· 2
    2. 纵肋与盾片上的肋连续，顶部鳞片尖 ············· **24. 哈里斯鱼鳞藻 *M. harrisiae***
    2. 纵肋与盾片上的肋不连续，顶部鳞片圆 ········· **25. 多钩状刺毛鱼鳞藻 *M. multiunca***

Key to the species of Sectio Heterospinae

1. Dome without parallel longitudinal ribs ·· 23. *M. heterospina*
1. Dome with parallel longitudinal ribs ·· 2
    2. Longitudinal ribs continuous with ribs on the shield, apical scales pointed ············· 24. *M. harrisiae*
    2. Longitudinal ribs not continuous with ribs on the shield, apical scales rounded ········· 25. *M. multiunca*

23. 异刺鱼鳞藻　　电镜照片图版 XLVI

Mallomonas heterospina Lund，New Phytol. 41：284，Fig. 6A-D，1942；Asmund & Kristiansen，Opera Batanica，85：50—53，Fig. 27 d-e，Fig. 28 a-g，1986；Kristiansen，Opera Batanica，139：73—75，Figs. 35 d-e，36 a-g，2002；Kristiansen & Preisig，Chrysophyte and Haptophyte Algae, 2 Teil/Part 2: Synurophyceae. In: Büdel et al.（eds）：Süsswasserflora von Mitteleuropa Band 1/2：39—41，Fig. 20，Pl. 10 d-f，2007；Wei & Yuan，Beih. Nova Hedwigia 122：169—187，Figs. 31—32，2001.

种名是根据壳体具有 2 种类型的刺毛而命名。

细胞倒卵圆形、卵圆形或宽椭圆形，长 12—25 μm，宽 7—17 μm。具针状和钩状两种类型的刺毛。

鳞片卵形或宽倒卵形，长 2.5—4.9 μm，宽 1.4—3.9 μm。拱形盖圆形，平滑或具少数不明显的纵肋，内部凹陷被后端肋状增厚分隔，表面为边缘肋，侧面为基部板内弯的副翼，这些副翼的远轴端之间是鳞片的侧面或前面的唇瓣；外表面网纹高度变化，没有 2 个鳞片的网纹是一致的；在发育很好的体部鳞片中，厚的近边缘肋环形弯向拱形盖，盾片具不规则的网纹，由厚的横肋将鳞片粗略分为两半，后半部具粗肋的大网眼，每个大网眼内由较精致的肋组成较小网眼的次生网纹；近边缘区域具有从近边缘肋放射出的隆起。无拱形盖的鳞片卵形，具退化的网纹，在普通的鳞片中散生。

具 2 种类型的刺毛，钩状刺毛长 6—15 μm，针状刺毛长 8—22 μm，这两种类型的刺毛在细胞中的分布是变化的，有些细胞具针状和钩状两种类型的刺毛，有时仅仅顶端是针状刺毛，有时仅仅在尾端是钩状刺毛，在细胞的中间为针状刺毛或钩状刺毛或针状和钩状两种类型的刺毛彼此散生，有的整个细胞仅仅具针状刺毛，但整个细胞仅仅具钩状刺毛没有被观察到。单一的种群通常超优势或绝对优势。针状刺毛明显的锥形，并逐渐向顶端尖细，刺毛杆由于具狭的纵裂缝而使远轴端略薄。

金藻孢子囊卵圆形，长 13.4—22 μm，宽 12.8—21.9 μm，顶部平，表面具不规则分布的浅凹入的环，似小坑，孢口小，具厚的边，金藻孢子囊具有一个可分开的顶部锥形物。在中国未见到金藻孢子。

产地：电子显微镜记录——内蒙古：索伦，采于池塘中。黑龙江：珍宝岛，采于池塘、牛轭湖、溪流和七虎林河中；伊春，采于凉水湿地中；塔河，采于池塘中；阿木尔，采于沼泽中。江苏：扬州，采于凤凰岛湿地中；无锡，采于五里湖中。浙江：杭州，采于池塘、西溪湿地中；临安，天目山，采于半月潭、龙潭水库中，清凉峰，采于池塘中；绍兴，采于小湖中；新昌，采于池塘中。江西：湖口，采于鄱阳湖中。湖北：神农架，采于大九湖和湖边湿地中；孝感，采于天紫湖中；武汉，采于池塘、小湖、东湖、张渡湖中。广东：广州，采于池塘中。海南：文昌，采于池塘中；三亚，采于池塘中。重庆，采于黛湖中。

分布类型：世界广泛分布。

电子显微镜记录——亚洲：日本；欧洲：英国，芬兰，挪威，瑞士，瑞典，荷兰，丹麦，西班牙，葡萄牙，冰岛，法国，德国，奥地利，匈牙利，捷克，罗马尼亚，俄罗斯，爱沙尼亚，斯洛文尼亚；大洋洲：澳大利亚；北美洲：美国，加拿大；南美洲：阿根廷，智利。

光学显微镜记录——欧洲：英国，法国，奥地利，丹麦。

24. 哈里斯鱼鳞藻　　电镜照片图版 XLVII：1—6

Mallomonas harrisiae Takahashi, Phycologia, 14：41—44, 1975; Asmund & Kristiansen, Opera Batanica, 85：53, Fig. 29 a-c, 1986; Kristiansen, Opera Batanica, 139：75, fig. 37 a-c, 2002; Kristiansen & Preisig, Chrysophyte and Haptophyte Algae, 2 Teil/Part 2: Synurophyceae. In: Büdel et al.（eds）: Süsswasserflora von Mitteleuropa Band 1/2：41, Fig. 21, Pl. 10 h-j, 2007; Wei & Yuan, Beih. Nova Hedwigia 142：163—179, Figs. 44—46, 2013.

种名是授于英国金藻类专家哈里斯（K. Harris）而命名。

细胞宽卵圆形，长 13.5—17 μm，宽 12—13.7 μm。仅具针状刺毛。

具 3 种类型的鳞片：①顶部鳞片明显不对称，长 4.0 μm，宽 3.8 μm，前半部逐渐变尖，一侧边缘凹入，另一侧边缘略凸出，前端具有一个较大的、宽而平的拱形盖，具较稀疏的网纹，顶部鳞片的前半部具纵向的中肋穿过拱形盖，并在鳞片顶部连接近边缘肋而形成特殊的短突起，其顶端具一丛小齿，除中肋外具稀疏的网纹，顶部鳞片后半部具发育很好的网纹；②体部鳞片长 2.4—5 μm，宽 1.4—3.7 μm，拱形盖圆形，无后边缘肋，拱形盖的 4—7 条纵肋与鳞片中间区域发育很好的网纹连接；③尾部鳞片小，数个，无拱形盖。

刺毛针形，较短，长 5.3—6.8 μm。

金藻孢子未观察到。

产地：电子显微镜记录——黑龙江：珍宝岛，采于牛轭湖和阿布沁河中；伊春，采于凉水湿地中。浙江：新昌，采于池塘中。

分布类型：地方性种类，仅分布在日本。

电子显微镜记录——亚洲：日本。

25. 多钩状刺毛鱼鳞藻　　电镜照片图版 XLVII：7—9

Mallomonas multiunca Asmund, Bot. Tidsskr. 53: 75—85, 1956; Asmund & Kristiansen, Opera Batanica, 85: 53—54, Fig. 30 a-c, 1986; Kristiansen, Opera Batanica, 139: 77—78, Fig. 38 a-d, 2002; Kristiansen & Preisig, Chrysophyte and Haptophyte Algae, 2 Teil/Part 2: Synurophyceae. In: Büdel et al.（eds）: Süsswasserflora von Mitteleuropa Band 1/2: 42, Fig. 24, Pl. 11 d-e, 2007; Wei & Yuan, Beih. Nova Hedwigia 122: 169—187, Figs. 33—35, 2001.

种名是根据壳体具有许多钩状刺毛而命名。

细胞卵圆形到近球形，长 12—22 μm，宽 8—14 μm。仅具钩状刺毛。鞭毛具小的环形鳞片。

鳞片近卵形，长 3—5 μm，宽 2—3.5 μm。从细胞远轴端到近轴端的鳞片略有不同，拱形盖浅、短而宽和无后边缘肋，拱形盖具有与鳞片纵轴呈斜向平行排列的肋，近边缘肋不环绕拱形盖，鳞片的网纹由前端一轮 2—6 个粗壮大网眼，和后端数轮较小的网眼组成，近边缘区域具少数短的隆起，从肋、前端具边的网纹、很短的隆起规则和密集放射排列，在网纹区基部板具散生的小乳突；无拱形盖的卵形鳞片具退化的网纹，并比一般的鳞片略大；尾部鳞片卵形、小，无拱形盖。

刺毛钩状，长 6—12 μm，钩状刺毛较下的颚较宽和较尖，较上的颚的上端具 1 条柔细的长锥形附属物。

金藻孢子囊球形，直径 13—15 μm，平滑或具精致点纹，孢口小和无棱边。中国未见到金藻孢子。

产地：电子显微镜记录——内蒙古：扎兰屯，采于池塘中。黑龙江：伊春，采于凉水湿地中。江西：湖口，采于鄱阳湖中。

分布类型：北温带，包括北极和近北极。

电子显微镜记录——欧洲：英国，荷兰，丹麦，芬兰，葡萄牙，瑞典，德国，捷克，罗马尼亚，匈牙利，俄罗斯；北美洲：美国，加拿大。

VIII. 顶刺毛丛组（Sectio Akrokomae Asmund & Kristiansen 1986）

细胞长圆形，具尾。

3种类型的鳞片：①具刺毛的拱形盖鳞片具近边缘肋；②无拱形盖的体部鳞片无近边缘肋；③特化的尾部鳞片形成尾。覆盖细胞的鳞片的纵轴与细胞的纵轴平行排列。仅1个种。

模式种：*Mallomonas akrokomos* Ruttner, in Pascher, p. 36, Fig. 52a, b, 1913.

26. 顶刺毛丛鱼鳞藻　　电镜照片图版 XLVIII

Mallomonas akrokomos Ruttner, in Pascher, Süsswasserflora Deutschlands, Österreichs und der Schweiz, 2: 36, Fig. 52a, b, 1913; Asmund & Kristiansen, Opera Batanica, 85: 56, Fig. 31a-j, 1986; Kristiansen, Opera Batanica, 139: 79—81, Fig. 39a-j, 2002; Kristiansen & Preisig, Chrysophyte and Haptophyte Algae, 2 Teil/Part 2: Synurophyceae. In: Büdel et al.（eds）: Süsswasserflora von Mitteleuropa Band 1/2: 43—44, Fig. 25, Pl. 11 g-n, 2007; Wei & Kristiansen, Arch. Protistenk., 144（1994）: 433—449, Figs. 28—29, 1994.

种名是根据壳体顶部的毛和顶部的刺毛丛而命名。

细胞纺锤形，细胞长8—78 μm，宽3—15 μm，前端圆，以锥形逐渐向后形成一条直或弯的纤细的尾，仅顶部鳞片具刺毛。

顶部鳞片和体部鳞片基部板的前部具小的、不规则散生的小孔，基部板后部向上凸起部分具一片稠密的、规则排列的大孔；顶部鳞片和体部鳞片近边缘具一列稠密的、规则排列的明显小孔；所有鳞片基部板的顶缘具小齿；后部边缘狭。

具3种类型的鳞片。①顶部鳞片8—12个，排成2轮，近长圆形或卵形，长4.0—5.0 μm，宽1.2—2.5 μm，腹缘凹入，背缘凸出，第一轮的顶部鳞片比第二轮的较短和较狭，拱形盖内表面的凹陷被增厚的基部板包围，位于略偏中间的高出的结节中，拱形盖前端边缘的外表面具一短列小齿，比基部板顶缘的小齿略大；第一轮的顶部鳞片具有一个小的突起，位于基部板上端；近轴端的近边缘肋常不完全发育或缺乏。②体部鳞片长3.8—4.5 μm，宽1.5—2.5 μm，前端的体部鳞片顶端尖的卵形或透镜形，逐渐过渡到较短、较狭、竹片状的后部鳞片。③尾部鳞片小，数个，最后2个很长的尾部鳞片形成尾，其长度为前端尾部鳞片的2—3倍，长管状和包裹倒数第二轮的尾部鳞片。

刺毛刺突形（notacanthic），直或略弯，具有明显的纵裂缝，具2种类型的刺毛，顶部鳞片第一轮的刺毛较短，两侧具小齿，顶部鳞片第二轮的刺毛较长，纤细，仅一侧具锯齿，刺毛杆的顶部和绝大多数齿的顶部二叉状。短刺毛长 4—20 μm，长刺毛长19—39 μm。

金藻孢子囊椭圆形、平滑，长6—17 μm，宽6—14 μm，孢口常规列的不对称，具一个凹凸不平的低领。中国未见到金藻孢子。

产地：电子显微镜记录——北京，采于北海中。内蒙古：扎兰屯，采于池塘中；索伦，采于池塘中。黑龙江：哈尔滨，采于松花江中；珍宝岛，采于池塘、牛轭湖、阿布沁河、七虎林河中；宁安市，采于镜泊湖湿地中；密山市，采于小兴凯湖湿地中；伊春，采于凉水湿地中；五大连池市，采于草本沼泽中。江苏：南京，采于池塘中；扬州，采于瘦西湖、凤凰岛湿地中；无锡，采于五里湖中。浙江：杭州，采于池塘、西湖中；诸暨，采于池塘中；新昌，采于池塘中；南浔，采于池塘中；宁波，采于池塘中；建德，采于千岛湖中。福建：闽侯，采于池塘中。江西：湖口，采于鄱阳湖中。湖北：孝感，采于小湖中；武汉，采于池塘和东湖中；襄阳，采于泉池中。河南：南阳，采于麒麟湖、鸭河水库中。广东：广州，采于池塘中；深圳，采于西丽水库中。云南：昆明，采于松花坝水库中；景洪，采于池塘中；路南，石林，采于小水库中。新疆：乌鲁木齐，采于天池中。

分布类型：世界普遍分布。

电子显微镜记录——亚洲：日本；欧洲：英国，瑞士，瑞典，芬兰，挪威，荷兰，葡萄牙，丹麦，冰岛，希腊，奥地利，比利时，法国，德国，捷克，匈牙利，波兰，罗马尼亚，俄罗斯，乌克兰，斯洛文尼亚；非洲：津巴布韦；大洋洲：澳大利亚；北美洲：美国，加拿大；南美洲：厄瓜多尔，智利，巴西，阿根廷。

光学显微镜记录——欧洲：奥地利，比利时，法国，捷克，波兰，俄罗斯，瑞典。

IX. 线纹组（Sectio Striatae Asmund & Kristiansen 1986）

鳞片分成三个部分。覆盖细胞的体部鳞片的纵轴与细胞的纵轴明显斜向螺旋状排列。拱形盖浅，具一片微小的小孔，与基部板的其余部分有明显的界线；后边缘肋达近边缘肋；前翼发育好，并沿拱形盖侧面向前伸展。绝大多数种类具横向隆起，从前端近边缘肋辐射出；后翼具或不具从V形肋延伸出的隆起；后边缘狭；盾片平滑，或在绝大多数种类中，具有略弯的、均匀排列的横肋，在有的种类中，横肋与纵肋连接形成网纹。

刺毛平滑或缘膜形，刺毛杆具一条明显的纵裂缝。

模式种：*Mallomonas striata* Asmund，p. 38，Figs. 34—36，1959。

线纹组分种检索表

1. 前翼不沿着拱形盖侧面伸展·· 2
1. 前翼沿着拱形盖侧面伸展发育成翅·· 5
 2. 前端近边缘肋退化··**28. 篮形鱼鳞藻 *M. cratis***
 2. 前端近边缘肋发育好·· 3
3. 前端近边缘肋翅状···**30. 似篮形鱼鳞藻 *M. pseudocratis***
3. 前端近边缘肋不翅状·· 4
 4. 盾片大约具有12个弯的横肋，拱形盖具线纹或网纹，V形肋的角具有微小的小孔···············
··**27. 线纹鱼鳞藻 *M. striata***
 4. 盾片具有9—13个弯的横肋，拱形盖具弯肋，V形肋的角具有花状纹饰····**29. 花形鱼鳞藻 *M. flora***
5. 两个前翼沿着或围绕拱形盖侧面伸展，V形肋平滑·························**31. 辐射肋鱼鳞藻 *M. actinoloma***
5. 一个前翼沿着拱形盖侧面伸展，V形肋鸡冠状·······························**32. 鸡冠状鱼鳞藻 *M. cristata***

Key to the species of Sectio Striatae

1. Anterior flanges not extending along the side of the dome ··· 2

1. Anterior flanges developed as wings extending along the side of the dome ········ 5
  2. Anterior submarginal rib reduced ········ 28. *M. cratis*
  2. Anterior submarginal rib well developed ········ 3
3. Anterior submarginal rib winged ········ 30. *M. pseudocratis*
3. Anterior submarginal rib not winged ········ 4
  4. Shield with about 12 curved transverse ribs. Dome striated or reticulated. Small pores in the V-rib angle ········ 27. *M. striata*
  4. Shield with about 9-13 curved transverse ribs. Dome with curved ribs. Flower-like pattern in the V-rib angle ········ 29. *M. flora*
5. Both anterior flanges extending along or around the side of the dome. V-rib smooth ········ 31. *M. actinoloma*
5. One anterior flanges extending along the side of the dome. V-rib cristate ········ 32. *M. cristata*

A. 线纹系列（Series Striata）

细胞具密集的刺毛覆盖。

鳞片狭卵形或近卵形；基部板和拱形盖的外侧具密集的、有时不规则排列的微小的小孔；盾片的后部具有一片小孔，其大小和排列与基部板其他的小孔不同，盾片具略弯的、均匀排列的横肋或具网纹；前翼具从前端近边缘肋辐射出的均匀排列的隆起或列状排列的乳突；后翼具从V形肋延伸出的、发育较好的隆起。

刺毛具单一的齿或缘膜形。

模式种：*Mallomonas striata* Asmund，p. 38，Figs. 34—36，1959。

27. 线纹鱼鳞藻　　电镜照片图版 XLIX

Mallomonas striata Asmund, Dansk Bot. Ark., 18（3）: 38, Figs. 34—36, 1959; Asmund & Kristiansen, Opera Batanica, 85: 59, Fig. 32 a-g, 1986; Kristiansen, Opera Batanica, 139: 81—84, Fig. 40a-g, 2002; Kristiansen & Preisig, Chrysophyte and Haptophyte Algae, 2 Teil/Part 2: Synurophyceae. In: Büdel et al.（eds）: Süsswasserflora von Mitteleuropa Band 1/2: 45, Fig. 26, Pl. 12 a-c, 2007; Kristiansen & Tong, Nova Hedwigia, 49（1-2）: 194, Pl. 4, Fig. 43, 1989; Wei & Kristiansen, Arch. Protistenk., 144（1994）: 433—449, Figs. 30—31, 1994.

种名是根据壳体鳞片具有线纹而命名。

细胞卵圆形，长 26—29 μm，宽 18—20 μm。侧茸鞭型鞭毛的毛状鞭毛具微小的环形鳞片。

鳞片长 4.0—6.5 μm，宽 2.0—4.0 μm，侧面向内弯，体部鳞片具明显的角；拱形盖略呈三角形或近圆形，细胞前部的鳞片比其他的鳞片较狭和具较圆的角及拱形盖较宽；鳞片略不对称；基部板小孔不明显或不可见；V形肋尖角形；前端近边缘肋有时发育弱或缺乏；盾片约具 12 条略弯的、均匀排列的横肋，有的种群横肋与发育较好的纵肋连接，盾片后部的肋常中断或有时呈斜向，盾片的后部具有数个比其他的小孔较小和排列较密集的小孔；前翼具 3—6 条隆起，与盾片的横肋排列的疏密度相一致，可能是盾片横肋的延长；后翼约具 16 条较明显的隆起，比盾片的横肋排列较为稀疏；拱形盖平滑或具纵向或不规则排列的肋或具一些圆形的凹孔，有的种群所有的拱形盖平滑或具数个不明显的肋或凹孔，另外的一些种群所有的拱形盖具明显的纹饰。

刺毛精致，长 6—13 μm，具一个近顶部的小的齿，刺毛远轴端、锥形顶端下具一个小而明显的膨大。

金藻孢子囊球形，平滑，直径 18 μm，孢口具一个浅的、漏斗形凹陷。

产地：电子显微镜记录——北京，采于池塘、北海、昆明湖中。内蒙古：甘河，采于池塘中；扎兰屯，采于池塘中；索伦，采于池塘中。黑龙江：哈尔滨，采于松花江中；珍宝岛，采于水坑、牛轭湖和七虎林河中；宁安市，采于镜泊湖湿地中；密山市，采于小兴凯湖湿地中；扎龙自然保护区，采于扎龙湖中；伊春，采于凉水湿地中；五大连池市，采于草本沼泽中；黑河，采于卧牛湖水库中；塔河，采于池塘中。江苏：扬州，采于凤凰岛湿地中；无锡，采于池塘中；高邮，采于高邮湖中。浙江：杭州，采于池塘、西湖、西溪湿地中；新昌，采于池塘中；溪口，采于小水库中。河南：郑州，采于尖岗水库中；南阳，采于麒麟湖、鸭河水库中。湖北：神农架，采于大九湖和湖边湿地中；武汉，采于池塘、张渡湖中；洪湖，采于付湾河中。广东：潮州，采于西湖中；汕头，采于汕头大学水库中。甘肃：敦煌，采于月牙泉中；嘉峪关，采于小湖中。青海：采于青海湖附近的淡水小湖中。

分布类型：世界广泛分布。

电子显微镜记录——亚洲：日本，马来西亚；欧洲：英国，芬兰，瑞典，瑞士，荷兰，丹麦，冰岛，西班牙，希腊，法国，德国，奥地利，捷克，匈牙利，爱沙尼亚，罗马尼亚，俄罗斯；大洋洲：澳大利亚；非洲：马达加斯加，津巴布韦；北美洲：美国，加拿大；中美洲：牙买加，哥斯达黎加；南美洲：智利，阿根廷，巴西。

28. 篮形鱼鳞藻　　电镜照片图版 L：1—3

Mallomonas cratis Harris & Bradley, J. gen. Microbiol., 22: 750—777, 1960; Asmund & Kristiansen, Opera Batanica, 85: 61—62, Fig. 34 a-c, 1986; Kristiansen, Opera Batanica, 139: 86—88, Fig. 42 a-c, 2002; Kristiansen & Preisig, Chrysophyte and Haptophyte Algae, 2 Teil/Part 2: Synurophyceae. In: Büdel et al.（eds）: Süsswasserflora von Mitteleuropa Band 1/2: 46, Fig. 29, Pl. 12 g-h, 2007; Kristiansen, Arch. Protistenk., 138（1990）: 300, Fig. 11, 1990.

种名是根据壳体呈篮形和最初在碳的复制材料中鳞片表面的纹饰而命名。

细胞卵圆形、椭圆形或近圆柱形，长 17—33 μm，宽 13—15 μm。

鳞片近长圆状卵形，侧面略向内弯，长 4.0—7.0 μm，宽 2.0—3.0 μm。盾片后部的小孔群由少数圆形的小孔组成，比其他的基部板小孔较大；具明显冠状盖的 V 形肋的侧边长和基圆，在 V 形肋的角上、冠状盖的边缘具小齿；短的隆起在冠状盖的下方从 V 形肋辐射出，并由横肋连接沿 V 形肋形成长度变化的阶梯状；前端近边缘肋短、不明显或通常缺乏；盾片约具 18 条略弯的、均匀排列的横肋；每个前翼具 5—9 条隆起，是盾片上肋的延长；后翼约具 20 条较明显的隆起，比盾片的横肋较稀疏排列；拱形盖小但明显，呈 U 形，其纵轴与鳞片的纵轴斜向位，拱形盖的 U 形肋的方向与拱形盖外形的方向相同，一些前部鳞片的U形肋呈纵向或斜向排列；唇瓣的角具有前端尖的短突起。

刺毛弯，长6—16 μm，逐渐向顶端略变细，一侧具锯齿，顶端假二叉状，锯齿的齿短，有些锯齿的顶部具2个或3个尖的顶。

金藻孢子囊卵圆形到球形，平滑或表面略粗糙，直径20—22 μm，孢口平，不具或略具一个缘边。中国未见到金藻孢子。

产地：电子显微镜记录——河北：承德，采于小湖中。黑龙江：密山市，采于小兴凯湖湿地中。浙江：建德，采于千岛湖中。甘肃：敦煌，采于月牙泉中。青海：Kokonov附近，采于青海湖附近的淡水小湖中。新疆：乌鲁木齐，采于天池中；喀什，采于东湖中。

分布类型：世界广泛分布。

电子显微镜记录——亚洲：日本；欧洲：英国，荷兰，瑞士，瑞典，丹麦，葡萄牙，德国，奥地利，意大利，匈牙利，罗马尼亚，俄罗斯；大洋洲：澳大利亚；北美洲：美国，加拿大；中美洲：牙买加；南美洲：巴西，智利，哥伦比亚。

29. 花形鱼鳞藻　　电镜照片图版 LI，LIII：3—4

Mallomonas flora Harris & Bradley, J. gen. Microbial. 22：750—777，1960；Asmund & Kristiansen, Opera Batanica, 85：62, Fig. 34 d-h, 1986；Kristiansen, Opera Batanica, 139：88, Fig. 42 d-f, 2002；Kristiansen & Preisig, Chrysophyte and Haptophyte Algae, 2 Teil/Part 2: Synurophyceae. In: Büdel et al.（eds）: Süsswasserflora von Mitteleuropa Band 1/2：46, Fig. 30, Pl. 12 i-j, 2007；Kristiansen & Tong, Nova Hedwigia, 49：183—202, Pl. 5, Figs. 44—46, 1989；Wei & Yuan, Beih. Nova Hedwigia 122：169—187, Figs. 36—38, 2001.

种名是根据壳体鳞片盾片的后端呈花形纹饰而命名。

细胞卵圆形，长17—29 μm，宽8—13 μm。

鳞片卵形，侧面不向内弯，长4.0—6.0 μm，宽2.3—4.0 μm。基部板小孔明显、密集、但略不规则排列。盾片后部由1—5个规则排列的、比普通的小孔较大的小孔群组成。具明显冠状盖的V形肋的基部圆，在V形肋的角上、冠状盖的边缘具有一列小齿；发育很好的前端近边缘肋比V形肋的两侧略短些，并弯形围绕拱形盖的两侧；唇瓣的角具有短突起；盾片约具12条略弯的横肋，其厚度向盾片的后端逐渐变薄；位于冠状盖（hooded）前端的后部肋被花形纹饰隔开，花形纹饰由不规则排列的短肋围绕大的小孔群所形成；前端近边缘肋内，盾片的前端具数个隆起，有时少数纵肋连接横肋；前翼约具10条比盾片的肋略厚的短隆起，后翼约具16条比盾片的肋略厚和略宽的短隆起；拱形盖小但明显呈U形，其纵轴与鳞片的纵轴斜向排列，拱形盖约具14条均匀排列的弯肋，并与U形纵轴呈直角排列，拱形盖远轴端具数条短肋，并与其他的肋几乎呈直角排列。

刺毛弯，长7—13 μm，逐渐向顶端略变细，一侧具锯齿，顶端假二叉状，锯齿的齿短，有些锯齿的顶端具2个或3个尖齿。

金藻孢子未观察到。

产地：电子显微镜记录——北京，采于北海、昆明湖中。江苏：淮安，采于洪泽湖中；扬州，采于凤凰岛湿地中。浙江：建德，采于千岛湖中。河南：郑州，采于尖岗水库中。云南：昆明，采于金殿水库中；路南，石林，采于池塘中；大理，采于洱海、泉池中。

分布类型：世界广泛分布。

电子显微镜记录——亚洲：日本，马来西亚；欧洲：英国，瑞士，瑞典，丹麦，荷兰，西班牙，葡萄牙，法国，德国，捷克，俄罗斯；北美洲：美国；南美洲：厄瓜多尔，智利，阿根廷，哥伦比亚，巴西。

30. 似篮形鱼鳞藻　　电镜照片图版 LII

Mallomonas pseudocratis Dürrschmidt, Nov. Hedw. 38: 717—726, Pl. 1, Figs. 1—6, 1983b; Asmund & Kristiansen, Opera Batanica, 85: 63, Fig. 35 d-f, 1986; Kristiansen, Opera Batanica, 139: 89, Fig. 43 d-f, 2002; Kristiansen & Preisig, Chrysophyte and Haptophyte Algae, 2 Teil/Part 2: Synurophyceae. In: Büdel et al.（eds）: Süsswasserflora von Mitteleuropa Band 1/2: 48, Pl. 12 n-o, 2007; Wei & Yuan, Beih. Nova Hedwigia 122: 169—187, Figs. 39—43, 2001.

种名是根据壳体与篮形鱼鳞藻（*M. cratis*）相似而命名。

细胞长圆状椭圆形，长 20—50 μm，宽 12—13 μm，长的刺毛密集覆盖细胞。

鳞片卵形，侧面不向内弯，长 3.8—4.7 μm，宽 1.8—2.5 μm。除盾片后部具数个大的圆形小孔外，基部板小孔不明显；具明显冠状盖的 V 形肋的基部圆。短的前端近边缘肋呈狭翅状；盾片具 10—15 条略弯的横肋，盾片后部的一条横肋被大的小孔群所截断；沿着 V 形肋、冠状盖的下部，盾片有梯状结构，其近轴端仅发育为短的隆起；短的前翼无隆起；后翼的隆起不完全发育，其后端完全缺乏；拱形盖明显呈 U 形，通常具 4—6 条狭的、明显的肋，与拱形盖纵轴略呈斜向或纵向排列，其肋的后端弯曲围绕拱形盖的后表面，像盾片上的短隆起，有些前端的鳞片具明显突出的拱形盖。

刺毛弯，长 15—30 μm，逐渐向顶端略变细，一侧具锯齿，顶端假二叉状，锯齿的齿短，有些锯齿的顶端具 2 个或 3 个尖齿。

金藻孢子未观察到。

产地：电子显微镜记录——黑龙江：密山市，采于小兴凯湖湿地中。浙江：建德，采于千岛湖中。湖北：武汉，采于池塘中。四川：成都，采于池塘中。云南：路南，石林，采于小水库中。

分布类型：世界散生，但广泛分布。

电子显微镜记录——亚洲：印度，斯里兰卡；欧洲：匈牙利；大洋洲：澳大利亚；非洲：津巴布韦；北美洲：美国；中美洲：牙买加；南美洲：智利。

B. 辐射肋系列（Series Actinolomae Asmund & Kristiansen 1986）

细胞后部较长或较短的区域无刺毛。

体部鳞片近宽卵形，侧面向内弯和具侧角；基部板小孔明显和密集排列，基部板前部的小孔横向排列；无拱形盖的鳞片前端的小拱形盖状区域具有与所有具拱形盖分成 3

个部分的鳞片相一致的一片小孔；盾片平滑，具横向波状边缘的肋或网纹；V形肋的侧边与短的前端近边缘肋不连续，但通过翼伸展和将翼分成前翼和后翼；前翼宽、翅状，平滑或具隆起和沿拱形盖的侧边向前伸展；在无拱形盖的鳞片和有些具拱形盖的鳞片中，鳞片的前部完全被翅所包围；后翼平滑；后边缘狭。

刺毛平滑或具一个近顶端的齿。

模式种：*Mallomonas actinoloma* Takahashi, in Asmund & Takahashi, p. 317, Figs. 2—6, 1969。

31. 辐射肋鱼鳞藻　　电镜照片图版 LIII：1—2

Mallomonas actinoloma Takahashi, in Asmund & Takahashi, Hydrobiol. 34：305—321, Figs. 2—6, 1969; Asmund & Kristiansen, Opera Batanica, 85：64—65, Fig. 36 a-d, 1986; Kristiansen, Opera Batanica, 139：91, Fig. 43 g-j, 2002; Kristiansen & Preisig, Chrysophyte and Haptophyte Algae, 2 Teil/Part 2: Synurophyceae. In: Büdel et al.(eds)：Süsswasserflora von Mitteleuropa Band 1/2：48, Fig. 31, Pl. 13 a-b, 2007.

种名是根据壳体鳞片的前翼具辐射肋而命名。

细胞卵圆形到椭圆形，长 10.7—18 μm，宽 8.5—12.2 μm，细胞除尾部外均覆盖刺毛。体部的刺毛稀疏分布，具刺毛和无刺毛的鳞片彼此散生，但绝大多数具刺毛的鳞片位于细胞的后部。出现特化的顶部鳞片和尾部鳞片。

体部鳞片近宽卵形，具拱形盖的鳞片长 2.3—4.0 μm，宽 1.5—2.3 μm，不具拱形盖鳞片长 2.3—2.9 μm，宽 1.6—2.0 μm；盾片平滑，拱形盖平滑或具短肋。有些鳞片的前端近边缘肋不对称，V形肋的一侧比另一侧的较长，有时达拱形盖的基部，V形肋尖角形，其侧边直或略弯，与短的前端近边缘肋不连续，但伸向翼；前翼宽、翅状，具均匀排列的隆起；顶部鳞片的拱形盖没有翅围绕，但前端近边缘肋一侧的前端高出形成的峰从鳞片前端伸出；尾部鳞片数个、小、不对称，近轴端具短刺。

刺毛短，长 2.4—6.9 μm，顶端下具一个齿，圆锥形的远轴端部分由于刺毛杆的紧密卷包而使近顶端变狭。

金藻孢子未观察到。

产地：电子显微镜记录——黑龙江：珍宝岛，采于牛轭湖和阿布沁河中。

分布类型：北温带。

电子显微镜记录——亚洲：日本；欧洲：芬兰，荷兰，俄罗斯；北美洲：美国。

32. 鸡冠状鱼鳞藻　　电镜照片图版 LIV

Mallomonas cristata Dürrschmidt, Phycologia 20：298—302, 1981; Asmund & Kristiansen, Opera Batanica, 85：66, Fig. 38 e-k, 1986; Kristiansen, Opera Batanica, 139：94, Fig.45 e-k, 2002; Kristiansen & Preisig, Chrysophyte and Haptophyte Algae, 2 Teil/Part 2: Synurophyceae. In: Büdel et al. (eds)：Süsswasserflora von Mitteleuropa Band 1/2：49, Pl. 13 g-h, 2007.

种名是根据壳体鳞片的V形肋的侧边鸡冠状的外形而命名。

细胞卵圆形或椭圆形，长 12.0—17.0（33）μm，宽 6.0—7.0 μm。刺毛密集排列在细胞两端和零星分散在细胞的中间。

具 3 种类型的鳞片。①顶部鳞片短和宽，长 2.5 μm，宽 2.2 μm，不对称，拱形盖宽和明显，在小的穿孔区域具多少明显的、略呈平行排列的纵肋；V 形肋宽角形和具发育很好的冠状盖（hooded）；前翼宽，其一侧翅状，沿拱形盖向前伸展。②体部鳞片长 2.7—3.5 μm，宽 2.5—2.8 μm，具拱形盖的体部鳞片卵形、对称，拱形盖平滑和具略凸出的唇；具宽的冠状盖的 V 形肋尖角形，其侧边略弯；前翼狭翅状，在有些鳞片中，一个前翼具有不规则排列的精致乳突或多少融合形成短的隆起，无拱形盖的体部鳞片卵形或倒卵形，对称，前端近边缘肋不明显或缺乏，具宽的冠状盖的 V 形肋尖角形，其侧边略弯。③小的尾部鳞片不对称，长 1.5—2.0 μm，具短的近顶部刺从 V 形肋一侧的远轴端凸出；所有的鳞片具短和厚的鸡冠状纹饰的隆起从 V 形肋下方的冠状盖辐射。在有些鳞片中，短和厚的隆起从鳞片后边缘下方的边缘辐射。

刺毛弯，长 4.5—10 μm，顶部逐渐圆锥形达细的顶端，顶端下具一个小齿，有些刺毛顶端下具数个小齿。顶部鳞片的刺毛长度大约为体部鳞片刺毛长度的一半。

金藻孢子未观察到。

产地：电子显微镜记录——黑龙江：珍宝岛，采于池塘、牛轭湖和七虎林河中。

分布类型：世界广泛分布。

电子显微镜记录——亚洲：日本；欧洲：西班牙，俄罗斯；非洲：马达加斯加；大洋洲：澳大利亚；北美洲：美国，加拿大；南美洲：厄瓜多尔，智利，巴西，阿根廷。

X. 拉博组（Sectio Leboimeanae Asmund & Kristiansen 1986）

细胞长圆状椭圆形，具圆或近尖的末端，细胞被刺毛覆盖。体部鳞片螺旋状排列。

鳞片分成三个部分，近卵形，侧面略向内弯；基部板小孔密集和规则排列，在盾片上通常横向排列；盾片的后端，常在冠状盖下方具一群比基部板小孔较小的小孔；拱形盖明显，与基部板的其余部分有明显的界线，拱形盖略呈三角形区域具微小的小孔；内凹陷被肋状增厚和内弯的副翼围绕；前端近边缘肋与 V 形肋的侧边连续，但明显的短和有很好发育的翅状伸展；有些鳞片的近边缘肋明显不对称；盾片具横肋或网纹；拱形盖平滑或具略呈平行排列的肋；前翼狭，多少被前端近边缘肋所遮盖；后翼具从 V 形肋辐射出的隆起。

刺毛直或略弯，逐渐略呈锥形达钝的顶端，顶端具 3 个小尖刺，每个小尖刺位于刺毛杆所形成的三列锯齿中每列锯齿的顶端，三列锯齿均是刺突形或称背棘形（notacanthic），刺毛具有很宽的纵裂缝和侧面的折叠狭。

模式种：*Mallomonas leboimei* Bourrelly，p. 314，Pl. 3，Figs. 12—16，1947.

33. 拉博鱼鳞藻 电镜照片图版 LXXXI：2

Mallomonas leboimei Bourrelly, Rev. gén. Bot. 54: 306—325, Pl. 3, Figs. 12—16, 1947; Asmund & Kristiansen, Opera Batanica, 85: 68—70, Fig. 39 a-c, 1986; Kristiansen, Opera Batanica, 139: 96—97, Fig. 47 a-c, 2002; Kristiansen & Preisig, Chrysophyte and Haptophyte Algae, 2 Teil/Part 2: Synurophyceae. In: Büdel et al. (eds): Süsswasserflora von Mitteleuropa Band 1/2: 50—52, Fig. 33, Pl. 14 a-b, 2007.

种名是授于法国的硅藻学家拉博（M. R. Leboime）而命名。

细胞大形，长圆形到椭圆形，长 35—85μm，宽 10—22 μm。

鳞片明显大，长 7—12 μm，宽 4—7 μm；拱形盖平滑或具略不明显的肋，一个较大三角形区域明显的具微小蠕虫状小孔；强壮的冠状盖的 V 形肋具有圆的、很少为尖的基部，其侧边略弯；被冠状盖覆盖的盾片后部区域长和狭，与 V 形肋侧边的弯曲度相一致，盾片由精致的、规律排列的横肋组成，偶然被纵肋连接而形成一片具长方形网眼的网纹，但横肋常被截断和纵肋不规律排列；后翼的隆起比较粗壮和比盾片的肋排列得较宽，并略弯曲和长度有变化，偶然具分枝；后边缘狭，其下端的隆起比后翼隆起排列得较为稠密，有的与后翼的隆起相连续。

刺毛长和强壮，长 19—50 μm，锯齿状的齿短和尖，偶然二分叉，顶端的 3 个短尖刺近等长。

用光学显微镜观察的金藻孢子囊为球形，平滑，直径 28 μm，具不明显后向的孢孔。中国未见到金藻孢子。

一般生长在酸性、狸藻生长丰富的泥炭沼泽水体中。

产地：电子显微镜记录——黑龙江：密山市，采于小兴凯湖湿地中。

分布类型：北温带。

电子显微镜记录——欧洲：英国，芬兰，瑞典，瑞士，荷兰，丹麦，法国，德国，捷克，罗马尼亚，俄罗斯，斯洛文尼亚；北美洲：美国。

光学显微镜记录——欧洲：丹麦，法国。

XI. 鱼鳞藻组（Sectio Mallomonas）

细胞卵圆形或椭圆形。

体部鳞片螺旋状排列，鳞片大小和形状根据细胞而变化。鳞片分成三个部分。拱形盖的凹陷明显深，拱形盖与其他鳞片分成三个部分的鱼鳞藻组的鳞片大小相比较是较大和较宽的，拱形盖与鳞片外表面和内表面的其余部分有明显的界线；无拱形盖鳞片的前端有一个小和平滑的区域与具拱形盖鳞片的拱形盖区域的位置相同；V 形肋发育好，通常尖角形；后边缘狭；基部板小孔明显、密集排列，盾片的后端具有一片特别小的小孔；拱形盖具一片微小的小孔。

刺毛单侧刺突形（notacanthic），具有狭的裂缝，顶端尖和假二叉。在鱼鳞藻组的有些系列中，刺毛发生扩展和具精致的远轴端。

模式种：*Mallomonas acaroides* Perty, p. 171, Pl. 14, Fig. 19 a-c, 1851。

鱼鳞藻组的主要特征：鳞片分成三个部分，前翼没有隆起，后翼具有或没有隆起，前端近边缘肋通常没有翅。

A. 高山湖系列（Series Alpinae Asmund & Kristiansen 1986）；
B. 光滑系列（Series Tonsuratae Asmund & Kristiansen 1986）；
C. 铁闸门系列（Series Portaferreanae Asmund & Kristiansen 1986）；

D. 中间型系列（Series Intermediae Momeu & Péterfi 1979）；

E. 鱼鳞藻系列（Series Mallomonas）。

鱼鳞藻组分种检索表

1. 鳞片后翼不具隆起 ··· 2
1. 鳞片后翼具隆起 ··· 11
　2. 鳞片的盾片和翼仅由初生层的基部板组成 ·· 3
　2. 鳞片的盾片和翼具有次生层 ·· 6
3. 鳞片长圆状椭圆形，明显不对称 ·· **36. 不对称鱼鳞藻 *M. asymmetrica***
3. 鳞片卵形、长圆形、菱形或宽，对称 ··· 4
　4. 鳞片卵形，V 形肋尖角形，刺毛锯齿状和顶端假二叉状 ························· **34. 高山湖鱼鳞藻 *M. alpina***
　4. 鳞片长圆形、菱形或宽，V 形肋的角常钝角，刺毛锯齿状和顶端不为假二叉状 ·································· 5
5. 鳞片宽，中等大小，V 形肋常钝角形，刺毛锯齿状和远轴端延长很长 ···
　·· **35. 网纹鱼鳞藻 *M. areolata***
5. 鳞片长圆形，大，V 形肋凹形或圆形，仅刺毛的远轴端锯齿状和远轴端部分不延长 ·····························
　·· **37. 长鱼鳞藻 *M. elongata***
　6. 盾片具凹孔 ··· 7
　6. 盾片具发育好的肋和网纹 ·· 9
7. 鳞片的拱形盖大，刺毛具两种类型，具锯齿状齿和仅具 1 个齿 ················ **38. 光滑鱼鳞藻 *M. tonsurata***
7. 鳞片的拱形盖中等大小，刺毛仅具锯齿状齿 ··· 8
　8. 尾部鳞片具退化的刺或不具刺，刺毛远轴端的齿与其他的齿对生 ··
　·· **39. 花序状鱼鳞藻 *M. corymbosa***
　8. 尾部鳞片具或不具高脚杯形的附属物 ·· **40. 杯状鱼鳞藻 *M. cyathellata***
9. 刺毛常具扩展或复杂精致的顶部 ·· **43. 具肋鱼鳞藻 *M. costata***
9. 刺毛不具扩展或复杂精致的顶部 ·· 10
　10. 一列（1—8 个）大圆孔沿前端近边缘肋排列在拱形盖后边缘的两侧 ··· **41. 韩国鱼鳞藻 *M. koreana***
　10. 没有一列大圆孔沿前端近边缘肋排列在拱形盖后边缘的两侧 ··· **42. 铁闸门鱼鳞藻 *M. portae-ferreae***
11. 鳞片不厚，尾部鳞片不具刺，仅具拱形盖的鳞片 ························ **44. 鱼鳞藻 *M. acaroides***
11. 鳞片厚，尾部鳞片具刺，具拱形盖和不具拱形盖的鳞片 ············· **45. 厚鳞鱼鳞藻 *M. crassisquama***

Key to the species of Sectio Mallomonas

1. Posterior flanges of scales without struts ·· 2
1. Posterior flanges of scales with struts ·· 11
　2. Shield and flanges of scales consisting only of primary layer base plate ························ 3
　2. Shield and flanges of scales with secondary layer ·· 6
3. Scales oblong-ellipsoid, obvious asymmetry ································ 36. *M. asymmetrica*
3. Scales oval, oblong, rhomboidal or broad, symmetry ·· 4
　4. Scales oval, V-rib acute-angled. Bristle serrated, with pseudobifurcute apex ·········· 34. *M. alpina*
　4. Scales oblong or broad, V-rib angle often blunt. Bristle serrated, without pseudobifurcute apex ······· 5
5. Scales broad, median size. V-rib often blunt angle. Bristle serrated, often with much prolonged distal section
　··· 35. *M. areolata*
5. Scales oblong, large. V-rib concave or rounded. Only distal part of bristle serrated, distal section not prolonged ··· 37. *M. elongata*

6. Shield with pits ··· 7
6. Shield with a more or less well developed pattern of ribs or reticulation ················ 9
7. Dome of scales large. Both serrated and one-toothed bristles ················ 38. *M. tonsurata*
7. Dome of scales median size. Only serrated bristles ································· 8
8. Caudal Scales with reduced or no spine. Distal bristle tooth opposite to the other teeth ···· 39. *M. corymbosa*
8. Caudal Scales with or without cup-shaped appendix ································ 40. *M. cyathellata*
9. Bristle tips often with expanded or elaborate ··· 43. *M. costata*
9. Bristle tips not expanded or elaborate ··· 10
10. A row of large circular pores (1 to 8) located on both side of the posterior border of the dome and along the anterior submarginal ribs ································· 41. *M. koreana*
10. Without a row of large circular pores located on both side of the posterior border of the dome and along the anterior submarginal ribs ································ 42. *M. portae-ferreae*
11. Scales no thick. Caudal scales without spine. Only dome-bearing scales ········ 44. *M. acaroides*
11. Scales thick and heavily silicified. Caudal scales with spine. Both dome-bearing and dome-less body scales ································· 45. *M. crassisquama*

A. 高山湖系列（Series Alpinae Asmund & Kristiansen 1986）

　　细胞较长或较短的后部没有刺毛。盾片前部的基部板小孔较不规则排列，后翼的基部板小孔与鳞片的边缘平行排列，不具隆起；鳞片卵形、近卵形、长圆形，具有略呈角状的侧角，侧面不向内弯；除 V 形肋外盾片和翼无次生层，在有些鳞片中，短的隆起从 V 形肋或从拱形盖的后边缘肋辐射出；V 形肋具狭的冠状盖。刺毛略弯，顶部的刺毛比体部的刺毛明显较短。

　　模式种：*Mallomonas alpina* Pascher & Ruttner in Pascher，p. 36，Fig. 58 a，1913，em. Asmund & Kristiansen p. 70—73，Fig. 41a，1986。

34. 高山湖鱼鳞藻　　电镜照片图版 LV

Mallomonas alpina Pascher & Ruttner, in Pascher 1913, p. 36, Fig. 58 a, em. Asmund & Kristiansen, Opera Batanica, 85: 70—73, Fig. 41a-e, 1986; Kristiansen, Opera Batanica, 139: 99—101, Fig. 49, a-e, 2002; Kristiansen & Preisig, Chrysophyte and Haptophyte Algae, 2 Teil/Part 2: Synurophyceae. In: Büdel et al. (eds): Süsswasserflora von Mitteleuropa Band 1/2: 54, Fig. 35, Pl. 14 e-h, 15a, 2007; Wei & Kristiansen, Arch. Protistenk., 144 (1994): 433—449, Figs. 33—34, 1994.

Mallomonas monograptus Harris & Bradley 1960. J. gen. Microbiol. 22: 750—777。

　　种名是根据壳体在一个高山湖中发现而命名的。

　　Asmund 和 Kristiansen（1986）认为 Harris 和 Bradley（1960）放弃 *Mallomonas alpina* Pascher & Ruttner 1913 是不合理的。最初的描述和图示虽然不完全，但是不否定他们描述的种是用丹麦的材料鉴定的，新模式（neotypification）是根据这个材料建立的。

　　细胞宽椭圆形到长椭圆形，长 14—45 μm，宽 6—15 μm。细胞较长或较短的后部没有刺毛，尾部总是没有刺毛，顶部的刺毛短、强壮和密集的聚集，体部的刺毛彼此相隔比较宽，在具拱形盖和不具拱形盖的鳞片中互相散生，体部后部的刺毛比体部中部的刺毛较短。

鳞片卵形，具有略呈角状的侧角，侧面不向内弯，鳞片长 3.5—7 μm，宽 2—4 μm；具 3 种类型的鳞片：①数个顶部鳞片比体部鳞片较短，具大和宽的不凸出的拱形盖；②体部鳞片具略凸出的拱形盖；③尾端鳞片小，不对称，具 1 个短刺。存在不同鳞片类型间的转变。拱形盖平滑或具不明显纵向或斜向的肋；近边缘肋发育好；V 形肋尖角形，有时 V 形肋可达拱形盖，因此缺乏前端近边缘肋；后翼不具隆起；除 V 形肋外盾片和翼无次生层。

刺毛锯齿状，长 5—35 μm，具短的、尖的齿；顶部刺毛的顶端假二叉状，体部鳞片刺毛的顶端假二叉状或尖。

金藻孢子囊球形或椭圆形，长 23—24 μm，宽 13—17 μm，孢子前端具一个明显的、小的领围绕孢孔，孢壁具瘤或短刺。中国未发现金藻孢子。

产地：电子显微镜记录——北京：采于北海、昆明湖、密云水库中。河北：承德，采于小湖中。内蒙古：扎兰屯，采于池塘中；索伦，采于池塘中。黑龙江：珍宝岛，采于牛轭湖中；宁安市，采于镜泊湖湿地中；密山市，采于小兴凯湖湿地中；扎龙国家自然保护区，采于扎龙湖中；同江市，洪河国家自然保护区，采于湿地中；伊春，采于凉水湿地中；五大连池市，采于五大连池、草本沼泽中；呼中，采于溪流中。上海，采于池塘中。江苏：南京，采于池塘、紫霞湖中；淮安，采于洪泽湖中；扬州，采于瘦西湖、凤凰岛湿地中；无锡，采于池塘、五里湖中；高邮，采于三阳河中；苏州，采于池塘中；吴江，采于太湖中；吴县，采于阳澄湖中。浙江：杭州，采于池塘、西湖、白马湖中；临安，天目山，采于池塘中；新昌，采于池塘中；绍兴，采于小湖中；德清，采于莫干湖中；南浔，采于池塘中；建德，采于千岛湖中；溪口，采于池塘、溪流中；宁波，采于池塘、莫枝河中。安徽：宿松，采于龙感湖中。福建：福州，采于八一水库中；闽侯，采于池塘中；厦门，采于池塘、万石岩水库中；泉州，采于城东水库、草邦水库、小水库中；莆田，采于东圳水库中；宏路，采于东张水库中。江西：湖口，采于鄱阳湖中。山东：青岛，采于小湖中；青州，采于弥河湿地和南阳河湿地中；聊城，采于池塘中。河南：郑州，采于尖岗水库中；南阳，采于麒麟湖和鸭河水库中。湖北：神农架，采于大九湖和湖边湿地中；孝感，采于天紫湖和小湖中；武汉，采于池塘、小湖、东湖中；洪湖市，采于洪湖、付湾河中；丹江口，采于小湖中；襄阳，采于泉池中。湖南：岳阳，采于洞庭湖中。广东：广州，采于池塘中。海南：万宁，采于池塘中；琼山，采于中超湖中；琼海，采于稻田中；三亚，采于池塘中。贵州：遵义，采于小水库中。重庆，采于黛湖中。四川：武隆，采于池塘中；成都，采于池塘中；都江堰，青城山，采于小湖中。云南：昆明，采于金殿水库中；路南，石林，采于小水库中；大理，采于洱海、泉池中；丽江，采于池塘中。西藏：拉萨，采于拉萨河边沼泽湿地中。陕西：西安，采于池塘中。甘肃：敦煌，采于池塘中。宁夏：银川，采于池塘、沙湖中。新疆：喀什，采于东湖中。

分布类型：世界普遍分布。

电子显微镜记录——亚洲：日本，韩国，马来西亚；欧洲：英国，挪威，荷兰，瑞典，瑞士，丹麦，葡萄牙，法国，德国，奥地利，希腊，捷克，保加利亚，匈牙利，罗马尼亚，俄罗斯；非洲：马达加斯加，津巴布韦；大洋洲：澳大利亚；北美洲：美国，加拿大；中美洲：巴拿马；南美洲：巴西，阿根廷。

光学显微镜记录：奥地利。

35. 网纹鱼鳞藻　　电镜照片图版 LVI

Mallomonas areolata Nygaard, Kgl. Dan. Vid. Selsk. Biol. Skr. 7（1）：1—293，1949；Asmund & Kristiansen, Opera Batanica, 85：73, Fig. 42 a-h, 1986；Kristiansen, Opera Batanica, 139：101, Fig. 50 a-h, 2002；Kristiansen & Preisig, Chrysophyte and Haptophyte Algae, 2 Teil/Part 2: Synurophyceae. In: Büdel et al.（eds）: Süsswasserflora von Mitteleuropa Band 1/2：55，Fig. 36，Pl. 15 b-h，2007；Wei & Kristiansen, Arch. Protistenk., 144（1994）：433—449, Fig. 35, 1994；Wei & Yuan, Beih. Nova Hedwigia 122：169—187，Figs. 64—66，2001.

种名是根据壳体空细胞的外观像被网纹覆盖（小的区域）而命名。

细胞长椭圆形、长卵圆形或纺锤形，长 17.5—42 μm，宽 6—20 μm，通常比高山湖鱼鳞藻（*M. alpina*）的细胞较大。细胞前部仅具有拱形盖的鳞片和具有密集的刺毛，细胞后部具拱形盖的鳞片和无拱形盖的鳞片互相散生，刺毛相隔比较宽。尾端没有刺毛。

鳞片比高山湖鱼鳞藻（*M. alpina*）的鳞片较大些，长 3.5—7.5 μm，宽 2.0—5.0 μm。具有 5 种不同类型的鳞片，它们之间存在转变的类型。①具拱形盖的顶部鳞片前端尖、狭、不对称、多少呈角状；②具拱形盖的体部鳞片明显的宽，纺锤形，V 形肋钝角形；③具拱形盖的体部鳞片比较狭、卵形，V 形肋尖角形；④无拱形盖的体部鳞片卵形，类似于高山湖鱼鳞藻（*M. alpina*）无拱形盖的体部鳞片，但比较大；⑤少数无拱形盖的尾部鳞片小，不对称和每个鳞片具 1 个短刺，类似于高山湖鱼鳞藻（*M. alpina*）的尾部鳞片；后翼不具隆起；除 V 形肋外盾片和翼无次生层。

刺毛长 11—67 μm，刺毛的锯齿具明显长和纤细的齿，刺毛较短或较长的近轴端部分没有锯齿。所有刺毛有一个锥形的、尖的远轴端部分，但锥形远轴端部分的长度与远轴端齿的长度与刺毛的长度变化有关，较长的刺毛，远轴端部分比较长。刺毛的长度在种内有变化，种群之间显著地变化。在某些种群中远轴端部分非常的长和纤细。

金藻孢子囊近球形或椭圆形，长 9.7—13 μm，宽 10.3—15 μm，金藻孢子囊前端的孢孔具一个短的领，孢子囊表面具小孔和肋状突起（riblike protubrances）。中国未见到金藻孢子。

产地：电子显微镜记录——河北：承德，采于小湖中。内蒙古：扎兰屯，采于池塘中。黑龙江：哈尔滨，采于松花江中；珍宝岛，采于牛轭湖中；宁安市，采于镜泊湖湿地中；五大连池市，采于五大连池中。浙江：杭州，采于池塘、西湖中；新昌，采于池塘中；溪口，采于小水库中；南浔，采于池塘中。福建：漳州，采于西溪亲水湿地中。江西：上饶，采于池塘中。湖北：武汉，采于小湖中；神农架，采于大九湖和湖边湿地中。广东：广州，采于池塘中；深圳，采于西丽水库中；潮州，采于西湖中。

分布类型：世界广泛分布。

电子显微镜记录——亚洲：日本，韩国，马来西亚，俄罗斯的西伯利亚；欧洲：芬兰，瑞典，丹麦，葡萄牙，荷兰，德国，捷克，匈牙利，罗马尼亚；大洋洲：澳大利亚；北美洲：美国，加拿大；南美洲：巴西，阿根廷。

光学显微镜记录——欧洲：丹麦。

36. 不对称鱼鳞藻　　电镜照片图版 LVII，LVIII

Mallomonas asymmetrica Ma & Wei，Nova Hedwigia 96（3-4）：457—462，2013.

种名是根据壳体的鳞片明显不对称而命名。

细胞长圆状椭圆形，长 29—37.5 μm，宽 5.8—8.7 μm。

壳体具有三种类型的鳞片。①数个具拱形盖的领部鳞片形成突出的领，鳞片长圆状椭圆形，不对称，长 5.1—5.3 μm，宽 2.0—2.1 μm，拱形盖方圆形，与领部鳞片相比是比较小的，其背侧略高于腹侧，平滑或具肋，前端具一个明显的唇；前端近边缘肋发育好；具冠状盖（hooded）的 V 形肋尖角形；②无拱形盖的体部鳞片椭圆形，长 4.7—4.9 μm，宽 3.2—3.4 μm，腹侧的前端具一个小的、不对称、拱形盖状的平滑区；V 形肋明显不对称，尖角形，腹侧明显短于背侧，冠状盖的角上具一片微小的小孔；前端近边缘肋明显不对称；翼沿前端近边缘肋具有一列规则排列的小孔。③少数无拱形盖的尾部鳞片较小，长圆形到椭圆形，长 4.2—4.7 μm，宽 2.2—2.4 μm，不对称；腹侧的前端具一个小的、椭圆形平滑区；V 形肋呈钝角，不对称，腹侧明显短于背侧，翼沿前端近边缘肋具一列规则排列的小孔。所有的鳞片具密集的、规则排列的基部板小孔；后边缘狭，包围鳞片后边缘的近一半；所有鳞片除 V 形肋外盾片和翼不具有次生层；后翼不具隆起。

刺毛从细胞前端具拱形盖的领部鳞片伸出，长 9.4—18.1 μm，略弯，呈锥形，背侧具锯齿，刺毛杆近轴端较长或较短的部分没有锯齿，刺毛的顶端二叉状。

金藻孢子没有发现。

产地：电子显微镜记录——黑龙江：珍宝岛，采于水坑、池塘、牛轭湖中。

分布类型：地方性种类，仅产于中国。

37. 长鱼鳞藻　　电镜照片图版 LIX

Mallomonas elongata Reverdin, Arch. Sci. Phys. Nat., 1: 5—95, 1919; Asmund & Kristiansen, Opera Batanica, 85: 73, Fig. 43 a-e, 1986; Kristiansen, Opera Batanica, 139: 103, Fig. 51 a-e, 2002; Kristiansen & Preisig, Chrysophyte and Haptophyte Algae, 2 Teil/Part 2: Synurophyceae. In: Büdel et al.(eds): Süsswasserflora von Mitteleuropa Band 1/2: 55, Fig. 37, Pl. 16 h-j, 2007; Wei & Kristiansen, Arch. Protistenk., 144（1994）: 433—449, Figs. 36—37, 1994; Wei & Yuan, Beih. Nova Hedwigia 122: 169—187, Figs. 47—50, 2001.

种名是根据壳体细胞明显的长而命名。

细胞很大，长 39—72 μm，宽 9—18 μm，长椭圆形或长卵圆形，具有大的鳞片和长的刺毛，中间的体部刺毛特别长。明显较短的一群刺毛位于细胞的顶部，实际上是因为顶部鳞片比体部鳞片较小而造成顶部的刺毛比体部的刺毛排列得较为密集。细胞后部的

1/4—1/3部分没有刺毛。有很少数无拱形盖的鳞片散生在具拱形盖的体部鳞片中。具刺的尾部鳞片很少，在有些标本中可能是缺少的。

在单个鳞片内和种群之间基部板小孔的大小是变化的。一片小的小孔可能在冠状盖下存在，它们可能是规律或略不规律排列。具有与网纹鱼鳞藻（*M. areolata*）相同的 5 种类型的鳞片，但所有的鳞片均明显较大，鳞片长 3.1—9.3 μm，宽 2—6 μm。在有些很宽的鳞片中，V 形肋的基部是圆的或角状。在有些种群中，鳞片具有从 V 形肋或从前端的边缘肋辐射出短的隆起呈列状排列，每对隆起间可见 1 个大的小孔。有时拱形盖具有列状排列的小凹孔或不规律排列的短肋；后翼不具隆起；除 V 形肋外盾片和翼无次生层。

刺毛略弯，呈锥形，长 10—72 μm。刺毛杆近轴端较长或较短的部分没有锯齿，锯齿的齿短、钝和具有微小的齿，刺毛的远轴端可能是浅的二叉状或钝，其顶部具有微小的齿。

金藻孢子囊椭圆形或球形，直径 21—32 μm，表面平滑，不具有领。

产地：电子显微镜记录——北京，采于池塘中。黑龙江：哈尔滨，采于池塘、松花江中；珍宝岛，采于牛轭湖、阿布沁河和七虎林河中；宁安市，采于镜泊湖湿地中；密山市，采于小兴凯湖湿地中；同江市，洪河湿地保护区，采于洪河湿地中；扎龙湿地保护区，采于扎龙湖中；五大连池市，采于五大连池中；黑河，采于池塘中。上海，采于池塘中。江苏：南京，采于池塘、紫霞湖中；淮安，采于洪泽湖中；扬州，采于瘦西湖、凤凰岛湿地中；无锡，采于池塘中；高邮，采于高邮湖中；吴江，采于太湖中；泰州，采于池塘中；常州，采于宋剑湖中。浙江：杭州，采于池塘、西湖、西溪湿地中；临安，天目山，采于池塘中；诸暨，采于池塘中；新昌，采于池塘中；绍兴，采于小湖中；建德，采于千岛湖中；德清，采于莫干湖中；宁波，采于池塘、东钱湖中；溪口，采于池塘、小水库中。福建：闽侯，采于池塘中；泉州，采于池塘、城东水库、草邦水库中；同安，采于坂头水库中；莆田，采于东圳水库中；漳州，采于西溪亲水湿地中。江西：湖口，采于鄱阳湖中。山东：微山，采于微山湖中；聊城，采于池塘中。河南：郑州，采于尖岗水库中；南阳，采于麒麟湖、鸭河水库中。湖北：神农架，采于大九湖和湖边湿地中；孝感，采于天紫湖中；武汉，采于池塘、小湖、东湖、张渡湖中；襄阳，采于泉池中；咸宁，采于斧头湖中。湖南：岳阳，采于洞庭湖中。广东：深圳，采于铁岗水库、西丽水库、东湖水库中；潮州，采于西湖中；汕头，采于汕头大学水库中。海南：万宁，采于池塘中；琼海，采于稻田中；兴隆，采于小湖中；三亚，采于池塘中。重庆，采于黛湖中。四川：成都，采于池塘中。云南：昆明，采于松花坝水库中；路南，石林，采于小水库中；大理，采于泉池中。宁夏：银川，采于池塘、小河、鸣翠湖中。香港：采于薄扶林村水库和石梨贝水库中。

分布类型：世界广泛分布。

电子显微镜记录——亚洲：日本，韩国，印度；欧洲：瑞典，瑞士，挪威，芬兰，丹麦，荷兰，葡萄牙，冰岛，意大利，德国，奥地利，捷克，匈牙利，俄罗斯；非洲：津巴布韦；北美洲：美国，加拿大，墨西哥；中美洲：危地马拉；南美洲：巴西，阿根廷，智利，哥伦比亚。

光学显微镜记录——欧洲：瑞士，罗马尼亚。

B. 光滑系列（Series Tonsuratae Asmund & Kristiansen 1986）

细胞后部较长或较短区域没有刺毛。

鳞片侧面不向内弯；尾部鳞片具有各种精致的突起或无突起；体部鳞片的盾片和后翼覆盖厚的、连续的具凹孔的次生层，具凹孔（pits）的次生层底部具 1 个或多个基部板小孔；盾片后部、V 形肋的角上具窗孔，通过窗孔可见一个较大的基部板区域。

刺毛长度和结构在细胞的不同位置有变化，细胞前部的刺毛丛是较短的顶端假二叉状刺毛，几乎从刺毛的基部到顶部都具有锯齿，细胞较后部的刺毛较长，平滑和具有一个近顶端的齿，或者具有较长或较短的锯齿，具锯齿的刺毛顶端为假二叉状或尖。在有些刺毛中，值得注意的特征是细胞前部刺毛丛的外侧，刺毛杆远轴端下端的部分是扭转的，因而使一个或多个远轴端的齿的尖端与其他锯齿的齿呈不同的方向。所有的齿短和尖，有时反曲。

模式种：*Mallomonas tonsurata* Teiling，p. 277，Fig. 3，1912。

38. 光滑鱼鳞藻　　电镜照片图版 LX

Mallomonas tonsurata Teiling em. Krieger，Teiling，Svensk Bot. Tidskr. 4：277，Fig. 3，1912，Krieger，Bot. Arch.，29：258—329，1930；Asmund & Kristiansen，Opera Batanica，85：76，Fig. 44 a-i，1986；Kristiansen，Opera Batanica，139：103—105，Fig. 52，a-j，2002；Kristiansen & Preisig，Chrysophyte and Haptophyte Algae，2 Teil/Part 2：Synurophyceae. In：Büdel et al.（eds）：Süsswasserflora von Mitteleuropa Band 1/2：55—56，Fig. 38，Pl. 16 a-e，2007；Kristiansen，Nord. J. Bot.，8（5）：547，Fig. 37，1989；Wei & Kristiansen，Arch. Protistenk.，144（1994）：433—449，Figs. 38—39，1994.

Teiling 命名种名的理由为不知道壳体是什么种，但从它的细胞图可以猜想到一个削发的光头。

细胞卵圆形，小形的个体宽卵圆形，较大的个体长卵圆形到椭圆形，长 11—30 μm，宽 6—14 μm。刺毛覆盖在细胞前部的 1/3 部分，但常仅在细胞的最前部具刺毛。

具 3 种类型的鳞片，鳞片长 2—5.8 μm，宽 1.8—4 μm。①具拱形盖的鳞片最常见的略呈倒卵形，略不对称，鳞片的拱形盖与鳞片的大小相比较是大的，顶部鳞片的拱形盖具明显突出的唇，近顶部鳞片的拱形盖较圆和不具突出的唇，V 形肋的侧边长，常达拱形盖的基部，相应地前端近边缘肋短或缺乏。②不具拱形盖的体部鳞片近卵形。③小的具刺的尾部鳞片近圆形。所有的鳞片具厚的次生层，次生层的凹孔（pit）小、密集规律排列，每个凹孔的底部具一个小孔。

刺毛单侧具锯齿和仅具 1 个齿两种类型，刺毛长 6—35 μm，细胞前端的一群刺毛短、强壮、明显弯和顶端假二叉状，体部的刺毛较直、较细长，每条刺毛具有一个近顶点的齿，绝大多数这种刺毛是扭曲的，具一个齿的刺毛的锥形远轴端部分与远轴端的齿等长或几倍长，远轴端部分的末端通常具 2 个小的尖顶。

在有些种群中，体部刺毛在一个齿的远轴端部分发生扭曲，此外，在刺毛杆的较近轴端具一个或数个齿；具锯齿的、尖的体部刺毛在这些种群中也存在，可能认为属于从光滑鱼鳞藻（*M. tonsurata*）向杯状鱼鳞藻（*M. cyathellata*）转变的一种类型。

Krieger（1930）用光学显微镜观察到金藻孢子囊，球形或椭圆形，长 12—23 μm，宽 12—15 μm，孢子囊壁具乳突或短刺，具一个小的、明显的领。Wawrik（1972）观察到同形配子的交配阶段和合子。

Gutowski（1996）的研究指出鳞片和刺毛的形态学是与温度相关的。

产地：电子显微镜记录——内蒙古：扎兰屯，采于池塘中；阿尔山，采于小湖、沼泽中；索伦，采于池塘中。黑龙江：哈尔滨，采于池塘、松花江中；珍宝岛，采于水坑、溪流、牛轭湖、阿布沁河和七虎林河中；宁安市，采于镜泊湖湿地中；密山市，采于小兴凯湖湿地中；双鸭山市，采于安邦河湿地中；伊春，采于凉水湿地中；五大连池市，采于五大连池中；塔河，采于池塘中；阿木尔市，采于溪流中。江苏：南京，采于池塘、紫霞湖、西北水库中；扬州，采于池塘、瘦西湖、凤凰岛湿地中；无锡，采于池塘、五里湖中；高邮，采于高邮湖中；苏州，采于池塘中；吴县，采于阳澄湖中；吴江，采于太湖中；常州，采于宋剑湖中。浙江：杭州，采于池塘、西湖、白马湖、西溪湿地中；临安，天目山，采于池塘、半月潭、龙潭水库中；新昌，采于池塘中；建德，采于千岛湖中；德清，采于莫干湖中；宁波，采于池塘中；溪口，采于池塘、小水库、小溪中；安徽：宿松，采于龙感湖中。福建：闽侯，采于池塘中；泉州，采于草邦水库、城东水库中；厦门，采于池塘、万石岩水库中；莆田，采于东圳水库中。江西：上饶，采于池塘中；湖口，采于鄱阳湖中。山东：青岛，采于小湖中；微山，采于微山湖中；青州，采于南阳河湿地中；聊城，采于池塘中。河南：南阳，采于麒麟湖中。湖北：神农架，采于大九湖和湖边湿地中，木鱼坪，采于小溪中；孝感，采于天紫湖中；武汉，采于池塘、小湖、东湖、张渡湖中；咸宁，采于斧头湖、上涉湖中；洪湖市，采于洪湖、付湾河中。湖南：岳阳，采于洞庭湖中。广东：广州，采于池塘中；中山市，采于长江水库中；深圳，采于深圳水库、铁岗水库、笔架山水库、西丽水库和梅沙水库中；汕头，采于汕头大学水库中。海南：海口，采于池塘中；琼山，采于中超湖中；万宁，采于池塘中；琼海，采于稻田中；兴隆，采于池塘中；三亚，采于池塘中。重庆，采于黛湖中。四川：成都，采于池塘中；都江堰，青城山，采于小湖中；眉山，采于池塘中。云南：昆明，采于松花坝水库、金殿水库中；路南，石林，采于池塘、小水库中；大理，采于洱海中。陕西：西安，采于池塘中。新疆：乌鲁木齐，采于天池中。香港：采于薄扶林村水库和石梨贝水库中。

光学显微镜记录——台湾：桃园市，采于池塘中；中坜市，采于池塘中；新竹市，采于鱼池中；罗东市，采于梅花湖中；台中市，采于池塘中（Yamagish，1992）。

分布类型：世界普遍分布。

电子显微镜记录——亚洲：日本，韩国，斯里兰卡，马来西亚，印度尼西亚；欧洲：英国，芬兰，瑞典，瑞士，荷兰，丹麦，葡萄牙，冰岛，法国，德国，奥地利，希腊，捷克，匈牙利，保加利亚，俄罗斯；非洲：博茨瓦纳，津巴布韦，乍得，南非；大洋洲：澳大利亚；北美洲：美国，加拿大；中美洲：牙买加，危地马拉，巴拿马；南美洲：巴西，智利，哥伦比亚，阿根廷。

光学显微镜记录——欧洲：瑞典，法国，德国，奥地利。

39. 花序状鱼鳞藻　　电镜照片图版 LXI

Mallomonas corymbosa Asmund & Hilliard，Hydrobiol. 17：237—258，1961；Asmund & Kristiansen，Opera Batanica，85：76—78，Fig. 45 a-c，1986；Kristiansen，Opera Batanica，139：109，Fig. 54，a-c，2002；Kristiansen & Preisig，Chrysophyte and Haptophyte Algae，2 Teil/Part 2: Synurophyceae. In: Büdel et al.（eds）: Süsswasserflora von Mitteleuropa Band 1/2：57，Fig. 39，Pl. 17 a-b，2007；Kristiansen，Nord. Journ. Bot.，8（5）：539—552，Figs. 38—40，1989；Wei & Yuan，Beih. Nova Hedwigia 142：163—179，Figs. 73—75，2013.

种名是根据壳体呈"聚伞花序"的外形和在干燥的制备样品中示刺毛所在的位置而命名。

细胞大，长卵圆形或长椭圆形，长 16—52 μm，宽 9—25 μm，具有大的鳞片，长的刺毛覆盖细胞长度的 3/4，但有时仅在细胞的最前部具有刺毛。

具 3 种类型的鳞片，鳞片长 4.5—8 μm，宽 3—7 μm：①拱形盖的鳞片倒卵形，中等大小、略不对称，鳞片的拱形盖较少突出和常具有圆形凹孔；②不具拱形盖的体部鳞片近卵形；③少数小的、不对称的尾部鳞片具退化的、残遗的（rudimentary）刺，刺上呈点状的增厚。所有的鳞片具厚的次生层，次生层的凹孔小、密集规律排列，每个凹孔围绕 1 个到数个小孔。

刺毛长 12—55μm，刺毛顶部具短的假二叉状，刺毛较少弯曲和比较纤细，从基部到顶部具锯齿，细胞体部的刺毛比较长和尖、仅沿刺毛杆远轴端的上半部具锯齿，细胞较后的体部刺毛明显的长，沿刺毛较长或较短的远轴端部分具锯齿，锯齿远轴端的齿与其余的锯齿具有一些距离，刺毛杆的平滑部分是扭曲的，因此刺毛远轴端的齿的顶端与其他的齿不在同一个方向，而是与其他的齿对生，刺毛的远轴端部分比远轴端的齿长很多，刺毛的顶端和齿的顶端尖或具小齿。

金藻孢子未观察到。

产地：电子显微镜记录——北京，采于池塘、未名湖中。内蒙古：扎兰屯，采于池塘中；索伦，采于池塘中。黑龙江：哈尔滨，采于松花江中；珍宝岛，采于池塘、牛轭湖和七虎林河中；宁安市，采于镜泊湖湿地中；洪河湿地保护区，采于洪河湿地中；富锦市，采于三环泡湿地中；双鸭山市，采于安邦河湿地中；伊春，采于凉水湿地中。上海，采于池塘中。江苏：南京，采于池塘、紫霞湖、西北水库中；淮安，采于洪泽湖中；扬州，采于池塘、凤凰岛湿地中；泰州，采于池塘、生态湖和漆湖中；常州，采于宋剑湖中。浙江：杭州，采于池塘、西湖、西溪湿地中；新昌，采于池塘中。福建：漳州，采于西溪亲水湿地中。江西：上饶，采于池塘中。山东：微山，采于微山湖中；青州，采于南阳河湿地中；聊城，采于池塘中。湖北：神农架，采于大九湖和湖边湿地中；孝感，采于天紫湖中；武汉，采于池塘、小湖、东湖、张渡湖中；襄阳，采于泉池中；咸宁，采于斧头湖和上涉湖中。湖南：岳阳，采于洞庭湖中。广东：广州，采于池塘中；深圳，采于深圳水库、铁岗水库、笔架山水库、西丽水库、东湖水库中；潮州，采于西湖中；汕头，采于汕头大学水库中。海南：海口，采于沙坡水库中；琼海，采于稻田中；兴隆，采于池塘、小湖、生态湖中；三亚，采于池塘中。重庆，采于黛湖中。四川：眉山，采于池塘中。云南：大理，采于洱海中。贵州：沿河，采于稻田中。陕西：西安，采于池塘中。宁夏：银川，采于小河中。香港：采于石梨贝水库中。

分布类型：北半球和南半球的温带地区。

电子显微镜记录——亚洲：日本，韩国，孟加拉国；欧洲：匈牙利；北美洲：美国，加拿大；南美洲：巴西，智利，阿根廷。

40. 杯状鱼鳞藻　　电镜照片图版 LXII

Mallomonas cyathellata Wujek & Asmund, Phycologia, 18: 115—119, Figs. 1—10, 1979; Asmund & Kristiansen, Opera Batanica, 85: 78, Fig. 45 d-g, 1986; Kristiansen, Opera Batanica, 139: 111—112, Fig. 54 f-i, 2002; Kristiansen & Preisig, Chrysophyte and Haptophyte Algae, 2 Teil/Part 2: Synurophyceae. In: Büdel et al. (eds): Süsswasserflora von Mitteleuropa Band 1/2: 58, Pl. 17 h-k, 2007; Wei & Yuan, Beih. Nova Hedwigia 142: 163—179, Figs. 77—79, 2013.

种名是根据壳体尾部鳞片具一个高脚杯状的附属物而命名。

细胞卵圆形或长圆形到椭圆形，长 8—18.5 μm，宽 3.5—8.5 μm。刺毛覆盖细胞长度的 1/3—1/2。

具 3 种类型的鳞片：①顶部具拱形盖的鳞片宽倒卵形，拱形盖具纵向或斜向略呈平行排列的弯短肋，有些拱形盖缺乏肋；②不具拱形盖的体部鳞片长圆状椭圆形，长 4—5 μm，宽 2—3 μm，在远轴端拱形盖状的平滑区具不规则排列的、厚的短肋；③数个尾部鳞片在远轴端具大的高脚杯状或球状突起（cyathi，goblet-shaped protublences），突起长 0.5—0.8 μm，宽 0.5—1.3 μm，其边缘平滑或具齿，少数尾部鳞片很小和不对称，数个后部鳞片具短刺；盾片和翼具厚的次生层，次生层的凹孔呈不规律的形状，每个凹孔围绕 1 个到数个小孔，具拱形盖的顶部鳞片的次生层发育好。

刺毛长 7—38 μm，细胞顶部的刺毛短，顶端假二叉状，从基部到顶部具锯齿，细胞较后部的具锯齿的刺毛比较长，顶端假二叉状或尖，刺毛扭曲或不扭曲，绝大多数扭曲具锯齿刺毛具有很少的齿。

金藻孢子未观察到。

产地：电子显微镜记录——黑龙江：宁安市，采于镜泊湖湿地中。江苏：南京，采于池塘、紫霞湖中；扬州，采于瘦西湖、凤凰岛湿地中；泰州，采于池塘和生态湖中；常州，采于丁塘河湿地中。浙江：杭州，采于池塘、白马湖中；新昌，采于池塘中；南浔，采于池塘中。江西：上饶，采于池塘中。福建：莆田，采于东圳水库中；漳州，采于西溪亲水湿地中。河南：南阳，采于麒麟湖中。湖北：神农架，采于大九湖和湖边湿地中；孝感，采于小湖中；武汉，采于东湖、小湖中。广东：潮州，采于西湖中。

分布类型：世界广泛分布。

电子显微镜记录——亚洲：印度，马来西亚；欧洲：匈牙利，罗马尼亚；大洋洲：

澳大利亚；北美洲：美国；中美洲：牙买加；南美洲：阿根廷。

C. 铁闸门系列（Series Portaferreanae Asmund & Kristiansen 1986）

细胞的后部没有刺毛。

鳞片侧面不向内弯。基部板具有密集排列的小孔，特别在盾片的前部呈横向排列；V形肋尖角形，V形肋的角上具一群较密集和规则排列的略小的小孔；盾片平滑或具有波状边缘的略弯的横肋。

细胞顶端的刺毛较短，单侧具锯齿，顶端假二叉或尖；细胞体部较长的刺毛在不同种类中结构有变化。

模式种：*Mallomonas portae-ferreae* Péterfi & Asmund，p. 11，Fig. 1，Pl. 1，Figs. 1—4，Pl. 2，Figs. 5—7，Pl. 3，Figs. 8—11，1972。

41. 韩国鱼鳞藻　　电镜照片图版 LXIII

Mallomonas koreana Kim, H. S. & Kim J. H. Nova Hedwigia, 86：469—476, Figs. 1—14, 2008；Němcová et al. Nova Hedwigia 95：1—24, Figs. 56—66, 2012；Wei & Yuan, Beih. Nova Hedwigia 142：163—179, Figs. 63—71, 2013.

种名是根据壳体首先在韩国发现而命名。

细胞卵圆形到椭圆形，长 9.5—14 μm，宽 7.2—10.5 μm。

壳体具有 4 种类型的鳞片。①数个具拱形盖的顶部鳞片形成突出的领，领围绕伸出鞭毛的近轴端，具拱形盖的顶部鳞片近卵圆形，长 2.8—3.9 μm，宽 2.2—2.9 μm，不对称，比体部鳞片略短，顶部鳞片的拱形盖与鳞片的大小相比较是较大的，平滑或具有肋，V形肋 U 形，基部板小孔在盾片上呈横向排列，盾片和翼的次生层发育弱；前端近边缘肋伸展到拱形盖的两侧，一列（1—8 个）规律排列的大圆孔沿前端近边缘肋排列在拱形盖后边缘的两侧，由短的隆起与前端近边缘肋隔开。②具拱形盖的体部鳞片椭圆形，长 3.0—4.5 μm，宽 2.2—3.1 μm，拱形盖平滑、具肋、具数个小乳突、具短刺或小的小孔，V形肋尖角形，基部板小孔在盾片上横向排列，有的具短的纵肋形成不规则的网纹，次生层发育好，一列规律排列的大圆孔沿前端近边缘肋排列在拱形盖后边缘的两侧。③无拱形盖的体部鳞片长椭圆形或菱形，长 3.2—4.3 μm，宽 2.0—2.9 μm，盾片具有不规则网纹的次生层，V形肋钝角或尖角形，V形肋基部常缺少次生层，窗孔具有不均匀分布的基部板小孔，前翼不明显。④尾部鳞片小，数个，不对称，倒卵形，长 2.5—2.9 μm，宽 1.8—2.5 μm。所有的鳞片具均匀分布的基部板小孔，后边缘狭，约围绕鳞片的后半部分。

具有平滑和锯齿状两种类型的刺毛；具拱形盖的领部鳞片的刺毛较短，长 6—9 μm，略弯，锯齿状，沿背缘具一短列（约 4 个）较长和柔软的齿，顶端尖，刺毛杆具一条纵沟，远轴端无锯齿；近顶部具拱形盖的鳞片的刺毛长，长 14—23 μm，平滑或锯齿状，锯齿状刺毛沿背缘具一列（约 7 个）较长和柔软的齿，顶端尖，刺毛杆具一条纵沟，远轴端无锯齿。

金藻孢子囊球形，直径 8.9—10.1 μm，孢子囊壁具有短圆柱形到倒圆锥形的领围绕圆锥形的孢孔，孢子表面具有规律到形状变化的网纹，网纹的网眼球形到多角形，具小刺的刺位于孢子的网纹间隙上。中国没有发现金藻孢子。

产地：电子显微镜记录——黑龙江：宁安市，采于镜泊湖湿地中。浙江：新昌，采于池塘中。湖北：武汉，采于小湖中。

分布类型：稀少种类，仅分布在韩国和法国。

电子显微镜记录——亚洲：韩国；欧洲：法国。

42. 铁闸门鱼鳞藻　　电镜照片图版 LXIV

Mallomonas portae-ferreae Péterfi & Asmund, Stud. Univ. Babes-Bolyai Ser. Boil., 1: 11—18, Figs. 1, Pl. 1, Figs. 1—4, Pl. 2, Figs. 5—7, Pl. 3, Figs. 8—11, 1972; Asmund & Kristiansen, Opera Batanica, 85: 82, Fig. 47 g-l, 1986; Kristiansen, Opera Batanica, 139: 116—118, Fig. 56 g-l, 2002; Kristiansen & Preisig, Chrysophyte and Haptophyte Algae, 2 Teil/Part 2: Synurophyceae. In: Büdel et al.（eds）: Süsswasserflora von Mitteleuropa Band 1/2: 60, Fig. 40, Pl. 19 e-g, 2007; Wei & Kristiansen, Arch. Protistenk., 144（1994）: 433—449, Fig. 43, 1994; Wei & Yuan, Beih. Nova Hedwigia 122: 169—187, Figs. 67—68, 2001.

种名是根据壳体在罗马尼亚多瑙河的铁闸门附近发现而命名。

细胞圆柱形到长圆状椭圆形，长 30—60 μm，宽 8—12 μm，细胞短的后部分没有刺毛。

鳞片长 6—8.8 μm，宽 3.1—5.5 μm。具 3 种类型的鳞片：①顶部鳞片比较小，比尾部鳞片较不对称；②体部鳞片近宽卵形，或特别是细胞后部无拱形盖的体部鳞片近狭卵形，对称或略不对称，在近轴端区域沿前端近边缘肋具有一条双列的乳突；③绝大多数尾部鳞片小和圆，具厚的近边缘肋连续到鳞片的远轴端和具乳突。绝大多数鳞片的 V 形肋尖和具长而直的侧边，前端近边缘肋短、略呈翅状；近轴端边缘狭和薄及具有从鳞片的边缘辐射出的内部隆起或具内部网纹；盾片大约具 10 条横向、规律排列、略弯的肋，偶尔被纵肋连接形成一片呈方形网眼的网纹；后翼具有较精致网眼的网纹，在每个网眼的底部具 1 个或数个基部板的小孔；拱形盖大和凸出、平滑或具一群短的纵肋或圆形凹孔。

顶部刺毛长 12.7—16.7 μm，比体部刺毛较短，为单侧锯齿，顶端假二叉；体部刺毛长，长 30—50 μm，单侧锯齿的远轴端常扭转，具有 2 个等长的、并置对生的近顶端的齿，2 个刺的尖端与其余的齿位于另外的方向，远轴端部分是尖的和数倍于近顶端齿的长度；刺毛的顶部和齿具 2—3 个小齿。

金藻孢子未观察到。

产地：电子显微镜记录——河北：Hochiatao（在 Péterfi and Asmund，1972 的论文中，Asmund 在河北的 Hochiatao 发现此种，有电子显微镜照片记录）。上海，采于池塘中。江苏：无锡，采于五里湖中；泰州，采于池塘中。云南：昆明，采于松花坝水库中；路南，石林，采于池塘中；大理，采于洱海中。海南：三亚，采于池塘中。

分布类型：世界普遍分布，但主要分布在温暖的地区。

电子显微镜记录——亚洲：孟加拉国，斯里兰卡；欧洲：葡萄牙，法国，德国，希腊，捷克，匈牙利，罗马尼亚；非洲：津巴布韦，乍得；大洋洲：澳大利亚；北美洲：美国；南美洲：巴西。

D. 中间型系列（Series Intermediae Momeu & Péterfi 1979）

细胞除后端外均覆盖刺毛。

基部板具明显的、不规则排列的小孔，或者特别在盾片的前部呈横向排列；盾片和翼的次生层仅由少数隆起和肋组成，或者由比较精致的肋和增厚组成；V 形肋尖角形和具长的侧边，前端近边缘肋短，但发育好，略呈翅状；拱形盖的后边缘肋明显。

具有 2 种类型的刺毛：一种为锯齿状刺毛，具尖顶或假二叉；另一种具比较精致的顶端，顶端为披针形或头盔形。在一个种内不是所有的细胞具有 2 种主要类型的刺毛。

模式种：*Mallomonas intermedia* Kisselev，p. 237，Fig. 2a-h，1931。

43. 具肋鱼鳞藻　　电镜照片图版 LXV，LXVI

Mallomonas costata Dürrschmidt，Nord. J. Bot.，4：123—143，1984；Asmund & Kristiansen，Opera Batanica，85：85—87，Fig. 50 a-g，1986；Kristiansen，Opera Batanica，139：121—123，Fig. 59 a-g, 2002；Kristiansen & Preisig，Chrysophyte and Haptophyte Algae，2 Teil/Part 2：Synurophyceae. In：Büdel et al.（eds）：Süsswasserflora von Mitteleuropa Band 1/2：62—63，Pl. 20g-k，2007；Wei & Yuan，Beih. Nova Hedwigia 122：169—187，Figs. 57—60，2001；Wei & Yuan，Beih. Nova Hedwigia 142：163—179，Fig. 72, 2013.

种名是根据壳体盾片具有肋而命名。

细胞卵圆形到椭圆形，小的个体常呈近球形，长 10.2—40 μm，宽 6.8—20 μm，细胞除尾部外均覆盖刺毛。

具 3 种类型的鳞片：①顶部鳞片短和宽，不对称，拱形盖比较大；②体部鳞片长 3.5—5.8 μm，宽 2.2—3.8 μm，具拱形盖的体部鳞片卵形，大而宽，侧面略向内弯，拱形盖比顶部鳞片的拱形盖较小些，逐渐向细胞后部为无拱形盖的体部鳞片，呈较狭的卵形，远轴端为拱形盖状的平滑区；③尾部鳞片比较小，长 3.0 μm，宽 2.5 μm，不对称，常没有肋，远轴端具 1 个短的、强壮的钝刺。拱形盖表面具明显的、强壮的与鳞片的纵轴略呈斜向排列的弯肋；V 形肋具冠状盖，并连续到前端近边缘肋；盾片具 6—12 条弯的横向排列的肋，横肋间具 1—3 列小孔；后翼具不规则排列的小孔。

刺毛长 10.4—20 μm。具有 2 种刺毛，披针形刺毛（lance bristle）具平滑的刺毛杆，针形刺毛的远轴端具 2 个精致的不等长的锥形尖端，针形刺毛是发育不完全的刺毛，由披针形刺毛的头在发育前释放到表面，这 2 种刺毛类型有逐渐转变阶段。仅具针形刺毛的细胞标志着为发育不完全的细胞，细胞小和仅具有数个具拱形盖的中部体部鳞片，它们可能是幼细胞或受不利环境的影响，趋向释放不完全的刺毛似乎是这个种的特征。在一些种群中所有的刺毛是针形的，在另一些种群中所有的刺毛是披针形的。在襄阳、泉池中采到的此种的顶部鳞片和体部鳞片的刺毛为锯齿状，在小兴凯湖采到的此种的体部鳞片的刺毛为披针形的。

金藻孢子未观察到。

产地：电子显微镜记录——河北：承德，采于小湖中。内蒙古：阿尔山，采于小湖中。黑龙江：珍宝岛，采于水坑、池塘、牛轭湖、阿布沁河和七虎林河中；宁安市，采于镜泊湖湿地中；密山市，采于小兴凯湖湿地中；富锦市，采于三环泡湿地中；伊春，采于凉水湿地中；黑河市，采于池塘、卧牛湖水库中。江苏：扬州，采于凤凰岛湿地中；无锡，采于五里湖中。浙江：新昌，采于池塘中；南浔，采于池塘中；建德，采于千岛湖中。福建：厦门，采于池塘中。江西：湖口，采于鄱阳湖中。山东：聊城，采于池塘中。湖北：神农架，采于大九湖和湖边湿地中；武汉，采于池塘、东湖、张渡湖中；襄阳，采于泉池中。广东：广州，采于池塘中；深圳，采于西丽水库中。海南：海口，采于池塘中；琼山，采于中超湖中；万宁，采于池塘中。云南：昆明，采于松花坝水库中；路南，石林，采于池塘中。

分布类型：世界广泛分布。

电子显微镜记录——亚洲：印度；欧洲：英国，荷兰，芬兰，挪威，瑞典，瑞士，冰岛，丹麦，西班牙，葡萄牙，法国，德国，捷克，匈牙利，罗马尼亚，俄罗斯，乌克兰；大洋洲：澳大利亚；北美洲：加拿大。

E. 鱼鳞藻系列（Series Mallomonas）

有些种类整个细胞均覆盖刺毛，另一些种类细胞后部较长或较短的区域无刺毛。

基部板小孔小，略不规则排列；具有三种类型的鳞片。①最前部的顶部鳞片不对称，比体部鳞片较短和具有较大和较突出的拱形盖，拱形盖一侧的翼具有波浪状或锯齿状的边缘。②体部鳞片卵形或菱形，侧面向内弯；拱形盖宽和短，略呈卵形，中等程度的突起或不突起，拱形盖的外表面明显高于所包围的基部板；V 形肋具发育很好的冠状盖；V 形肋的侧边通过翼并达到鳞片的侧边；前端近边缘肋发育好，但比 V 形肋的侧边较短，前端近边缘肋和前翼沿拱形盖的侧边伸展到拱形盖唇瓣的斜角；后翼宽，具从 V 形肋辐射出的隆起，常与从近轴端边缘下、鳞片的边缘辐射出的隆起相连接，隆起弯和具分枝，分枝有时是连通的而形成一片网纹；所有鳞片的盾片具有不规则排列的隆起和不规则散生的长肋或短肋，或者多少被略呈六角形或圆形网眼的网纹所覆盖。③尾部鳞片小，不对称卵形。三种鳞片之间有过渡类型。

具有 2 种类型的刺毛：一种为锯齿状刺毛，具有单侧锯齿状锥形顶端，此种类型的刺毛在鱼鳞藻组中所有种类是普通的；另一种为头盔形刺毛，具比较精致的头盔形顶端，其上部伸出一个较长或较短的锥形远轴端常常是反曲的，顶端具有或不具有一个小的二叉，头盔形刺毛的刺毛杆最常见的是锯齿状的，不常见的是平滑的。所有刺毛的齿是短和尖的，近轴端的一个齿常具反曲的顶端。

模式种：*Mallomonas acaroides* Perty，p. 171，pl. 14，Fig. 19 a-c，1851。

44. 鱼鳞藻

Mallomonas acaroides Perty em. Ivanov, Perty, Bern. p. 171, pl. 14, Fig. 19 a-c, 1851, Ivanov, Bull. Acad. Imp. Sci. St.-Petersbourg, 11: 247—262, 1899; Asmund & Kristiansen, Opera Batanica, 85: 88—90, Fig.52 a-f, 1986; Kristiansen, Opera Batanica, 139: 128—130, Fig. 63 a-f, 2002; Kristiansen & Preisig, Chrysophyte and Haptophyte Algae, 2 Teil/Part 2: Synurophyceae. In: Büdel et al. (eds): Süsswasserflora von Mitteleuropa Band 1/2: 64, Fig. 43, Pl. 21 i-l, 22a, 2007; Wei & Yuan, Beih. Nova

Hedwigia 122: 169—187, Figs. 69—70, 2001; Wei & Yuan, Beih. Nova Hedwigia 142: 163—179, Figs. 83—85, 2013.

44a. 原变种　　电镜照片图版 LXVII

var. acaroides

种名是根据壳体类似螨状而命名。此种是鱼鳞藻属（*Mallomonas*）的模式种，用鱼鳞藻属名作为种的命名。

细胞宽卵圆形到宽椭圆形，长 13—38 μm，宽 10—18 μm，细胞密集覆盖 2 种类型的刺毛。

鳞片宽卵形，长 4.0—8.0 μm，宽 3.0—5.5 μm。所有的鳞片都具有拱形盖；前端的顶部鳞片比体部鳞片较短，但宽度相一致；尾部鳞片不具刺；盾片的纹饰在种内略有变化，在种群之间变化很大，绝大多数种群的盾片仅具隆起，少数发育成初期的网纹，盾片和翼的隆起略升高和波状，网纹的网眼大和近六角形；前翼狭，平滑；后翼宽，具波状隆起；具冠状盖的 V 形肋尖，不连续到前端近边缘肋。

刺毛弯，长 12—35 μm，刺毛的长度在细胞的不同位置有变化，在细胞中部的刺毛最长。单侧锯齿状刺毛和具头盔形顶端的头盔形刺毛之间的比例在种群之间有变化，有的种群具有 2 种类型的刺毛，有的种群仅 2 种类型刺毛中的 1 种，具头盔形顶端刺的头盔形刺毛的刺毛杆有时是平滑的。

金藻孢子囊球形，直径 16—24 μm，表面具有规则分布的、不规则弯曲的短刺，短刺的顶端钝、盘状，其周边围绕一轮细小的、扭曲的短突起，孢孔圆形，具有圆盘状的领。

产地：电子显微镜记录——北京，采于池塘、小湖中。内蒙古：扎兰屯，采于池塘中；阿尔山，采于池塘、小湖、沼泽中。黑龙江：哈尔滨，采于池塘中；五大连池市，采于五大连池中；珍宝岛，采于牛轭湖和小溪中；扎龙自然保护区，采于扎龙湖中；富锦市，采于三环泡湿地中；伊春，采于凉水湿地中。上海，采于池塘中。江苏：南京，采于西北水库中；淮安，采于洪泽湖中；吴江，采于太湖中；扬州，采于池塘、瘦西湖、凤凰岛湿地中；无锡，采于五里湖中；高邮，采于高邮湖中；常州，采于丁塘河湿地中。浙江：杭州，采于池塘、西湖中；新昌，采于池塘中；南浔，采于池塘中；建德，采于千岛湖中；溪口，采于池塘中。福建：福州，采于八一水库中；泉州，采于城东水库、草邦水库中；莆田，采于东圳水库中。山东：微山，采于微山湖中；青州，采于南阳河湿地中；聊城，采于池塘中。河南：郑州，采于尖岗水库中；南阳，采于麒麟湖中。湖北：神农架，采于大九湖和湖边湿地中；孝感，采于天紫湖中；武汉，采于池塘、小湖和东湖中；丹江口，采于小湖中；洪湖市，采于洪湖、付湾河中。湖南：岳阳，采于洞庭湖中。广东：深圳，采于铁岗水库和梅沙水库中。海南：琼海，采于稻田中。重庆，采于黛湖中。四川：武隆，采于池塘中；都江堰，青城山，采于小湖中。云南：昆明，采于池塘中；路南，石林，采于池塘中；大理，采于洱海中。宁夏：银川，采于池塘、小河和鸣翠湖中。新疆：乌鲁木齐，采于天池中。

分布类型：世界广泛分布。

电子显微镜记录——亚洲：日本，韩国；欧洲：英国，芬兰，瑞典，瑞士，挪威，荷兰，丹麦，冰岛，葡萄牙，西班牙，法国，德国，奥地利，捷克，罗马尼亚，保加利亚，匈牙利，俄罗斯；非洲：津巴布韦，尼日利亚；北美洲：美国，加拿大。

44b. 鱼鳞藻钝顶变种　　电镜照片图版 LXVIII

Mallomonas acaroides var. **obtusa** Ito, Jap. J. Phycol., （Sôrui）40：177—180, 1992; Kristiansen, Opera Batanica, 139: 132, Fig. 64 Fig. 64 f-h, 2002; Kristiansen & Preisig, Chrysophyte and Haptophyte Algae, 2 Teil/Part 2: Synurophyceae. In: Büdel et al.（eds）: Süsswasserflora von Mitteleuropa Band 1/2: 66, Pl. 22 f-g, 2007; Wei & Yuan, Beih. Nova Hedwigia 142: 163—179, Figs. 86—91, 2013.

变种名是根据壳体刺毛具钝的顶端而命名。

此变种与原变种的区别为鳞片的前翼宽、具隆起，刺毛具钝的顶端。

细胞长 21—44 μm，宽 11—21 μm，鳞片长 7.4—9.5 μm，宽 5.7—7.3 μm，刺毛长 16.1—42.2 μm。

金藻孢子未观察到。

产地：电子显微镜记录——黑龙江：珍宝岛，采于牛轭湖中。江苏：无锡，采于池塘中。浙江：新昌，采于水池中。江西：上饶，采于池塘中。

分布类型：地方性种类，仅分布在日本。

电子显微镜记录——亚洲：日本。

45. 厚鳞鱼鳞藻　　电镜照片图版 LXIX，LXXVII：4

Mallomonas crassisquama（Asmund）Fott, Preslia, 34: 69—84, 1962; Asmund & Kristiansen, Opera Batanica, 85: 90—93, Fig. 54 a-h, Fig. 55 a-h, 1986; Kristiansen, Opera Batanica, 139: 133—136, Figs. 65 a-h, 66 a-b, 67 a-d, 2002; Kristiansen & Preisig, Chrysophyte and Haptophyte Algae, 2 Teil/Part 2: Synurophyceae. In: Büdel et al.（eds）: Süsswasserflora von Mitteleuropa Band 1/2: 66, Fig. 45, Pl. 23 a-f, 2007; Wei & Kristiansen, Arch. Protistenk., 144（1994）: 433—449, Figs. 45—47, 1994; Wei & Yuan, Beih. Nova Hedwigia 122: 169—187, Figs. 71—73, 2001.

Mallomonas acaroides var. *crassisquama* Asmund, Dansk Bot. Art. 18（3）: 1—50, 1959.

种名是根据壳体具有厚的鳞片而命名。

细胞卵圆形或宽椭圆形，长 10.5—38 μm，宽 8—18 μm，细胞除尾端外均覆盖刺毛。尾部鳞片具明显的刺。

鳞片长 3.5—7.2 μm，宽 2.5—5.5 μm。具 3 种类型的鳞片：①前端的顶部鳞片较明显的不对称，宽而短，比体部鳞片较小；②体部鳞片宽卵形到狭卵形，拱形盖比顶部鳞片的拱形盖较小，逐渐向细胞后部为无拱形盖的体部鳞片；③尾部鳞片小，明显的不对称，近三角形，近轴端具一条明显的刺。鳞片厚，拱形盖具短肋或乳突，前端近边缘肋具乳突；盾片具极粗的网纹，由宽而平滑的边缘肋和狭的近圆形的网眼组成；前翼狭，平滑；后翼宽，具隆起；具冠状盖的 V 形肋尖；前端近边缘肋几乎围绕拱形盖。

刺毛长 8.6—38 μm，刺毛有两种类型，具单侧锯齿状的刺毛和具头盔形顶端的头盔状刺毛，这 2 种类型刺毛所占的比例在种群之间有很大的变化。

金藻孢子囊球形，直径 16—24 μm，表面具有规则分布的、不规则弯曲的短刺，短刺的顶端钝、盘状，其周边围绕一轮细小的、扭曲的短突起，孢孔圆形，具有圆盘状的领。

产地：电子显微镜记录——内蒙古：扎兰屯，采于池塘中；阿尔山，采于池塘、小湖、地池湖、沼泽中；索伦，采于池塘中。黑龙江：珍宝岛，采于水坑、池塘、溪流、牛轭湖、阿布沁河和七虎林河中；密山市，采于小兴凯湖湿地中；同江市，洪河国家自然保护区，采于洪河湿地中；伊春，采于凉水湿地中；黑河市，采于池塘、卧牛湖水库中；塔河市，采于池塘中。江苏：吴江，采于太湖中；高邮，采于高邮湖中；浙江：杭州，采于池塘中；临安，天目山，采于半月潭、龙潭水库中；清凉峰，采于池塘中；新昌，采于池塘、长诏水库中；建德，采于千岛湖、溪流中；德清，采于莫干湖中；宁波，采于东钱湖中；溪口，采于池塘、小水库中。福建：泉州，采于池塘、城东水库、草邦水库中；同安，采于坂头水库中；莆田，采于东圳水库中；宏路，采于东张水库中。江西：湖口，采于鄱阳湖中。湖北：神农架，采于大九湖和湖边湿地中；孝感，采于天紫湖中；武汉，采于池塘、东湖、张渡湖中；襄阳，采于泉池中。广东：广州，采于池塘中；深圳，采于铁岗水库、沙头角水库、西丽水库和东湖水库中；汕头，采于汕头大学水库中。海南：文昌，采于池塘中；琼海，采于稻田中；万宁，采于池塘中；兴隆，采于生态湖中；三亚，采于池塘中。香港：采于大潭水库、薄扶林村水库、石梨贝水库和石壁水库中。

分布类型：世界广泛分布，特别是在温带地区。

电子显微镜记录——亚洲：日本，韩国，印度，斯里兰卡，俄罗斯（西伯利亚的北极湖，贝加尔湖）；欧洲：英国，荷兰，瑞典，瑞士，芬兰，挪威，丹麦，西班牙，葡萄牙，冰岛，法国，德国，捷克，奥地利，希腊，意大利，匈牙利，罗马尼亚，保加利亚，俄罗斯，爱沙尼亚，斯洛文尼亚；非洲：津巴布韦；北美洲：美国；中美洲：牙买加，危地马拉；南美洲：厄瓜多尔，巴西，哥伦比亚，阿根廷。

光学显微镜记录——欧洲：芬兰，法国。

XII. 似冠状组（Sectio Pseudocoronatae Asmund & Kristiansen 1986）

细胞和鳞片大，鳞片螺旋形排列。

鳞片分成三个部分；鳞片具有网纹和隆起；前端近边缘肋沿盾片和拱形盖呈宽翼状伸展或完全围绕鳞片的前端部分；基部板的小孔不规则散生或横向排列，常被次生物质所遮盖；拱形盖上具有一片微小的小孔；盾片后端具有一片稠密排列的小孔；通过窗孔在盾片的次生层具一片密集的小孔；后翼狭；近轴端边缘宽。

刺毛略弯，刺毛的整个长度卷包和具狭的纵裂缝，刺毛平滑或刺突形。

模式种：*Mallomonas pseudocoronatae* Prescott, p. 363, Pl. 3, Fig. 18, 1944。

散刺毛系列（Series Lelymenae Asmund & Kristiansen 1986）

拱形盖明显，拱形盖的大小与鳞片的大小有关；近边缘肋的翅状扩展不完全围绕鳞片的前端部分。

刺毛单侧具锯齿。

模式种：*Mallomonas lelymene* Harris & Bradley, p. 758, Figs. 7—8, Pl. 2, Figs. 11—14, 1960。

46. 散刺毛鱼鳞藻   电镜照片图版 LXX

Mallomonas lelymene Harris & Bradley, J. gen. Microbial. 22：750—777, Figs. 7—8, Pl. 2, Figs. 11—14, 1960; Asmund & Kristiansen, Opera Batanica, 85：96, Fig. 57 f-k, 1986; Kristiansen, Opera Batanica, 139：140, Fig. 69 f-k, 2002; Kristiansen & Preisig, Chrysophyte and Haptophyte Algae, 2 Teil/Part 2: Synurophyceae. In: Büdel et al.（eds）: Süsswasserflora von Mitteleuropa Band 1/2: 68, Fig. 48, Pl. 24 i-j, 2007; Wei, & Yuan, Nova Hedwigia 101（3-4）：299—312, Figs. 54—55, 2015.

种名是根据壳体具有散乱的、从不同方向发射的刺毛和细胞略不整洁的外形而命名。

细胞宽卵圆形或椭圆形，长 15—27 μm，宽 12—20 μm，由粗壮的刺毛覆盖。

鳞片厚，长圆形，长 7—10 μm，宽 4—5 μm，鳞片分成三个部分，侧面向内弯，鳞片的纹饰随不同的细胞略有变化。拱形盖近圆形和具一片圆形凹孔，内凹陷的后边缘有一个大的三角形的向后翻的副翼；V 形肋具明显的冠状盖，冠状盖具有向后翻的副翼，V 形肋表面平滑，V 形肋角上的一群小孔是仅可见到的基板小孔，由于次生物质的遮盖另外的小孔模糊不清，但在 V 形肋下具有内部辐射状的隆起；前端近边缘肋具宽的翅状扩展和不完全围绕鳞片的前端部分，翅的纹饰有数种类型：①具密集排列的纤细的肋和很少的点纹；②具退化的肋和很少的点纹；③仅具有很少散生的点纹，很平滑；盾片具纤细的、密集和规律排列的横肋和由短的纵肋相连形成具方形网眼的网纹；前翼平滑；后翼具隆起，隆起是宽的近轴端边缘下的内部隆起的延长。

刺毛短、厚、略弯，长 10—16 μm，锯齿具短的齿，远轴端锥状平滑部分到锯齿状部分是斜切的，因此具有宽的裂缝，刺毛具独特的纵向的内部条纹。

金藻孢子未观察到。

产地：电子显微镜记录——内蒙古：甘河，采于池塘中；阿尔山，采于沼泽中。黑龙江：阿木尔，采于池塘、溪流、沼泽中；珍宝岛，采于阿布沁河中。

分布类型：世界上散生、但广泛分布。

电子显微镜记录——亚洲：日本；欧洲：英国，丹麦，西班牙，葡萄牙，法国，德国，瑞士，希腊，匈牙利，罗马尼亚，俄罗斯；北美洲：美国，加拿大；南美洲：巴西，阿根廷。

XIII. 环饰组（Sectio Annulatae Asmund & Kristiansen 1986）

细胞小，鳞片螺旋形或横向排列。

鳞片的形状沿着细胞的不同部位有很大的变化，具有特殊的领部鳞片；具有具拱形盖的鳞片和不具拱形盖的鳞片，具拱形盖的鳞片分成三个部分，拱形盖小和浅，具一片微小的小孔；基部板的小孔稠密和规律排列，有时略被次生物质所遮盖；次生层由乳突、横肋和网纹组成；尾部鳞片没有刺。

刺毛弯，几乎完全卷包刺毛的整个长度，顶端锥形。

模式种：*Mallomonas papillosa* Harris var. *annulata* Bradley, p. 152, Figs. 1—2, 4, 1966。

47. 环饰鱼鳞藻　　电镜照片图版 LXXI

Mallomonas annulata（Bradley）Harris, J. gen. Microbial. 46: 185—191, 1967; Asmund & Kristiansen, Opera Batanica, 85: 99, Fig. 59 a-f, 1986; Kristiansen, Opera Batanica, 139: 145, Fig. 72 a-f, 2002; Kristiansen & Preisig, Chrysophyte and Haptophyte Algae, 2 Teil/Part 2: Synurophyceae. In: Büdel et al.（eds）: Süsswasserflora von Mitteleuropa Band 1/2: 72, Fig. 49, Pl. 25 l-o, 2007; Wei & Yuan, Beih. Nova Hedwigia 122: 169—187, Figs. 51—53, 2001.

Mallomonas papillosa var. *annulata* Bradley, J. Protozool. 13. 143—154, Figs. 1, 2, 4, 1966.

种名是根据壳体某些鳞片的盾片上的乳突排列呈环状纹饰而命名。

细胞长圆状椭圆形，具宽圆形的末端，长 17—28 μm，宽 6—10 μm。

顶部鳞片、前部的一些体部鳞片和一些散生的后部的体部鳞片具拱形盖，其余的鳞片无拱形盖，长 2.3—4 μm，宽 1.4—2.5 μm。

基部板具密集和规律排列的小孔；具 4 种类型的鳞片。①数个前端的顶部鳞片形成一个领围绕鞭毛的近轴端部分，顶部鳞片近卵形，比体部鳞片较宽和较短，不对称，一侧凸出，另一侧凹入，拱形盖与顶部鳞片的大小相比是大的，近圆形和略斜向位；V 形肋钝角形、不对称，一侧比另一侧较长，与 V 形肋相一致的是一侧的近边缘肋较长，另一侧较短的近边缘肋沿拱形盖的一侧延伸，与鳞片表面垂直增高因此形成薄翅状；翼的一侧凸出并形成一个显著的肩角。②具拱形盖的体部鳞片菱形，对称或略不对称，拱形盖略呈圆锥形，V 形肋尖角形。③不具拱形盖的体部鳞片与具拱形盖的体部鳞片的形状相似。④不具拱形盖的尾部鳞片比其他鳞片较小，近卵形，不对称。

盾片具密集排列的乳突，呈一种或多种纹饰：①规律排列的乳突，通常在 V 形肋的角上缺少乳突；②一片连续的次生层具凹孔，每个凹孔具 1 个小孔；③乳突由肋连接形成略呈六角形网眼的网纹，每个网眼包含数个小孔。在某些鳞片中网纹几乎覆盖整个盾片的表面，而在另外一些鳞片中盾片中的网纹仅限制在从近边缘肋辐射出的隆起处；拱形盖具乳突，通常位于一片微小的小孔的外侧；前翼和前端近边缘肋具纵向排列的乳突；后翼平滑。

刺毛位于细胞的末端，弯，平滑，锥形，到近顶端尖形，长 5—10.8 μm。

金藻孢子囊球形，表面平滑，10—12 μm。中国没有发现金藻孢子。

产地：电子显微镜记录——北京，采于池塘中。黑龙江：哈尔滨，采于松花江中；珍宝岛，采于牛轭湖、七虎林河中；宁安市，采于镜泊湖湿地中；密山市，采于小兴凯湖湿地中。江苏：南京，采于池塘、紫霞湖、西北水库中；扬州，采于瘦西湖、凤凰岛湿地中；无锡，采于池塘中。浙江：杭州，采于池塘、西湖中；南浔，采于池塘中。福建：泉州，采于小水库中。江西：湖口，采于鄱阳湖中。山东：青岛，采于小湖中；青州，采于南阳河湿地中；聊城，采于池塘中。河南：南阳，采于麒麟湖中。湖北：孝感，采于天紫湖中；武汉，采于池塘、东湖、小湖中；洪湖市，采于付湾河中；咸宁，采于上涉湖中；襄阳，采于泉池中。

分布类型：世界广泛分布。

电子显微镜记录——亚洲：日本，韩国，斯里兰卡，马来西亚；欧洲：英国，芬兰，瑞典，瑞士，荷兰，丹麦，葡萄牙，德国，法国，奥地利，希腊，捷克，匈牙利，罗马尼亚，俄罗斯；大洋洲：澳大利亚；北美洲：美国，加拿大；南美洲：巴西，阿根廷，智利。

XIV. 具颈组（Sectio Torquatae Momeu & Péterfi 1979）

细胞顶部具明显突出的"领"围绕鞭毛的近轴端部分。

领部由少数鳞片组成，鳞片分成三个部分，前端具拱形盖，长圆形，远轴端较狭，近轴端宽圆，明显不对称，腹缘凹入，背缘凸起，绝大多数鳞片拱形盖的大小与鳞片相比较是小的，拱形盖的内部凹陷浅并被厚的、高出的边缘包围，鳞片外表面上拱形盖的边缘像发育很好的肋，肋略向上弯，以至于略高于鳞片其余的外表面；近边缘肋发育好；翼通常狭，有时仅部分发育，翼的近轴端常在拱形盖下端形成1个肩角（shoulder）；近轴端边缘很不对称。

体部鳞片较短，无拱形盖，菱形，在大小、形状和排列上与领部鳞片明显不同，细胞的体部鳞片呈螺旋状，几乎横向排列，近边缘肋发育好，并分成前端近边缘肋和后端近边缘肋，前端近边缘肋与盾片前端相连续；翼狭，分成前翼和后翼。

体部鳞片逐渐过渡到小的近圆形或近卵形的尾部鳞片，尾部鳞片具有各种精致的突起从近边缘肋的远轴端的角上伸出，几乎与鳞片的表面成直角并从细胞向后凸出。

刺毛弯，仅位于细胞前端的领部，较短于细胞的长度，几乎完全卷包刺毛的整个长度，平滑，明显的锥形，顶端尖或近尖。

模式种：*Mallomonas pumilio* Harris & Bradley, p. 45, Pl. 3, Fig. 4, 1957.

具颈组分系列检索表

1. 盾片具乳突··· **C. 芒果形系列 Mangoferae**
1. 盾片不具乳突··· 2
  2. 盾片具圆形或退化的网眼··· **B. 远东系列 Eoae**
  2. 盾片具角状网眼或肋·· 3
3. 盾片具角状网眼，每个网眼含有1个或数个小孔··· **A. 矮小系列 Pumilio**
3. 盾片具密集的肋，肋平行或曲折排列··· **D. 多伊格诺系列 Doignonianae**

Key to the Series of Sectio Torquatae

1. Shield with papillae ··· C. Mangoferae
1. Shield without papillae ·· 2

2. Shield with circular or reduced meshes ··· B. Eoae
2. Shield with angular meshes or ribs ·· 3
3. Shield with angular meshes, each including one or several pores ························· A. Pumilio
3. Shield with ribs densely spaced, parallel or labyrinthic ribs ······················· D. Doignonianae

具颈组分种检索表

1. 盾片不具乳突 ··· 2
1. 盾片具乳突 ··· 10
    2. 盾片具角状网眼或肋 ··· 3
    2. 盾片具圆形或退化网眼 ··· 7
3. 盾片具角状网眼，每个网眼含有 1 个或数个小孔 ··· 4
3. 盾片具密集的肋，肋平行或曲折排列 ··· 5
    4. 鳞片前翼的一侧无翅 ·· 48. 矮小鱼鳞藻 *M. pumilio*
    4. 鳞片前翼的一侧具明显的翅，特别是领部鳞片 ········· 49. 宽翅鱼鳞藻 *M. alata*
5. 盾片具错综曲折的肋 ·· 62. 颈环鱼鳞藻 *M. torquata*
5. 盾片具平行排列的肋 ·· 6
    6. 所有的鳞片的盾片具平行的横肋 ·· 61. 多伊格诺鱼鳞藻 *M. doignonii*
    6. 领部鳞片的盾片具横肋，体部鳞片的盾片具纵肋 ················ 63. 直肋鱼鳞藻 *M. recticostata*
7. 盾片上的圆形凹孔具有中央增厚 ·· 51. 眼纹鱼鳞藻 *M. ocellata*
7. 盾片上的圆形凹孔没有中央增厚 ·· 8
    8. 盾片具有大的圆形凹孔 ·· 50. 远东鱼鳞藻 *M. eoa*
    8. 盾片具有小的圆形凹孔 ··· 9
9. V 形肋的角具有窗孔，前翼具乳突和平滑的边缘 ··························· 52. 园孔纹鱼鳞藻 *M. crobiculata*
9. V 形肋的角没有窗孔，翼具隆起 ·· 53. 怪异鱼鳞藻 *M. phasma*
    10. 盾片的乳突平行弯曲的排列 ·· 59. 喜悦鱼鳞藻 *M. grata*
    10. 盾片的乳突规则排列或融合成网纹 ··· 11
11. 盾片的乳突不融合 ··· 12
11. 盾片的乳突融合成五角形的网纹 ··· 15
    12. 数个近圆形或长形的凹陷沿盾片的边缘排列 ············· 60. 济州鱼鳞藻 *M. jejuensis*
    12. 没有近圆形或长形的凹陷沿盾片的边缘排列 ··· 13
13. 一条硬刺从体部鳞片一侧的前端近边缘肋的中间伸出 ·················· 56. 具刺鱼鳞藻 *M. spinosa*
13. 没有一条硬刺从体部鳞片一侧的前端近边缘肋的中间伸出 ··· 14
    14. 体部鳞片的近边缘肋不增高 ·· 54. 芒果形鱼鳞藻 *M. mangofera*
    14. 体部鳞片的近边缘肋明显增高 ·· 55. 增高鱼鳞藻 *M. elevate*
15. V 形肋的角没有大的凹孔，一条纵肋通过一侧翼的隆起 ············· 57. 蜂窝纹鱼鳞藻 *M. alveolata*
15. V 形肋的角具有一个大的凹孔，翼的隆起简单 ····························· 58. 窝孔纹鱼鳞藻 *M. favosa*

Key to the species of Sectio Torquatae

1. Shield without papillae ··· 2
1. Shield with papillae ·· 10
    2. Shield with angular meshes or ribs ·· 3
    2. Shield with circular or reduced meshes ··· 7
3. Shield with angular meshes, each including one or several pores ······················· 4

3. Shield with ribs densely spaced, parallel or labyrinthic ribs ··· 5
    4. Without unilateral wing in anterior flange of scales ································ 48. *M. pumilio*
    4. With distinct unilateral wing in anterior flange of scales, especially the collar scales ········· 49. *M. alata*
5. Shield with labyrinthic ribs ··· 62. *M. torquata*
5. Shield with parallel arrangement ribs ·· 6
    6. Shield of all scales with transverse parallel rib ··································· 61. *M. doignonii*
    6. Shield of collar scales with transverse rib, shield of body scales with longitudinal ones ·················
     ··· 63. *M. recticostata*
7. Circular pits on shield with central thickening ·· 51. *M. ocellata*
7. Circular pits on shield without central thickening ·· 8
    8. Shield with large circular pits ·· 50. *M. eoa*
    8. Shield with small circular pits or lacking ·· 9
9. Window in the angle of the V-rib, anterior flange with papillae and smooth edge ········ 52. *M. scrobiculata*
9. No window in the angle of the V-rib, flange with struts ······························· 53. *M. phasma*
    10. Shield with papillae in parallel curved rows ··· 59. *M. grata*
    10. Shield with papillae in regular pattern or fused into meshwork ································· 11
11. Shield with papillae not fused ··· 12
11. Shield with papillae fused into pentagonal meshwork ··· 15
    12. Several subcircular or elonged depression arranged along the margin of the shield ········ 60. *M. jejuensis*
    12. Without several subcircular or elonged depression arranged along the margin of the shield ······· 13
13. A rigid spine extend from the central part of unilateral anterior submarginal rib of body scales ·········
  ··· 56. *M. spinosa*
13. Without a rigid spine extend from the central part of unilateral anterior submarginal rib of body scales ··· 14
    14. Body scales without raised submarginal ribs ································ 54. *M. mangofera*
    14. Body scales with distinct raised submarginal ribs ································ 55. *M. elevata*
15. No large pit in V-rib angle, struts of unilateral flange crossed by a longitudinal rib ······· 57. *M. alveolata*
15. A large pit in V-rib angle, struts of flange simple ····································· 58. *M. favosa*

A. 矮小系列（Series Pumilio）

盾片具波状边缘的网纹或很少数具平滑边缘的肋的网纹，每个网眼含 1 个大的圆形小孔（pores）或数个大的圆形小孔，或显著的不规则的网纹；较大的小孔属于次生层；体部鳞片的前翼具规则排列的隆起，有时退化成点纹，通常通过近边缘肋并在盾片上形成短的隆起或者连接形成网纹；每对隆起之间常具 1 个大的明显的小孔；体部鳞片略不对称；拱形盖与鳞片的大小相比较是小的；尾部鳞片的突起可能是短尖刺或纤细的长锥形刺。

模式种：*Mallomonas pumilio* Harris & Bradley, p. 45, Pl. 3, Fig. 4, 1957。

48. 矮小鱼鳞藻　　电镜照片图版 LXXII，LXXIII

Mallomonas pumilio Harris & Bradley em. Asmund, Cronberg & Dürrschmidt, Harris & Bradley, J. Roy. Microsc. Soc. Ser. 3, 76: 37—46, 1957, Asmund, Cronberg & Dürrschmidt, Nord. J. Bot., 2: 383—395, 1982; Asmund & Kristiansen, Opera Batanica, 85: 102, Fig. 59 i-m, 1986; Kristiansen, Opera Batanica, 139: 148—149, Fig. 72 j-n,

2002; Kristiansen & Preisig, Chrysophyte and Haptophyte Algae, 2 Teil/Part 2: Synurophyceae. In: Büdel et al.（eds）: Süsswasserflora von Mitteleuropa Band 1/2: 73, Fig. 50, Pl. 26 a-c, 2007; Wei, & Yuan, Nova Hedwigia 101: 299—312, Fig. 53, 2015.

种名是根据壳体细胞矮小而命名。

细胞小，椭圆形，长 7—18 μm，宽 3—7 μm。

具三种类型的鳞片：①领部鳞片的拱形盖平滑或具不明显的、不规律排列的短肋或乳突，其前端具一个明显的钝短峰，钝短峰顶端具一个小齿，长 3.0—5.0 μm，宽 2.5—3.0 μm；②体部鳞片菱形，无拱形盖，长 2.0—4.0 μm，宽 1.5—3.5 μm；③尾部鳞片具小刺。盾片具网纹，在有些鳞片中，网纹的网眼是一致的形状和规律的排列，有时网纹排成横列，绝大多数网纹在每个网眼的底部常具 3—4 个小孔；近边缘肋宽并与盾片和翼没有明显的界线；点纹规律排列成横列并横向通过前翼和前端近边缘肋，常有可能连接点纹的不明显的肋，点纹不仅排列成横列，而且也排列成纵列；后翼不具有隆起。

刺毛锥形，顶端钝，贴附于领部鳞片的拱形盖上，长 3—5 μm。

金藻孢子囊椭圆形，长 10 μm，宽 9 μm，表面平滑，前端的孢孔具向外倾斜的短领，孢壁具小乳突。中国未观察到金藻孢子。

Asmund 等（1982）指出，*M. pumilio* 最初的描述是由 2 个不同的种所组成。他们选择其中的一个种为 *M. pumilio* 的选模式标本（lectotype），和建立另一个种为新种，即 *M. alata*。

产地：电子显微镜记录——内蒙古：阿尔山，采于沼泽中。黑龙江：密山市，采于小兴凯湖湿地中；伊春，采于凉水湿地中。

分布类型：北半球和南半球的温带地区。

电子显微镜记录——亚洲：日本，韩国；欧洲：英国，丹麦，荷兰，芬兰，瑞典，瑞士，葡萄牙，西班牙，法国，德国，捷克，罗马尼亚，俄罗斯；北美洲：美国，加拿大；南美洲：阿根廷，智利。

49. 宽翅鱼鳞藻　　电镜照片图版 L：4—10

Mallomonas alata Asmund, Cronberg & Dürrschmidt, Nord. J. Bot. 383—395, 1982; Asmund & Kristiansen, Opera Batanica, 85: 104, Fig. 61 a, c-f, 1986; Kristiansen, Opera Batanica, 139: 153—155, Fig. 74 a-f, 2002; Kristiansen & Preisig, Chrysophyte and Haptophyte Algae, 2 Teil/Part 2: Synurophyceae. In: Büdel et al.（eds）: Süsswasserflora von Mitteleuropa Band 1/2: 76, Fig. 54, Pl. 27c-g, 2007; Kristiansen & Tong, Nova Hedwigia, 49: 196, Pl. 6, Fig. 60, 1989; Wei & Yuan, Nova Hedwigia, 101: 299—312, Figs. 62—63, 2015.

种名是根据壳体体部鳞片的前翼呈宽翅状而命名。

细胞小，卵形到长圆状椭圆形，长 8—15 μm，宽 3—7 μm。

具三种类型的鳞片：①领部鳞片 4—6 个，几乎呈三角形，长 4.2—5.0 μm，宽 2.8—

3.5 μm，翼的腹部宽并与拱形盖的基部连接，翼的其他部分比较狭，有些领部鳞片缺少腹部的近边缘肋，在鳞片较低的腹部角具一列规律排列的小孔被从近边缘肋辐射出的短隆起彼此分隔开，拱形盖鸟嘴状，与领部鳞片的大小相比明显的小，扁平和略高出于鳞片的外表面的其余部分，拱形盖的外表面具有一个节结并被顶部边缘的冠状折叠覆盖，拱形盖的内表面具有纵肋。②体部鳞片菱形，长3.0—5.0 μm，宽 2.0—3.0 μm，无拱形盖，明显的不对称，前翼的一侧比相对的另一侧宽，有些鳞片宽的前翼形成翅状，宽翼略向内弯和具有规律排列的肋通过；有些鳞片在每对隆起间具一个或一短列小孔；狭的前翼沿近边缘肋具一列明显的小孔，但缺少肋通过；后翼狭、平滑；盾片中网纹的每个网眼内具较多的小孔，大约具10个，网眼的形状和排列常不规律。③少数尾部鳞片小，具短的小刺。

刺毛通常缺少，当存在时刺毛是短和精致的，长3—5 μm。

金藻孢子未观察到。

产地：电子显微镜记录——黑龙江：五大连池市，采于水草沼泽中；宁安市，采于镜泊湖湿地中；密山市，采于小兴凯湖湿地中；扎龙自然保护区，采于扎龙湖中。湖北：武汉，采于池塘、东湖中。

分布类型：世界广泛分布。

电子显微镜记录——亚洲：日本；欧洲：英国，丹麦，荷兰，瑞典，瑞士，法国，德国，奥地利，希腊，捷克，匈牙利，俄罗斯；大洋洲：澳大利亚；北美洲：美国，加拿大；南美洲：阿根廷，智利。

B. 远东系列（Series Eoae Asmund & Kristiansen 1986）

盾片绝大多数由圆形网眼的网纹覆盖，网纹具边缘平滑的宽肋并规律排列；在网纹凹孔（pit）的底部没有大的小孔，但小的小孔有时可见，推测为基部板的小孔（pores）；尾部鳞片具较短或较长的、纤细的刺或精致的厚的突起。

模式种：*Mallomonas eoa* Takahashi in Asmund & Takahashi, p. 317, 1969；Takahashi, p. 169, Figs. 1—13, 1963。

50. 远东鱼鳞藻　　电镜照片图版 LXXIV，LXXV

Mallomonas eoa Takahashi in Asmund & Takahashi, Hydrobiol., 34：317, 1969; Asmund & Kristiansen, Opera Batanica, 85: 106, Fig. 62 a-g, 1986; Kristiansen, Opera Batanica, 139: 156, Fig. 76 a-g, 2002; Kristiansen & Preisig, Chrysophyte and Haptophyte Algae, 2 Teil/Part 2: Synurophyceae. In: Büdel et al.（eds）: Süsswasserflora von Mitteleuropa Band 1/2: 77, Fig. 55, Pl. 27 k-o, 2007; Wei & Yuan, Beih. Nova Hedwigia 142: 163—179, Fig. 76, 2013; Wei, & Yuan, Nova Hedwigia 101: 299—312, Fig. 52, 2015。

种名是根据这个种在远东、太阳升起的地方发现而命名。

细胞纺锤形或几乎圆柱形，后端圆，长16—31 μm，宽4.5—9 μm。

具三种类型的鳞片：①领部鳞片细长，长3.0—4.0 μm，宽1.5—2.0 μm，圆形的拱形盖与鳞片的大小相比是小的，其前端具一个短的、三角形的峰，其表面具不明显的、类似盾片上的圆形凹孔（pit），盾片具大的、圆形的凹孔，直径约 0.17 μm；②体部鳞片菱形，长 1.2—3.0 μm，宽 0.7—2.4 μm，无拱形盖，前端近边缘肋被隆起通过，盾片上的隆起短，在翼上的隆起比较明显、密集和规则排列，盾片具大的、圆形的凹孔，直径约 0.17 μm；体部鳞片和尾部鳞片之间的有些鳞片在大小和形状上为中间类型，具短刺；③尾部鳞片具一条顶端钝的硬直刺，向后或斜向后伸出，长 2.8—17 μm。

刺毛圆锥形，长 6—14 μm。

金藻孢子囊卵形，长 12 μm，宽 7 μm，表面平滑，前端具一个孢孔，突出的缘边围绕孢孔，突出的缘边不规则形、凹凸不平。

产地：电子显微镜记录——黑龙江：五大连池市，采于水草沼泽中；宁安市，采于镜泊湖湿地中；密山市，采于小兴凯湖湿地中。浙江：新昌，采于池塘中。香港：采于薄扶林村水库中。

光学显微镜记录——台湾：桃园，采于池塘及南仁湖中；新店，采于鱼池中。

分布类型：世界广泛分布。

电子显微镜记录——亚洲：日本；欧洲：英国，丹麦，芬兰，瑞典，瑞士，法国，德国，俄罗斯；大洋洲：澳大利亚；北美洲：美国；南美洲：智利。

光学显微镜记录——亚洲：日本。

51. 眼纹鱼鳞藻　　电镜照片图版 LXXVI

Mallomonas ocellata Dürrschmidt & Croome，Nord. J. Bot. 5：285—298，1985；Kristiansen，Opera Batanica，139：156—158，Fig. 77 a-b，2002；Kristiansen & Preisig，Kristiansen & Preisig，Chrysophyte and Haptophyte Algae，2 Teil/Part 2：Synurophyceae. In：Büdel et al.（eds）：Süsswasserflora von Mitteleuropa Band 1/2：7；8，pl. 28 a-b，2007；Wei，Yuan & Kristiansen，Nord. J. Bot. 32：881—896，Figs. 73—75，2014.

种名是根据壳体鳞片上的凹孔的外形类似眼睛而命名。

细胞卵圆形或椭圆形，长 10—15 μm，宽 5.7 μm。

具 3 种类型的鳞片：①领部鳞片长 2.6—3 μm，宽 1.3—1.6 μm，具很大的近方形的拱形盖，斜向，背部近边缘肋的末端具一个棘刺覆盖于领部鳞片的远轴端；②体部鳞片长 2.25 μm，宽 1.4 μm，盾片具凹孔，凹孔间的间距宽，每个凹孔的底部可见基部板，其中央具一个增厚的区域，盾片的后部缺少次生层，后端的近边缘肋是冠状盖和具一列小孔，具宽的近边缘肋，前翼和前端近边缘肋具 1 列或 2 列乳突；③尾部鳞片比体部鳞片较小，略不对称，无刺。

刺毛平滑和逐渐呈锥形达顶端，长 4—6 μm。

金藻孢子未观察到。

产地：电子显微镜记录——广东：深圳，采于东湖水库中。

分布类型：东亚和东南亚。

电子显微镜记录——亚洲：日本，新加坡，马来西亚。

52. 园孔纹鱼鳞藻　　电镜照片图版 LXXVII：3

Mallomonas crobiculata Nicholls, Can. J. Bot. 62：1583—1591，Figs. 1—5，1984c；Asmund & Kristiansen, Opera Batanica, 85：107，Fig. 63a-c，1986；Kristiansen, Opera Batanica, 139：159—160，Fig. 77 d-f，2002；Kristiansen & Preisig, Chrysophyte and Haptophyte Algae, 2 Teil/Part 2: Synurophyceae. In: Büdel et al.（eds）: Süsswasserflora von Mitteleuropa Band 1/2：79，Pl. 28 g-h，2007.

种名是根据壳体鳞片的盾片具小的凹孔纹命名。

细胞小，长 12 μm，宽 5 μm，刺毛贴附在领部鳞片的拱形盖上。

具三种类型的鳞片。①领部鳞片不对称，短和宽，长 3.8 μm，宽 3.3 μm，拱形盖近长方形，前端略尖的顶峰在顶部具 1 列乳突。②体部鳞片菱形，长 2.5—3.8 μm，宽 1.8—2.5 μm，无拱形盖，前端近边缘肋（约 0.5 μm 宽）具不规则排列的、常发育不明显的乳突；后端近边缘肋、后翼和近轴端的边缘（约 0.18 μm 宽）平滑；盾片的近轴端具 V 形的窗孔，窗孔具齿状的边缘。③后部的体部鳞片椭圆形到菱形；尾部鳞片远轴端具 1 条很短的钝刺，刺长达 0.5 μm。所有鳞片的盾片具小的、圆形的凹孔（pit），直径约 0.05 μm，在有些鳞片中，盾片具散生在凹孔间的乳突。

刺毛短，弯，逐渐呈锥形到顶端，顶端钝，长 4—7 μm。

金藻孢子未观察到。

产地：电子显微镜记录——黑龙江：双鸭山市，采于安邦河湿地中。

分布类型：北温带。

电子显微镜记录——欧洲：芬兰；北美洲：美国，加拿大。

53. 怪异鱼鳞藻　　电镜照片图版 LXXVII：1—2

Mallomonas phasma Harris & Bradley, J. gen. Microbiol. 22：750—777，1960；Asmund & Kristiansen, Opera Batanica, 85：107—110, Fig. 65a-c，1986；Kristiansen, Opera Batanica, 139：160, Fig. 80 a-c, 2002；Kristiansen & Preisig, Chrysophyte and Haptophyte Algae, 2 Teil/Part 2: Synurophyceae. In: Büdel et al.（eds）: Süsswasserflora von Mitteleuropa Band 1/2：80, Fig. 56, Pl. 28k-l，2007.

种名是根据壳体怪异和缺乏色素体而命名。

细胞卵圆形，长 20—31 μm，宽 7—10 μm，细胞顶部具刺毛。缺乏色素体或色素体呈灰白色。

具三种类型的鳞片。①领部鳞片长 5 μm，宽 3 μm，其背缘明显的弯曲几乎围绕嵌入的拱形盖；拱形盖小，其腹部具横肋，它的其余部分平滑或多少具乳突；背翼和部分腹翼具有从近边缘肋辐射出的规律排列的隆起。②体部鳞片长 3 μm，宽 1.5 μm，前翼和后翼具隆起。③尾部鳞片未描述。盾片上的凹孔比远东鱼鳞藻（*M. eoa*）的小，排列比较稠密。

刺毛短，弯，逐渐呈锥形达顶端，顶端钝，长 7—8 μm。

用光学显微镜观察的金藻孢子囊卵形，长 14—16 μm，宽 11—13 μm，孢孔小，孢孔略具棱边，围绕孢孔的棱边方向向后。中国未观察到金藻孢子。

产地：电子显微镜记录——黑龙江：密山市，采于小兴凯湖湿地中。

分布类型：北温带。

电子显微镜记录——欧洲：英国，法国；北美洲：加拿大。

C. 芒果形系列（Series Mangoferae Asmund & Kristiansen 1986）

鳞片具乳突，乳突常连接以至于形成网纹；领部鳞片的拱形盖短和宽，近长方形或近圆形；尾部鳞片具短刺。

刺毛锥形，顶端尖。

模式种：*Mallomonas mangofera* Harris & Bradley, p. 772, Figs. 41—44, Pl. 7, Figs. 54, 56, 57, 1960。

54. 芒果形鱼鳞藻

Mallomonas mangofera Harris & Bradley, J. Gen. Microbiol., 22: 750—777, Figs. 41—44, Pl. 7, Figs. 54, 56, 57, 1960; Asmund & Kristiansen, Opera Batanica, 85: 110, Fig. 65 d-h, 1986; Kristiansen, Opera Batanica, 139: 163—165, Fig. 80 d-h, 2002; Kristiansen & Preisig, Chrysophyte and Haptophyte Algae, 2 Teil/Part 2: Synurophyceae. In: Büdel et al.（eds）: Süsswasserflora von Mitteleuropa Band 1/2: 81—82, Fig. 58, Pl. 29 d-h, 2007; Wei & Kristiansen, Arch. Protistenk., 144（1994）: 443—449, Figs. 49—52, 1994.

54a. 原变种　　电镜照片图版 LXXVIII

var. **mangofera**

种名是根据囊壳的领部鳞片呈芒果形状而命名。

细胞长圆状卵圆形或椭圆形，长 7—30 μm，宽 7—11 μm。

具 3 种类型的鳞片：①领部鳞片呈香肠形或近三角形，长 4.6—6.7 μm，宽 2.4—3.5 μm，拱形盖短和宽，呈长方形和在一小片区域具乳突并彼此由肋互相连接形成网纹，拱形盖远轴端的边缘平滑或具 1 列乳突而呈冠状；背部的乳突常较大和较为突出；除腹翼的近轴端具少数乳突外，翼平滑。②体部鳞片菱形，长 2.5—5.6 μm，宽 1.4—3.6 μm。③尾部鳞片长 1.4—3.8 μm，宽 1—2.3 μm，具一条长达 1.5 μm 的锥形短刺，被一群纵向排列的乳突围绕，一些尾部鳞片和后部鳞片具有一群纵向排列的乳突。所有鳞片的盾片的基部板厚，具小的、不规则排列的小孔，有时具几个较大的散生的小孔和每个小孔被一个较低电子密度的圆形小区域包围；在有些种群中，盾片的后端具一个大的、较低电子密度的区域；盾片具密集和规律排列的、大的圆锥形乳突，排列在后端的乳突较小或缺乏；在有些鳞片中，较大或较小区域内的乳突被精致的内部肋相连接，而形成三角形网眼的精致的网纹；前端近边缘肋具一列乳突，但扫描电子显微镜研究指出这个肋不存在；后端近边缘肋平滑，具冠状盖，具内部隆起；前翼具一列或多列纵向排列的乳突，乳突有时彼此连接，前端近边缘肋的乳突被发育弱的隆起连接；后翼平滑。

刺毛长 10—22 μm。

用光学显微镜观察的金藻孢子囊近球形，直径 19—20 μm，壁平滑，孢孔的前端直，具有狭或宽的明显的棱边。中国未观察到金藻孢子。

产地：电子显微镜记录——黑龙江：珍宝岛，采于牛轭湖和七虎林河中；密山市，采于小兴凯湖湿地中；富锦市，采于三环泡湿地中；双鸭山市，采于安邦河湿地中。上海，采于池塘中。江苏：南京，采于池塘中。浙江：杭州，采于池塘中；诸暨，采于池塘中；临安，天目山，清凉峰，采于池塘中；新昌，采于池塘中；溪口，采于池塘、小水库中。福建：泉州，采于城东水库中；莆田，采于东圳水库中。江西：湖口，采于鄱阳湖中。湖北：神农架，采于大九湖和湖边湿地中；武汉，采于池塘、小湖、张渡湖中；咸宁，采于上涉湖中。广东：深圳，采于东湖水库中。海南：海口，采于沙坡水库中；琼山，采于中超湖中；琼海，采于稻田中；万宁，采于池塘中；兴隆，采于池塘中；三亚，采于池塘中。

分布类型：世界普遍分布。

电子显微镜记录——亚洲：日本，韩国，孟加拉国，印度，马来西亚；欧洲：英国，荷兰，芬兰，丹麦，葡萄牙，瑞士，法国，匈牙利，罗马尼亚；非洲：马达加斯加，博茨瓦纳，津巴布韦；大洋洲：澳大利亚，巴布亚新几内亚；北美洲：美国，加拿大；中美洲：牙买加；南美洲：厄瓜多尔，阿根廷，智利，哥伦比亚，巴西。

54b. 芒果形鱼鳞藻凹孔纹变种　　电镜照片图版 LXXIX，LXXX

Mallomonas mangofera var. **foveata**（Dürrschmidt）Kristiansen, in Kristiansen & Preisig, Chrysophyte and Haptophyte Algae, 2 Teil/Part 2: Synurophyceae. In: Büdel et al.(eds)：Süsswasserflora von Mitteleuropa Band 1/2: 82, Pl. 29 j-l, 2007; Wei & Yuan, Beih. Nova Hedwigia 142: 163—179, Fig. 82, 2013.

Mallomonas mangofera f. *foveata* Dürrschmidt, Pl. Syst. Evol., 143: 175—196, 1983b; Asmund & Kristiansen, Opera Batanica, 85: 110, Fig. 65 i-k, 1986; Kristiansen, Opera Batanica, 139: 165—166, Fig. 80 i-k, 2002.

变种名是根据囊壳的鳞片具有凹孔纹而命名。

此变种与原变种的不同为鳞片的盾片上的乳突表面具列状排列的圆形凹孔（pit），每个圆形凹孔的底部具一个具有缘边的小孔。领部鳞片的圆形凹孔沿背缘的近边缘肋和近轴端区域排列，体部鳞片的圆形凹孔在盾片的后端排成 V 形，有时领部鳞片和后部鳞片没有圆形凹孔，当网纹存在时，是内部的和具多角形的网眼。细胞长 13.5—17.9 μm，宽 6.9—7.7 μm，领部鳞片长 4.2—5 μm，宽 2.4—2.7 μm，体部鳞片长 2—4 μm，宽 1.5—2.9 μm，尾部鳞片长 1.7—1.3 μm，宽 1.1—1.0 μm，刺毛长 6—15 μm。

金藻孢子未观察到。

电镜照片图版 LXXX 是采于武汉张渡湖中的标本，领部鳞片的圆形凹孔除排列在沿背缘的近边缘肋和近轴端区域外，盾片上还具有一些散生的圆形凹孔。体部鳞片的圆形凹孔除在盾片的后端排成 V 形外，盾片上还具有一些散生的圆形凹孔。

产地：电子显微镜记录——黑龙江：珍宝岛，采于牛轭湖中；密山市，采于小兴凯湖湿地中；富锦市，采于三环泡湿地中；五大连池市，采于水草沼泽中。上海，采于池塘中。江苏：淮安，采于洪泽湖中。江西：上饶，采于池塘中。湖北：孝感，采于天紫湖中；武汉，采于张渡湖中。广东：广州，采于池塘中；深圳，采于深圳水库、沙头角水库中。海南：琼山，采于中超湖中；万宁，采于池塘中；兴隆，采于小湖中。

分布类型：世界普遍分布或广泛分布，但主要分布在热带和亚热带地区或温带地区的温暖季节。

电子显微镜记录——亚洲：日本，韩国，印度，孟加拉国，斯里兰卡，马来西亚；欧洲：英国，荷兰，丹麦，法国，德国，捷克，葡萄牙，匈牙利；非洲：马达加斯加，博茨瓦纳，津巴布韦；大洋洲：澳大利亚；北美洲：美国，加拿大，墨西哥；中美洲：牙买加；南美洲：厄瓜多尔，阿根廷，智利，巴西，哥伦比亚。

54c. 芒果形鱼鳞藻精致变种　　电镜照片图版 LXXXI：3—4

Mallomonas mangofera var. **gracilis**（Dürrschmidt）Kristiansen，in Kristiansen & Preisig，Chrysophyte and Haptophyte Algae，2 Teil/Part 2: Synurophyceae. In: Büdel et al.（eds）: Süsswasserflora von Mitteleuropa Band 1/2: 82，Pl. 29 m-n，2007；Wei, Yuan & Kristiansen，Nord. Journ. Bot. 32：881—896，Fig. 55，2014.

Mallomonas mangofera f. *gracilis* Dürrschmidt, Pl. Syst. Evol., 143：175—196，1983b；Asmund & Kristiansen, Opera Batanica, 85：110—111，Fig. 65 l-m，1986；Kristiansen, Opera Batanica, 139：166，Fig. 80 l-m，2002；Wei & Kristiansen, Arch. Protistenk., 144（1994）：443—449，Fig. 53，1994.

变种名是根据囊壳的鳞片具有精致的乳突而命名。

此变种与原变种的不同为鳞片的乳突发育弱和前端近边缘肋略模糊，乳突较小和较多，在有些鳞片中乳突明显融合到连续的次生层。盾片在后端近边缘肋的角有一个卵形凹孔状凹陷。领部鳞片的拱形盖有一个几乎平滑的远轴端边缘，所有体部鳞片的近轴端有 1 个明显的小孔。细胞长 10 μm，宽 4.4 μm，领部鳞片长 3 μm，宽 1.5 μm，体部鳞片长 2.2—3.2 μm，宽 1.6—2.2 μm，尾部鳞片长 1.5 μm，宽 1 μm，刺毛长 4—8 μm。

刺的形状未观察到。

金藻孢子未观察到。

产地：电子显微镜记录——江苏：南京，采于池塘中。浙江：杭州，采于池塘、西湖中。湖北：孝感，采于小湖中；武汉，采于池塘中。香港：采于薄扶林村水库中。

分布类型：北半球和南半球的温带地区。

电子显微镜记录——亚洲：韩国，马来西亚；欧洲：芬兰，丹麦；南美洲：阿根廷，智利。

54d. 芒果形鱼鳞藻网纹变种　　电镜照片图版 LXXXII

Mallomonas mangofera var. **reticulata**（Cronberg）Kristiansen，in Kristiansen & Preisig，Chrysophyte and Haptophyte Algae，2 Teil/Part 2: Synurophyceae. In: Büdel et al.（eds）: Süsswasserflora von Mitteleuropa Band 1/2: 82，Pl. 29i，2007；Wei & Yuan, Beih. Nova Hedwigia 142：163—179，Figs. 94—95，2013.

Mallomonas mangofera f. *reticulata* Cronberg, Beih. Nova Hewigia 95：191—232，Figs. 45—49，1989；Kristiansen, Opera Batanica, 139：165，Fig. 79a，2002.

变种名是根据囊壳的鳞片具有网状的纹饰而命名。

此变种与原变种的不同为鳞片的结构，盾片上增高的脊连接乳突形成明显的、规律排列的网纹，每个乳突由5—6个增高的脊连接相邻的乳突形成网纹；后端近边缘肋、后翼或者后边缘具有均匀分布的隆起；细胞基部的体部鳞片具一条非常明显的尖刺，有时具2条。细胞小，卵形，长13—14 μm，宽7—9 μm。领部鳞片长5.5—6.2 μm，宽2—2.8 μm，体部鳞片长2.8—4.4 μm，宽2.1—2.3 μm。

刺毛长6—12 μm。

金藻孢子未观察到。

产地：电子显微镜记录——内蒙古：扎兰屯，采于池塘中。江苏：无锡，采于池塘中。湖北：神农架，采于大九湖和湖边湿地中；武汉，采于池塘和张渡湖中。海南：兴隆，采于池塘中。

分布类型：主要分布在热带。

电子显微镜记录——亚洲：印度，马来西亚；欧洲：法国的温带地区；非洲：马达加斯加，博茨瓦纳，津巴布韦；中美洲：牙买加；南美洲：巴西，阿根廷。

55. 增高鱼鳞藻　　电镜照片图版 XLV：1—3

Mallomonas elevata Kim, H. S. Kim J. H. Shin & Jo, Nova Hedwigia 98：89—102，2014；Wei, Yuan & Kristiansen, Nord. J. Bot. 32：881—896，Figs. 51—52，2014.

种名是根据囊壳鳞片的近边缘肋增高和凸出而命名。

细胞小，卵圆形到椭圆形，长10.1—22.1 μm，宽4.2—6.4 μm，领部宽突出，近轴端圆；体部鳞片螺旋状排列。

具有3种类型的鳞片。①细胞具4—6个长圆形的领部鳞片，长3.2—3.6 μm，宽1.6—2.3 μm，不对称，分成3个部分，远轴端较狭，近轴端宽圆；拱形盖小，长方形，具乳突和肋，拱形盖顶端具强壮和尖锐的顶峰；近边缘肋发育好，伸向拱形盖的侧边；近轴端的边缘从背缘伸到拱形盖的近基部；盾片具许多均匀分布的圆锥形乳突和沿近轴端的缘边具小孔；翼平滑。②体部鳞片长3.7—4.5 μm，宽2.7—3.1 μm，不具拱形盖，不对称的菱形；平滑的后端近边缘肋与具明显界线的、增高的前端近边缘肋融合，形成连续的近边缘肋，并达到盾片的前端，前端近边缘肋具一列发育不明显的小乳突；近轴端的边缘较宽和不对称，围绕鳞片的1/3—2/3；前翼具一到两列发育不明显的、均匀分布的小乳突，沿边缘具锯齿，锯齿的齿很小；后翼平滑；盾片具均匀分布的横向排列的乳突和具冠状盖；有些鳞片在远轴端具强壮的短刺。③尾部鳞片小，长1.4—1.5 μm，宽0.8—1.0 μm，三角形、不对称的菱形，具粗壮的圆锥形短刺；近边缘肋、翼和盾片的纹饰与体部鳞片相似；前端近边缘肋明显的增高和具一列乳突；前翼具一到两列乳突和数个小孔。所有鳞片的盾片具许多均匀分布的圆锥形乳突和基部板具小孔。

刺毛与领部鳞片相连接，短于细胞长度，长7—9 μm，略弯，平滑，顶部近锥形，尖或近尖。

金藻孢子囊近球形，长10.8 μm，宽9.5 μm，平滑，前端的孢孔具一个短领。中国未观察到金藻孢子。

产地：电子显微镜记录——广东：深圳，采于东湖水库和梅沙水库中。

分布类型：地方性种类，分布在韩国的亚热带地区。

电子显微镜记录——亚洲：韩国。

56. 具刺鱼鳞藻　　电镜照片图版 LXXXIII，LXXXIV

Mallomonas spinosa Gusev em. Wei & Kristiansen 2014，Gusev，Phytotaxa 66：1–5，2012，Wei & Kristiansen，Nord. J. Bot. 32：881—896，Figs. 62—72.

种名是根据囊壳的体部和尾部鳞片具刺而命名。

细胞卵圆形或椭圆形，长 18—24 μm，宽 10—12 μm。

壳体具有 3 种类型的鳞片。①顶部具 6 个领部鳞片，长 5.8—6.2 μm，宽 3.4—3.5 μm，鳞片分成 3 个部分，不对称，香肠形；具拱形盖，拱形盖长圆形，平滑，但在一小片区域具网纹；具间断的近边缘肋；盾片具网纹，但在远轴端具乳突和近轴端具一群小孔；近轴端的边缘宽和具隆起。②体部鳞片不具拱形盖，卵圆形，长 4.5—6.2 μm，宽 2.4—3.4 μm；前翼具一列乳突；明显的近边缘肋整个包围鳞片的顶部和具内部隆起；近轴端发育为 V 形肋；盾片具密集的、由乳突融合形成网纹，有时其顶部仅具乳突；最明显的特征是一条长的、强壮的呈三角形的硬刺，长达 1.5 μm，硬刺从前端近边缘肋中间的一侧与鳞片中轴相垂直的方向伸出，硬刺在细胞的前部发育好；近边缘肋发育为 V 形肋，V 形肋的角几乎位于鳞片的中部；后翼宽，具网纹，其近轴端的一小片区域具小孔；近轴端的边缘宽和具明显的隆起。③后部鳞片较小和呈卵形，纹饰与体部鳞片相似。

刺毛短于细胞长度，弯，平滑，锥形，顶端尖，长 14—16 μm。

金藻孢子未观察到。

产地：电子显微镜记录——湖北：孝感，采于天紫湖中；武汉，采于张渡湖中。广东：深圳，采于铁岗水库和沙头角水库中。海南：兴隆，采于池塘中。

分布类型：地方性种类，分布在越南。

电子显微镜记录——亚洲：越南。

57. 蜂窝纹鱼鳞藻　　电镜照片图版 LXXXV

Mallomonas alveolata Dürrschmidt，Pl.. Syst. Evol. 143：175—196，1983b；Asmund & Kristiansen，Opera Batanica，85：112，Fig. 66 a-c，1986；Kristiansen，Opera Batanica，139：166—167，Fig. 84 a-c，2002；Kristiansen & Preisig，Chrysophyte and Haptophyte Algae，2 Teil/Part 2：Synurophyceae. In：Büdel et al.（eds）：Süsswasserflora von Mitteleuropa Band 1/2：83，Pl. 29 p-q，2007；Wei & Yuan，Beih. Nova Hedwigia 142：163—179，Figs. 100—102，2013.

种名是根据囊壳的鳞片表面具蜂窝状网纹而命名。

细胞卵圆形到椭圆形，长 6.2—15 μm，宽 3.8—5 μm。

具 3 种类型的鳞片。①领部鳞片不对称，长 2.5—2.8 μm，宽 2.0—2.1 μm，拱形盖近圆形和具 1 个钝尖的峰，拱形盖表面具网状肋；盾片具有规律排列的乳突，由纤细的肋连接形成具角的网纹，通常形成五角形或近圆形的网眼；翼除很小一片区域具隆起外是平滑的。②绝大多数体部鳞片略不对称，菱形，长 2.9—3.1 μm，宽 1.4—1.6μm；所有鳞片的盾片具有规律排列的乳突，由纤细的肋连接形成具角的网纹，通常形成五角形或近圆形的网眼；一个近边缘肋比另一个近边缘肋较明显增高，等距离规律排列的隆起通过前端近边缘肋从两侧辐射出在盾片上连成网纹；较长的前翼具有一纵肋，通过隆起，较短的前翼通常仅具隆起，交叉点具乳突，后翼平滑。③尾部鳞片长 1.7—1.8 μm，宽 1.1—1.3 μm，具一条圆锥形的钝短刺。

细胞顶部具有刺毛，刺毛圆锥形，顶端尖，长 2.8—5.8 μm。

金藻孢子未观察到。

产地：电子显微镜记录——江苏：扬州，采于凤凰岛湿地中。浙江：新昌，采于池塘中。

分布类型：世界散生分布。

电子显微镜记录——欧洲：荷兰，丹麦，意大利，瑞士，捷克；非洲：博茨瓦纳；南美洲：阿根廷，智利。

58. 窝孔纹鱼鳞藻　　电镜照片图版 LXXXVI

Mallomonas favosa Nicholls, Can. J. Bot., 62: 1585—1587, Figs. 18—22, 1984c; Asmund & Kristiansen, Opera Batanica, 85: 112, Fig. 67 a-d, Fig. 71 d, 1986; Kristiansen, Opera Batanica, 139: 167—168, Fig. 81 a-e, 2002; Kristiansen & Preisig, Chrysophyte and Haptophyte Algae, 2 Teil/Part 2: Synurophyceae. In: Büdel et al.（eds）: Süsswasserflora von Mitteleuropa Band 1/2: 83, pl. 30 a-c, 2007; Wei & Yuan, Beih. Nova Hedwigia 142: 163—179, Fig. 81, 2013.

种名是根据囊壳鳞片的盾片具有窝孔纹而命名。

细胞小，卵圆形，长 12 μm，宽 5 μm。

具有 3 种类型的鳞片。①领部鳞片近卵形，长 4—5 μm，宽 2.3—3 μm，前端具尖的顶峰，在一定程度上被三角形、四角形或近圆形网眼的网纹覆盖；盾片前端的一大片区域无网纹，后端具一个大的圆形或不规则形的凹孔，与体部鳞片盾片后端的凹孔（pit）相类似；腹翼近轴端具一群隆起。②体部鳞片菱形，长 2.5—3.7 μm，宽 1.8—2.5 μm，具有与领部鳞片相似的纹饰；盾片的后端 V 形肋的角上具 1 个大的圆形或不规则形的凹孔，直径大约 0.2 μm，凹孔底部具基部板小孔，有些体部鳞片的远轴端存在类似的小孔，不规则排列的小的基部板小孔包含在网纹的网眼中；近边缘肋发育不明显或缺乏，前部比后部宽，一侧的前端近边缘肋比另一侧的前端近边缘肋略宽；前翼具规则排列的、发育不明显的隆起，每个隆起在每一端具 1 个退化的乳突；后翼具有肋和乳突是可怀疑的。③尾部鳞片具一条很短的刺。

所有鳞片的盾片具多角形的、主要是五角形的网眼（pentagonal meshes）的网纹，网眼直径大约 0.1 μm。Nicholls（1984c）建立此新种时没有提及存在乳突，但肋的外形不规则说明了肋是由乳突连接组成的。Siver（1991）的扫描电子显微镜成像研究指出盾片具有乳突，并相继连续覆盖在盾片上。

刺毛锥形，长 2.8—7 μm，具 1 个尖细的顶端。

孢子未观察到。

此种与蜂窝纹鱼鳞藻（*M. alveolata*）非常类似，此种与后者不同的特征是鳞片具很少和不明显发育的乳突，一个前端近边缘翼的纵肋退化或缺乏，V 形肋的角上一个大的凹孔中含有一个小孔，领部鳞片的盾片上的一大片区域缺乏次生物质。拱形盖的形状类似芒果形鱼鳞藻（*M. mangofera*），但略较圆和具尖的顶峰。

产地：电子显微镜记录——江苏：淮安，采于洪泽湖中。广东：深圳，采于沙头角水库和东湖水库中。

分布类型：世界普遍分布。

电子显微镜记录——亚洲：韩国，马来西亚；欧洲：芬兰，瑞士，法国；非洲：马达加斯加，博茨瓦纳；大洋洲：澳大利亚，巴布亚新几内亚；北美洲：美国，加拿大；南美洲：巴西。

59. 喜悦鱼鳞藻　　电镜照片图版 LXXXVII

Mallomonas grata Takahashi in Asmund & Takahashi, Hydrobiol., 34: 305—321, 1969; Asmund & Kristiansen, Opera Batanica, 85: 112—113, Fig. 66 d-g, 1986; Kristiansen, Opera Batanica, 139: 172, Fig. 84 d-h, 2002; Kristiansen & Preisig, Chrysophyte and Haptophyte Algae, 2 Teil/Part 2: Synurophyceae. In: Büdel et al. (eds): Süsswasserflora von Mitteleuropa Band 1/2: 85, Pl. 30 m-n, 2007; Wei & Kristiansen, Arch. Protistenk., 144 (1994): 443—449, Figs. 54—55, 1994.

种名是根据囊壳鳞片的外形含义为可爱和悦人而命名。

细胞卵圆形，具短领，长 7.4—13 µm，宽 4—7 µm。

具 3 种类型的鳞片。①领部鳞片短和宽，长 2.9—4.3 µm，宽 1.9—2.3 µm；盾片具乳突和数个散生的凹陷，乳突常由短肋连接和多少呈平行弯曲排列；拱形盖短和宽，长方形，具乳突和一些纵肋及具一个冠状的远轴端边缘。②体部鳞片菱形，长 2—4 µm，宽 1—2 µm；无拱形盖；盾片具乳突，常由短肋连接和多少呈平行弯曲排列，1—7 个大的近圆形的凹陷在远轴端的凹陷和近边缘肋的后端角上的窗孔之间排成一列或两列；前端近边缘肋的界线不明显，后端近边缘肋具有明显冠状盖，前翼具隆起或乳突呈交叉排列；近轴端的边缘宽。③尾部鳞片仅具有一个凹陷像似一个长的凹槽，具一条精致的短刺。

刺毛锥形，顶端尖，长 5—7 µm。

金藻孢子未观察到。

产地：电子显微镜记录——黑龙江：哈尔滨，采于松花江中。上海，采于池塘中。江苏：南京，采于池塘中；扬州，采于池塘中；淮安：采于洪泽湖中；泰州，采于生态小湖中；常州，采于宋剑湖中。浙江：杭州，采于池塘、西湖中；新昌：采于池塘中。福建：泉州，采于城东水库中。湖北：孝感，采于池塘、天紫湖中；武汉，采于池塘、小湖、张渡湖中；咸宁，采于上涉湖中。广东：广州，采于池塘中；深圳，采于深圳水库、铁岗水库、笔架山水库、沙头角水库、西丽水库和东湖水库中；潮州，采于西湖中；汕头，采于汕头大学水库中。香港：采于薄扶林村水库中。

分布类型：在东亚、东南亚、北美洲散生分布。

电子显微镜记录——亚洲：日本，印度，新加坡，马来西亚；北美洲：美国。

60. 济州鱼鳞藻　　电镜照片图版 LXXXVIII

Mallomonas jejuensis Kim, J. H. & Kim, H. S., Nord. J. Bot. 28: 350—353, Figs. 1—10, 2010.

种名是根据囊壳首先从韩国的济州岛发现而命名。

细胞小，卵圆形到椭圆形，具比较宽的突出的领部和宽圆形的后端，鳞片螺旋排列，长 10.5—11.3 μm，宽 4.6—4.8 μm。

具 3 种类型鳞片。①领部约由 6 个具拱形盖的领部鳞片组成，形成突出的领部，长 3.3—3.6 μm，宽 2.0—2.3 μm，鳞片分成 3 个部分，不对称，伸长的三角形，具狭的远轴端和宽的近轴端；拱形盖小，不对称的长方形，具乳突、凹孔和肋，其顶端具 1 个强壮的尖峰；近边缘肋发育好，并伸展到拱形盖的侧边；翼平滑，背翼伸展到背缘的整个长度和末端接近拱形盖的基部；盾片具次生层和具均匀分布的小乳突，具圆形、近圆形或不规则形的凹陷和具 1 个或 2 个隆起，沿近边缘肋的背缘处具数个大的圆形小孔。②体部鳞片菱形，无拱形盖，长 2.3—2.8 μm，宽 1.4—1.8 μm；盾片具均匀分布的小乳突，多少呈平行排列，1—6 个近圆形到长形的凹陷沿盾片的边缘排列，具冠状盖，窗孔位于后端近边缘肋的角上，基部板具 1 个或 2 个大的圆孔；后端近边缘肋平滑或具一列小乳突，前端近边缘肋没有分明的界线；前翼具 1—4 列小乳突和有精致的圆齿状边缘，后翼平滑，盾片上的肋结构和前翼的隆起不发育；远轴端边缘宽和不对称。③尾部鳞片小，数个，菱形，不对称，长 1.4—1.7 μm，宽 0.9—1.1 μm，具 1 个强壮的短刺，形态特征与体部鳞片相似，但盾片上具 1 个或 2 个圆形到近圆形凹孔，翼没有明显的分界线。所有鳞片的盾片由厚的、具凹孔的连续层覆盖，所有鳞片的盾片具均匀分布的小乳突。

刺毛位于领部鳞片前端，略短于细胞长度，长 5.5—7.1 μm，锥形，略弯，锯齿状，沿刺毛的背缘具齿，顶端尖或近尖。

金藻孢子未观察到。

产地：电子显微镜记录——黑龙江：珍宝岛，采于牛轭湖中。湖北：武汉，采于张渡湖中。

分布类型：地方性种类，仅分布在韩国。

电子显微镜记录——亚洲：韩国（济州岛）。

D. 多伊格诺系列 Series Doignonianae Asmund & Kristiansen 1986

盾片具略不规则排列的肋，肋间具基部板小的小孔（small pores）。

模式种：*Mallomonas doignonii* Bourrelly, p. 156, Fig. 1, 1951, em. Asmund & Cronberg, 412, Fig. 2A, 1979。

61. 多伊格诺鱼鳞藻

Mallomonas doignonii Bourrelly em. Asmund & Cronberg, Bourrelly, Bull. Soc. Bot. France 98: 156—158, Fig. 1, 1951, Asmund & Cronberg, Bot. Notiser 132: 409—418, 1979; Asmund & Kristiansen, Opera Batanica, 85: 117, Fig. 69 a-b, 1986; Kristiansen, Opera Batanica, 139: 177—179, Fig. 87 a-b, 2002; Kristiansen & Preisig, Chrysophyte and Haptophyte Algae, 2 Teil/Part 2: Synurophyceae. In: Büdel et al.（eds）: Süsswasserflora von Mitteleuropa Band 1/2: 89—90, Fig. 60 a-b, Pl. 32 a-d, 2007.

61a. 原变种　　电镜照片图版 LXXXIX: 1—3

var. doignonii

种名是授于法国标本采集者多伊格诺而命名。

细胞椭圆形或卵圆形，长 15—30 μm，宽 6.5—15.0 μm。

具三种类型的鳞片。①领部鳞片不对称，细长的长圆形，长 5.0 μm，宽 2.5 μm；拱形盖与领部鳞片大小相比是小的，前端具细长尖峰；盾片具粗、直或多少弯或偶尔分叉的横肋；翼狭，除近轴端的腹部角具从近边缘肋辐射出的一些隆起外，翼是平滑的。②体部鳞片菱形，无拱形盖，长 3.0—4.0 μm，宽 1.7—2.5 μm；盾片具粗、直或多少弯或偶尔分叉的横肋，中部的体部鳞片约具有 15 条横肋，横肋通过前端近边缘肋并伸到前翼的隆起，前翼具隆起，后翼平滑，盾片中的肋间具基部板小的小孔。③尾部鳞片长 3.0—4.0 μm，宽 1.7—5.0 μm，尾部鳞片具直或略弯的锥形长刺，放射或略斜向从细胞后端伸出，长可达 8 μm。

刺毛锥形，近顶部尖，长 8—10 μm。

金藻孢子未观察到。

产地：电子显微镜记录——黑龙江：伊春市，采于凉水湿地中。

分布类型：北温带，包括北极和近北极。

电子显微镜记录——欧洲：英国，丹麦，法国，德国，瑞士，意大利，奥地利，捷克，罗马尼亚，匈牙利；北美洲：美国，加拿大。

61b. 多伊格诺鱼鳞藻细肋变种　　电镜照片图版 LXXXIX: 4

Mallomonas doignonii var. **tenuicostis** Asmund & Cronberg, Bot. Notiser 132: 409—418, 1979; Asmund & Kristiansen, Opera Batanica, 85: 117, Fig. 69 c-f, 1986; Kristiansen, Opera Batanica, 139: 179, Fig. 87 c-f, 2002; Kristiansen & Preisig, Chrysophyte and Haptophyte Algae, 2 Teil/Part 2: Synurophyceae. In: Büdel et al.（eds）: Süsswasserflora von Mitteleuropa Band 1/2: 89, Fig. 61, Pl. 32 e-f, 2007.

变种名是根据囊壳的鳞片具有精致的肋状纹饰而命名。

此变种与原变种的不同为鳞片的盾片具有较多、较精致和略呈波形边缘的横肋，中部的体部鳞片约具有 20 条横肋，尾部鳞片长 3.0—4.0 μm，宽 1.7—5.0 μm，尾部鳞片具向各个方向伸出的刺，长可达 12 μm。细胞长 19—34 μm，宽 4.0—6.5 μm；领部鳞片长 5.0—6.0 μm，宽 3.0—4.0 μm；体部鳞片长 3.0—3.2 μm，宽 1.8—1.9 μm。

刺毛锥形，近顶部尖，长 10—12 μm。

金藻孢子未观察到。

产地：电子显微镜记录——黑龙江：珍宝岛，采于牛轭湖中。

分布类型：北温带。

电子显微镜记录——欧洲：丹麦；北美洲：美国，加拿大。

62. 颈环鱼鳞藻　　电镜照片图版 XC

Mallomonas torquata Asmund & Cronberg，Bot. Notiser，132：409—418，1979；Asmund & Kristiansen，Opera Batanica，85：117—118，Fig. 69 g-k，1986；Kristiansen，Opera Batanica，139：179—181，Fig. 87 g-k，2002；Kristiansen & Preisig，Chrysophyte and Haptophyte Algae，2 Teil/Part 2: Synurophyceae. In: Büdel et al.（eds）: Süsswasserflora von Mitteleuropa Band 1/2：90，Pl. 32 h-l，2007；Wei，& Yuan，Nova Hedwigia 101：299—312，Figs. 58—61，2015.

种名是根据囊壳具有项链状纹饰和领部鳞片的环而命名。

细胞长圆状椭圆形或圆柱形，长 23—25 μm，宽 4—5 μm。

具 3 种类型的鳞片。①领部鳞片长 4—7.7 μm，宽 1.1—3 μm；拱形盖小，前端具强壮的尖峰和具发育很好的圆形网眼的网纹，具一个细圆齿的缘边；翼狭，由于近边缘肋的掩盖翼的腹部模糊不清，当侧面观时，腹部的近边缘肋上穿过的肋有时给予腹部边缘具有细圆齿的特征，翼除近轴端的腹部角具一群隆起以外是平滑的。②体部鳞片菱形，无拱形盖，长 2.2—4.5 μm，宽 1.8—2.2 μm；盾片的基部板具散生、不规则形的小孔，盾片中的肋从近边缘肋辐射出，肋直、弯或偶尔分叉，紧靠近边缘肋的肋厚和均匀分布，常被短的纵肋互相连接，在盾片的中间区域肋多少形成精致的、不规则的网纹，也可能不明显或缺乏；前翼具隆起，后翼平滑。③尾部鳞片长 2—2.2 μm，宽 0.4—1.4 μm，具直或弯的锥形长刺，长 2—12 μm，顶端钝尖和具小齿。

刺毛锥形，顶端尖。

金藻孢子囊球形，直径 9—12 μm，孢壁具星状突起，围绕在孢孔口的星状突起连接形成一个环。中国未观察到金藻孢子。

产地：电子显微镜记录——黑龙江：珍宝岛，采于池塘、牛轭湖中；密山市，采于小兴凯湖湿地中；五大连池市，采于五大连池和水草沼泽中。

分布类型：北温带。

电子显微镜记录——亚洲：日本；欧洲：芬兰，丹麦，瑞典，瑞士，德国，意大利，匈牙利，俄罗斯，爱沙尼亚；北美洲：美国，加拿大。

63. 直肋鱼鳞藻　　电镜照片图版 XCI，XCII

Mallomonas recticostata Takahashi，Bot. Mag. Tokyo 85：293—302，Figs. 3—10，1972；Asmund & Kristiansen，Opera Batanica，85：118，Fig. 70 a-c，1986；Kristiansen，Opera Batanica，139：181，Fig. 88 a-c，2002；Kristiansen & Preisig，Chrysophyte and Haptophyte Algae，2 Teil/Part 2: Synurophyceae. In: Büdel et al.（eds）: Süsswasserflora von Mitteleuropa Band 1/2：90，Fig. 57，Pl. 33 a-c，2007.

种名是根据囊壳鳞片的盾片具有明显的线形肋而命名。

细胞纺锤形，领部短，长 17—28.5 μm，宽 5.5—8.1 μm。

具 3 种类型的鳞片。①细胞领部约有 5 个领部鳞片，领部鳞片不对称，长圆形，腹缘略凹入，背缘略凸出，长 3.5—6.5 μm，宽 2.0—2.5 μm；拱形盖小，近圆形和在一小片区域具圆形凹孔；盾片约具 10 条略弯的、粗壮的横肋，横肋间具凹孔。②体部鳞片菱形，无拱形盖，长 3.0—4.2 μm，宽 1.9—3.0 μm；前翼具短而厚的隆起，隆起间具小孔，后翼具隆起，隆起间具小孔；沿近边缘肋的内边缘具一列小孔；盾片具 4—10 条粗壮的、略弯的纵肋，有时二分叉，纵肋间具凹孔。③尾部鳞片具长刺，刺长 9.8—11 μm。

刺毛位于细胞顶部的领部鳞片前端，锥形，顶端尖，长 6.0—8.5 μm。

金藻孢子未观察到。

产地：电子显微镜记录——黑龙江：珍宝岛，采于牛轭湖中。

分布类型：地方性种类，仅分布在日本。

电子显微镜记录——亚洲：日本。

2. 黄群藻科 SYNURACEAE

藻体为自由运动的群体，绝大多数以群体细胞的尾部在群体的中央互相连接和细胞向周边放射状排列，形成球形或长圆形的多细胞群体，或由 2 个细胞的基部互相贴附组成的群体，具或不具群体胶被或被厚的鳞片层包围；细胞的原生质体外具硅质鳞片的壳体，前端具 2 条略不等长的鞭毛；具 2 个伸缩泡，数个液泡分散在原生质中，叶绿体周生、片状，多数 2 个，少数 1 个，具一个明显的金藻昆布糖液泡，光合作用产物为金藻昆布糖和油滴。

繁殖：群体细胞纵分裂；无性生殖在群体中产生金藻孢子；有性生殖在数个种类中报道，为同配生殖。

生长在稻田、水坑、池塘、湖泊、水库、河流、湿地和沼泽中。

此科具 3 属。

黄群藻科分属检索表

1. 群体由 2 个细胞的基部相连组成，成直线对齐·················**1. 双金藻属 Chrysodidymus**
1. 群体多于 2 个，通常由多个细胞组成·· 2
 2. 整个群体被多层鳞片包围，每个细胞无鳞片覆盖·················**2. 棋盘藻属 Tessellaria**
 2. 群体中的每个细胞被鳞片覆盖···**3. 黄群藻属 Synura**

Key to the genera of Family Synuraceae

1. Colonies consist of only two basally attached cells that are linearly aligned·················1. *Chrysodidymus*
1. Colonies of more than two, and usually many cells··· 2
 2. Multiple layers of scales surround the entire colony, not individual cells·················2. *Tessellaria*
 2. Each cell of the colony individually surrounded by overlapping scales ·················3. *Synura*

1. 双金藻属 Chrysodidymus Prowse 1962
Gardens' Bull. Singapore，19：128.

藻体由 2 个细胞以宽的基部相连形成 2 个细胞的群体；细胞卵圆形或梯形；细胞前端具 2 条几乎近等长的鞭毛，鞭毛由小的线状或棒状鳞片覆盖；细胞表面具硅质鳞片重叠成覆瓦状覆盖，硅质鳞片顶端具 1 条短刺；每个细胞具 2 个周生、片状的叶绿体，无蛋白核，细胞后端具 1 个金藻昆布糖液泡。

细胞纵分裂进行繁殖。金藻孢子的形成和有性生殖未观察到。

生长在淡水中。

模式种：*Chrysodidymus synuroideus* Prowse 1962。

聚合双金藻　　电镜照片图版 XCIII：1—3

Chrysodidymus synuroideus Prowse，Gardens' Bull. Singapore，19：128，1962；Kristiansen & Preisig, Chrysophyte and Haptophyte Algae, 2 Teil/Part 2: Synurophyceae. In: Büdel et al.（eds）: Süsswasserflora von Mitteleuropa Band 1/2：99, Fig. 68, Pl. 39 f-g, 2007；Wei & Yuan，Beih. Nova Hedwigia 142：163—179，Figs. 103—104，2013.

种名是根据细胞聚合形成群体而命名。

群体由2个细胞以宽的基部相连组成；细胞卵圆形或梯形，长14—15 μm，基部宽10—11 μm，顶部宽7—8 μm；细胞表面具硅质鳞片覆盖，体部鳞片椭圆形，长1.6—3.5 μm，宽0.9—2 μm；体部鳞片边缘的近2/3被向上翻转的棱边围绕；基部板具穿孔；鳞片顶端具1条较长或较短的刺，长0.3—1.5 μm。

金藻孢子未观察到。

一般生长在腐殖质丰富的弱酸性水体中。

产地：电子显微镜记录——江西：上饶，采于池塘中。广东：汕头，采于汕头大学水库中。海南：兴隆，采于小湖中。香港：采于薄扶林村水库中。

分布类型：世界普遍分布，但很散生存在。

电子显微镜记录——亚洲：日本，韩国，马来西亚；欧洲：挪威，芬兰，荷兰，德国，法国；非洲：马达加斯加；大洋洲：澳大利亚；北美洲：美国，加拿大；中美洲：哥斯达黎加；南美洲：巴西，厄瓜多尔，阿根廷，智利。

2. 棋盘藻属 Tessellaria Playfair 1918

Proc. Linn. Soc. New South Wales 43：508

群体球形，群体细胞密集排列在群体的周边，群体完全被厚的鳞片层包围；鳞片在硅质沉积囊中内生形成，硅质沉积囊附着于高尔基囊和不达到叶绿体包被膜；每个细胞具2条几乎等长的鞭毛，叶绿体周生，片状，2个，黄褐色，具一个明显的金藻昆布糖液泡，光合作用产物为金藻昆布糖和油滴。

繁殖：整个群体收缩进行分裂，群体中的细胞进行纵分裂。孢子未见。

模式种：*Tessellaria volvocina* Playfair，1918。

拉普兰棋盘藻　　电镜照片图版 XCIII：4—7

Tessellaria lapponica（Skuja）Škaloud, Kristiansen & Škaloudová, Nord. J. Bot. 31：400，2013；Wei, & Yuan, Nova Hedwigia 101：299—312, Figs. 76—77, 2015.

Synura lapponica Skuja, Nov. Act. Reg. Soc. Sci. Upsal., IV, 16（3）：275—276, Pl. 47, Figs. 10—14, Pl. 48, Figs. 1—2, 1956; Goldstein & McLachlan & Moore, Phycologia, 44：566—571, 2005; Kristiansen & Preisig, Chrysophyte and Haptophyte Algae, 2 Teil/Part 2: Synurophyceae. In: Büdel et al.(eds): Süsswasserflora von Mitteleuropa Band

1/2：119—120，Fig. 82，Pl. 39 a-b，2007.

种名是根据囊壳首先从瑞典拉普兰发现而命名。

群体球形，直径 38—55 μm，群体由 12—80 个细胞组成，群体细胞辐射状密集排列在群体的周边，整个群体由多层板状鳞片包被；细胞梨形，长 20—27 μm，宽 7—10 μm，细胞前端广圆，后端具 1 个长锥形的柄；每个细胞具 2 条近等长的鞭毛；细胞长 20—27 μm，宽 7—10 μm，细胞前部的两侧各具 1 个周生的叶绿体；细胞核位于两叶绿体之间，细胞核下端具 1 个金藻昆布糖液泡，其下具 2—4 个伸缩泡；板状鳞片卵形或椭圆形，长 3—9 μm，宽 2—5 μm，同极，具有 2 个对称面；基部板具均匀排列的小孔；板状鳞片的边缘向上翻折形成具棱的周边，其中央具一个球形节结；尾部鳞片较小，其中央无一个球形节结。

群体细胞分裂进行繁殖，产生胶群体。

金藻孢子囊球形，直径 23—28 μm，前端具 1 个圆形孢孔，孢壁具点纹。中国未观察到孢子。

生长在贫营养水体中。

产地：电子显微镜记录——内蒙古：阿尔山，采于沼泽中。黑龙江：阿木尔，采于池塘、溪流、沼泽中；珍宝岛，采于七虎林河中。

分布类型：北温带和近北极地区。

电子显微镜记录——欧洲：挪威，芬兰，瑞典，丹麦，罗马尼亚，匈牙利，俄罗斯；北美洲：美国，加拿大。

光学显微镜记录——欧洲：瑞典。

3. 黄群藻属 Synura Ehrenberg 1834
Abh. Königl. Akad. Wiss. Berlin，1833：314.

黄群藻属为多细胞的群体，群体细胞以尾部互相连接形成球形或长圆形的自由运动群体；细胞梨形、长卵形，前端广圆，后端延长成一胶质柄，细胞质外具许多螺旋状排列的硅质鳞片，鳞片在硅质沉积囊（scale deposition vesicle）中形成，硅质沉积囊附着于叶绿体外膜（outer chloroplast membrane），膜膨胀成为硅质沉积囊和以这种方式形成鳞片的模具，当成熟时，鳞片从细胞中挤压出排列成螺旋状覆盖在细胞表面；根据鳞片在细胞上的不同位置，鳞片具有 2—4 种类型，顶部鳞片、体部鳞片、过渡转换鳞片（transition scales）和尾部鳞片；细胞前端具 2 条略不等长的鞭毛，伸缩泡数个，主要位于细胞的后部，叶绿体周生，片状，2 个，位于细胞的两侧，黄褐色，无眼点，细胞核 1 个，位于细胞的中部，金藻昆布糖液泡呈大颗粒状，1 个，位于细胞的后端，仅泥炭藓黄群藻（*Synura sphagnicola*）具 2 个金藻昆布糖液泡，位于细胞的两侧。

营养繁殖为细胞纵分裂，当群体达到适合大小时，群体分裂形成子群体；无性生殖在群体中产生金藻孢子；有性生殖在数个种类中发现，为异配，雄性群体的雄配子与雌性群体中的细胞融合，合子保存在群体和孢囊内。

生长在水坑、稻田、池塘、湖泊、水库、河流、湿地和沼泽中，有时大量生长，使水呈棕色并产生腥臭味。

在沉积物中黄群藻属种类的化石鳞片是重要的古生态学指示者。

种类的鉴定主要根据鳞片的超微结构特征和分子生物学的资料，特别重要的是体部鳞片，因为体部鳞片发育得最好，但顶部鳞片和尾部鳞片也可以说明和有时决定种类的鉴定。体部鳞片刺的形状和大小，龙骨脊的形状和大小，隆起的数目和隆起之间的间距，基部板小孔的大小，龙骨脊小孔的大小，基部板孔的大小，盾片的次生结构，后棱等的结构特征作为分类的依据。

根据 Kristiansen 和 Preisig（2001）的报道，全世界有 18 个种，主要是根据硅质鳞片的超微结构的特征和基因序列资料进行分种，全世界已描述黄群藻属（*Synura*）大约 20 多种，数个变型。

模式种：*Synura uvella* Ehrenberg em. Korshikov，1929。

黄群藻属分组检索表

1. 群体具刺，鳞片远轴端具刺，前端鳞片不具龙骨脊·················· **I. 黄群藻组 I. Sectio Synura**
1. 群体平滑，鳞片远轴端无刺，前端鳞片具龙骨脊·············· **II. 彼得森组 II. Sectio Petersenianae**

Key to the sectio of genus *Synura*

1. Colonies with spiny, scales with distal spine, anterior scales without keel ············ I. *Sectio Synura*
1. Colonies smooth, scales without distal spine, anterior scales with keel ············ II. *Sectio Petersenianae*

I. 黄群藻组（I. Sectio Synura）

群体具刺。体部鳞片远轴端具刺；顶部的管状鳞片可能存在；尾部鳞片无刺和具退化的纹饰。图 4 指出黄群藻组体部鳞片的术语。

黄群藻组的分种检索表

1. 体部鳞片被连续的或几乎连续的向上翻转的棱边围绕·· 2
1. 体部鳞片向上翻转的棱边不连续，沿远轴端部分缺乏·· 3
   2. 盾片具少数不规律排列的肋··· **6. 斑纹黄群藻 *S. punctulosa***
   2. 盾片不具不规律排列的肋··· **7. 泥炭藓黄群藻 *S. sphagnicola***
3. 鳞片至少在远轴端部分具网纹··· 4
3. 鳞片无明显的网纹··· 7
   4. 向上翻转的棱边狭··· 5
   4. 向上翻转的棱边宽··· 6
5. 体部鳞片的网纹总是包含小孔，鳞片远轴端的刺小，尾部鳞片向上翻转的缘边沿远轴端部分缺乏···
·· **1. 短刺黄群藻 *S. curtispina***
5. 体部鳞片的网纹不包含小孔，鳞片远轴端的刺比较长，尾部鳞片具连续向上翻转的缘边············
·· **8. 具刺黄群藻 *S. spinosa***
   6. 每个体部鳞片顶端具 1 条圆柱形的刺，刺的顶端具 10—14 个齿···· **5. 似桑葚黄群藻 *S. morusimila***
   6. 每个体部鳞片顶端具 1 条圆锥形的刺，刺的顶端具 3—5 个齿················· **9. 黄群藻 *S. uvella***
7. 鳞片的远轴端由密集的乳突排成线形纹饰··························· **4. 乳突黄群藻 *S. mammillosa***
7. 体部鳞片远轴端由蠕虫状的肋组成，不是乳突·· 8
   8. 蠕虫状的肋覆盖前部鳞片表面区域的 1/3—1/2，常达后部鳞片表面区域的 2/3················
·· **2. 小刺黄群藻 *S. echinulata***

8. 蠕虫状的肋退化到鳞片远轴端小和狭的区域，盾片的小孔比较大 ·················· **3. 细脊黄群藻** *S. leptorrhabda*

Key to the species of Sectio Synura

1. Scales surrounded by a continuous（or almost continuous）upturned rim ·················· 2
1. Upturned rim of scale not continuous，lacking along distal part ·················· 3
   2. Shield with few irregular ribs ·················· 6. *S. punctulosa*
   2. Shield without irregular ribs ·················· 7. *S. sphagnicola*
3. Scales with meshwork at least in the distal part ·················· 4
3. Scales without distinct meshwork ·················· 7
   4. Narrow of upturned rim ·················· 5
   4. Broad of upturned rim ·················· 6
5. Meshwork of body scales always including pores，spine small in distal end of scales，caudal scales upturned edge lacking distally ·················· 1. *S. curtispina*
5. Meshwork of body scales not including pores，spine longer in distal end of scales，caudal scales with continuous upturned edge ·················· 8. *S. spinosa*
   6. Apex of each body scale with a cylindrical spine，terminating in ten to fourteen teeth ·················· 5. *S. morusimila*
   6. Apex of each body scale with a conical spine，terminating in three to five teeth ·················· 9. *S. uvella*
7. Distal end of scales composed of closely spaced papillae arranged in linear fashion ·················· 4. *S. mammillosa*
7. Distal end of scales composed of vermiform ribs，not papillae ·················· 8
   8. Series of vermiform ribs covering one-third to one-half of the surface area on anterior scales，and often reaches two-thirds of the surface area on the posterior scales ·················· 2. *S. echinulata*
   8. Vermiform ribbing reduced to a small narrow region on distal end of scales，pores on the shield rather large ·················· 3. *S. leptorrhabda*

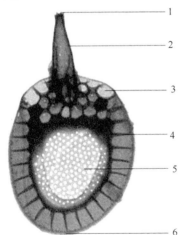 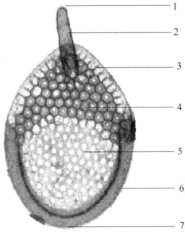

图 4　A. 黄群藻（*Synura uvella*）的体部鳞片：1. 刺（spine）顶部的齿（teeth），2. 刺（spine），3. 辐射隆起（radial struts）之间的小孔（pore），4. 放射状排列的隆起（radial struts），5. 基板小孔（pores of basal plate），6. 棱边（rim）；B. 短刺黄群藻（*Synura curtispina*）的体部鳞片：1. 刺（spine）顶部的齿（teeth），2. 刺（spine），3. 放射状排列的隆起（radial struts），4. 网纹中每个网眼具有 1 个小孔（pore），5. 基板较大的小孔，每个小孔常被增厚的棱边围绕，6. 棱边，7. 近轴端（proximal end）。

1. 短刺黄群藻　　电镜照片图版 XCIV

Synura curtispina（Petersen & Hansen）Asmund, Hydrobiologia, 31: 497—515, 1968; Kristiansen & Preisig, Chrysophyte and Haptophyte Algae, 2 Teil/Part 2: Synurophyceae. In: Büdel et al.（eds）: Süsswasserflora von Mitteleuropa Band 1/2: 107, Fig. 73, Pl. 35 a-c, 2007; Wei & Kristiansen, Arch. Protistenk., 144(1994): 433—449, Figs. 57—58, 1994.

Synura spinosa f. *curtispina* Petersen & Hansen, Biol. Medd. Kgl. Dan. Vid. Selsk., 23（2）: 1—27, 1956.

种名是根据囊壳鳞片的顶端具短刺而命名。

群体球形；细胞卵形，长 13—25 μm，宽 9—13 μm；体部鳞片卵形，长 2.8—4.3 μm，宽 1.2—3.1 μm，鳞片顶端具 1 条略呈圆柱形的、强壮的、较短的刺，刺长可达 2.4 μm，刺钝圆和顶端具 2—3 个齿，鳞片远轴端部分（或较多，有时整个鳞片）覆盖网纹，每个网眼包含 1 个小孔，基部板具规则排列的、较大的小孔，每个小孔常被增厚的棱边围绕，从网纹到鳞片远轴端边缘具放射状排列的隆起，隆起间的每个间隔具 1 个小孔，沿鳞片近轴端边缘具向上翻转的棱边；具有从体部鳞片逐渐过渡到尾部鳞片的过渡转换鳞片；尾部鳞片小，长 1.6—3.3 μm，宽 0.5—2.1 μm，拖鞋状，近轴端的 1/2—3/4 被向上翻转的棱边围绕，无刺。

产地：电子显微镜记录——内蒙古：甘河，采于池塘中；扎兰屯，采于池塘中。黑龙江：哈尔滨，采于松花江中；珍宝岛，采于池塘、牛轭湖、七虎林河中；同江市，洪河国家湿地保护区，采于洪河湿地中；富锦，采于三环泡湿地中；双鸭山市，采于安邦河湿地中；黑河市，采于池塘中。上海，采于池塘中。江苏：南京，采于池塘中；扬州，采于凤凰岛湿地中；吴江，采于太湖中；泰州，采于生态小湖中；常州，采于丁塘河湿地中。浙江：杭州，采于池塘、西溪湿地中；新昌，采于池塘中；建德，采于千岛湖中；德清，采于莫干湖中。福建：福州，采于八一水库中；厦门，采于湖边水库中；漳州，采于西溪亲水湿地中。江西：湖口，采于鄱阳湖中。湖北：神农架，采于大九湖和湖边湿地中；孝感，采于天紫湖中；武汉，采于池塘、小湖、东湖、张渡湖中；咸宁，采于斧头湖、上涉湖中。湖南：岳阳，采于洞庭湖中。广东：广州，采于池塘中；中山，采于长江水库中；深圳，采于深圳水库、西丽水库、梅沙水库中。海南：文昌，采于池塘中；琼山，采于中超湖中；琼海，采于稻田中；三亚，采于池塘中。重庆，采于黛湖中。四川：眉山，采于池塘中。云南：路南，石林，采于池塘中；大理，采于洱海中。香港：采于薄扶林村水库中。

分布类型：在欧洲广泛分布，在亚洲、非洲、澳大利亚、北美洲和南美洲为散生分布。

电子显微镜记录——亚洲：日本，韩国，孟加拉国，斯里兰卡，马来西亚；欧洲：芬兰，瑞典，瑞士，丹麦，荷兰，法国，德国，希腊，冰岛，匈牙利，捷克，俄罗斯；非洲：马达加斯加，尼日利亚；大洋洲：澳大利亚；北美洲：美国，加拿大；中美洲：牙买加；南美洲：厄瓜多尔，哥伦比亚，阿根廷，巴西，危地马拉。

2. 小刺黄群藻　　电镜照片图版 XCV

Synura echinulata Korshikov, Arch. Protistenk., 67: 253—290, 1929; Petersen & Hansen,

Biol. Midd. Kgl. Dan. Vid. Selsk., 23（2）：3—27，1956；Kristiansen & Preisig, Chrysophyte and Haptophyte Algae, 2 Teil/Part 2: Synurophyceae. In: Büdel et al.（eds）: Süsswasserflora von Mitteleuropa Band 1/2：107，Figs. 72d，74，Pl. 34 b-d，2007; Wei & Kristiansen, Arch. Protistenk., 144（1994）：433—449，Fig. 61，1994.

种名是根据囊壳鳞片的顶端具小刺而命名。

群体球形，小，由少数细胞组成，直径 50 μm；细胞卵形，长 13—19 μm，宽 9—13 μm，具 2 个灰色的色素体，顶部常具有红色的油滴；体部鳞片呈略圆的长圆形，长 2.6—3.8 μm，宽 2.0—3.1 μm，鳞片顶端具 1 条略呈锥形的、强壮的、略短的刺，刺顶端尖，长 1.1—2.7 μm，体部鳞片远轴端由蠕虫状的肋组成，蠕虫状的肋覆盖前部鳞片表面区域的 1/3—1/2，常覆盖后部鳞片表面区域的 2/3，基部板具规则排列的、较大的小孔，鳞片远轴端边缘具放射状排列的隆起，隆起间的每个间隔具 1 个小孔，沿鳞片近轴端边缘的一半具向上翻转的棱边（rim）；顶部具管状鳞片；尾部鳞片狭长、拖鞋状，长 2.3—4.1 μm，宽 0.8—1.8 μm，无刺，远轴端具明显蠕虫状的肋；最后端的尾部鳞片很小，无纹饰，近轴端向上翻转的棱边宽。

金藻孢子囊球形，直径 13—15 μm。

中国未发现孢子。

主要生长在贫营养清洁的中性到偏酸性的水体中。

产地：电子显微镜记录——内蒙古：扎兰屯，采于池塘中；阿尔山，采于池塘、沼泽中；索伦，采于池塘中。黑龙江：珍宝岛，采于池塘、牛轭湖、阿布沁河、七虎林河中；密山市，采于小兴凯湖和小兴凯湖湿地中；富锦，采于三环泡湿地中；阿木尔，采于池塘、溪流、沼泽中；呼源，采于池塘中。江苏：吴江，采于太湖中。浙江：宁波，采于莫枝河中。海南：琼海，采于稻田中。

分布类型：在温带、热带、亚热带地区广泛分布。

电子显微镜记录——亚洲：日本，韩国，马来西亚，斯里兰卡；欧洲：英国，芬兰，挪威，瑞典，瑞士，丹麦，荷兰，西班牙，法国，德国，希腊，匈牙利，捷克，奥地利，爱沙尼亚，罗马尼亚，俄罗斯，乌克兰；非洲：马达加斯加，尼日利亚，乍得；大洋洲：澳大利亚；北美洲：美国，加拿大；中美洲：牙买加，危地马拉；南美洲：厄瓜多尔，智利，阿根廷，巴西，哥伦比亚。

3. 细脊黄群藻　　电镜照片图版 XCVI

Synura leptorrhabda（Asmund）Nicholls, Can. J. Bot., 63: 1482—1493, Figs. 5—7, 1985; Kristiansen & Preisig, Chrysophyte and Haptophyte Algae, 2 Teil/Part 2: Synurophyceae. In: Büdel et al.（eds）: Süsswasserflora von Mitteleuropa Band 1/2: 108, Pl. 34 e-g, 2007.

Synura echinulata f. *leptorrhabda* Asmund, Hydrobiologia, 31: 497—515, Figs. 12—13, 1968.

种名是根据囊壳鳞片的远轴端具狭和细弱的脊状纹饰而命名。

群体球形；细胞卵圆形，长 11.3—12.7 μm，宽 10.2—11.6 μm；体部鳞片卵形，长 2.5—3.0 μm，宽 1.6—1.9 μm，鳞片顶端具 1 条略呈锥形的、略长的刺，刺顶端尖，长 1.3—1.5 μm，体部鳞片远轴端蠕虫状的肋明显退化到小和狭的区域，盾片的小孔比较大，基部板具规则排列的、较大的小孔，鳞片远轴端边缘具放射状排列的较长的隆起，隆起间的每个间隔具 1 个小孔，沿鳞片近轴端的一半具向上翻转的棱边；尾部鳞片披针形，其两端钝圆，无刺，远轴端具小和狭的蠕虫状的肋；最后的尾部鳞片很小，拖鞋形。

产地：电子显微镜记录——黑龙江：珍宝岛，采于水坑、牛轭湖、阿布沁河和七虎林河中。

分布类型：广泛但散生分布。

电子显微镜记录——欧洲：芬兰，捷克，奥地利、俄罗斯；非洲：尼日利亚；北美洲：美国，加拿大；南美洲：巴西，智利，哥伦比亚。

4. 乳突黄群藻　　电镜照片图版 XCVII

Synura mammillosa Takahashi, Bot. Mag. Tokyo, 85: 293—302, 1972; Kristiansen & Preisig, Chrysophyte and Haptophyte Algae, 2 Teil/Part 2: Synurophyceae. In: Büdel et al.（eds）: Süsswasserflora von Mitteleuropa Band 1/2: 108, Fig. 75, Pl. 34 h-j, 2007; Wei & Kristiansen, Arch. Protistenk., 144（1994）: 433—449, Figs. 62—63, 1994.

种名是根据囊壳鳞片的远轴端具有小乳突排成线形状的纹饰而命名。

群体球形，小，直径 20—41 μm；细胞卵圆形，长 10—15 μm，宽 10—14 μm；体部鳞片卵形到椭圆形，长 2.1—3.6 μm，宽 1.6—2.5 μm，顶端具 1 条略呈锥形的、强壮的、略短的刺，刺顶端尖，长 2.3—2.7 μm，鳞片远轴端由密集的乳突排成线形状纹饰，基部板具规则排列的、较大的小孔，鳞片远轴端边缘具放射状排列的隆起，隆起间的每个间隔具 1 个小孔，沿鳞片近轴端的一半具向上翻转的棱边；顶部具管状鳞片，长 3.8—7.2 μm；具从体部鳞片逐渐过渡到尾部鳞片的过渡转换鳞片；尾部鳞片狭长，拖鞋形，长 1.2—2.8 μm，宽 0.4—1.9 μm，远轴端具许多由小乳突连成蠕虫状的纹饰，蜿蜒曲折排列，鳞片顶端的刺短；最后的尾部鳞片很小，拖鞋形，无刺，无纹饰，近轴端向上翻转的棱边宽。

此种喜生长在中性到酸性的水体中。

产地：电子显微镜记录——黑龙江：哈尔滨，采于松花江中；珍宝岛，采于牛轭湖中；密山市，采于小兴凯湖湿地中。浙江：杭州，采于池塘、小湖中；溪口，采于池塘、小水库、溪流中。福建：福州，采于八一水库中；泉州，采于草邦水库中。江西：湖口，采于鄱阳湖中。湖北：襄阳，采于泉池中。海南：万宁，采于池塘中。

分布类型：广泛分布。

电子显微镜记录——亚洲：日本，韩国；欧洲：芬兰，爱尔兰，荷兰，法国；非洲：马达加斯加；大洋洲：澳大利亚；北美洲：美国，加拿大；南美洲：巴西。

5. 似桑葚黄群藻　　电镜照片图版 XCVIII，XCIX

Synura morusimila Pang & Wang, Phytotaxa 88（3）: 55—60, Figs. 2—18, 2013.

种名是根据囊壳似桑葚形状而命名。

群体长圆形，长 109.1—186.4 μm，宽 63.6—68.2 μm；细胞卵形，长 22.9—24.7 μm，宽 16.5—17.7 μm，具灰色的色素体；体部鳞片卵形、卵圆形或倒卵形，长 2.8—3.6 μm，

宽 2.1—2.6 μm，鳞片顶端具 1 条圆柱形的刺，长 1.1—1.8 μm，刺的顶端具 10—14 个齿，鳞片近轴端具不规则的网纹，从鳞片的中间到后端基部板具小孔，围绕鳞片近轴端 2/3 边缘具向上翻转的棱边，棱边宽，具放射状排列的隆起；尾部鳞片（图 11，图 17）卵形到倒卵形，长 3.0—3.5 μm，宽 1.6—2.9 μm，其顶端无刺，基部板具小孔，围绕鳞片 2/3—3/4 边缘具向上翻转的棱边，棱边宽，具放射状排列的隆起。

金藻孢子囊（stomatocyst，图 4—9）卵形，长 19.5—22.1 μm，宽 14.0—15.7 μm，表面平滑，顶部具 1 个低的圆锥形的领，领的基部直径 1.5—2.2 μm，领的顶部直径 1.2—1.4 μm，领高 0.13—0.24 μm，并被规列排列的小孔（直径 0.9—1.1 μm）围绕。

产地：电子显微镜记录——内蒙古：根河市，月连，阿龙山，采于沼泽中。黑龙江：阿木尔市，采于沼泽中。

分布类型：地方性的种类，仅产于中国的大兴安岭地区。

6. 斑纹黄群藻　　电镜照片图版 C

Synura punctulosa Balonov，Akad. Nauk. SSSR. Inst. Vnutrennich Vod. Trudy 31（34）：61—82，1976；Kristiansen & Preisig，Chrysophyte and Haptophyte Algae，2 Teil/Part 2：Synurophyceae. In：Büdel et al.（eds）：Süsswasserflora von Mitteleuropa Band 1/2：110，Fig. 72 g，Pl. 36d，2007.

种名是根据囊壳具斑点状纹饰而命名。

群体小，由 6—17 个细胞组成；细胞卵形，长 22 μm，宽 8 μm；体部鳞片很精致，卵形、长圆形，长 2.3—4.1 μm，宽 1.8—2.7 μm，鳞片顶端具 1 条锥形长刺，长 1.5—2.1 μm，刺顶端角锥形，盾片具有少数稀疏的、不规律交织的肋，纹饰的变化很大，肋伸向棱边，基部板具小孔，鳞片边缘具连续向上翻转的棱边，在近轴端较宽，向前端逐渐狭窄；具从体部鳞片逐渐过渡到尾部鳞片的过渡转换鳞片，尾部鳞片卵形，长 1.5—3.0 μm，宽 1.0—2.1 μm，无刺。

产地：电子显微镜记录——黑龙江：珍宝岛，采于水坑、池塘、牛轭湖、溪流、阿布沁河和七虎林河中。

分布类型：北温带，稀少的种类。

电子显微镜记录——欧洲：芬兰、俄罗斯。

7. 泥炭藓黄群藻　　电镜照片图版 CI

Synura sphagnicola（Korshikov）Korshikov，Arch. Protistenk.，67：253—290，1929；Kristiansen & Preisig，Chrysophyte and Haptophyte Algae，2 Teil/Part 2：Synurophyceae. In：Büdel et al.（eds）：Süsswasserflora von Mitteleuropa Band 1/2：110，Fig. 72 f，77，Pl. 36 e-h，2007；Wei & Kristiansen，Arch. Protistenk.，144（1994）：433—449，Figs. 64—65，1994.

Skadovskiella sphagnicola Korshikov，Arch. Protistenk.，58：450—455，1927.

种名是根据此种在泥炭藓中发现而命名。

群体球形，直径 30—40 μm，绝大多数群体由少数细胞组成，整个群体可以被含有刺的胶质包被包裹；细胞球形，直径约 12 μm，具明显的刺，具灰色的叶绿体，顶部常具红色的油滴，2 个金藻昆布糖液泡位于细胞的两侧；体部鳞片卵形、长圆形，长 2.3—3.8 μm，宽 1.7—2.8 μm，鳞片顶端具 1 条锥形的刺，长 1.8—3.5 μm，刺顶端圆锥形和具 3—5 个齿，基部板具规则排列的圆形小孔，鳞片边缘具连续向上翻转的棱边围绕鳞片的整个边缘；顶部具管状鳞片，管状鳞片围绕鞭毛的凹孔；尾部鳞片长圆形或前端略尖，长 1.5—2.8 μm，宽 1.0—1.6μm，无刺。

金藻孢子囊（stomatocyst）球形，直径 15 μm，表面平滑，顶部具 1 个圆形的孢孔。此种生长在腐殖质的酸性水体、泥炭藓沼泽中，在其他地方很难采到。

产地：电子显微镜记录——内蒙古：扎兰屯，采于池塘中；阿尔山，采于沼泽中。黑龙江：哈尔滨，采于松花江中；珍宝岛，采于水坑、池塘、牛轭湖、阿布沁河和七虎林河中；密山市，采于小兴凯湖湿地中；阿木尔，采于池塘中；呼源，采于池塘中。浙江：建德，采于千岛湖、溪流中；溪口，采于池塘、小水库中。江西：湖口，采于鄱阳湖中。湖北：神农架，采于大九湖和湖边湿地中；襄阳，采于泉池中。

分布类型：广泛分布。

电子显微镜记录——亚洲：日本，韩国，马来西亚；欧洲：英国，芬兰，挪威，瑞典，瑞士，丹麦，荷兰，冰岛，西班牙，德国，奥地利，比利时，捷克，罗马尼亚，匈牙利，保加利亚，斯洛文尼亚，俄罗斯，乌克兰；大洋洲：新西兰；北美洲：美国，加拿大；南美洲：厄瓜多尔，智利，阿根廷，巴西。

8. 具刺黄群藻

Synura spinosa Korshikov, Arch. Protistenk., 67: 253—290, 1929; Kristiansen & Preisig, Chrysophyte and Haptophyte Algae, 2 Teil/Part 2: Synurophyceae. In: Büdel et al.（eds）: Süsswasserflora von Mitteleuropa Band 1/2: 111, Figs. 72b, 76, Pl. 35h-l, 2007; Wei & Yuan, Beih. Nova Hedwigia 122: 169—187, Figs. 82—83, 2001.

8a. 原变种　　电镜照片图版 CII

var. **spinosa**

种名是根据囊壳体部鳞片的顶端具 1 条刺而命名。

群体球形或长圆形，球形直径 45—80 μm，长圆形的长 60—90 μm，宽 30—35 μm；群体细胞梨形、卵形，群体分解成单个细胞后呈球形，长 13—27 μm，宽 8—13 μm；体部鳞片卵形、椭圆形、长圆形，长 2.2—5.2 μm，宽 2.0—3.8 μm，鳞片顶端具 1 条呈圆锥形的长刺，长 2.5—5.0 μm，刺顶端具 2 个或 3 个小齿，鳞片远轴端具六角形的网纹，网眼通常不包含 1 个小孔，基部板具规则排列的圆形小孔，鳞片远轴端边缘具放射状排列的隆起，每一侧约有 10 个，隆起间无小孔，鳞片近轴端边缘具向上翻转的棱边；在有些种群中，细胞顶部具少数管状鳞片，长 5.7—11.5 μm；具有从体部鳞片逐渐过渡到尾部鳞片的过渡转换鳞片；尾部鳞片卵形或尖卵形，鳞片无网纹，基部板具少数不规则排列的小孔，鳞片整个边缘具连续向上翻转的棱边，无刺；最后的尾部鳞片很小，无刺。

通常生长在中性到碱性的水体中。

产地：电子显微镜记录——内蒙古：索伦，采于池塘中。黑龙江：珍宝岛，采于牛轭湖中；宁安，采于镜泊湖湿地中。江苏：苏州，采于池塘中；吴县，采于阳澄湖中。浙江：杭州，采于池塘、西湖中；临安，天目山，采于半月潭、龙潭水库中；新昌，采于池塘中；建德，采于千岛湖中；宁波，采于池塘、东钱湖中；溪口，采于池塘、小水库中。江西：湖口，采于鄱阳湖中。湖北：武汉，采于张渡湖中；赤壁，采于陆水湖中。重庆，采于黛湖中。

分布类型：世界广泛分布，但散生存在。

电子显微镜记录——亚洲：日本，韩国，马来西亚；欧洲：英国，爱尔兰，芬兰，丹麦，荷兰，瑞典，瑞士，葡萄牙，法国，德国，奥地利，希腊，捷克，罗马尼亚，匈牙利，爱沙尼亚，俄罗斯，乌克兰；非洲：马达加斯加，津巴布韦，尼日利亚，乍得；大洋洲：澳大利亚，新西兰；北美洲：美国，加拿大；中美洲：牙买加，危地马拉；南美洲：厄瓜多尔，巴西，哥伦比亚，智利，阿根廷。

8b. 具刺黄群藻长刺变型　　电镜照片图版 CIII

Synura spinosa f. **longispina** Petersen & Hansen, Biol. Medd. Kgl. Dan. Vid. Selsk., 23(2): 1—27, Fig. 10, 1956; Kristiansen & Preisig, Chrysophyte and Haptophyte Algae, 2 Teil/Part 2: Synurophyceae. In: Büdel et al.(eds): Süsswasserflora von Mitteleuropa Band 1/2: 111, Pl. 35m, 2007; Wei & Kristiansen, Arch. Protistenk., 144(1994): 433—449, Figs. 59—60, 1994; Wei & Kristiansen, Chinese J. Oceanol. Limnol., 16: 256—261, Pl. 5, Figs. 40—41, 1998.

变型名是根据囊壳体部鳞片的顶端具 1 条长刺而命名。

此变型与原变种的不同为体部鳞片顶端具 1 条呈圆锥形的长于体部鳞片长度的长刺，刺顶端钝、无齿或具 2—4 个不明显的齿。

一般生长在贫营养的腐殖质沼泽水体中。

产地：电子显微镜记录——黑龙江：珍宝岛，采于牛轭湖、阿布沁河和七虎林河中。浙江：宁波，采于池塘中。福建：莆田，采于东圳水库中。湖北：武汉，采于池塘中。

分布类型：世界广泛分布，但不常见。

电子显微镜记录——亚洲：日本；欧洲：芬兰，挪威，丹麦，荷兰，瑞典，捷克，俄罗斯；大洋洲：新西兰；北美洲：美国，加拿大；南美洲：智利，阿根廷。

9. 黄群藻　　电镜照片图版 CIV

Synura uvella Ehrenberg em. Korshikov, Ehrenberg, Abh. Königl. Akad. Wiss. Berlin, 1833: 145—336, 1834, Korshikov, Arch. Protistenk., 67: 253—290, 1929; Kristiansen & Preisig, Chrysophyte and Haptophyte Algae, 2 Teil/Part 2: Synurophyceae. In: Büdel et al.(eds): Süsswasserflora von Mitteleuropa Band 1/2: 113, Figs. 72a, 79, Pl. 35 o-q, 2007; Kristiansen & Tong, Nova Hedwigia 49: 183—202, Pl. 6, Figs. 66—67, 1989a; Wei & Kristiansen, Arch. Protistenk., 144(1994): 433—449, Fig. 56, 1994.

种名是根据群体呈葡萄串状而命名，此种是黄群藻属（*Synura*）的模式种，用黄群藻属名作为种的命名。

群体大，球形，有时长圆形，直径100—400 μm；细胞卵形，长20—40 μm，宽8—17 μm；体部鳞片近圆形，顶端平直，长3.2—4.5 μm，宽2.7—3.7 μm，鳞片顶端具1条强壮的圆锥形粗刺，常斜向伸出，长1.8—5.5 μm，刺顶端具3—5个齿，鳞片的远轴端部分具粗的六角形网纹，每个网眼具1个小孔，鳞片中部的基部板具稠密排列的小孔，围绕鳞片边缘具向上翻转的棱边，棱边几乎达到鳞片远轴端边缘，棱边宽，具放射状排列的隆起，沿棱边具一列小乳突；尾部鳞片较小和狭，长圆状卵形、椭圆形，长3.0—4.3 μm，宽1.6—3.3 μm，其顶端无刺，鳞片的远轴端薄和无结构，基部板具小孔，围绕鳞片边缘具向上翻转的棱边，棱边宽，具放射状排列的隆起。

金藻孢子囊（stomatocyst）梨形，长18—22 μm，宽12—15 μm，表面平滑。

此种喜生长在碱性水体中。

产地：电子显微镜记录——内蒙古：甘河市，采于池塘中；扎兰屯市，采于池塘中；阿尔山，采于沼泽中；索伦，采于池塘中。黑龙江：珍宝岛，采于池塘、牛轭湖、阿布沁河中；扎龙自然保护区，采于扎龙湖中；密山市，采于小兴凯湖湿地中；扎龙湿地保护区，采于扎龙湖中；富锦，采于三环泡湿地中；双鸭山市，采于安邦河湿地中；五大连池市，采于草本沼泽中；黑河，采于池塘、卧牛山水库中；呼中，采于溪流中。江苏：南京，采于池塘中；吴江，采于太湖中。浙江：杭州，采于池塘、西湖中；新昌，采于长诏水库中。湖北：武汉，采于池塘、张渡湖中。

分布类型：世界广泛分布，但不普遍。

电子显微镜记录——亚洲：日本，韩国，俄罗斯的西伯利亚，斯里兰卡；欧洲：英国，瑞典，瑞士，芬兰，丹麦，荷兰，葡萄牙，法国，德国，奥地利，捷克，希腊，罗马尼亚，匈牙利，冰岛，斯洛文尼亚，俄罗斯，乌克兰；大洋洲：澳大利亚；北美洲：美国，加拿大；南美洲：厄瓜多尔，巴西，智利，阿根廷。

II 彼得森组（II. Sectio Petersenianae J. B. Petersen & J. B. Hansen 1956）

群体平滑。体部鳞片远轴端无刺，鳞片中间具龙骨脊，龙骨脊末端具刺状突起；仅鳞片的近轴端具上翻转的棱边；尾部鳞片常具退化的结构。图5指出彼得森组体部鳞片的术语。

彼得森组的分种检索表

1. 鳞片狭和长，长度超过6.5 μm ·· **10. 澳大利亚黄群藻 *S. australiensis***
1. 鳞片较宽和短，长度达5 μm ··· 3
   2. 鳞片具1个很宽的棱边 ··· **11. 比约克黄群藻 *S. bjoerkii***
   2. 鳞片具1个较狭的棱边 ··· 3
3. 龙骨脊和隆起发育弱，鳞片卵形到近圆形 ································· **12. 平滑黄群藻 *S. glabra***
3. 龙骨脊和隆起发育较好，鳞片卵形到披针形 ··· 4
   4. 顶部鳞片的龙骨脊末端形成一个尖的顶端 ··················· **13. 彼得森黄群藻 *S. pertersenii***
   4. 顶部鳞片的龙骨脊末端形成一个圆形的顶端，并具有一些小齿 ········ **14. 鳟鱼湖黄群藻 *S. truttae***

Key to species of Sectio Petersenianae

1. Scales narrow and long, length more 6.5 μm ··· 10. *S. australiensis*
1. Scales broader and short, length up to 5 μm ··· 3
   2. Scales with a very broad rim ··· 11. *S. bjoerkii*
   2. Scales with narrower rim ··· 3
3. Keel and struts less developed, scales oval to almost rounded ·················· 12. *S. glabra*
3. Keel and struts more developed, scales oval to lanceolate ·· 4
   4. Keel of apical scales terminates into an acute tip ··································· 13. *S. pertersenii*
   4. Keel of apical scales terminates into rounded tip, provided with a number of small teeth ···· 14. *S. truttae*

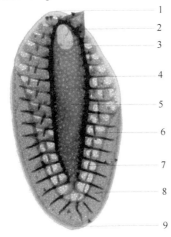 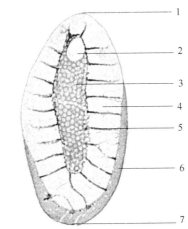

图 5. 彼得森黄群藻（*Synura petersenii*）体部硅质鳞片的形态。A：1. 远轴端（distal end），2. 龙骨脊顶（keel tip），3. 基部板孔（basal plate hole），4. 隆起（struts），5. 龙骨脊（keel）和龙骨脊小孔（keel pores），6. 基部板（basal plate），7. 横向褶皱（transverse folds），8. 棱边（rim），9. 近轴端（proximal end）；B：1. 远轴端（distal end），2. 基部板孔（basal plate hole），3. 龙骨脊（keel）和龙骨脊小孔（keel pores），4. 基部板（basal plate），5. 隆起（struts），6. 棱边（rim），7. 近轴端（proximal end）

10. 澳大利亚黄群藻   电镜照片图版 CV：4

Synura australiensis Playfair em. Croome & Tyler, Playfair, Proc. Linn. Soc. New South Wales 40：310—362，1915，Croome & Tyler，Nord. J. Bot. 5：399—401，1985a；Kristiansen & Preisig, Chrysophyte and Haptophyte Algae, 2 Teil/Part 2: Synurophyceae. In：Büdel et al.（eds）：Süsswasserflora von Mitteleuropa Band 1/2：115, Pl. 37 a-b，2007；Kristiansen & Tong，Verh. Internat. Verein. Limnol. 24：2631，Fig. 3，1991.

种名是根据壳体在澳大利亚发现而命名。

群体球形，直径 70—140 μm；细胞细长、长纺锤形，顶端平直，长 33—70 μm，宽 5—8 μm；体部鳞片狭长披针形，长 7.3—11.5 μm，宽 1.0—2.4 μm，龙骨脊（keel）很长，到顶端形成一个尖顶，龙骨脊具比较小的小孔，基部板具许多小的小孔，其前端具一个圆形的基部板孔穿过，56—70 条隆起从龙骨脊到鳞片的边缘有规律延伸（龙骨脊的每一侧具 28—35 条隆起），常被横的皱折互相连接；尾部鳞片很狭，长 5.6—7.3 μm，宽 1.0—

1.2 μm，具比较宽的龙骨脊，无顶端尖顶。

生长在富营养的水体中。

产地：电子显微镜记录——河北：Hochitao，Asmund 的电子显微镜照片收藏品，现在保存在哥本哈根的植物学博物馆。

分布类型：热带地区广泛分布。

电子显微镜记录——非洲：马达加斯加；大洋洲：澳大利亚；北美洲：美国；南美洲：哥伦比亚，巴西。

光学显微镜记录——大洋洲：澳大利亚。

11. 比约克黄群藻　　电镜照片图版 CVI，CVII

Synura bjoerkii（Cronberg & Kristiansen）Škaloud, Kristiansen & Škaloudová, Nord. J. Bot.
31：400，2013；Wei, & Yuan, Nova Hedwigia 101：299—312，Figs. 83—84，2015.

Synura petersenii f. *bjoerkii* Cronberg & Kristiansen，Bot. Notiser, 133：612—613，Fig. 14 B-E,
1980；Kristiansen & Preisig, Chrysophyte and Haptophyte Algae, 2 Teil/Part 2: Synurophyceae.
In：Büdel et al.（eds）：Süsswasserflora von Mitteleuropa Band 1/2：117，Pl. 38 g，2007；
Pang, Wang & Wang, Acta Bot. Boreal. 32：0921—0923，Figs. 4，10，2012.

种名是授于藻类学家比约克而命名。

细胞梨形，整个细胞被许多围绕细胞纵轴斜向规则排列的鳞片所覆盖，长 18—23 μm，宽 11—12 μm；体部鳞片长圆形，长 2.8—3.7 μm，宽 1.9—2.4 μm，具很宽向上翻转的棱边，龙骨脊宽，前端具圆锥形的、强壮的宽尖顶，鳞片和龙骨脊宽度间的比为 2.1—2.4，龙骨脊具小的孔；基部板具许多小的孔，前端具一个大的圆形的基部板孔穿过，直径为 0.6—0.7 μm；14—18 条隆起常常互相连接从龙骨脊到鳞片的棱边规律延伸，后端的隆起分叉（龙骨脊的每一侧具 7—9 条隆起）；隆起间的间隙为 0.3—0.4 μm；顶部鳞片较圆；后部鳞片龙骨脊具较短的尖顶。

金藻孢子囊球形，直径 17.0—22.7 μm，孢孔凹入，孢孔与基部柄方向一致，即孢孔指向群体内侧，直径 1.2—1.4 μm。

一般生长在酸性、贫营养腐殖质水体中，pH 幅度 4.8—5.8。

产地：电子显微镜记录——内蒙古：阿尔山市，采于沼泽中。黑龙江：阿木尔市，采于池塘中，水温 7℃，pH 5.4；珍宝岛，采于水坑中。

分布类型：北温带。

电子显微镜记录——欧洲：瑞典，德国；北美洲：美国。

12. 平滑黄群藻　电镜照片图版 CVIII

Synura glabra Korshikov em. Kynčlová & Škaloud, Korshikov, Arch. Protistenk., 67：285,
Pl. 11，Figs. 59—65，1929，Kynčlová & Škaloud, Phycologia 51：321，Figs. 43—51,
2012；Wei, Yuan & Kristiansen, Nord. J. Bot. Figs. 117—118，2014.

Synura petersenii var. *glabra* Huber-Pestalozzi nom. Prov., Das Phytoplankton des
Süsswassers. 2，1. Chrysophyceen farblose Flagellaten, Heterokonten, In：Thienemann,

A.（ed）：Die Binnengewässer XVI，2：144，1941.

Synura petersenii f. *glabra*（Korshikov）Kristiansen & Preisig, Chrysophyte and Haptophyte Algae, 2 Teil/Part 2: Synurophyceae. In: Büdel et al.（eds）: Süsswasserflora von Mitteleuropa Band 1/2: 118, Fig. 81, Pl. 38 j-l, 2007; Wei & Yuan, Beih. Nova Hedwigia 122: 169—187, Fig. 95, 2001.

种名是根据囊壳光秃和平滑而命名。

群体球形，直径 48—55 μm；细胞球形到梨形，长 19—28 μm，宽 10—14 μm，在群体中稠密聚集，因此细胞后部的柄不容易被观察到；体部鳞片卵形到近圆形，硅质较少，长 2.4—3.4 μm，宽 1.5—2.4 μm，龙骨脊发育弱，通常很狭，鳞片和龙骨脊宽度间的比为 3.6—5.0，无龙骨脊顶或顶端形成 1 个小的尖顶，龙骨脊具中等大小的小孔（直径 66—100 nm），基部板具许多中等大小的小孔（直径 29—40 nm），其前端具一个圆形的基部板孔穿过（base plate hole），直径 0.14—0.32 μm，隆起多少退化或缺少，无横的皱折互相连接，隆起 17—22 条，隆起间的间隙宽 0.25—0.29 μm；顶部鳞片较小和较圆，长 1.6—2.6 μm，宽 1.2—1.9 μm，形态类似体部鳞片；尾部鳞片较狭窄，长 1.9—2.9 μm，宽 1.0—1.3 μm。

产地：电子显微镜记录——北京，采于小湖中。内蒙古：阿尔山市，采于池塘中。黑龙江：哈尔滨，采于松花江中；宁安，采于镜泊湖湿地中；同江，采于洪河湿地中；富锦，采于三环泡湿地中；双鸭山市，采于安邦河湿地中；塔河，采于池塘中。上海，采于池塘中。江苏：南京，采于池塘中；扬州：采于池塘、瘦西湖中；泰州，采于池塘、生态小湖和漆湖中；常州，采于丁塘河湿地、宋剑湖中。浙江：杭州，采于池塘中；临安，天目山，采于池塘、半月潭、龙潭水库中；新昌，采于池塘中；建德，采于池塘、千岛湖中；宁波，采于池塘中。江西：上饶，采于池塘中。湖北：武汉，采于池塘、小湖中。广东：深圳，采于深圳水库中。四川：眉山，采于池塘中。

分布类型：世界广泛分布。

电子显微镜记录——亚洲：日本，韩国；欧洲：芬兰，荷兰，丹麦，德国，奥地利，捷克，希腊，匈牙利，罗马尼亚，爱沙尼亚，俄罗斯；非洲：津巴布韦；大洋洲：澳大利亚；北美洲：美国，加拿大；南美洲：智利，哥伦比亚，阿根廷。

13. 彼得森黄群藻　　电镜照片图版 CV：1—3，CIX

Synura petersenii Korshikov em. Škaloud & Kynčlová, Korshikov, Arch. Protistenk., 67: 283, 1929, Škaloud & Kynčlová, Phycologia 51（3）: 319—321, Figs. 36—42, 2012; Wei, Yuan & Kristiansen, Nord. J. Bot. 32: 881—896, Figs. 78—79, 2014.

Synura petersenii Korshikov, Arch. Protistenk., 67: 283, 1929; Kristiansen & Preisig, Chrysophyte and Haptophyte Algae, 2 Teil/Part 2: Synurophyceae. In: Büdel et al.（eds）: Süsswasserflora von Mitteleuropa Band 1/2: 116, Figs. 72h, 80, Pl. 38 a-e, 2007; Wei & Kristiansen, Arch. Protistenk., 144（1994）: 433—449, Fig. 66, 1994.

Synura petersenii f. *kufferathii* Petersen & Hansen, Biol. Medd. Kong. Danske Vid. Selsk. 23（7）: 10, Fig. 5, 1958; Kristiansen & Preisig, Chrysophyte and Haptophyte Algae,

2 Teil/Part 2: Synurophyceae. In: Büdel et. al.（eds）: Süsswasserflora von Mitteleuropa Band 1/2: 118, Pl. 38 m-n, 2007.

种名是授于著名藻类学家彼得森而命名。

群体球形，直径 35—57 μm；细胞梨形，长 20—31 μm，宽 8—12 μm，整个细胞被许多围绕细胞纵轴斜向规则排列的鳞片所覆盖，在有些种群中细胞有很长的尾；体部鳞片披针形，长 3.6—4.6 μm，宽 1.8—2.3 μm，龙骨脊圆柱形，到顶端常形成一个明显的尖顶——龙骨顶，龙骨脊具比较小的小孔（直径 45—71 nm），鳞片和龙骨脊宽度间的比为 2.7—3.8，基部板具许多小的小孔（直径 19—30 nm），其前端具一个圆形的基部板孔（basal plate hole）穿过（直径 0.24—0.36 μm），26—34 条横向排列的隆起从龙骨脊到鳞片的棱边有规律延伸（龙骨脊的每一侧具 13—17 条隆起），隆起常被横的皱折（肋）互相连接，隆起间的间隙为 0.24—0.28 μm，隆起互相连接的肋的存在和数目是高度变化的，在单一的培养中鳞片的隆起缺少横的皱折和明显连接，但在数个月的老的培养液中，由于硅质的沉积，鳞片的隆起缺少横的皱折；顶部鳞片较圆，长 3.2—3.7 μm，宽 1.6—2.4 μm，顶部鳞片的龙骨脊的顶部形成一个圆顶；尾部鳞片小和狭，但有时等于或长于体部鳞片，长 2.3—3.6 μm，宽 0.7—1.2 μm，有的柄（stalk）部的鳞片很小。

金藻孢子囊（stomatocyst）球形或近卵形，长 15 μm，宽 13 μm。

有性生殖为异配（heterothallic）。胶群体时期有时见到。

此种的鳞片形状在超微结构中变化很大，有的形态特征作为变型的分类等级，但绝大多数处于中间类型。

此种是此属中最普遍分布的种类，在世界各地都有报道，具有很宽的生态幅度，除重度污染的水体外，在各种淡水水体中都有生长，大量生长时产生鱼腥味。也有很少在海水中生长的报道。

Škaloud 等（2013）通过广泛的分子生物学资料分析发现在 *Synura petersenii* s. l. 数个种的复合体内发现隐形的多样性，这个种有很类似的鳞片形态学。

产地：电子显微镜记录——内蒙古：甘河市，采于池塘中；扎兰屯市，采于池塘中；阿尔山市，采于池塘、小湖、沼泽中；索伦，采于池塘中。黑龙江：哈尔滨，采于松花江中；珍宝岛，采于水坑、池塘、牛轭湖、溪流、阿布沁河、七虎林河中；宁安，采于镜泊湖湿地中；密山，采于小兴凯湖湿地中；扎龙自然保护区，采于扎龙湖中；富锦，采于三环泡湿地中；双鸭山市，采于安邦河湿地中；伊春，采于凉水湿地中；五大连池市，采于五大连池、草本沼泽中；塔河，采于池塘中；阿木尔市，采于池塘、溪流、沼泽中；呼中，采于溪流中；呼源，采于池塘中。上海，采于池塘中。江苏：南京，采于池塘、紫霞湖、西北水库中；苏州，采于池塘中；吴江，采于太湖中；淮安，采于洪泽湖中；无锡，采于池塘、五里湖中；扬州，采于池塘、瘦西湖、凤凰岛湿地中；泰州，采于池塘、生态小湖和漆湖中；常州，采于丁塘河湿地、宋剑湖中。浙江：杭州，采于池塘、西湖、西溪湿地中；临安，天目山，采于池塘、半月潭中；新昌，采于池塘中；绍兴，采于小湖中；建德，采于千岛湖中；宁波，采于池塘、东钱湖中；溪口，采于池塘、小溪、小水库中。福建：厦门，采于万石岩水库、湖边水库中；仙游，采于九鲤湖中；泉州，采于小水库中；莆田，采于东圳水库中；漳州，采于西溪亲水湿地中。江西：

上饶：采于池塘中；湖口，采于鄱阳湖中。山东：聊城，采于池塘中。河南：南阳，采于麒麟湖中。湖北：孝感，采于天紫湖中；武汉，采于池塘、小湖、东湖、张渡湖中；咸宁，采于上涉湖中。湖南：岳阳，采于洞庭湖中。广东：广州，采于池塘中；深圳，采于西丽水库中；潮州，采于西湖中。海南：海口，采于池塘、沙坡水库中；文昌，采于池塘中；万宁，采于池塘中；兴隆，采于池塘、小湖中；三亚，采于池塘中。重庆，采于黛湖中。四川：成都，采于池塘中。贵州：沿河，采于稻田中。云南：路南，石林，采于池塘中；眉山，采于池塘中。新疆：乌鲁木齐，采于天池中。香港：采于大潭水库、薄扶林村水库、石梨贝水库中。

分布类型：世界普遍分布。

电子显微镜记录——亚洲：日本，韩国，斯里兰卡，马来西亚；欧洲：英国，挪威，瑞典，瑞士，芬兰，荷兰，丹麦，葡萄牙，西班牙，法国，德国，希腊，冰岛，奥地利，比利时，捷克，罗马尼亚，保加利亚，俄罗斯，斯洛文尼亚，匈牙利，爱沙尼亚，乌克兰；非洲：马达加斯加，津巴布韦，乍得，喀麦隆；大洋洲：澳大利亚；北美洲：美国，加拿大；南美洲：厄瓜多尔，哥伦比亚，智利，阿根廷，巴西。

光学显微镜记录——欧洲：乌克兰。

14. 鳟鱼湖黄群藻 电镜照片图版 CX

Synura truttae（Siver）Škaloud & Kynčlová, Phycologia 51: 303—329, Figs. 52—61, 2012.

Synura petersenii f. *truttae* Siver, Nord. J. Bot. 7: 107—116, Figs. 12—14, 1987; Kristiansen & Preisig, Chrysophyte and Haptophyte Algae, 2 Teil/Part 2: Synurophyceae. In: Büdel et al.（eds）: Süsswasserflora von Mitteleuropa Band 1/2: 119, Pl. 38q, 2007; Pang, Wang & Wang, Acta Bot. Boreal. 32: 0921—0923, Figs. 5—9, 11—12, 2012.

种名是根据此种从美国康涅狄格州的鳟鱼湖发现而命名。

群体球形；细胞梨形，整个细胞被鳞片所覆盖，长 22—31 μm，宽 11—13 μm；体部鳞片披针形，长 3.3—3.8 μm，宽 1.5—1.8 μm，体部鳞片无明显龙骨脊尖顶或极其退化，龙骨脊具小的小孔（直径 47—70 nm）；鳞片和龙骨脊宽度间的比为 2.3—2.8；在 SEM 成像中，龙骨脊被许多小的凸起所覆盖；基部板具许多小的小孔（直径 18—22 nm），前端具一个大的圆形到长圆形的基部板孔（base plate hole），直径 0.32—0.56 μm；27—33 条隆起常互相连接从龙骨脊到鳞片的边缘规律延伸（龙骨脊的每一侧具 13—16 条隆起），隆起通常存在横向皱折，但是在数个月的老的培养液中，由于硅质的沉积，鳞片几乎缺少出现横向皱折；隆起间的间隙为 0.19—0.24 μm；顶部鳞片较小和较圆，长 2.6—3.2 μm，宽 1.5—1.8 μm，龙骨脊顶部圆柱形，其顶端常具 2—4 个很短的齿；尾部鳞片小和窄，长 2.1—3.1 μm，宽 0.6—0.9 μm。

金藻孢子囊球形，直径 9.9—16.8 μm；孢孔与基部柄方向相反，即孢孔指向群体外侧，孢孔直径 0.8—1.0 μm，领短，圆锥形或圆柱形，顶部宽 2.9—5.0 μm，高约 0.6 μm。

产地：电子显微镜记录——内蒙古：阿尔山市，采于沼泽中。

分布类型：地方性种类。仅在美国的康涅狄格州和佛罗里达州发现。

电子显微镜记录——北美洲：美国（康涅狄格州和佛罗里达州）。

3. 水树藻目 HYDRURALES

具有很多分枝的胶群体,群体细胞包埋在丰富分枝的胶被中,着生;细胞球形、椭圆形、卵形;营养细胞不具鞭毛,叶绿体周生,片状或盘状,1个,黄褐色,1个或数个伸缩泡和金藻昆布糖液泡,光合作用产物为颗粒状金藻昆布糖和油滴。

营养繁殖:顶端生长,仅群体顶端或分枝顶端的细胞能进行细胞分裂;无性生殖由分枝的顶端刚分裂的细胞产生动孢子,有时也在分枝形成具硅质的金藻孢子。

此目仅1科。

水树藻科 HYDRURACEAE

特征同目。此科具1属。

水树藻属 Hydrurus Agardh 1824
Systema Algarum: XVIII, 24, 1824.
包括 *Nanurus* Skuja(1937)

藻体由细胞彼此连接形成大型胶群体,群体细胞包埋在分枝的树状胶被中,着生;胶群体顶部和幼分枝细胞排列成单列,胶群体下半部较老的分枝细胞为多列;细胞球形、椭圆形、卵形;叶绿体周生,片状,1个,在叶绿体中具1个大的蛋白核,无眼点,数个伸缩泡,细胞核1个,金藻昆布糖液泡1个或多个,光合作用产物为金藻昆布糖和油滴。

仅群体的顶端或分枝顶端的细胞能进行分裂;无性生殖产生动孢子,有时也产生金藻孢子囊(stomatocyst)。

Skuja(1937)报道由 Handel-Mazzetti 在 1914—1918 年在云南西北和四川西南、横断山脉地区采集的金藻类,在这些金藻类中,建立了一个新属 *Nanurus* 和新种 *N. flaccidus*,此属和此种现归入水树藻属(*Hydrurus*)水树藻(*H. foetidus*)中。

生长在清洁的冷水性水体的流水石上或其他坚硬的基质上,着生,可作为清洁贫营养水体的指示种类。

全世界仅有1种。

模式种:*Hydrurus foetidus*(Villars)Trevisan,1848。

水树藻　　光镜照片及手绘图版 IV,V(见书后彩图),VI:3—5

Hydrurus foetidus(Villars)Trevisan,1848,in Starmach,Chrysophyceae und Haptophyceae. In: Ettl et al.(eds):Süsswasserflora von Mitteleuropa,1:138,Fig. 274,1985;Hu & Wei,The freshwater algae of China – Systematics,Taxonomy and Ecology,p. 262,Pl.VI-3-2—6,2006.

Nanurus flaccidus Skuja,Algae,In Handel-Mazzetti,Symbolae Sinicae,1. p. 45—47,Abb.

5, 1937

基原异名（*basionym*）：*Conferva foetida* Villars，Histoire des Plants du Dauphiné Tome III. 2e part. Paris. 1789.

种名是根据植物体具有臭味而命名。此种是模式种，可用属名作为种名。

植物体为大型胶群体，群体细胞包埋在分枝的树状胶被中，群体高 5—35 cm；胶被顶部和幼分枝细胞排列成单列，下半部群体较老的分枝细胞多列，细胞初时为球形，后呈卵形、椭圆形，有的细胞由于相互挤压而具棱角，群体细胞在群体四周的排列紧密，中间的排列疏松；叶绿体周生，片状，1 个，金褐色，通常位于细胞前端的一侧，在叶绿体中具 1 个大的蛋白核，数个伸缩泡，细胞核 1 个，金藻昆布糖液泡 1 个或多个，光合作用产物为金藻昆布糖和油滴。球形的细胞直径 9—20 μm，卵形、椭圆形的细胞长 25—40 μm，宽 10—20 μm。

营养繁殖由群体的顶端或分枝顶端的细胞进行分裂产生新细胞；无性生殖由分枝顶端最近分裂的细胞产生动孢子，每个细胞产生 2 个动孢子，四角形，具 2 条不等长的鞭毛，长鞭毛可见，短鞭毛仅在电子显微镜下才能观察到，有时也在分枝形成的特殊胶柄中产生金藻孢子囊（stomatocyst），透镜形，孢子的中部具 1 条纵向的翼。

生长在清洁的冷水水体中，着生在池塘、湖泊、河流、溪流及流泉的石上或其他坚硬的基质上，散发出特殊的恶臭气味。在温暖的天气，大型胶群体分解形成孢子。

产地：光学显微镜记录——四川：康定，采于溪流中；茂县，采于溪流中；九寨沟，采于五花海的沟边，采于树正沟的沟边。云南：菖蒲桶，采于小山溪的石上。西藏：聂拉木，采于小山溪的石上；定日，采于泉水流出的小溪石上；察隅，采于水塘中，着生在基质上；八宿，采于小山溪的石上；墨脱，采于瀑布下的石上；申扎，采于流水沟中，着生在基质上；那曲，采于小溪的石上，水温 14.4℃，pH 9.35，盐度 3.35‰。新疆：乌鲁木齐，采于天池下小溪的石上。

分布类型：世界普遍分布。

光学显微镜记录——亚洲：日本；欧洲：法国，德国，捷克；北美洲：美国。

二、褐枝藻纲 PHAEOTHAMNIOPHYCEAE

藻体为松散的小群体、胶群体或分枝的丝状体，浮游或着生；细胞球形、椭圆形、卵圆形、圆柱形或腰鼓形，具细胞壁，叶绿体周生，片状，1 个到数个，黄褐色，光合作用色素具有岩藻黄素（也称墨角藻黄素）和黄藻黄素，细胞核 1 个，具金藻昆布糖液泡，光合作用产物为颗粒状的金藻昆布糖和油滴。

无性生殖：产生动孢子，具有从近顶部一侧伸出 2 条不等长的鞭毛；产生似亲孢子（autospore）；具有硅质的金藻孢子或不具有硅质的孢子。

Bailey 等（1998）根据光合作用色素具有岩藻黄素和黄藻黄素，超微结构特征与色金藻属（*Chromulina*）和棕鞭藻属（*Ochromonas*）类型的器官特征有明显不同，如鞭毛时期产生的动孢子具有 2 条不等长的、位于近顶部侧生的鞭毛，形成大约 145°或更大角度的基体（basal bodies），存在多向旋转的鞭毛的过渡螺旋（a multi-gyred flagellar transitional helix），分成 3 个部分鞭毛的毛缺少侧丝，在细胞的缘边具许多高电子密度的囊泡，产生不具有硅质的孢子，以及分子生物学资料（SSU rDNA 和 rbcl 基因序列）分析的结果，此类藻类与黄藻纲比金藻纲有更密切的亲缘关系，因而建立的一个独立的纲。

此纲具 2 个目，在我国报道 1 个目。

褐枝藻目 PHAEOTHAMNIALES

藻体为分枝的丝状体，浮游或着生；细胞近卵圆形、圆柱形或腰鼓形，叶绿体周生，片状，1 个到数个，黄褐色，细胞核 1 个，具金藻昆布糖液泡，光合作用产物为金藻昆布糖和油滴。

无性生殖产生动孢子、具有硅质的金藻孢子或不具有硅质的孢子。

生长在淡水或海水中。

此目仅 1 科。

褐枝藻科 PHAEOTHAMNIACEAE

藻体为分枝的丝状体，着生；细胞圆柱形或腰鼓形，叶绿体周生，片状，1 个到数个，黄褐色，细胞核 1 个，具金藻昆布糖液泡，光合作用产物为金藻昆布糖和油滴。

繁殖：细胞分裂产生新细胞。

无性生殖产生动孢子，具有硅质的金藻孢子囊或不具有硅质的孢子囊。

生长在淡水或海水中，在自然界较少见。

此科具有 2 个属，我国报道 1 个属。

褐枝藻属 Phaeothamnion Lagerheim 1884

Bih. Till Kongl. Svenska Vetensk. Akad. Handl., 9 (19): 1—14.

藻体为分枝的丝状体，具明显的主轴和侧枝形成小的树状群体，基细胞着生；细胞椭圆形、宽楔形、圆柱形到腰鼓形，细胞壁具层理、略胶化，叶绿体周生，片状，1 个到数个，黄褐色，基细胞常无叶绿体，无蛋白核，细胞核 1 个，具金藻昆布糖液泡，光合作用产物为颗粒状金藻昆布糖和油滴。

细胞分裂后 2 个新原生质体在母细胞内分泌它们自己的细胞壁，上端的 1 个从母细胞的远轴端部分挤压出，以向侧面挤压产生分枝。

无性生殖产生动孢子，每个细胞产生 4—8 个动孢子，通过母细胞壁的顶孔或侧孔释放，动孢子近顶部斜向伸出 2 条不等长鞭毛，有的种类具有眼点，动孢子着生在基质上，形成基细胞，细胞继续不断分裂并发育成新的分枝的树状体。产生具有硅质的金藻孢子囊（stomaocyst），在 1 个种中观察到从胶群体中产生不具有硅质和不是典型的金藻孢子囊。

生长在淡水水体中。根据 Kristiansen 和 Preisig（2001）的报道，全世界有 5 种。

模式种：*Phaeothamnion confervicola* Lagerheim 1884。

褐枝藻 光镜照片及手绘图版 VI：1—2

Phaeothamnion confervicola Lagerheim, Bih. Till Kongl. Svensk. Vetensk. Akad. Handl., 9: 1—14, 1884; Starmach, Chrysophyceae und Haptophyceae. In: Ettl et al.（eds）: Süsswasserflora von Mitteleuropa, Vol. 1. p. 383, Fig. 799, 1985; Hu & Wei, The freshwater algae of China - Systematics, Taxonomy and Ecology, p. 262—263, Pl. VI-3-7—8, 2006.

种名是根据植物体呈分枝的丝状体而命名。

藻体为分枝的树状体，高达 0.25 mm，具明显的主轴，侧枝绝大多数对生，有时部分互生形成树状，基部以球形的细胞着生，基细胞常无叶绿体；细胞圆柱形或中部略膨大呈腰鼓形，长 8—29 μm，宽 5—9.5 μm，叶绿体周生，片状，1 个到数个，黄褐色，细胞核 1 个，具金藻昆布糖液泡，光合作用产物为颗粒状金藻昆布糖和油滴。

繁殖：细胞分裂形成新细胞。

无性生殖每个细胞产生 4 个或 8 个动孢子，近顶部侧生出 2 条不等长鞭毛，动孢子着生在基质上，细胞不断的分裂形成分枝的树状体。

生长在湖泊、流泉、沼泽中。

产地：光学显微镜记录——山东：微山，采自南四湖中。江西：上饶，采自泉池中。西藏：聂拉木，采自嘎罗维金玛湖中，有泉水流出。

分布类型：世界广泛分布。

光学显微镜记录——亚洲：日本，马来西亚；欧洲：格陵兰；大洋洲：澳大利亚；北美洲：美国，加拿大；南美洲：智利，阿根廷，巴西。

三、囊壳藻纲 BICOSOECOPHYCEAE

藻体为单细胞或细胞联合形成群体，自由运动或附着在各种基质上。具 2 条不等长的鞭毛，无色，不具叶绿体。

繁殖为细胞分裂；无性生殖产生孢壁是有机质的孢子囊（organic cyst）。

此纲仅 1 目。

囊壳藻目 BICOSOECALES

藻体为单细胞或细胞联合形成群体，自由运动或附着在各种基质上。细胞球形、卵形、椭圆形等，细胞具 2 条不等长的鞭毛，无色，不具叶绿体。

细胞分裂进行繁殖，无性生殖产生孢壁具有机质的孢子囊（organic cyst）。

植物体通常附着在藻类、水生高等植物、水生浮游动物上。

营腐生营养和吞食营养。

此目具 4 科，在中国发现 2 科。

囊壳藻目分科检索表

1. 细胞具 2 条不等长的鞭毛，较长的 1 条具有毛的鞭毛，较短的 1 条平滑… **1. 囊壳藻科 Bicosoecaceae**
1. 细胞具 2 条近等长的鞭毛，2 条鞭毛没有毛的鞭毛 ……… **2. 似树胞藻科 Pseudodendromonadaceae**

Key to the families of Order Bicosoecales

1. Cells bearing 2 unequal flagella, longer hairy flagellum and shorter smooth flagellum …… 1. Bicosoecaceae
1. Cells bearing 2 subequal flagella, both without hairy flagellar ……………… 2. Pseudodendromonadaceae

1. 囊壳藻科 BICOSOECACEAE

藻体为单细胞或细胞联合成群体，自由运动或附着在其他基质上。细胞球形、卵形、椭圆形等，细胞具 2 条不等长的鞭毛，1 条茸鞭型的鞭毛伸向细胞前端，1 条平滑的鞭毛伸向细胞后端，其顶端附着在囊壳的底部，细胞无色，不具叶绿体。

细胞分裂进行繁殖，无性生殖产生孢子，孢壁具有机质的孢子囊。

营腐生营养和吞食营养。

此科具 1 属。

囊壳藻属 Bicosoeca H. J. Clark

Proc. Boston Soc. Nat. Hist. II: 16（Mem. Boston Soc. Nat. Hist. 1: 309）1866.

藻体为单细胞或细胞互相联合成球形、树丛状群体，自由运动或附着在各种基质上。细胞椭圆形、圆柱形、圆锥形，无色，不具叶绿体，细胞前端的口缘类似于围绕胞口突出的唇，口缘的一侧具 2 条不等长的鞭毛，1 条平滑的鞭毛伸向细胞后端，其顶端附着在囊壳的底部，1 条茸鞭型的鞭毛伸向细胞前端，以小的变幅拍打并在游动和摄取食物时运动，当细胞受到干扰时，较短的鞭毛收缩和原生质体伸缩到囊壳的底部，长鞭毛在细胞前端卷成硬的圈。囊壳由有机质的微纤维组成，无定形或纤维状，有的种类的囊壳是薄而透明、无定形的编织，有的种类囊壳是比较厚的、纤维比较有规律的编织和有时具条纹状纹饰，囊壳的详细结构通常需用电子显微镜进行观察研究。囊壳的各种形状、大小、厚度、无定形或纤维比较有规律的编织是这个属的主要分类特征。

细胞分裂进行繁殖，子细胞中的 1 个逸出和形成 1 个新的囊壳，开始具基部（或柄）。有些种类子细胞趋向保留粘到母囊壳上发育形成球形、树丛状的群体。无性生殖产生孢壁具有机质的孢子。

全世界报道 38 种，绝大多数生长在淡水中，极少数生长在半咸水和海水中。有些种类是很普通地和广泛地分布，但常常被忽视。

此属的分类地位各藻类学家的观点不一，Huber-Pestalozzi（1941）将此属归入原鞭藻目（Protomastiginae）的囊壳藻科（Bicosoecaceae）中，Fott（1971）归入分类地位不定的无色鞭毛藻类原孢藻目（Protomonadales）的囊壳藻科（Bicosoecaceae）中，Starmach（1980，1985）归入色金藻目（Chromulinales）的金球藻科（Chrysococcaceae）中，此书按照 Kristiansen 和 Preisig（2001）和 Kristiansen（2005）的分类系统，归入囊壳藻纲

（Bicosoecophyceae）、囊壳藻目（Bicosoecales）、囊壳藻科（Bicosoecaceae）中。

模式种：*Bicosoeca gracilipes* H. J. Clark 1867。

囊壳藻属分种检索表

1. 单细胞 ·· 2
1. 群体 ·· 6
    2. 细胞具 1 眼点 ··· **5. 具眼点囊壳藻 *B. oculata***
    2. 细胞无眼点 ·· 3
  3. 囊壳圆锥形 ·· **2. 圆锥囊壳藻 *B. conica***
  3. 囊壳卵形、花瓶形 ··· 4
    4. 囊壳卵形 ··· **6. 卵形囊壳藻 *B. ovata***
    4. 囊壳花瓶形 ·· 5
5. 原生质体几乎充满囊壳 ··· **1. 颈状囊壳藻 *B. colliformis***
5. 原生质体不充满整个囊壳 ·· **4. 湖生囊壳藻 *B. lacustris***
    6. 新囊壳以近轴端附着在母囊壳口的一侧形成的群体 ············ **3. 似锥囊壳藻 *B. dinobryoidea***
    6. 囊壳的后部互相联合形成放射状群体 ····························· **7. 聚囊壳藻 *B. sociolis***

Key to the species of Genus *Bicosoeca*

1. Unicells ··· 2
1. Colonies ·· 6
    2. Cells with a stigma ·· 5. *B. oculata*
    2. Cells without a stigma ··· 3
  3. Lorica conical ·· 2. *B. conica*
  3. Lorica oval, vase-shaped ·· 4
    4. Lorica oval ··· 6. *B. ovata*
    4. Lorica vase-shaped ·· 5
5. Protoplast almost full lorica ··· 1. *B. colliformis*
5. Protoplast without full lorica ··· 4. *B. lacustris*
    6. Posterior of new lorica located unilateral near the mouth of the mother lorica in colonies ·· 3. *B. dinobryoidea*
    6. Posterior of lorica each other connected into radial colonies ······················· 7. *B. sociolis*

1. 颈状囊壳藻　　光镜照片及手绘图版 II：4—5

Bicosoeca colliformis Shi，Acta Phytotax. Sinica. 35（3）：269—270，Fig. 1，1997.

种名是根据囊壳前端呈颈状而命名。

细胞单个或多个呈丛状，囊壳花瓶形，中间呈椭圆形，前端收缢呈颈状，颈口向外张开呈漏斗形，后端逐渐尖细成长尾刺，常附生在浮游藻类细胞表面，原生质体几乎充满整个囊壳，活跃变形，前端常伸出囊壳；前端具 1 条鞭毛，约等于体长。细胞长 16—19 μm，宽 5—7 μm。

产地：光学显微镜记录——湖北：沙市，采自池塘中。

2. 圆锥囊壳藻　　光镜照片及手绘图版 VII：4

Bicosoeca conica Lemmermann，In Starmach，Chrysophyceae and Haptophyceae，In：Ettl et al.（eds.）：Süsswasserflora von Mitteleuropa 1：110，Fig. 213，1985.

种名是根据囊壳呈圆锥形而命名。

单细胞，囊壳倒圆锥形，前端平直，侧缘略凸出，囊壳末端具 1 条长柄；原生质体卵形，前端具 1 条约为体长 3 倍的鞭毛，伸缩泡 2 个，位于细胞的前端的 2 侧，细胞核位于原生质体的中部。细胞长 10—12 μm，宽 4—5 μm。

产地：光学显微镜记录——湖北：武昌，采自池塘中。

分布：光学显微镜记录——欧洲：德国。

沈韫芬等，1990. 微型生物监测新技术，p. 325，图版. XXVI，图 255，原生动物命名圆锥杯鞭虫 *Bicoeca conica* Lemmermann。

3. 似锥囊囊壳藻　　光镜照片及手绘图版 VII：5

Bicosoeca dinobryoidea Lemmermann，In Starmach，Chrysophyceae and Haptophyceae，In：Ettl et al.（eds.）：Süsswasserflora von Mitteleuropa 1：115，Fig. 232，1985.

种名是根据囊壳与锥囊藻属相似而命名。

子囊壳以末端附着在母囊壳前端的一侧而形成群体。囊壳呈花瓶形，前部近瓶口略缢缩，前端平直，后部逐渐狭窄呈锥形；原生质体卵形，前端具 1 条为体长 1.25—1.5 倍的鞭毛，细胞核位于原生质体的后部，伸缩泡 2 个，各位于细胞的近前端和近后端。长 11—14 μm，宽 3—5 μm。

繁殖：细胞进行分裂，子细胞中的 1 个逸出和形成 1 个新的囊壳，新囊壳以末端附着在母囊壳前端的一侧形成群体。

产地：光学显微镜记录——湖北：武昌，采自池塘中。

分布：光学显微镜记录——欧洲：德国。

沈韫芬等，1990. 微型生物监测新技术，p. 325，图版 XXVI，图 256，原生动物命名芽生杯鞭虫 *Bicoeca dinobryoidea* Lemmermann。

4. 湖生囊壳藻　　光镜照片及手绘图版 VII：3a-c

Bicosoeca lacustris H. J. Clark，In Starmach，Chrysophyceae and Haptophyceae，In：Ettl et al.（eds.）：Süsswasserflora von Mitteleuropa 1：110，Fig. 214，1985.

种名是根据细胞生长在湖泊中而命名。

单细胞，幼时囊壳卵形，长成后囊壳呈花瓶形，前部缢缩呈细颈状，颈口向外开展呈漏斗形和前端斜截，后部逐渐狭窄呈圆锥形，囊壳末端具 1 个短柄；原生质体卵形，前端具 1 条为体长 1.5—2 倍的鞭毛，细胞核位于原生质体的中部，伸缩泡 1—2 个，位于细胞的后端。长 10—12 μm，宽 4—5 μm。

产地：光学显微镜记录——湖北：武昌，采自池塘中。

分布：光学显微镜记录——欧洲：瑞典，德国。

沈韫芬等，1990. 微型生物监测新技术，p. 324，图版 XXVI，图 253，原生动物命名

湖杯鞭虫 *Bicoeca lacustris* H. J. Clark。

5. 具眼点囊壳藻　　光镜照片及手绘图版 VII：1

Bicosoeca oculata Zacharias，In Starmach，Chrysophyceae and Haptophyceae，In：Ettl et al. （eds.）：Süsswasserflora von Mitteleuropa 1：110，Fig. 211，1985.

种名是根据细胞具 1 眼点而命名。

单细胞，囊壳纺锤形、长圆柱形，前端平直，后端逐渐狭窄呈锥形，原生质体长卵形，前端具 1 眼点，1 条长鞭毛近体长，细胞核位于原生质体的中部，伸缩泡 1 个，位于细胞的近前端。长 10—15 μm，宽 5—6 μm。

产地：光学显微镜记录——湖北：武昌，采自池塘中。

分布：光学显微镜记录——欧洲：丹麦，德国。

沈韫芬等，1990. 微型生物监测新技术，p. 324，图版 XXVI，图 252，原生动物命名眼杯鞭虫 *Bicoeca oculata* Zacharias。

6. 卵形囊壳藻　　光镜照片及手绘图版 VII：2

Bicosoeca ovata Lemmermann，In Starmach，Chrysophyceae and Haptophyceae，In：Ettl et al.（eds.）：Süsswasserflora von Mitteleuropa 1：110，Fig. 212，1985.

种名是根据囊壳卵形而命名。

单细胞，囊壳卵形，前端平直，后端广圆和具 1 个短柄，囊壳底部与短柄接触处呈结节状增厚，原生质体卵形，1 条长鞭毛为体长的 3 倍以上，细胞核位于细胞的中部，伸缩泡 1 个，位于细胞的后端。长 10—11 μm，宽 5—6.5 μm。

产地：光学显微镜记录——湖北：武昌，采自池塘中。

分布：光学显微镜记录——欧洲：德国。

沈韫芬等，1990. 微型生物监测新技术，p. 325，图版 XXVI，图 254，原生动物命名卵形杯鞭虫 *Bicoeca ovata* Lemmermann。

7. 聚囊壳藻　　光镜照片及手绘图版 VII：6

Bicosoeca sociolis Lauterborn，In Starmach，Chrysophyceae and Haptophyceae，In：Ettl et al.（eds.）：Süsswasserflora von Mitteleuropa 1：115，Fig. 228，1985.

种名是细胞末端互相联合形成群体而命名。

细胞后部互相联合形成放射状群体，自由运动；囊壳圆柱形，前端口缘领状，向下逐渐变宽和后端圆，原生质体卵形，1 条长鞭毛为体长的 1.5—2 倍，细胞核位于细胞的中部，伸缩泡 1 个，位于细胞的近前端。长 10—11 μm，宽 5—6.5 μm。

产地：光学显微镜记录——湖北：武昌，采自池塘中。

分布：光学显微镜记录——欧洲：丹麦，瑞典，德国。

沈韫芬等，1990. 微型生物监测新技术，p. 325，图版 XXVI，图 257，原生动物命名聚杯鞭虫 *Bicoeca sociolis* Lauterborn。

2. 似树胞藻科 PSEUDODENDROMONADACEAE

藻体为单细胞或由细胞的柄连续二叉状分枝形成伞形花序状的群体，最后一次二叉分枝每个柄的顶端具 1 个细胞，基部着生在基质上。

此科具 2 个属，中国报道 1 个属。

似树胞藻属 Pseudodendromonas Bourrelly
Österr. Bot. Zeitschr. 100：537，1953

藻体由细胞的柄连续二叉状分枝形成伞状花序状的群体，最后一次分叉柄的顶端具一个细胞，群体基部着生在水生植物或其他藻类上。细胞扁，侧面观近三角形或盆形，由高尔基体产生的有机质鳞片所覆盖，细胞具 2 条近等长的鞭毛，2 条鞭毛插入细胞前端平的一侧边缘的一个小乳突中和弯向细胞平的边缘的另一边，2 条鞭毛没有鞭毛的毛，细胞平的前端缘边与鞭毛相对的另一边具有一个口，被一层微管环绕，微管起源于近鞭毛基部的一条带；细胞无色，不具叶绿体，在细胞前端下的中间具有 1—2 个伸缩泡；线粒体呈管状的鸡冠状，在细胞质中常含有吞噬细菌残存物的大量食物泡。

繁殖可能由从群体中逸出的单个细胞进行分裂形成新的群体。

全世界已报道 3 种，中国发现 1 种。

模式种：*Pseudodendromonas vlkii*（Vlk）Bourrelly 1953。

似树胞藻　　光镜照片及手绘图版 II：1

Pseudodendromonas vlkii（Vlk）Bourrelly，Österr. Bot. Zeitschr. 100：537，1953；Starmach，Chrysophyceae-ZŁotowiciowce. - Flora ZŁodkowodna Polski，5，（ed. 2）：602，Fig. 875，1980；Starmach，Chrysophyceae und Haptophyceae. In：Ettl et al.（eds.）：Süsswasserflora von Mitteleuropa，1. p. 466，Fig. 1011，1985.

Dendromonas virgaria Vlk，Arch. Protist. 90. 1938.

种名是纪念生物学家 Vlk 而命名。

藻体由细胞的柄连续二叉状分枝形成伞状花序状的群体，最后一次分叉柄的顶端具一个细胞，群体基部着生，群体高可达 200 μm，宽 100 μm。细胞扁，侧面观近三角形或盆形，由有机质鳞片所复覆盖，细胞长 6—10 μm，宽 4—6 μm，2 条鞭毛近等长，位于细胞前端平的边缘一边的一个小乳突中，并弯向细胞前端的一边，细胞平的前端缘边与鞭毛相对的一边具有一个口，细胞无色，不具叶绿体，细胞前端下的中间具有 1—2 个伸缩泡，常含有大量的食物泡。

产地：光学显微镜记录——湖北：武昌，采自池塘中。

分布：光学显微镜和电子显微镜记录——欧洲：捷克，斯洛伐克；北美洲：美国。

四、土栖藻纲 PRYMNESIOPHYCEAE

土栖藻纲的绝大多数种类为单细胞的鞭毛类，具 2 条等长或近等长的平滑鞭毛，鞭毛的横切面具有一对轴生的微管和 9 对周生的微管。但金色藻属（*Chrysochromulina*）中的 2 个海洋种类具 4 条鞭毛。此纲的一个主要特征是 2 条鞭毛之间的近顶部具 1 条细的附着丝，称为定鞭毛或称附着鞭毛，有的种类附着鞭毛退化或缺乏，附着鞭毛的长度从仅可见很短的伸出到柔软的明显卷曲或不卷曲的丝状，伸展的长度可达约为细胞直径的 15 倍。附着鞭毛的结构与鞭毛不同之处是缺乏一对轴生的微管，横切面具 6 条或 7 条周边的微管呈新月形排列，被 3 层膜包围，某些比较大的海洋种类附着鞭毛与吞噬营养有关。许多种类细胞表面通常具有覆盖细胞质膜的许多薄的有机质鳞片或钙质鳞片，由位于近鞭毛基体的高尔基体产生，呈盘形或椭圆形，具一到数层，由微纤维组成，在近轴面（proximal face）微纤维通常辐射状排列，在远轴面（distal face）微纤维有数种类型，鳞片的大小、形状、微纤维的排列方式和鳞片类型是分类的重要特征。具伸缩泡，具或不具眼点，叶绿体周生，片状，1 个、2 个或 4 个，叶绿体由 3 层内囊体组成，在叶绿体中缺少环带片层，含有叶绿素 a，叶绿素 c_1、叶绿素 c_2 和叶绿素 c_3，岩藻黄素（fucoxanthin），硅藻黄素（diatoxanthin）和硅甲藻黄素（diadinoxanthin），由于重要的辅助色素岩藻黄素在色素中的比例较大，色素常呈黄褐色或金黄色，每个叶绿体常含有 1 个蛋白核，细胞核 1 个，具有 2 个叶绿体的种类，细胞核位于 2 叶绿体之间，细胞后端具数个亮而不透明的小球体为金藻昆布糖液泡，光合作用产物为金藻昆布糖。典型的定鞭藻类细胞的另一个基本的特征是包被核膜的一层外层膜与叶绿体的内质网和周边的内质网相连续并伸展到附着鞭毛，但在鞭毛的基部是不连续的。

细胞纵分裂进行繁殖。

无性生殖形成孢子，孢子不具有硅质。

有的种类有异形的生活史，有的是鞭毛阶段和无鞭毛阶段的交替，有的是双倍体的鞭毛阶段和单倍体的丝状阶段的交替。某些种类在生活史中有变形虫状、球粒状、胶群体状或丝状体时期。

此纲中绝大多数种类生长在海洋中，在海洋的超微型浮游藻类（picoplankton）和微型浮游藻类（nannoplankton）中是主要的初级生产者，少数生长在淡水或半咸水的水体中，淡水种类均为浮游藻类。全世界有 300 多种。

Christensen（1962）将具有 1 条独特的鞭毛状器官称为定鞭毛或称附着鞭毛的种类从金藻纲（Chrysophyceae）中分出，建立定鞭藻纲（Haptophyceae）。根据国际命名法规，一个纲的命名应与此纲中最早建立的一个属的命名相一致，Hibbend（1976）用土栖藻纲（Prymnesiophyceae）替代定鞭藻纲（Haptophytceae），其根为土栖藻属（*Prymnesium*）。Green 和 Leadbeater 在 1994 年建立定鞭藻门（Haptophyta），土栖藻纲（Prymnesiophyceae）为定鞭藻门的一个纲。

根据 Kristiansen（2005）提出的分类系统，土栖藻纲（Prymnesiophyceae）分为 4 个目。

中国的淡水或半咸水中仅发现 1 个目——土栖藻目（Prymnesiales）。

土栖藻目 PRYMNESIALES

运动的单细胞鞭毛藻类，具 2 条等长或略不等长的鞭毛，2 条鞭毛之间的近顶部具 1 条定鞭毛或称附着鞭毛，细胞表面具覆盖细胞质膜的许多薄的纤维素有机质鳞片或钙质鳞片，呈盘形或椭圆形，具一到数层，鳞片的大小、形状、微纤维的排列方式和鳞片类型是分类的最重要特征。具伸缩泡，具或不具眼点，叶绿体周生，片状，1 个、2 个或 4 个，含有叶绿素 a，叶绿素 c_1、叶绿素 c_2 和叶绿素 c_3，胡萝卜素和叶黄素，在叶绿体中缺少环带片层，色素常呈黄褐色、黄色、黄绿色、金黄色或黄褐色，每个叶绿体常含有 1 个蛋白核，细胞核 1 个，具金藻昆布糖液泡，光合作用产物为金藻昆布糖。

细胞纵分裂进行繁殖。

无性生殖形成孢子，孢子不具有硅质。

多数产于海水中，少数生长在淡水或半咸水的水体中。

此目有 2 个科，中国的淡水或半咸水中有 1 个科——土栖藻科（Prymnesiaceae）。

土栖藻科 PRYMNESIACEAE

运动的单细胞鞭毛藻类，具 2 条等长或略不等长的鞭毛，2 条鞭毛之间的近顶部具 1 条定鞭毛或称附着鞭毛，细胞表面具覆盖细胞质膜的许多薄的纤维素有机质鳞片或钙质鳞片，呈盘形或椭圆形，具一到数层，鳞片的大小、形状、微纤维的排列方式和鳞片类型是分类的最重要特征。具伸缩泡，具或不具眼点，叶绿体周生，片状，1 个、2 个或 4 个，常呈黄褐色、黄色、黄绿色、金黄色或黄褐色，每个叶绿体常含有 1 个蛋白核，细胞核 1 个，具金藻昆布糖液泡，光合作用产物为金藻昆布糖。

细胞纵分裂进行繁殖。

无性生殖形成孢子，孢子不具有硅质。

生长在淡水或半咸水中有 9 个属。中国的淡水或半咸水中发现 2 个属。

土栖藻科分属检索表

1. 附着鞭毛的长度小于 3/4 细胞直径 ··· 1. 土栖藻属 *Prymnesium*
1. 附着鞭毛的长度等于或大于细胞直径 ·· 2. 金色藻属 *Chrysochromulina*

Key to the genara of Family Prymnesiaceae

1. Length of heptonema is less than 3/4 diameter of cell ································· 1. *Prymnesium*
1. Length of heptonema is equal or greater than diameter of cell ··················· 2. *Chrysochromulina*

1. 土栖藻属 Prymnesium Massart ex Conrad
Bull. Acad. Roy. Belgique，Cl. Sci. Ser. 5，6：133，1920，Arch. Protistenk，56：219，1926.

藻体为单细胞，自由运动；细胞裸露，呈球形、卵形、卵圆形、长卵形，电子显微镜观察细胞质膜紧密覆盖许多薄的有机质鳞片，细胞前端具 2 条几乎等长的、略长于细胞的鞭毛，为异动力学功能，运动时，1 条鞭毛向前，另 1 条鞭毛靠近细胞向后拖，围绕细胞长轴螺旋状向前运动，两条鞭毛之间、近顶部具 1 条很短的定鞭毛或称附着鞭毛从凹槽中伸出，细胞前端具 1 个伸缩泡，每个细胞具 2 个周生、片状的叶绿体，黄褐色，每个叶绿体具 1 个蛋白核，1 个细胞核位于两叶绿体之间细胞的中部，1 个大的、球形金藻昆布糖液泡位于细胞的后端。

细胞纵分裂进行繁殖。无性生殖形成孢子。

多数生长在海水中，少数生长在咸水和半咸水水体中。全世界已报道土栖藻属（Prymnesium）约 10 种，中国有 1 种、1 变种。

模式种：*Prymnesium parvum* Carter 1937.

1. 土栖藻（小三毛金藻）

Prymnesium parvum Carter, Arch. Protistenk., 90: 40—42, Pl. 3, Figs. 5—16, Pl. 8, Fig. 16, 1937; Starmach, Chrysophyceae und Haptophyceae. In: Ettl et al.（eds.）: Süsswasserflora von Mitteleuropa, 1. p. 470, Fig. 1019, 1985; Hu & Wei, The Freshwater Algae of China – Systematics, Taxonomy and Ecology. p. 273, Pl. VI-6-11, 2006.

1a. 原变种　　光镜照片及手绘图版 VIII；电镜照片图版 CXI：4—6

var. parvum

种名是根据细胞小而命名。此种是模式种，可用属名命名中文种名。

细胞卵圆形，裸露，细胞前端略斜截，后端钝圆，前端具 2 条几乎等长的、略长于细胞的鞭毛，两条鞭毛之间、近顶部具 1 条很短的附着鞭毛，叶绿体周生，片状，2 个，每个叶绿体具有 1 个蛋白核，1 个细胞核位于两叶绿体之间细胞的中部，1 个大的、球形的金藻昆布糖液泡位于细胞的后端。细胞长 7—16 μm，宽 4—12 μm。

Manton 和 Leedale（1963）用透射电子显微镜观察，细胞质膜覆盖有机质鳞片，有 2 层 2 种类型的鳞片，外层鳞片椭圆形，远轴面具狭的、凸起的缘边，具同心线状的纤维，近轴面具辐射脊状的纤维，长 0.32—0.40 μm，宽 0.23—0.33 μm；内层鳞片远轴面具宽的、向内弯的缘边，具同心线状的纤维，近轴面具辐射状的纤维，长 0.30—0.37 μm，宽 0.22—0.32 μm。

运动细胞纵分裂进行繁殖；无性生殖形成孢子，球形、卵圆形，顶端具 1 个孔，长 9.8—15.6 μm，宽 7.8—14.3 μm，孢子壁由鳞片层组成，有机质沉积在鳞片的远轴面。孢子在盐浓度 20‰ 和 35‰ 培养液中产生，在较高的盐浓度中形成更为丰富。

有异形的单倍体（*N*）和双倍体（2*N*）互相交替的生活史。

混合营养方式，能够进行光合作用的自养，也能够消化颗粒物质，如细菌和微形藻类的吞噬营养。

生长在贫营养、中营养的咸水或半咸水或高矿物质水体中。

产地：电子显微镜记录——天津。

光学显微镜记录——沿海地区的半咸水水体中或受海水影响的氯化钠（NaCl）型的

咸水水体中，渤海（天津，塘沽沿海），黄海（辽宁的大连沿海），东海（浙江的余杭沿海），南海（广东的湛江沿海）。河北省的唐山，玉田，唐海。山东省的烟台，陵县。江苏省的南通。浙江省的绍兴，萧山。内陆地区以氯化钠型（NaCl-containing salt water）和硫酸盐型（sulfate-containing salt water）的咸水、半咸水的池塘和湖泊中，山西省晋南的硝池和盐池，陕西省的大荔，甘肃省的兰州，宁夏回族自治区的银川，内蒙古自治区的乌梁素海，新疆维吾尔自治区的乌鲁木齐。

分布类型：世界广泛分布。

光学显微镜记录——亚洲：以色列；欧洲：英国，瑞典，挪威，荷兰，德国，希腊，意大利，塞浦路斯，俄罗斯；非洲：摩洛哥，南非；大洋洲：澳大利亚；北美洲：美国，加拿大。

1b. 土栖藻盘状变型　　电镜照片图版 CXI：1—3

Prymnesium parvum f. patelliferum（Green，Hibberd & Pienaar）Larsen，Phycologia，38（6）：541—543，1999.

Prymnesium patelliferum Green，Hibberd & Pienaar，British Phycol. J. 17：365—373，1982.

Prymnesium papillarum Tseng & Chen J. F. Oceanol. Limnol. Sinica，17（5）：395—397，1986.

变型名是根据鳞片的形状椭圆形类似盘状而命名。

此变型与原变种的不同为电子显微镜观察细胞质膜有机质鳞片的花纹构造。鳞片有 2 层 2 种类型的鳞片，外层鳞片呈椭圆形，长 0.33—0.37 μm，宽 0.20—0.23 μm，远轴面具有比较高的、直立的缘边，其中间增厚（1 个圆形的膨大，或是 1 个长形的瘤，或是 2 个长形的瘤，或是 2 个明显的隆起），近轴面和远轴面均呈辐射状的纤维。内层鳞片远轴面具有狭的、内弯的缘边，其中间增厚，近轴面和远轴面均呈辐射状的纤维。细胞长 6—10.8 μm，宽 4.9—6.0 μm。

在生活史、生长条件、毒性和基因序列分析方面的研究支持 *P. parvum* 和 *P. patelliferum* 不是 2 个不同的种。在生活史中，*P. parvum* var. *parvum* f. *patelliferum* 细胞通常为单倍体（N），但 *P. parvum* 细胞或是单倍体（N）或是双倍体（$2N$）。

Chen 和 Tseng 在 1986 年建立的 *P. papillarum*，建立此种是由于 2 条鞭毛各有 1 个乳头状突起，1 个在 1 条鞭毛近基部的 1/2 处，1 个在另一条鞭毛近基部的 1/4 处，突起一般长 0.1—0.2 μm，有的可长至 0.7—0.8 μm，似小指状，产生乳头状突起的鞭毛部位略膨大，突起的顶端呈钝圆形，其基部略有收缩。作者认为 2 条鞭毛上各有 1 个乳头状突起，未进行详细的电子显微镜观察，乳头状突起位于鞭毛的部位和乳头状突起的长度不一，可能不是 1 个稳定的特征，而其他特征与此变型基本一致，现合并在此变型中。

电子显微镜记录——山东省：日照，采于沿海养殖池中，分离培养。

光学显微镜记录——青岛，采于公园的池塘中。

分布类型：世界散生分布。

电子显微镜记录——欧洲：英国。

光学显微镜记录——非洲：南非；北美洲：美国；加拿大。

2. 金色藻属 Chrysochromulina Lackey
Lloydia，2：128—143，1939.

 藻体为单细胞，自由运动；细胞裸露，球形、近球形或卵圆形，略变形，用电子显微镜观察，细胞表质覆盖许多小而薄的有机质鳞片，细胞前端具 2 条等长或近等长的鞭毛，2 条鞭毛之间、近顶部具 1 条定鞭毛或称附着鞭毛，鞭毛下端具 1 个大的、明显的伸缩泡，色素体周生，片状，2 个，位于细胞的两侧，金褐色，每个叶绿体具 1 个蛋白核，金藻昆布糖液泡为亮而不透明的小球体，数个，位于细胞的后端，细胞核位于细胞的中部。

 已报道金色藻属（Chrysochromulina）约有 60 种，主要生长在于海水中，生长在淡水中的有 5 种。

 模式种：*Chrysochromulina parva* Lackey 1939。

金色藻　光镜照片及手绘图版 IX

Chrysochromulina parva Lackey, Lloydia 2（2）：128—143，1939；Parke et al. Arch. Microbiol. 42：333—352，1962；Wei, Acta Hydrobiol. Sinica, 20（4）：317—321, 1996; Hu & Wei, The Freshwater Algae of China – Systematics, Taxonomy and Ecology. p. 273, Pl. VI-6-10, 2006.

 种名是根据细胞小而命名。此种是模式种，用此属的属名作为中文种名的命名。

 单细胞，自由运动，细胞裸露，略变形，侧扁，正面观圆形到方圆形，侧面观卵形，腹部略凹入，背部略凸起，垂直面观长圆形，电子显微镜观察细胞表面覆盖许多小的有机质鳞片，两条等长的鞭毛为细胞长度的 2—2.5 倍，从细胞腹部前端的 1/3—1/4 处的中央伸出，两条鞭毛之间的略下端 1 条附着鞭毛，附着鞭毛为细胞长度的 10—12 倍，常蜷曲成螺旋状缠绕，鞭毛下端具 1 个大的伸缩泡，叶绿体周生，片状，2 个，黄褐色，位于细胞两侧，细胞核位于细胞的中部近前端，细胞后端具数个球形的金藻昆布糖液泡。细胞长 3—7.5 μm，宽 2.5—7.5 μm，厚 2—4 μm；鞭毛长 6—19 μm。

 运动细胞的纵分裂进行繁殖。

 营养方式为自养，是水体中的微型浮游生物，多生长在富营养、pH 偏碱性的池塘、湖泊、水库、河流等各种淡水水体中，在贫营养的、软水水体中也能生长，pH 幅度为 6.5—7.8，水温幅度为 3—23℃，生长高峰时期适宜的水温为 8—18℃，生长条件适合时大量繁殖，可形成水华。

 产地：光学显微镜记录——江西：上饶，采自池塘中。湖北：武汉，采自东湖中；宜昌，采自香溪河中。

 分布类型：世界广泛分布。

 光学显微镜记录——亚洲：日本，印度，以色列，马来西亚；欧洲：英国，瑞典，挪威，丹麦，德国，瑞士；大洋洲：澳大利亚，新西兰；北美洲：美国，加拿大；南美洲：智利，阿根廷，巴西。

参 考 文 献

陈椒芬, 曾呈奎 (Chen J F, Tseng C). 1986. 华北两种普林藻. 海洋与湖沼, 17 (5): 394-399. [Chen J F, Tseng C. 1986. Two species of *Prymnesium* from the north of China. Oceanol. Limnol. Sinica, 17 (5): 394-399]

冯佳, 谢树莲. 2010. 山西省金藻植物新纪录. 植物研究, 36 (6): 651-659.

冯佳, 谢树莲. 2011a. 中国锥囊藻科植物. 山西大学学报, 34 (3): 492-499.

冯佳, 谢树莲. 2011b. 中国黄群藻属 (*Synura*) 植物初报. 中国科技论文在线 http://www.paper.edu.cn 201103-1130.

冯佳, 谢树莲. 2012a. 山西省鱼鳞藻属植物新纪录. 干旱区研究, 29 (1): 182-185.

冯佳, 谢树莲. 2012b. 中国近囊孢藻科 (Paraphysomonadaceae) 植物研究. 河北师范大学学报, 36: 185-191.

冯佳, 谢树莲. 2012c. 山西省 6 种鱼鳞藻属 (*Mallomonas*) 植物超微结构初步研究. 中国科技论文在线 http://www.paper.edu.cn201203-859.

何志辉. 1985. 小三毛金藻的生物学, 毒性和防治途径. 淡水渔业, (5): 27-32.

何志辉. 1989. 中国小三毛金藻研究述评. 大连水产学院学报, 4 (2): 13-19.

胡鸿钧, 李尧英, 魏印心, 等. 1980. 中国淡水藻类. 上海: 上海科学技术出版社: 1-525.

饶钦止. 1962. 五里湖 1951 年湖泊学调查, 三, 浮游植物. 水生生物学集刊, (1): 74-92.

施之新. 1997. 中国金藻门植物的新种类. 植物分类学报, 35: 269-272.

施之新. 1998. 金藻门植物一新属. 水生生物学报, 22: 299-300.

Agardh C. A. 1824. Systema Algarum: XVIII, 24, Literis Berlingianis, Lund, Sweden. 312 pp.

Andersen R. A, Peer Y., van de Potter D, et al. 1999. Phylogenetic analysis of the SSU rRNA from members of the Chrysophyceae. Protist, 150: 71-84.

Andersen R. A. 1987. Synurophyceae classis nov., a new class of algae. Amer. J. Bot. 74: 37-353.

Andersen R. A. 2007. Molecular Systematics of the Chrysophyceae and Synurophyceae. *In*: Brodie J, Lewis J. "Unraveling the Algae. The Past, Present and Future of Algal Systematics. CRC Press. Boca Raton: 285-313.

Asmund B., Cronberg G. 1979. Two new taxa of *Mallomonas* (Chrysophyceae). Bot. Notiser, 132: 409-418.

Asmund B., Cronberg G., Dürrschmidt M. 1982. Revision of the *Mallomonas pumilio* group (Chrysophyceae). Nord. J. Bot., 2: 383-395.

Asmund B, Hilliard D. K. 1961. Studies on Chrysophyceae from some ponds and lakes in Alaska I. *Mallomonas* species examined with the electron microscope. Hydrobiol., 17: 237-258.

Asmund B, Hilliard D. K. 1965. Studies on Chrysophyceae from some ponds and lakes in Alaska IV. Occurrence of a *Mallomonopsis* species in brackish water. Hydrobiol. 26: 521-526.

Asmund B, Kristiansen J. 1986. The genus *Mallomonas* (Chrysophyceae). A Taxonomic survey based on the ultrastructure of silica scales and bristles. Opera Botanica, 85: 1-128.

Asmund B, Takahashi E. 1969. Studies on Chrysophyceae from some ponds and lakes in Alaska VIII. *Mallomonas* species examined with the electron microscope II. Hydrobiol., 34: 305-321.

Asmund B. 1956. Electron microscope observations on *Mallomonas* species and remarks on their occurrence in some Danish ponds II. Bot. Tidsskr., 53: 75-85.

Asmund B. 1959. Electron microscope observations on *Mallomonas* species and remarks on their occurrence in some Danish ponds and lakes III. Dansk Bot. Ark., 18 (3): 1-50.

Asmund B. 1968. Studies on Chrysophyceae from some ponds and lakes in Alaska. VI. Occurrence of Synura species. Hydrobiologia, 31: 497-515.

Bailey J. C, Bidigare R. R, Christensen S. J., et al. 1998. Phaeothamniophyceae classsis nov.: a new lineage of chromophytes based upon photosynthetic pigments, rbcl sequence analysis and ultrustructure. Protist, 149: 245-263.

Balonov I. M. 1976. Rod Synura Ehr. (Chrysophyta). Biologija, Ekologija, Sistematika. Akad. Nauk. SSSR. Inst. Vnutrennich

Vod, Trudy, 31 (34): 61-82.

Balonov I. M. 1978. Electron microscopic study of the genus *Spiniferomonas* Takahashi (Chrysophyta). Bot. J. Acad. Sci. USSR., 63: 1639-1647.

Balonov I. M. 1980. On the new species of the genus *Chrysosphaerella* (Chrysophyta). Bot. Z., 65: 1190-1191.

Beech P. L, Moestrup O. 1986. Light and electron microscopical observations on the heterotrophic protists *Thaumatomastix salina* comb. nov. (*Chrysosphaerella salina*) and *Thaumatomastix tripus* (*Chrysosphaerella tripus*). Nord. J. Bot., 6: 865-977.

Belcher J. H. 1969. A morphological study of the phytoflagellate *Chrysococcus rufescens* Klebs in culture. Br. Phycol. J., 4: 105-117.

Bourrelly P. 1947. Algues rares et nouvelles des mares de la forêt de Fontainebleau. Rev. gén. Bot., 54: 306-325.

Bourrelly P. 1951. Une nouvelle espèce de Chrysomonadine: *Mallomonas doignonii*. Bull. Soc. Bot. France, 98: 156-158.

Bourrelly P. 1953. Flagellés incolores rares ou nouveaux. Österr. Bot. Zeitschr., 100: 533-539.

Bourrelly P. 1954. Phylogénie et systématique des Chrysophycées. In: Rapports et Communications de l' Huitiéme Congrés International de Botanique [Paris], Sect. 17. p. 117-118.

Bourrelly P. 1957. Recherches sur les Chrysophycées. Morphologie, Phylogénie, Systématique. Rev. Algol. Mém. Hors-Série., 1: 1-412.

Bourrelly P. 1965. La classification des chrysophyceés: ses problèms. Rev. Algo.l.n.s., 8: 56-60.

Bourrelly P. 1968, 1981. Les algues d'eau douce II: Les Algues Jaunes et brunes.Paris: Éditions N. Boubée & Cie: 517.

Bradley D. E. 1956. Potentialities of the carbon replica technique in the examination of the scales of *Synura* and *Mallomonas* under the electron microscope. Research Correspond, 9: 20-22.

Bradley D. E. 1964. A study of the *Mallomonas*, *Synura* and *Chrysosphaerella* of Northern Iceland. J. Gen. Microbiol., 37: 321-333.

Bradley D. E. 1966. Obesrvations on some chrysomonads from Scotland. J. Protozool., 13: 143-154.

Brodie J, Lewis J. 2007. Unraveling the Algae. The Past, Present and Future of Algal Systematics. Boca Raton: CRC Press.

Caron D. A, Lim E. L., Dennett M. R, et al. 1999. Molecular phylogenetic analysis of the heterotrophic chrysophytes genus *Paraphysomonas* (Chrysophyceae), and the design of rRNA-targeted oligonucleotide probes for two species. J. Phycol., 35: 824-837.

Carter N. 1937. New or interesting algae from brackish water. Arch. Protistenk., 90: 1-68.

Cavalier-Smith T., Chao E. E, Thompson C. E, et al. 1996. Oikomonas, a distinctive zooflagellate related to chrysomonads. – Arch. Protistenk., 146: 273-279.

Christensen T. 1962. Algae. In: Böcher T. W., Lange M., Sorensen T. Systematisk Botanik, Nr. 2 Munksgaard, Copenhagen, 178 pp.

Clark H. J. 1866. Proc. Boston Soc. Nat. Hist. II: 16 (Mem. Boston Soc. Nat. Hist. 1: 309).

Conrad W. 1926. Recherches sur les flagellates de nos eaux saumâtres. II. Chrysomonadines. – Arch. f. Protistenk., 56: 167-231.

Conrad W. 1933. Revision du genre *Mallomonas* Perty (1852) incl. *Pseudo-Mallomonas* Chodat (1920) – Mém. Mus. roy. Hist. nat. Belg, 56: 1-82.

Cronberg G., Kristiansen J. 1980. Synuraceae and other Chrysophyceae from central Småland, Sweden. Bot. Notiser, 133: 595-618.

Cronberg G. 1989. Scaled chrysophytes from the Tropics. Beih. Nova Hewigia, 95: 191-232.

Croome R. L., Dürrschmidt M., Tyler P. A. 1985. A light and electron microscopical investigation of *Mallomonas splendens* (G. S. West) Playfair (Mallomonadaceae, Chrysophyceae). Nova Hedwigia 41: 463-470.

Croome R. L., Tyler P. A. 1983. *Mallomonas plumose* (Chrysophyceae), a new species from Australia. Br. Phycol. J. 18: 151-158.

Croome R. L., Tyler P. A. 1985a. *Synura australiensis* (Mallomonadaceae, Chrysophyceae), a light and electron microscopical investigation. Nord. J. Bot., 5: 399-401.

Croome R. L., Tyler P. A. 1985b. Distribution of silica-scaled Chrysophyceae (Paraphysomonadaceae and Mallomonadaceae) from Australian inland waters. Aust. J. Mar. Freshw. Res., 36: 839-853.

Deflandre G. 1932. Contriburions à la connaissance des flagellées libres. Ann. Protistol., 3: 219-239.

Diesing K. M. 1866. Revision der Prothelminthen. Abtheilung: Mastigophoren. Sitzungsber. Kaiserl. Akad.Wiss., Math. Naturwiss. Cl., Abt. 1, 52: 287-401.

Dürrschmidt M., Cronberg G. 1989. Contribution to the knowledge of tropical Chrysophytes: Mallomonadaceae and Paraphysomonadaceae from Sri Lanka, Arch. Hydrobiol. Suppl, 82, Algol. Stud., 45: 15-37, figs. 1-55.

Dürrschmidt M., Croome R. 1985. Mallomonadaceae (Chrysophyceae) from Malaysia and Austrtralia. Nord. J. Bot., 5: 285-298.

Dürrschmidt M. 1981. *Mallomonas cristata* sp. nov. (Chrysophyceae, Synuraceae) from South Chilean Inland waters. Phycologia, 20: 298-302.

Dürrschmidt M. 1982a. Studies on the Chrysophyceae from South Chilean inland waters by means of scanning and transmission electron microscopy, II. Arch. Hydrobiol. Suppl. 63/Algol. Stud., 31: 121-163.

Dürrschmidt M. 1982b. *Mallomonas parvula* sp. nov. and *Mallomonas retifera* sp. nov. (Chrysophyceae, Synuraceae) from South Chile. Can. J. Bot., 60: 651-656.

Dürrschmidt M. 1983a. Three new taxa of *Mallomonas* (Chrysophyceae, Synuraceae) from Lake Lanalhue, Chile. Nord. J. Bot., 3: 423-430.

Dürrschmidt M. 1983b. A taxonomic study of the *Mallomonas mangofera* group (Synuraceae Chrysophyceae) including the description of four new taxa. Pl. Syst. Evol., 143: 175-196.

Dürrschmidt M. 1983c. New taxa of the genus *Mallomonas* (Mallomonadaceae, Chrysophyceae) from Southern Chile. Nova Hedwigia, 38: 717-726.

Dürrschmidt M. 1984. Studies on scale-bearing Chrysophyceae from the Giessen area, Federal Republic of Germany. Nord. J. Bot., 4: 123-143.

Dürrschmidt M. 1986. New species of the genus *Mallomonas* (Mallomonadaceae, Chrysophyceae) from New Zealead. *In*: Kristiansen, J, Andersen R. A. Chrysophytes, Aspects and Problems: 87-106, Cambridge University Press Cambridge.

Edvardsen B., Eikrem W., Green J. C., et al. 2000. Phylogenetic reconstructions of the Haptophyta inferred from 18S ribosomal DNA sequences and available morphological data. Phycologia, 39: 19-35.

Edvardsen B., Imai I. 2006. The Ecology of Harmful Flagellates Within Prymnesiophyceae and Raphidophyceae. *in* eds. Granéli, E. & Jefferson, T. T., Ecological Studies.Vol. 189

Ehrenberg C. G. 1834. Dritter Beitrag zur Erkenntnis grosser Organisation in der Richtung des kleinsten Raumes. Abh. Königl. Akad. Wiss. Berlin., 1833: 145-336.

Ehrenberg C. G. 1838. Die Infusiensthierchen (=Infusionsthierchen) als vollkommene Organismen. I-II. Leipzig 548 pp. 64 pls.

Fott B., Ludvik J. 1961. Submicroscopical structure of silica-scales in chrysomonads and its use in taxonomy. Progress in Protozool. Proc. First Intern. Conf. Protozool: 425-426.

Fott B. 1962. Taxomony of *Mallomonas* baesd on electron micrographs of scales. Preslia, 34: 69-84.

Fott B. 1971. Algenkunde. 2. Auflage. Gustav Fischer, Jena.

Goldstein M., Mclachlan J., Moore J. 2005. Morphology reproduction of *Synura lapponica* (Synurophyceae). Phycologia, 44: 566-571.

Green J. C., Hibberd D. J., Pienaar R. N. 1982. The taxonomy of *Prymnesium* (Prymnesiophyceae) including a description of a new cosmopolitan species, *P. patellifera* sp. nov. and further observations on *P. parvum* N. Carter. British Phycol. J., 17: 363-382.

Green J. C., Leadbeater B. S. C. 1994. The Haptophyte Algae. Syst Assoc. Spec. Vol. 51, 446 pp. Oxford.

Green R. B. 1979. A new species of *Spiniferomonas* (Chrysophyceae) from an Alberta lake. Can. J. Bot., 57: 557-560.

Guo M., Harrison P. J., Taylor F. J. R. 1996. Fish kills related to *Prymnesium parvum* N. Carter (Haptophyta) in the People's Republic of China. Jour. Appl. Phycol., 8: 111-117.

Gusev E. 2012. A new species of the genus *Mallomonas* (Synurophyceae), *Mallomonas spinosa* sp. nov., from Vietnam. – Phytotaxa, 66: 1-5.

Gutowski A. 1996. Temperature dependent variability of scales and bristles of *Mallomonas tonsurata* Teiling em. Krieger (Synurophyceae). Beih. Nova Hedwigia, 114: 125-146.

Hansen P. 1996. Silica-scaled Chrysophyceae and Synurophyceae from Madagascar. Arch. Protistank., 47: 145-172.

Harris K., Bradley D. E. 1957. An examination of the scales and bristles of *Mallomonas* in the electron microscope using carbon replicas. J. Roy. Microscop. Soc. Ser., 3, 76: 37-46.

Harris K., Bradley D. E. 1958. Some unusual Chrysophyceae studied in the electron microscope. J. Gen. Microbiol., 18: 71-83.

Harris K., Bradley D. E. 1960. A taxonomic study of *Mallomonas*. J. Gen. Microbiol., 22: 750-777.

Harris K. 1958. A study of *Mallomonas insgnis* and *Mallomonas akrokomos*. J. Gen. Microbial., 19: 55-64.

Harris K. 1966. The genus *Mallomonopsis*. J. Gen. Microbiol., 42: 175-184.

Harris K. 1967. Variability in *Mallomonas*. J. Gen. Microbial., 46: 185-191.

Harris K. 1970. Imperfect forms and the taxonomy of *Mallomonas*. J. Gen. Microbial., 61: 73-76.

Hibberd D. J. 1976. The ultrastructure and taxonomy of the Chrysophyceae and Prymnesiophyceae (Haptophyceae): A survey with some new observations on the ultrastructure of the Chrysophyceae. Bot. J. Linn. Soc, 72: 55-80.

Hu H. –J.（胡鸿钧）, Wei Y.-X.（魏印心）. 2006. The Freshwater Algae of China – Systematics, Taxonomy and Ecology. Beijing: Science Press: 1-1022.

Huber-Pestalozzi G. 1941. Chrysophytes, Farblose flagellaten, Heterokonten. *In*: Huber-Pestalozzi G. Das Phytoplankton des Süsswassers. 2（1）, 365 pp. In A. Thienemann（ed,）Die Binnengewässer 14, Stuttgart.

Ito H. 1988. Silica-bearing chrysophytes in the south basin of Lake Biwa Japen. Jap. J. Phycol.,（Sôrui）36: 143-153.

Ito H. 1992. Chrysophytes in the southern part of the Hyogo Prefecture, Japan (III). A new variety, *Mallomonas acaroides* var. *obtusa*（Synurophyceae, Mallomonadaceae）. Jap. J. Phycol.,（Sôrui）40: 177-180.

Ivanov L. 1899. Beitrag zur Kenntniss der Morphologie und Systematik der Chrysomonaden. Bull. Acad. Imp. Sci. St.-Petersbourg, 11: 247-262.

Jao C. C.（饶钦止）, Zhang Z.（张宗涉）. 1980. Ecological changes of phytoplankton in Lake Dong Hu, Wuhan during 1956-1975 and the eutrophication problem. Acta Hydrobiol Sinica, 7: 1-17.

Jao C. C. 1940. Studies on the freshwater algae of China V, Some freshwater algae from Sikong, Sinensia, 11（5-6）: 531-547.

Jao C. C.（饶钦止）, Zhu H. Z.（朱蕙忠）, Li. Y. Y.（李尧英）. 1974. Algae of Zhumulangma Peak Region, Science Exploration Report of Zhumulangma Peak Region, Xizang（Tibet）, 1966-1968, Biology and Physiology. p. 92-126, Beijing: Science Press.

Jo B. Y., Shin W., Kim H. S., et al. 2013. Phylogeny of the genus *Mallomonas*（Synurophyceae）and descriptions of five new species on the basis of morphological evidence. – Phycologia, 52（3）: 266-278.

Karpov S. A. 2000. Ultrastructure of the aloricate bicosoecid *Pseudobodo tremudans*, with revision of the order Bicosoecida. Protistology, 1（3）: 234-270.

Kavachi M., Inouye l., Honda D., et al. 2002. The Pinguiphyceae classis nova, a new class of photosynthetic stramenopiles whose members produce large amounts of omega-3 fatty acids. Phycol. Res., 50: 31-47.

Kent W. S. 1880-1882. Manual of the Infusoria, I-III.-D. Bogue, London, England

Kim H. S., Kim J. H., Shin W., et al. 2014. *Mallomonas elevata* sp. nov.（Synurophyceae）, a new scaled Chrysophyte from Jeju Island, South Korea. Nova Hedwigia, 98: 89-102.

Kim H. S., Kim J. H. 2008. *Mallomonas koreana* sp. nov.（Synurophyceae）, a new species from South Korea. Nova Hedwigia, 86: 469-476.

Kim J. H., Kim H. S. 2010. *Mallomonas jejuensis* sp. nov.（Synurophyceae）from Jeju Island, South Korea. Nord. J. Bot., 28: 350-353.

Kisselev J. A. 1931. Zur Morphologie einiger neuer und seltener Vertreter des pflanzlichen Mikroplanktons. Arch. Protistenk., 73: 235-250.

Klebs G. A. 1892. Flagellatenstudien, I-II. Zeitsch. Wiss. Zool., 55: 265-445.

Korshikov A. A. 1927. *Skadovskiella sphagnicola*, a new colonial chrysomonad. Arch. Protistenk., 58: 450-455.

Korshikov A. A. 1929. Studies on the Chrysomonas. I. Arch. Protistenk., 67: 253-290.

Korshikov A. A. 1941. Materialy k flore vodoroslej Kolskogo poluostrova. Trudy Inst. Bot. Kharkov., 4: 50-76.

Korshikov A. A. 1941. On some new or little known Flagellates. Arch. Protistenk., 95: 22-44.

Krieger W. 1930. Untersuchungen über Plankton-Chrysomonaden. Bot. Arch., 29: 258-329.

Kristiansen J., Andersen R. A. 1986. Chrysophytes: Aspects and Problems. Cambeidge: Cambeidge Univ. Press: 337.

Kristiansen J., Cronberg G., Geissler U. 1989. Chrysophytes. Developments and Perspectives. Beih. Nova Hedwigia, 95: 1-287.

Kristiansen J., Cronberg G. 1996. Chrysophytes. Prograss and new Horizons. Beih. Nova Hedwigia, 114: 1-266.

Kristiansen J., Cronberg G. 2004. "Chrysophytes. Past and Present." Beih. Nova Hedw, 128: 1-337.

Kristiansen J., Preisig H. R. 2007. Chrysophyte and Haptophyte Algae, 2 Teil/Part 2: Synurophyceae. In: Büdel B., Gärtner G., Krienitz L., et al. Süsswasserflora von Mitteleuropa Band 1/2. Berlin Heidelberge Springer-Verlag: 1-337.

Kristiansen J., Preisig H. R. 2001. Encyclopedia of chrysophyte genera. Bibl. Phycol., 110: 1-260.

Kristiansen J., Tong D. 1988. Silica-scaled chrysophytes of Wuhan, a preliminary note. – J. Wuhan Bot. Research, 6: 97-100.

Kristiansen J., Tong D. 1989a. Studies on silica-scaled chrysophytes from Wuhan, Hanzhou and Beijing, P. R. China.-Nova Hedwigia, 49: 183-202.

Kristiansen J., Tong D. 1989b. *Chrysosphaerella annulata* n. sp., a new scale-bearing chrysophyte. – Nord. J. Bot., 9: 329-332.

Kristiansen J., Tong D. 1991. Investigations on silica-scaled chrysophytes in China.-Verh. Internat. Verein Limnol., 24: 2630-2633.

Kristiansen J., Vigna M. S. 2002. Chrysophyceae y Synurophyceae de Tierra del Fuego (Argentina). - Monogr. Mus. Argentino Cienc. Nat., 3: 1-45.

Kristiansen J. 1979. Observations on some Chrysophyceae from North Wales. Br. Phycol. J., 14: 231-241.

Kristiansen J. 1989. Silica-scaled chrysophytes from China. Nord. J. Bot., 8: 539-552.

Kristiansen J. 1990. Studies on silica-scaled chrysophytes from Central Asia. From Xinjiang and from Gansu, Qinghai, and Shaanxi Provinces, P. R. China. Arch. Protistenk., 138: 298-303.

Kristiansen J. 2001. Biogeography of silica-scaled chrysophytes. – Beih. Nova Hedwigia, 122: 23-39.

Kristiansen J. 2002. The genus *Mallomonas*. A taxonomic survey based on the ultrastructure of silica scales and bristles. -Opera Botanica, 19: 1-218.

Kristiansen J. 2005. Golden Algae-A Biology of Chrysophytes. – A. R. G. Gantner Verlag: 167.

Lackey J. B. 1939. Notes on plankton flagellates from the Scioto River. Lloydia, 2: 128-143.

Lagerheim G. 1884. Über *Phaeothamnion*, eine neue Gattung unter den Süsswasseralgen. Bih. Till Kongl. Svenska Vetensk. Akad. Handl., 9 (19): 1-14.

Larsen A. 1999, *Prymnesium parvum* and *Prymnesium patelliferum* (Haptophyta) - one species. Phycologia, 38 (6): 541-543.

Lauterborn R. 1896. Diagnosen neuter Protozoen aus dem Gebiete des Oberrheins. Zool. Anz., 19: 14-18.

Lemmermann E. 1899. Das Phytoplankton sächsischer Teiche. Forschungsber. Biol. Stat. Plön, 7: 96-135.

Lucas I. A. N. 1967. Two new marine species of *Paraphysomonas*. Jorn. Mar. Biol. Ass. U. K., 47: 329-334.

Lund J. W. G. 1942. Contributions to our knowledge of British Chrysophyceae. New Phytol., 41: 274-292.

Ma C.-X., Wei Y.-X. 2013. A new species of genus *Mallomonas* found in the national wetland preserve in Zhenbaodao, Heilongjiang, northeast China. Nova Hedwigia, 96 (3-4): 457-462.

Mack B. 1951. Morphologische und entwicklungsgeschichtliche Untersuchungen an Chrysophyceen. Österr. Bot. Zeitschr., 98: 249-279.

Manton J., Leedale G. F. 1963. Observations on the fine structure of *Prymnesium parvum* Carter. Arch. Microbiol., 1963 (45): 285-303.

Manton J. 1964. Further observations on the fine structure of the haptonema in *Prymnesium parvum*. Arch. Microbiol., 1964 (49): 315-330.

Massart J. 1920. Recherches sur les organismes inférieurs VIII. Sur la motilité des flagellates. Bull. Acad. Roy. Belgique., Cl. Sci. Sér., 5, 6: 116-141.

Matvienko A. M. 1941. Do Systematiki rody *Mallomonas* (A contribution to the taxonomy of the genus *Mallomonas*). Trudy. Inst. Bot. Kharkov, 4: 41-47.

Mignot J.P., Brugerolle G. 1982. Scale formation in chysomonad flagellates. J. Ultrastruct Res. 81: 13-26.

Moestrup Ø. 1994. Economic aspects "Blooms" nuisance species, and toxins, In: Green J. C., Leadbeater B S C. The haptophyte algae. Systematics Association Special Volume No. 51, Clarendon, Oxford: 265-285.

Momeu L., Péterfi L. S. 1979. Taxonomy of *Mallomonas* based on the fine structure of scales and bristles. Contr. Bot. Cluj-Napoca, 1979: 13-20.

Němcová Y., Kreidlová J., Kosová A., et al. 2012. Lakes and pools of Aquitaine region (France) -a biodiversity hotspot of

Synurales in Europe.- Nova Hedwigia, 95: 1-24.

Neustupa J., Kristiansen J., Němcová Y. 2013. "Chrysophytes and Related Organisms: New Insights Into Diversity and Evolution." Beih. Nova Hedwigia., 142: 1-190.

Nicholls K. H., Wujek D. E. 2002. Chyrysophycean Algae. In: Wehr J. D., Sheath R. D. Freshwater Algae of North America. New York: Academic Press: 918.

Nicholls K. H. 1980. A reassessment of *Chrysosphaerella longispina* and *C. multispina* and a revised key to related genera in the Synuraceae (Chrysophyceae). Pl. Syst. Evol., 135: 95-106.

Nicholls K. H. 1981. *Spniferomonas* (Chrysophyceae) in Ontario lakes including a revision and descriptions of two new species. Can. J. Bot., 59 (2): 107-117.

Nicholls K. H. 1984a. *Spniferomonas septispina* and *S. enigmata*, two new species confusing the distinction between *Spniferomonas* and *Chrysosphaerella* Pl. Syst. Evol., 148: 103-117.

Nicholls K. H. 1984b. *Paraphysomonas sediculosa* sp. nov. and *Paraphysomonas campanulata* sp. nov., Freshwater Members of the Chrysophyceae. Br. Phycol. J., 19: 239-244.

Nicholls K. H. 1984c. Four new *Mallomonas* species of the Torquatae series. Can. J. Bot., 62: 1583-1591.

Nicholls K. H. 1984d. Descriptions of *Spniferomonas silverensis* sp. nov. and *S. minuta* sp. nov. and an assessment of form variation in their closest relative, *S. trioralis* (Chrysophyceae). Can. J. Bot., 62 (11): 2329-2335.

Nicholls K. H. 1985. The validity of the genus *Spniferomonas* (Chrysophyceae). Nord. J. Bot., 5: 403-406.

Nicholis K. H. 1989a. *Paraphysomonas caelifrica* new to North America and an amended description of *Paraphysomonas subrotacea* (Chrysophyceae). Can. J. Bot., 67: 2525-2527.

Nicholls K. H. 1989b. Description of four new *Mallomonas* taxa (Mallomonadaceae, Chrysophyceae). J. Phycol., 25: 292-300.

Nicholls K. H. 1993. Morphological and ecoloical characteristics of *Chrysosphaerella longispina* and *C. brevispina* (Chrysophyceae). Nord. J. Bot., 13: 343-351.

Nygaard G. 1949. Hydrobiological studies on some Danish ponds and lakes. II, Kgl. Dan. Vid. Selsk. Boil. Skr., 7 (1): 1-293.

Pang W., Wang Q. 2013. A new species *Synura morusimila* sp. nov. (Chrysophyta) from Great Xing'an Mountains, China. -Phytotaxa, 88: 55-60.

Pang W., Wang Y., Wang Q. 2012. Stomatocyst of Synura petersenii. Acta Bot. Boreal., 32: 0921-0923.

Parke M., Lund J. W. G., Manton I. 1962. Observations on the biology and fine structure of the type species of *Chrysochromulina* (*C. parva* Lackey) in the English Lake District. Arch. Microbiol, 1962: 333-352.

Pascher A. 1912. Eine farblose rhizopodiale Chrysocmonade. Ber. Deutsch. Bot. Ges., 30: 152-158.

Pascher A. 1913. Chrysomonadinae. *In*: Pascher A. Die Süsswasserflora Deutschlands, Österreichs und der Schweiz, 2: 7-95. Fisher, Jena, Germany.

Pascher A. 1914. Über Flagellaten und Algen. Ber. Deutsch. Bot. Ges., 32: 136-160.

Pascher A. 1931. Systematische Übersicht über die mit Flagellaten in Zusammenhang stehenden Algenreihen und Versuch einer Einreihung dieser Algenstämme in die Stämme des Pflanzenreiches. Beih. Bot. Centralbl., 48: 317-332.

Penard E. 1919. *Mallomonas insgnis* spec. nov. ? Bull. Soc. Bot. Genève 2e sér, 11: 122-128.

Pennick N. C., Clarke K. J. 1972. *Paraphysomonas butcheri* sp. nov., A marine, colourless, scale-bearing member of the Chrysophyceae. Br. Phycol. J., 7: 45-48.

Perty M. 1852. Zur Kenntniss kleinster Lebensformen. Bern. 228 pp.

Péterfi L. S., Asmund B. 1972. *Mallomonas portae-ferreae*. nova species in the light and electron microscopes. Stud. Univ. Babes-Bolyai Ser. Boil., 1: 11-18.

Péterfi L. S., Momeu L. 1976a. Romania *Mallomonas* species studied in light and electron microscopes. Nova Hedwigia, 27: 353-392.

Péterfi L. S., Momeu L. 1976b. *Mallomonas transsylvanica*, spec. nova (Chrysophyceae), light and electron microscopical studies. Pl. Syst. Evol., 125: 47-57.

Péterfi L. S., Momeu L. 1977. Observations on some *Mallomonas* species from Romania in light and transmission electron microscope. Nova. Hedwigia, 28: 155-177.

Péterfi L. S. 1969. The fine structure of *Poterioochromonas malhamensis* (Pringsheim) comb. nov., with special reference to lorica. Nova Hedwigia, 17: 93-103.

Petersen J. B., Hansen J. B. 1956. On the scales of some *Synura* species. I. Biol. Medd. Kgl. Dan. Vid. Selsk., 23 (2): 1-27.

Petersen J. B, Hansen J. B. 1958. On the scales of some *Synura* species. II. Biol. Medd. Kgl. Dan. Vid. Selsk., 23 (7): 1-13.

Pielou E. C. 1979. Biogeography. New York: J. Wiley. 351.

Playfair G. I. 1915. Freshwater Algae of the Lismore District: With an appendix on the algal fungi and Schizomycetes. Proc. Linn. Soc. New South Wales, 40: 310-362.

Playfair G. I. 1918. New and rare freshwater algae. Proc. Linn. Soc. New South Wales, 43: 497-543.

Playfair G. I. 1921. Australian freshwater flagellates. Proc. Linn. Soc. New South Wales, 46: 99-146.

Preisig H. R., Hibberd D. J. 1982a. Ultrastructure and taxomony of *Paraphysomonas* (Chrysophyceae) and related genera I. Nord. J. Bot., 2: 397-420.

Preisig H. R., Hibberd D. J. 1982b. Ultrastructure and taxomony of Paraphysomonas (Chrysophyceae) and related genera II. Nord. J. Bot., 2 (6): 601-638.

Preisig H. R., Hibberd D. J. 1983. Ultrastructure and taxomony of Paraphysomonas (Chrysophyceae) and related genera III. Nord. J. Bot., 3: 695-723.

Preisig H. R., Hibberd D. J. 1986. Classification of four genera of Chrysophyceae bearing silica scales in a family separate from *Mallomonas* and *Synura*. *In*: Kristiansen J, Andersen R. A. Chrysophytes. Aspects and Problems. New York: Cambridge University Press, 71-74.

Preisig H. R., Takahashi E. 1978. *Chysosphaerella* (*Pseudochysosphaerella*) *solitaria*, spec. nova (Chrysophyceae). Pl. Syst. Evol., 129: 135-142.

Preisig H. R., Vørs N, Hällfors G. 1991. Diversity of hetertophic heterokont flagellates. *In*: Patterson D. J., Larsen J. The Biology of Freeliving Hetertrophic Flagellates.- Systematics Association Vol. 45, pp.361-399. Oxford: Clarendon Press.

Preisig H. R. 1995. A modern concept of chrysophyte classification. *In*: Sandgen C. D., Smol J. P., Kristiansen J. Chrysophyte Algae, Ecology, phylogeny and development, Cambridge: Cambridge University Press: 46-74.

Prescott G. W. 1944. New species and vatieties of Wisconsin algae. Farlowia, 1: 347-385.

Pringsheim E. G. 1952. On the nutrition of *Ochromonas*. Quart. J. Microsc. Sci., 93: 71-96.

Prowse G. A. 1962. Further Malayan freshwater Flagellata. Gardens' Bull. Singapore, 19: 105-145.

Reverdin L. 1919. Étude phytoplanktonique expérimentale et descriptive des eaux du Lac de Genève. Arch. Sci. Phys. Nat., 1: 5-95.

Řezáčová M., Škaloud P. 2004. Silica-scaled chrysophytes of Ireland With an appendix: Geographic variation of scale shape of *Mallomonus coudata*. Beih. Nova Hedwigia, 128: 101-124.

Řezáčová M. 2006. *Mallomonas kalinae* (Synurophyceae), a new species of alga from northern Bohemia, Czech Republic. Preslia, 78: 353-358.

Saedeleer H. 1929. Notules systématiques. VI. *Physomonas*. Ann. Protistol., 2: 177-178.

Sandgren C. D., Smol J. P., Kristiansen J. 1995. Chrysophyte algae. - Ecology, Phylogeny and Development. xiv. Cambridge UK. Cambridge Univ. Press: 399.

Scherffel A. 1901. Kleiner Beitrag zur Phylogenie einiger gruppen niederer Organismen. Bot. Zeitung(Berlin), 1. Ab. t, 59: 143-158.

Scoble J. M., Cavalier-Smith T. 2013. Molecular and morphological diversity of *Paraphysomonas* (Chrysophyceae, order Paraphysomonadida); a short review – Beih. Nova Hedwigia, 142: 117-126.

Shi Z.-X.(施之新), Wei Y. X.(魏印心), Li Y.-Y.(李尧英). 1992. Chrysophyta of the Xizang Plateau. p. 395-400. *In*: Li Y.-Y.(李尧英), Wei Y.-X.(魏印心), Shi Z.-X.(施之新), et al. 1992. The algae of the Xizang Plateau. Beijing: Science Press: 1-509.

Shi Z.-X.(施之新), Wei Y.-X.(魏印心), Li Y.-Y.(李尧英) 1994. A preliminary inverstigation on Rhodophyta, Cryptophyta, Pyrrophyta, Chrysophyta, Xanthophyta, Chloromonadophyceae and Charophyta From the Wuling Mountain Region, China. p. 210-221. *In*: Shi Z.-X.(施之新), Wei Y.-X.(魏印心), Chen J.-Y.(陈嘉佑), et al. 1994. Compilation of reports on the survey of algae resources in south-western China. Beijing: Science Press: 1-405.

Silva P. C. 1960. Remarks on algal nomenclature 3. 12. Flagellates. – Taxon, 9: 18-25.

Siver P. A. 2002. Synurophyte Algae. *In*: Wehr J. D., Sheath R. D. Freshwater Algae of North America. New York: Academic Press: 918

Siver P. A., Wee J. L. 2001. Chrysophytes and Related Organisms: Topic and Issues. Beih. Nova Hedwigia, 122: 1-258.

Siver P. A. 1987. The distribution and variation of *Synura* species (Chrysophyte in Connecticut, USA. Nord. J. Bot., 7: 107-116.

Siver P. A. 1991. The Biology of *Mallomonas*. Morphology, Taxonomy and Ecology. –Dordrecht: Kluwer Academic Publishers: 1-230.

Škaloud P., Kristiansen J., Škaloudová M. 2013. Development in the taxonomy of silica-scaled chrysophytes from morphological and Ultrastructural to molecular approaches. -Nord. J. Bot., 31: 385-402.

Škaloud P., Kynčlová A., Benada O., et al. 2012. Toward a revision of the genus *Synura*, section Petersenianae (Synurophyceae, Heterokontophyta): Morphological characterization of six pseudo-cryptic species. – Phycologia, 51: 303-329.

Skuja H. 1937. Algae. *In*: Handel-Mazzetti, Symbolae Sinicae-Botanische Ergebnisse der expedition der akademie der wissenschaften in wien nach südwest-China 1914/1918, 1. Wien Verlac von Julius Springer: 1-105.

Skuja H. 1956. Taxonomische und biologische Studien über das Phytoplankton schwedicher Binnengewässer. Nov. Act. Reg. Soc. Sci. Upsacale. Ser.4, 16 (3): 1-404.

Skvortsov (Skvortzow) B. V. 1925. Zur Kenntnis der Mandschurischen Flagellaten. Beih. Bot. Centralbl., 41: 311-315.

Skvortsov (Skvortzow) B. V. 1961. Harbin Chrysophyta, China Boreali-Orientalis. Bull. Herb. North-East. Forest Acad., 3: 1-70.

Starmach K. 1980. Chrysophyceae – ZŁotowiciouce. – Flora ZŁodkowodna Polski 5, (ed. 2), 775 pp

Starmach K. 1985. Chrysophyceae und Haptophyceae. *In*: Ettl H., Gerloff J., Heynig H., et al. Süsswasserflora von Mitteleuropa, 1. VEB Gustav Fischer, Jena; Gustav Fischer, Stuttgart, pp. 1-515, 1051 figs.

Stein F. 1878. Der Organisnus der Infusionsthiere, III. Der Organisnus der Flagellaten 1. – Leipzig, 1-154.

Stokes A. C. 1885. Notes on some apparently undescribed forms of fresh-water Infusoria. No. 2. Am. J. Sci., Ser., 3, 29: 313-328.

Takahashi E., Hayakawa T. 1979. The Synuraceae (Chrysophyceae) in Bangladesh. Phykos, 18: 129-147.

Takahashi E. 1963. Studies on genera *Mallomonas* and *Synura*, and other plankton in freshwater by electron microscope. IV. On two new species of *Mallomonas* found in ditches at Tsuruoka in the North-East of Japan. Bull. Yamagata Uni. (Agri. Sci) 4, 2: 169-187.

Takahashi E. 1972. Studies on genera *Mallomonas* and *Synura*, and other plankton in freshwater with the electron microscope VIII. On three new species of Chrysophyceae. Bot. Mag. Tokyo, 85: 293-302.

Takahashi E. 1973. Studies on genera *Mallomonas* and *Synura*. and other plankton in freshwater with the electron microscope VII. New genus *Spniferomonas* of the Synuraceae (Chrysophyceae). Bot. Mag. Tokyo, 86: 75-88.

Takahashi E. 1975. Studies on genera *Mallomonas* and *Synura*. and other plankton in freshwater with the electron microscope. IX. *Mallomonas harrisae* sp. nov. (Chrysophyceae). Phycologia, 14: 41-44.

Takahashi E. 1976. Studies on genera *Mallomonas* and *Synura*, and other plankton in freshwater with electron microscope X. The genus *Paraphysomonas* (Chrysophyceae) in Japan. Br. Phycol. J., 11: 39-48.

Takahashi E. 1978. Electron microscopical studies of the Synuraceae (Chrysophyceae) in Japan. Taxonomy and ecology. Tokyo: Tokai University Press: 194.

Teiling E. 1912. Phytoplankton aus dem Råstasjön bei Stockholm. Svensk Bot. Tidskr., 4: 266-281.

Thomsen H. A., Zimmermann B., Moestrup Ø, et al. 1981. Some new freshwater species of Paraphysomonas (Chrysophyceae). Nord. J. Bot., 1 (4): 559-581.

Tseng C. K., Zhou B., Sun A., et al. 1982. A preliminary report on *Prochloron* from China. Kexue Tongbao, 27 (7): 778-781.

Villars M. 1789. Histoire des Plants du Dauphiné Tome III. Grenoble, Lyon & Paris.

Vlk W. 1938. Über den Bau der Geissel. Arch. Protistenk. 90.

Wawrik F. 1972. Isogame Hologamie in der Gattung *Mallomonas* Perty. Nova Hedwigia, 23: 353-362.

Wee J. L., Booth D. J., Bossier M. N. 1993. Synurophyceae from the Southern Atlantic Coastal Plain of North America: A prelimimary survey in Louisiana, U.S.A. Nord. J. Bot., 13: 95-106.

Wee J. L., Siver P. A., Lott A. M. 2010. "Chrysophytes. from Fossil Perspectives to Molecular Charecterizations." Beih. Nova. Hedwigia, 136: 1-331.

Wei Y.-X., Kristiansen J. 1994. Occurrence and distribution of silica-scaled chrysophytes in Zheiang, Jiangsu, Hubei, Yunnan and Shandong Provinces, China. Arch. Protistenkd., 144 (1994): 433-449.

Wei Y.-X., Kristiansen J. 1998. Studies on silica-scaled chrysophytes from Fujian Province, China. Chinese J. Oceanol. Limnol., 16: 256-265.

Wei Y.-X.（魏印心）, Shi Z.-X.（施之新）, Li Y.-Y.（李尧英）. 1994. Inverstigation on Rhodophyta, Pyrrophyta, Chrysophyta, Xanthophyta and Charophyta of the Henduan Mountain Region. p. 361-370. *In*: Shi Z.-X.（施之新）, Wei Y.-X.（魏印心）, Chen J.-Y.（陈嘉佑）, et al. 1994. Compilation of reports on the survey of algae resources in south-western China. Beijing: Science Press: 1-405.

Wei Y.-X., Yuan X.-P., Kristiansen J. 2014. Silica-scaled chrysophytes from Hainan, Guangdong Provinces and Hong Kong Special Administrative Region, China. Nord. J. Bot., 32: 881-896.

Wei Y.-X., Yuan X.-P. 2001. Studies on silica-scaled chrysophytes from the tropics and subtropics of China. Beih. Nova Hedwigia, 122: 169-187.

Wei Y.-X., Yuan X.-P. 2013. Studies on silica-scaled chrysophytes from Zhejiang, Jiangsu and Jiangxi Provinces, China. Beih. Nova Hedwigia, 142: 163-179.

Wei Y.-X., Yuan X.-P. 2015. Studies on silica-scaled chrysophytes from Daxinganling Mountains and Wudalianchi Lake Region, China. Nova Hedwigia, 101: 299-312.

Wei Y.-X.（魏印心）. 1994. Some new records of freshwater chrysophytes in China. J. Shanxi University（Nat Sci Ed）, 17（1）: 60-64.

Wei Y.-X.（魏印心）. 1995a. Algae. p. 24-43. *In*: Chen Y.-Y.（陈宜瑜）, Xu Y.-G.（许蕴玕）, et al. Hydrobiology and Resources Exploitation in Honghu Lake. Beijing: Science Press: 1-361.

Wei Y.-X.（魏印心）. 1995b. One new species of Cosmarium and new records of another algae in China. p. 355-361. *In*: Chen Y-Y.（陈宜瑜）, Xu Y.-G.（许蕴玕）, et al. Hydrobiology and Resources Exploitation in Honghu Lake. Beijing: Science Press: 1-361.

Wei Y.-X.（魏印心）. 1996. *Chrysochchromulina parva* Lackey（Prymnesiophyceae）: New record in China and its seasonal fluctuation in Lake Donghu, Wuhan. Acta Hydrobiologia Sinica, 20（4）: 317-321.

Weimann R. 1933. Hydrobiologische und Hydrographische Untersuchungen an zwei teichartigen Gewässern. Beih. Bot. Centrlbl., 51: 397-476.

West G. S. 1909. The algae of the Yan Yean Reservoir, Victoria. J. Linn. Soc. Bot., 39: 1-88.

Wittrock V. B., Nordstedt C. F. O. 1884. Algae Aquae Dulcis Exsiccatae. 13: 608.

Wujek D. E., Asmund B. 1979. *Mallomonas cyathellata* sp. nov. and *Mallomonas cyathellata* var. *kenyana* var. nov. （Chrysophyceae）studied by means of scanning and transmission electron microscopy. Phycologia, 18: 115-119.

Wujek D. E., Bicudo C. E. 1993. Scale-bearing chrysophytes from the State of Sao Paulo, Brazil. Nova Hedwigia, 56: 247-257.

Wujek D. E., Gretz M., Wujek M. J. 1977. Studies on Michigan *Chrysophyceae* IV. Michigan Bot, 16: 191-194.

Wujek D. E., Siver P. A. 1997. Studies on Florida Chrysophyceae（Paraphysomonadaceae）and Synurophyceaes（Mallomonadaceae）. V. The flora of North-Central Florida. Florida Scientist, 60: 21-27.

Wujek D. E. 1983, A new freshwater species of *Paraphysomonas*（Chrysophyceae; Mallomonadaceae）. Trans. Am. Microsc. Soc., 102（2）: 165-168.

Wujek D. E. 1984. Scale-bearing Chrysophyceae（Mallomonadaceae）from North-Central Costa Rica. Brenesia, 22: 309-313.

Yamagishi T. 1992. Plankton Algae in Taiwan（Formosa）, Tokyo: Uchida Rokakuho: 1-252.

Yuan X.-P., Wei Y.-X. 1999. A preparation method of silica-scaled chrysophytes for transmission electron microscopy. Chinese Journal of medical physics, 16（5）: 35-37.

附录 I 金藻类英汉术语对照表

acronematic flagellum 尾鞭鞭毛
anterior flange 前翼
anterior submarginal rib 前端近边缘肋
apical scale 顶部鳞片
arm 臂
armor, armour, lorica 壳体, 甲鞘
asymmetric 不对称的
autecology 个体生态学
autotrophy, autotrophism 自养
axonemal 轴丝的
axoneme 轴丝
base plate 基片, 基部板
basionym 基原异名
β-carotene β-胡萝卜素
bifurcation 二叉
bilateral radial symmetry 两侧辐射对称
blunt 钝的
body scale 体部鳞片
brackish 半咸水
branched dendroid form 分枝的树状体形
bristle 刺毛
bristle shaft 刺毛杆, 刺毛轴
Calcofluor White-Evans blue 卡尔科弗卢尔荧光增白剂-伊文思蓝染色剂
category 种类
caudal scale 尾部鳞片
chitinous microfibril 几丁质微纤维
chlorophyll c_1 叶绿素 c_1
chlorophyll c_2 叶绿素 c_2
chloroplast 叶绿体
chloroplast endoplasmic reticulum (CER) 叶绿体内质网
Chromatophore 色素体, 载色体
Chromatoplasm 色素质

chrysolaminaran 金藻昆布糖
chrysolaminaran vesicle 金藻昆布糖囊泡
chrysophytes 金藻类
circumpolar 极地周围的
coccoid form 球粒形
collar scale 领部鳞片
conical 圆锥形的
contractile vacuole 伸缩泡
cosmopolitan type 普遍分布类型
crown scale 冠状鳞片
craspedodont 缘膜形, 侧脉
cristate 鸡冠状的, 梳状的, 冠状的
cylindrical 圆柱形的
cyst 孢子囊, 孢囊
cytoskeleton 细胞骨架
depression 凹陷
diatoxanthin 硅藻黄素
diadinoxanthin 硅甲藻黄素
dictyosome 网体, 高尔基体
disjunct 不连接
distal end 远轴端
distal face 远轴面
distribution type 分布类型
dome 拱形盖
dorsal edge 背缘
dot 点状, 点纹
echinate 有刺的, 具刺的
edge 边缘
ellipsoidal 椭圆形的
elliptical 椭圆形的
elongate 延长的, 延伸的, 伸长的
endemic species 地区性种类
endoplasmic reticulum 内质网
endoplasmic reticulum cistern 内质网槽

endoplasmic reticulum vesicles（ERV）内质网囊
endospore 内生孢子
epitheca, epithet 壳体，上壳，外鞘，外壳
epitype 表模式，附加模式
etymology 语源学
filament 丝状体
filamentous 丝状的
filiform 丝状的，纤维状的
flagellum 鞭毛
flagellum hair 鞭毛的毛
flange 翼，凸缘
flimmer flagellum 茸鞭型鞭毛
flora 植物区系
fluorescence microscopy 荧光显微镜
foot 足，根
fucoxanthin 岩藻黄素，墨角藻黄素
fusiform 纺锤状的
Golgi body 高尔基体
hairy flagellum 茸鞭型的鞭毛
haptonema 定鞭毛，附着鞭毛
helmet bristle 钢盔状刺毛
heteroxanthin 黄藻黄素
holotypus 全型，主模式标本
homopolar 同极的
hood 盖子，冠，盔
hooded 盖子的，冠状盖的，有罩盖的
hooked bristle 钩状刺毛
honeycomb 蜂窝状纹
icotypus, icotype 像模式标本，肖模式标本
iconotypus 图模式标本
imbricate 覆瓦状的，重叠成瓦状的
keel 龙骨脊
lacuna 空腔
lance bristle 披针形刺毛，柳叶刀形刺毛
lateral incurving 侧面内凹入
lacuna, lacunae 腔，空隙
lacunar, lacunose 腔隙的

lectotype 选模式标本
leucoplast 白色体
lip 唇，唇瓣
marsh 草本沼泽
mastigoneme 侧茸鞭型鞭毛，具侧生毛的鞭毛
mesh 网眼
meshwork 网状组织
mitochondrion 线粒体
mitochondrial cristae 线粒体脊
mixotrophic 混合营养的
mixotrophy 混合营养
mold 模板
mtDNA COI 线粒体脱氧核糖核酸细胞色素氧化酶亚基
multi-gyred flagellar transitional helix 多向旋转的鞭毛的过渡螺旋
NaCl-containing salt water 含氯化钠盐水
nannoplankton 微型浮游生物
neotypification 新模式
nodule 小结节
notacanthic 刺突形，背棘形
nucleus 细胞核
obconic, obconical 倒圆锥形的
oblong 长圆形的
obovate 倒卵形的
obovoid 倒卵圆形的
obtuse 钝的
organic scale 有机质鳞片
osmotrophic nutrition 渗透营养
osmotrophy 渗透营养
oval 卵形的
overlap 重叠，交错
ovoidal 卵圆形的
ovoid 卵圆形的
ovate 卵形的
paleolimnology 古湖沼学
palmelloid colony 胶群体

palmelloid masses 胶群体形
pantonematic flagellum 全列型鞭毛
pantropical 遍布于热带的
papillae 乳突
parenchymatous 薄壁组织状的
peaty 泥炭
peaty bog 泥炭沼泽
peaty meadow 泥炭草甸
peaty moss 泥炭藓
periplastidial cistern 周质体囊泡
periplastidial reticulum 周质体网
periplastidial endoplasmic reticulum 周质体内质网
phagotrophic 吞噬营养的
phagotrophy 吞噬营养
phosphate buffer solution（PBS）磷酸盐缓冲液
phototrophic autotrophy 光合营养的自养
phototrophic organisms 光合营养有机体
picoplankton 超微型浮游藻类
pit 凹孔，凹孔纹
plankton 浮游生物
planktonic 浮游生物的
plasmodial aggregation 原生质的聚集
plastoglobuli 质体小球
pleistocenic glaciations 更新世的冰川
pleuronematic flagellum 侧茸鞭毛
plume bristle 羽状刺毛
pore 小孔，小孔纹
procese 突起，隆起
porus 孢孔
posterior border rib 后端边缘肋
posterior flange 后翼
protist 原生生物
protuberance 突起
proximal border 近轴端的边缘
proximal end 近轴端
proximal face 近轴面

radial symmetry 辐射对称
rbcl 1,5-二磷酸核酮糖羧化/加氧酶
rear scale 后部鳞片，尾部鳞片
rectangular 长方形的
reticulum 网纹
reticulation 网纹
rhizoplast 根丝体
rhizopodial form 根足虫形
rhombic 菱形的
rhomboid 菱形的
rib 肋
ridge 脊，脊状
rim 棱，缘边
root 根
saprozoic nutrition 腐生营养
saucer shape 浅碟形
scale-producing vesicle 产生鳞片的囊
scattered distribution 散生分布
secondary layer 次生层
sediments 沉积物
serrate 锯齿状的
serration 锯齿状
shield 盾片
shoulder 肩角
shaft 杆，轴
silica deposition vesicles（SDV）硅质沉积囊
silica scale 硅质鳞片
siliceous scale 硅质鳞片
smooth 平滑的
spherical 球形的
spot 点，斑点
18S rRNA sequences 18 小亚基核糖体核糖核酸序列
stalk 柄
statospore 静孢子
stomatocyst 金藻孢子囊，金藻孢囊
struts 隆起
submarginal rib 近边缘肋

subovoid 近卵圆形的
sulfate-containing salt water 含硫酸盐水
swamp 沼泽
swampy 沼泽的
swamp woodland 沼泽丛林
thalloid form 叶状体形
thallus 原植体，藻体
tooth，teeth 齿
thorn 棘刺
tinsel flagellum 茸鞭型的鞭毛
tip 顶端
trailing flagellum 尾鞭型鞭毛
triangular 三角形的

tripartite 三深裂的，分成三个部分的
ultrastructure 超微结构
vacuole 液泡
ventral edge 腹缘
vermian 蠕虫状
vermiform 蠕虫形
violaxanthin 堇菜黄素
V-rib V 形肋
whiplash flagellum 尾鞭型鞭毛
wide distribution 广泛分布
window 窗孔
wing-like 翅状

附录 II 本册未收录的种类

I. 何志辉（1985，1989）在大连沿海报道的光学显微镜记录的金藻类：
舞土栖藻 *Prymnesium saltans* Massart ex Conrad，未进行电子显微镜观察。

II. Yamagishi T.（1992）在中国台湾报道光学显微镜记录的金藻类：
1. *Mallomonas allorgei*（Deflandre）Conrad
产地：中国台湾，采于花莲市鲤鱼潭湖中。
2. *Mallomonas fresenii* Kent，
产地：中国台湾，采于台北一池塘，桃园一池塘，新竹一鱼池，淡水一池塘。
3. *Mallomonas lefevrei* Villeret
产地：中国台湾，采于桃园一池塘。

III. Skvortsov（Skvortzow）B. V.（1961）报道黑龙江哈尔滨用光学显微镜记录的金藻类，4 个属 *Jaoniella*、*Mallomonas*、*Mallomonopsis* 和 *Synura* 的种类。
1. Genus *Jaoniella* Skvortzov 1961
群体球形，细胞排列在群体的周边，细胞倒卵形或球形，细胞的后部具 1 条或 2 条分枝的细柄互相连成群体；细胞前端具 2 条等长的鞭毛，1 个周生的色素体，1 个眼点，伸缩泡 1—3 个。

群体直径 70—100 μm；细胞直径 7—11 μm；孢子球形，直径 15 μm。

产地：哈尔滨，采于一池塘。

Kristiansen 和 Preisig（2007）认为此属和种的描述是不充分的，分类位置是可疑的。可能与 *Tessellaria* 属密切有关。

2. Genus *Mallomonas* Perty
1）*Mallomonas acaroides* Perty
  细胞长 18 μm，宽 12 μm。
  产地：哈尔滨，采于一池塘。

2）*Mallomonas brevispina* Skvortzov
  细胞长 18 μm，宽 11 μm。
  产地：哈尔滨，采于一池塘。

3）*Mallomonas espinifera* Skvortzov
  细胞长 37 μm，宽 18 μm。
  产地：哈尔滨，采于一池塘。

4）*Mallomonas fastigata* Zachcharias
  细胞长 50—60 μm。
  产地：哈尔滨，采于一池塘。

5) *Mallomonas filiformis* Skvortzov
   细胞长 18.5 μm，宽 8 μm。
   产地：哈尔滨，采于一池塘。

6) *Mallomonas longispina* Skvortzov
   细胞长 15 μm，宽 11 μm。
   产地：哈尔滨，采于一池塘。

7) *Mallomonas multispina* Skvortzov
   细胞长 22 μm，宽 15 μm。
   产地：哈尔滨。

8) *Mallomonas planctonica* Skvortzov
   细胞长 22—33 μm，宽 11—18 μm。
   产地：哈尔滨。

9) *Mallomonas reticurata* Skvortzov
   细胞长 30—33 μm，宽 11—12 μm。
   产地：哈尔滨。

10) *Mallomonas subcaudata* Skvortzov
    细胞长 26 μm，宽 18 μm。
    产地：哈尔滨。

11) *Mallomonas tetraspina* Skvortzov
    细胞长 18.5 μm，宽 8 μm。
    产地：哈尔滨。

12) *Mallomonas tristis* Skvortzov
    细胞长 22 μm，宽 15 μm。
    产地：哈尔滨。

3. Genus *Mallomonopsis* Matvienko

1) *Mallomonopsis Matvienkoi* Skvortzov
   细胞长 26 μm，宽 15 μm。
   产地：哈尔滨。

4. Genus *Synura* Ehrenbwerg

1) *Synura elipidosa* Skvortzov
   群体直经 30 μm；细胞长 12 μm。
   产地：哈尔滨。

2) *Synura falcata* Skvortzov
   群体直经 25 μm；细胞长 10—11 μm。
   产地：哈尔滨。

3) *Synura splendida* Korshikov
   群体直经 85 μm；细胞长 35 μm，宽 7—8 μm。
   产地：哈尔滨。

Ⅳ. 胡鸿钧等（1980）。该书中的第 104 页，描述的 *Mallomonas producta* Iwanoff, 1899，此种没有得到国际上的认可。

Ⅴ. 施之新（1997）描述的一新种——心形弯鞭藻（*Erkenia cordata* Shi），弯鞭藻属（*Erkenia*）是种类很少的一个小属，需要进行电子显微镜研究，其分类位置可能属于土栖藻纲 Prymnesiophyceae 中的藻类，弯鞭藻属可能有一条定鞭毛，但被很少的研究者疏漏忽视了。

Ⅵ. 施之新（1998）所描述的一新属胶瓶藻属（*Glocourceolus*）及新种——单生胶瓶藻（*G. simplex*），此新属的特征未达到属的分类等级，此属及种没有得到国际上的认可。

Ⅶ. 冯佳，谢树莲.2012c. 山西省 6 种鱼鳞藻属（*Mallomonas*）植物超微结构初步研究. 中国科技论文在线 http；//www.paper.edu.cn.
Mallomonas acaroides 采于山西宁武暖泉沟，鳞片纹饰不清楚，孢囊的纹饰也不清楚。
Mallomonas areolata 采于山西宁武暖泉沟。孢囊不清楚。
Mallomonas caudata 采于山西宁武暖泉沟。仅有孢囊，但未见网状纹饰。
Mallomonas costata 采于山西宁武暖泉沟。鳞片纹饰不清楚。
Mallomonas striata 采于山西宁武暖泉沟。鳞片纹饰不清楚。
Mallomonas tonsurata 采于山西宁武岭干海。鳞片纹饰不清楚。
以上 6 个种的鳞片和孢囊的扫描电子显微镜照片的纹饰不清楚，所以未列入这些种类在山西省的分布。

Ⅷ. 冯佳，谢树莲.2011b. 中国黄群藻属（*Synura*）植物初报. 中国科技论文在线 http；//www. paper.edu.cn.
此文没有黄群藻属（*Synura*）光学显微镜和电子显微镜照片的图，所以此文中所描述种类的分布未列入在中国的分布。

Ⅸ. 冯佳，谢树莲.2010. 山西省金藻植物新纪录. 植物研究，36（6）：651-659.
文章中没有山西省金藻类植物光学显微镜和电子显微镜照片的图，所以文中种类未列入在山西省的分布。

Ⅹ. 冯佳，谢树莲.2011a. 中国锥囊藻科植物. 山西大学学报，34（3）：492-499.
文章中没有中国锥囊藻科植物手绘的图、光学显微镜和电子显微镜照片的图，所以此文中的这些种类未列入在中国的分布。

Ⅺ. 冯佳，谢树莲.2012a. 山西省鱼鳞藻属植物新纪录. 干旱区研究，29（1）：182-185.

文章中描述的：

1. 卵形鱼鳞藻（*M. oriformis*）山西晋城蟒河
2. 显著鱼鳞藻（*M. insignis*）山西宁武暖泉沟。
3. 延长鱼鳞藻（*M. elongata*）山西宁武暖泉沟；山西宁武干海。
4. 具尾鱼鳞藻（*M. caudata*）山西洪洞广身胜寺前一池塘；朔州神头三泉湾。
5. 条纹鱼鳞藻（*M. striata*）山西宁武暖泉沟。
6. 网状鱼鳞藻（*M. areolata*）山西宁武暖泉沟；山西宁武鸭子海。
7. 光滑鱼鳞藻（*M. tonsurata*）山西宁武干海。
8. 中肋鱼鳞藻（*M. costata*）山西宁武暖泉沟。
9. 蛛形鱼鳞藻（*M. acaroides*）山西宁武暖泉沟。

此文中的这些种类没有光学显微镜和电子显微镜的照片，所以均未列入山西省的分布中。

XII. 冯佳，谢树莲.2012b. 中国近囊孢藻科（Paraphysomonadaceae）植物研究. 河北师范大学学报，36：185-191.

文章中所描述的近囊胞藻科植物的种类没有电子显微镜照片的图，所以这些种类未列入在中国的分布。

中文学名索引

A

阿贝刺胞藻　7,11,43
埃菲尔铁塔状近囊胞藻　7,31,36
矮小鱼鳞藻　9,109,110
澳大利亚黄群藻　4,9,136,137
凹孔纹鱼鳞藻　7,63,68
凹孔纹鱼鳞藻单列变种　8,68

B

班达近囊胞藻　7,31,32
斑点纹鱼鳞藻　7,72,73
斑纹黄群藻　128,133
杯状鱼鳞藻　7,89,96,98
杯棕鞭藻属　6,22
杯棕鞭藻　21,24
彼得森黄群藻　7,11,136,137,139
比约克黄群藻　136,138
不对称鱼鳞藻　8,89,93
布彻近囊胞藻　7,11,31,33

C

长鱼鳞藻　7,10,89,93
刺胞藻属　24,25,42,45
刺胞藻　7,43,45

D

单生胶瓶藻　171
倒齿状近囊胞藻　7,31,39
点纹鱼鳞藻　9,10,74,75
点纹近囊胞藻　8,31,39
点纹近囊胞藻小变种　8,39
钉状鱼鳞藻　63,65
定鞭藻门　151
定鞭藻纲　151
顶刺毛丛鱼鳞藻　7,80
短刺黄群藻　7,10,128,129,130
短刺金球藻　7,26,27
多刺鱼鳞藻　7,62
多钩状刺毛鱼鳞藻　77,79
多孔近囊胞藻　9,31,38

多鳞胞藻属　25
多伊格诺鱼鳞藻　9,10,109,122
多伊格诺鱼鳞藻细肋变种　9,123

F

方形屋胞藻　18,19
蜂窝纹鱼鳞藻　109,119
蜂巢状近囊胞藻　7,31,38,
浮雕状近囊胞藻　7,30,31,33
辐射肋鱼鳞藻　9,81,86

G

高桥刺胞藻　43,47
高桥近囊胞藻　30,40
高山湖鱼鳞藻　7,10,89,90
隔刺金球藻　7,26,29
怪异鱼鳞藻　9,109,114
冠状近囊胞藻　7,31,35
光滑鱼鳞藻　7,10,89,95,96,172
硅鞭藻纲　5
硅藻纲　1,5

H

哈里斯鱼鳞藻　8,77,78
海南近囊胞藻　8,31,37
海金藻纲　5
韩国鱼鳞藻　8,89,99
褐藻纲　6
褐枝藻纲　5,6,14,143
褐枝藻目　144
褐枝藻科　144
褐枝藻属　144
褐枝藻　7,145
厚鳞鱼鳞藻　7,89,104
湖杯鞭虫　149
湖生囊壳藻　147,148
花环金球藻　7,25,28
华美鱼鳞藻　7,72
花形鱼鳞藻　7,81,84
花序状鱼鳞藻　9,10,89,97
环脊近囊胞藻　7,31,35

环孔近囊胞藻 7,31,34
环饰金球藻 9,26
环饰鱼鳞藻 7,107
黄群藻纲 2,5,6
黄群藻目 6,11,14,15,49
黄群藻科 2,49,125
黄群藻属 6,15,25,125
黄群藻 7,11,128,129,135
黄藻纲 6
喙状屋胞藻 18,20

J
鸡冠状鱼鳞藻 7,81,86
济州鱼鳞藻 8,109,122
胶瓶藻属 171
角状刺胞藻 8,43,46
剑状近囊胞藻 7,31,36
近囊胞藻科 6,11,14,15,16,24,25
近囊胞藻属 25,30,40
近囊胞藻 7,11,31,40,41,42
近囊胞藻未定种 7,31,42
金粒藻科 146
金粒藻属 6,21,25
金球藻属 6,24,42
金球藻科 146
金球藻 8,26,28
金色藻属 6,152
金色藻 7,10,155
金藻门 1,5,13
金藻纲 1,2,5,6,14,15,17,151
颈环鱼鳞藻 9,10,109,124
颈状囊壳藻 8,147
聚杯鞭虫 149
聚合双金藻 10,126
聚囊壳藻 7,147,149 151
聚屋胞藻 17,20
锯齿状刺胞藻 8,43,46
具刺黄群藻 7,10,128,134
具刺黄群藻长刺变种 7,10,135
具刺鱼鳞藻 8,9,109,119
具卷须近囊胞藻 7,31,34
具肋鱼鳞藻 7,89,101
具翼刺胞藻 8,43,44
具尾鱼鳞藻 4,7,51,54,55,172
具眼点囊壳藻 147,149

K
卡利纳鱼鳞藻 7,63,67
宽翅鱼鳞藻 7,109,111

L
拉博鱼鳞藻 9,87
拉普兰棋盘藻 10,126
篮形鱼鳞藻 7,8,81,83
六角状网纹鱼鳞藻 8,55,58
卵形杯鞭虫 149
卵形囊壳藻 147,149
卵形鱼鳞藻 55,59,172

M
马勒姆杯棕鞭藻 23,24
马伟科鱼鳞藻 7,55,57
芒果形鱼鳞藻 7,109,115
芒果形鱼鳞藻凹孔纹变种 9,116
芒果形鱼鳞藻精致变种 9,117
芒果形鱼鳞藻网纹变种 9,117

N
耐受鱼鳞藻 11,55,58
囊壳藻纲 5,6,14,145,147
囊壳藻目 145,146,147
囊壳藻科 146,147
囊壳藻属 146
泥炭藓黄群藻 7,10,11,128,133

P
平滑黄群藻 7,136,138
平滑鱼鳞藻 7,63,66

Q
棋盘藻属 6,125,126
球屋胞藻 18,20

R
乳突黄群藻 7,10,128,132
乳突鱼鳞藻 7,63,65

S
散刺毛鱼鳞藻 106
三角金球藻 30
三肋刺胞藻 7,43,47
三孔金粒藻 22
色金藻目 2,6,14,15,16,25,146

色金藻科　6,16
色金藻属　17,25,143
斯里兰卡鱼鳞藻　9,55,61
斯坦屋胞藻　18,20
似篮形鱼鳞藻　8,81,85
似树胞藻科　146,150
似树胞藻属　150
似树胞藻　150
似桑葚黄群藻　8,128,132
似锥囊囊壳藻　147,148
水树藻目　15,142
水树藻科　142
水树藻属　3,142
水树藻　3,11,142
双金藻属　6,125
双孔刺胞藻　8,43,44

T

特兰西瓦尼亚鱼鳞藻　9,10,74
同形近囊胞藻　7,31,37
铁闸门鱼鳞藻　3,4,9,89,100
土栖藻纲　5,6,11,14,151,171
土栖藻目　151,152
土栖藻科　152
土栖藻属　6,152,153
土栖藻　7,10,11,153
土栖藻小变种盘状变型　154
拖鞋状鱼鳞藻　63,64

W

外穴屋胞藻　18
弯鞭藻属　171
网骨藻纲　5
网纹鱼鳞藻　7,89,92
微囊藻　24
窝孔纹鱼鳞藻　109,120
屋胞藻目　17
屋胞藻属　6,17
屋胞藻　18,21
无穿孔近囊胞藻　7,11,30,37
舞土栖藻　169

X

细脊黄群藻　8,129,131
喜悦鱼鳞藻　8,109,121
线纹鱼鳞藻,81,82
显著鱼鳞藻　8,70,172
小刺黄群藻　10,129,130
小球藻　7,24
小三毛金藻　154
小眼屋胞藻　17,19
小鱼鳞藻　63,69
斜屋胞藻　17,19
心形弯鞭藻　171
胸针形鱼鳞藻　9,55,60
胸针形鱼鳞藻孟加拉变种　9,61

Y

芽生杯鞭虫　148
眼杯鞭虫　149
眼纹鱼鳞藻　8,9,109,113
异鞭藻纲　1,5
异色金藻属,17
异刺鱼鳞藻　7,11,77
银湖刺胞藻　9,43,47
油脂藻纲　5,6
鱼鳞藻科　15,25,49
鱼鳞藻属　2,6,25,50,51,52,53
鱼鳞藻　7,10,51,89,102
鱼鳞藻钝顶变种　8,104
鱼尾状鱼鳞藻　7,63,70
羽状鱼鳞藻　8,9,74,76
原孢藻目　146
原鞭藻目　146
远东鱼鳞藻　7,109,112
圆孔纹鱼鳞藻　9,109,113
圆锥杯鞭虫　148
圆锥囊壳藻　147,148

Z

增高鱼鳞藻　8,109,118
直肋鱼鳞藻　8,109,124
钟形近囊胞藻　8,31,34
棕藻鞭目　2
棕藻鞭科　15
棕藻鞭属　25,143
锥囊藻科　6,16,21
锥囊藻属　3,15
鳟鱼湖黄群藻　8,136,141

拉丁学名索引

Bicoeca 148
  conica 148
  dinobryoidea 148
  lacustris 149
  oculata 149
  ovata 149
  sociolis 149
Bicosoecophyceae 5,6,14,145,147
Bicosoecales 145,147
Bicosoecaceae 146,147
Bicosoeca 146,147
  colliformis 8,147,148
  conica 147
  dinobryoidea 147,148
  lacustris 147,148
  oculata 147,149
  ovata 147,149
  sociolis 147,149
Chlorella 24
Chrysophta 1,5,13
Chrysophyceae 1,2,5,6,14,151
Chromulinales 1,2,6,14,15,16,25,146
Chromulinaceae 6,16
Chromulina 17,25,143
Chrysochromulina 6,152,155
  parva 7,10,155
Chrysococcaceae 146
Chrysococcus 6,21
  rufescens 22
  triporus 22,24
Chrysodidymus 6,7,125,126
  synuroideus 7,10,126
Chrysosphaerella 6,25,42
  annulata 4,9,26
  brevispina 7,27
  coronacircumspina 7,26,28
  longispina 8,26,28
  multispina 28
  septispina 7,26,29

  solitaria 28
  triangulate 30
Conferva 143
  foetida 143
Dendromonas 150
  virgaria 150
Diatomeae 1,5
Dictyochophyceae 5
Dinobryaceae 6,16,21
Dinobryon 3,14
Erkenia 171
  cordata 171
Glocourceolus 171
  simplex 171
Haptophyceae 2,151
Haptophyta 151
Heterokontae 1,5
Heterochromulina 17
  ocellata 17,19
Heterochrysida 2
Hydrurales 6,15,142
Hydruraceae 142
Hydrurus 3,142
  foetidus 3,11
Isochrysidales 1
Jaoniella 169
Lagerbeimia 72
  splendens 72
Mallomonaceae 49
Mallomonas 2,3,4,6,50
  acaroides 7,10,51,89,102,103
  acaroides var. *crassisquama* 104
  aca roides var. *obtusa* 8,104
  actinoloma 9,81,86
  akrokomos 7,80
  alata 7,109,111
  allorgei 72,169
  alpine 7,10,89,90
  alveolata 7,109,119

annulata   7,107
areolata   7,89,92,171,172
asymmetrica   8,89,93
brevispina   169
calceolus   63,64
caudata   4,7,51,54,55,171,172
ceylanica   9,61
corymbosa   7,9,10,89,87
costata   7,89,101,171,172
crassisquama   7,89,104
cratis   7,81,83
cristata   7,81,86
cyathellata   7,89,98
doignonii   9,10,109,122,123
doignonii var. *tenuicostis*   9,123
elliptica var. *salina*
elongata   7,10,89,93,172
elevata   8,109,118
eoa   7,109,112
espinifera   169
fastigata   169
favosa   109,120
filiformis   169
flora   7,81,84
fresenii   169
grata   8,109,121
guttata   7,63,68
guttata var. *implex*   8,68
harrisae   8,77,78
heterospina   7,11,77
hexareticulata   8,58
insignis   8,70,172
intermedia   101
jejuensis   8,109,122
kalinae   7,63,67
koreana   8,89,99
leboimei   9,87
lefevrei   169
lelymene   7,106
longispina   170
maculata   7,73
mangofera   7,109,115

mangofera f. *foveata*   9,116
mangofera f. *gracilis*   117
mangofera f. *reticulata*   117
mangofira var. *foveata*   116
mangofera var. *gracilis*   9,117
mangofera var. *reticulata*   9
matvienkoae   7,57,117
monograptus   90
multisetigera   7,62
multispina   170
multiunca   77,79
ocellata   9,109,113
ouradion   7,63,70
oviformis   59,172
papillosa   7,63,65
papillosa var. *annulata*   107
parvula   63,69
paxillata   63,65
peronoides   9,60
peronoides var. *bangladishica*   9,61
phasma   9,109,114
planctonica   170
plumosa   9,76
portae-ferreae   3,9,89,99,100
producta   171
pseudocoronatae   105
pseudocratis   8,81,85
pumilio   9,108,109,110,111
punctifera   9,10,74,75
rasilis   7,63,66
recticostata   8,109,124
reticurata   170
scrobiculata   9,109,114
spinosa   9,109,119
splendens   7,72
striata   81,82,171,172
subcaudata   170
tetraspina   170
tolerans   11,58
tonsurata   7,10,89,95,171,172
torquata   9,10,109,124
transsylvanica   9,10,74

tristis 170
Mallomonopsis 61
   elliptica 57
   elliptica var. *salina* 58
   Matvienkoi 170
   paxillata 65
   peronoides 60
   peronoides var. *bangladeshica* 61
Microcystis 23
Nanurus 3,142
   flaccidus 3,143
Ochromonadales 1,2
Ochromonas 23,25,143
   diademifera 35
   malhamensis 23
Oicomonas 17
Oikomonales 17
Oikomonas 6,17
   excavata 18
   mutabilis 18,21
   oblique 17,19
   ocellata 17,19
   quadrata 18,19
   rostrata 18,20
   socialis 17,20
   steinii 18,20
   termo 18,20
Paraphysomonadaceae 6,11,14,16,24
Paraphysomonas 7,30
   bandaiensis 7,31,32
   butcheri 7,10,11,31,33
   caelifrica 7,30,31,33
   campanulata 8,31,34
   capreolata 7,31,34
   circumforaminifera 7,31,34
   circumvallata 7,31,35
   cylicophora 30
   diademifera 7,31,35
   eiffelii 7,31,36
   gladiata 8,31,36
   hainanensis 8,31,37
   homolepis 7,31,37

   imperforata 7,11,30,37
   inconspicua 33,38
   morchella 7,31,38
   porosa 9,31,38
   punctata 8,31,39
   punctate ssp. *microlepis* 8,39
   runcinifera 7,31,39
   takahashii 30,40
   vestita 7,11,31,40,41,42
   vestita ssp. 7,31,42
Pelagophyceae 5
Phaeophyceae 5,6
Phaeothamniophyceae 5,6,14,143
Phaeothamniales 144
Phaeothamniaceae 144
Phaeothamnion 144
   confervicola 144
Physomonas 40
   vestita 40
Pinguiphyceae 5,6
Polylepidomonas 25
Polypodochrysis 6
   teissieri 6
Poterioochromonas 6,22
   malhamensis 23,24
   stipitata 23,24
Protomastiginae 146
Protomonadales 146
Prymnesiophyceae 5,6,11,14,151,171
Prymnesiales 151,152
Prymnesiaceae 151,152
Prymnesium 6,151,152
   parvum 7,10,11,153
   parvum f. *patelliferum* 154
   papillarum 154
   patelliferum 154
   saltans 169
Pseudodendromonadaceae 160
Pseudodendromonas 161
   vlkii 161
Silicoflagellata 5
Skadovskiella 133

  sphagnicola 133
Spiniferomonus 42
  abei 7,9,11,43
  alata 8,43,44
  bilacunosa 8,43,44
  bourrellyi 7,42,43,45
  butcheri 43
  conica 45
  cornuta 8,43,46
  septispina 29
  serrata 8,43,46
  silverensis 9,43,47
  takahashii 43,47
  takahashii f. 47
  trioralis 7,43,47
Synurophyceae 2,5,6
Synurales 6,11,15,49
Synuraceae 2,49,125
Synura 6,7,15,125,127,128,171
  australiensis 4,9,136,137
  bjoerkii 136,138
  curtispina 7,11,128,130
  echinulata 7,10,129,131
  echinulate f. *leptorrhabda* 131
  elipidosa 170

  falcata 170
  glabra 7,136,138
  lapponica 126
  leptorrhabda 8,129,131
  mammillosa 7,10,128,132
  morusimila 4,8,128,133
  petersenii 4,7,11,128,136,139
  petersenii f. *bjoerkii* 138
  petersenii f. *glabra* 139
  petersenii f. *kufferathii* 139
  petersenii f. *truttae*
  petersenii var. *glabra* 139
  punctulosa 128,133
  sphagnicola 7,10,11,128,133
  spinosa 7,10,128,134
  spinosa f. *curtispina* 130
  spinosa f. *longispina* 7,10,135
  splendida 170
  truttae 8,136,141
  uvella 7,11,128,135
Tessellaria 6,125,126,169
  lappanica 10,126
Thaumatomastix 29,30
  triangulate 29
Xanthphyceae 6

光镜照片及手绘图版I

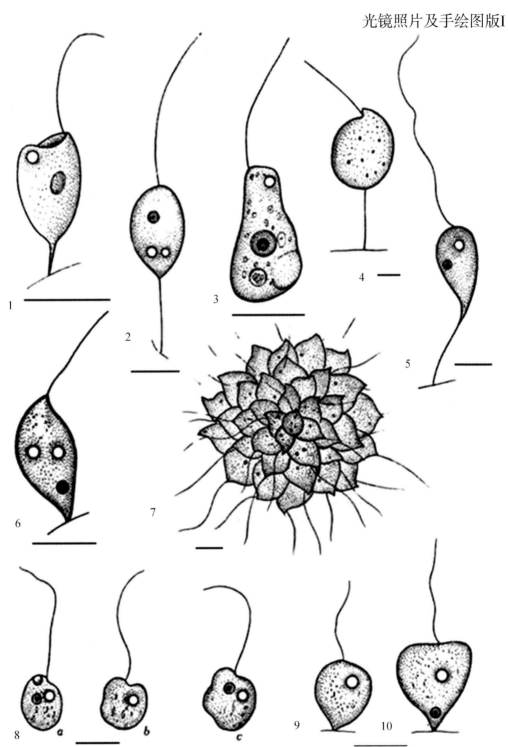

1. 外穴屋胞藻 Oikomonas excavata；2. 屋胞藻 O. mutabilis；3. 小眼屋胞藻 O. ocellata；4. 斜屋胞藻 O. obliqua；5. 方形屋胞藻 O. quadrata；6. 喙状屋胞藻 O. rostrata；7. 聚屋胞藻 O. socialis；8a—c. 球屋胞藻 O. termo；9—10. 斯坦屋胞藻 O. steinii 标尺=10mm

光镜照片及手绘图版Ⅱ

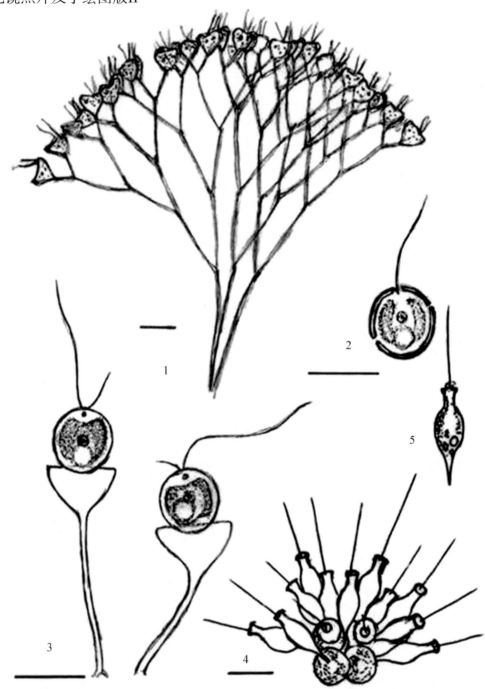

1. 似树胞藻 *Pseudodendromonas vlkii*；2. 三孔金粒藻 *Chrysococcus triporus*；3. 马勒姆杯棕鞭藻 *Poterioochromonas malhamensis*；4—5. 颈状囊壳藻 *Bicosoeca colliformis* 仿施之新，4. 附着在小球藻上，5. 单个细胞 标尺=10mm

光镜照片及手绘图版III

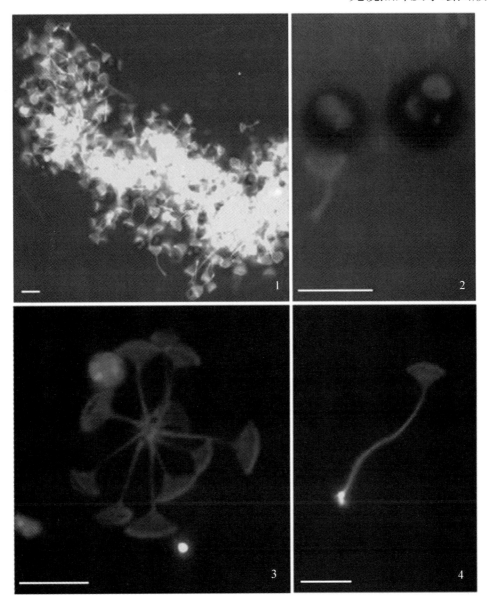

马勒姆杯棕鞭藻 Poterioochromonas malhamensis (Pringsheim) Peterfi, 用卡尔科弗卢尔荧光增白剂-伊文思蓝染色剂 (Calcofluor White-Evans blue) 染色, 在荧光显微镜下观察到细胞中的囊壳和原生质体, 1. 许多单细胞个体, 绿色示后端具1条细长柄的杯状囊壳, 红色示原生质体; 2. 细胞中的蓝色示后端具1条细长柄的杯状囊壳, 红色示卵形到球形的原生质体; 3. 蓝色示数个后端具1条细长柄的杯状囊壳; 4. 蓝色示1个后端具1条细长柄的杯状囊壳, 淡蓝色示囊壳细长柄基部的足 标尺=10 μm 彩色照片(另见书后)由马明洋博士提供

光镜照片及手绘图版IV

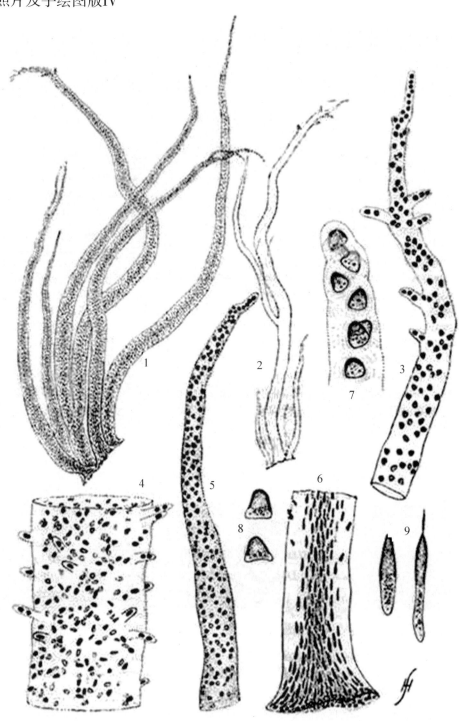

水树藻*Hydrurus foetidus*（Villars）Trevisan 1—2. 大形胶群体；3—6. 胶群体中部分枝和基部放大；7. 小分枝顶端的细胞；8. 分枝中部的细胞；9. 胶群体基部的细胞。引自*Skuja*（1937）从云南西北和四川西南、横断山脉地区采集并建立的一个新属*Nanurus*和新种*N. flaccidus*，此属和此种现分别归入水树藻属*Hydrurus*和种水树藻*H. foetidus*中

光镜照片及手绘图版V

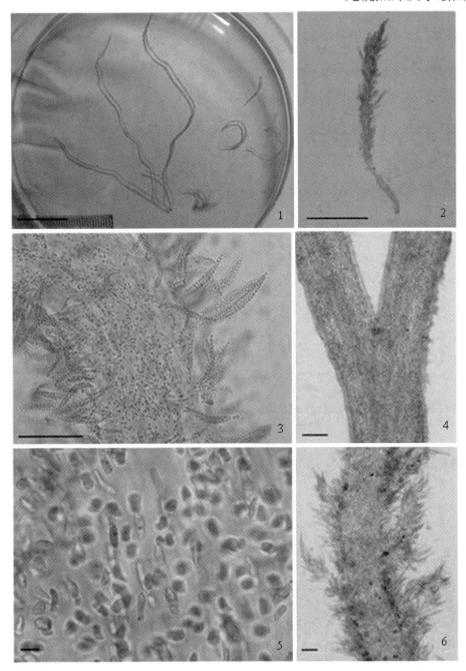

水树藻 *Hydrurus foetidus*（Villars）Trevisan 1. 大形胶群体；2. 分枝的树状胶群体；3. 胶群体部分分枝放大；4. 树状胶群体的分枝；5. 胶群体小分枝中的细胞；6. 胶群体部分小分枝。1. 原大；2. 标尺=1000 μm；3—4. 标尺=100 μm；5. 标尺=10 μm；6. 标尺=50 μm. 彩色照片（另见书后）由田友萍先生提供

光镜照片及手绘图版VI

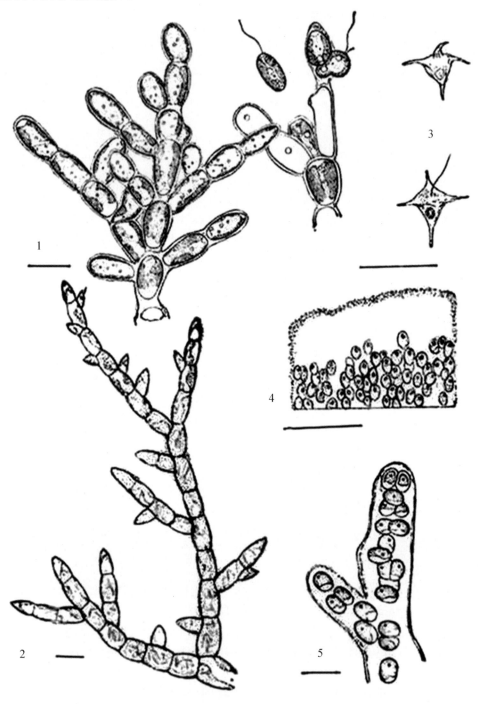

1—2. 褐枝藻 *Phaeothamnion confervicola* Lagerheim 1. 整株藻体，示具2条不等长鞭毛的动孢子，2. 藻体的部分分枝；3—5. 水树藻 *Hydrurus foetidus*（Villars）Trevisan 3. 动孢子，4. 胶群体中的部分细胞，5. 分枝顶端部分的细胞 标尺=10 μm

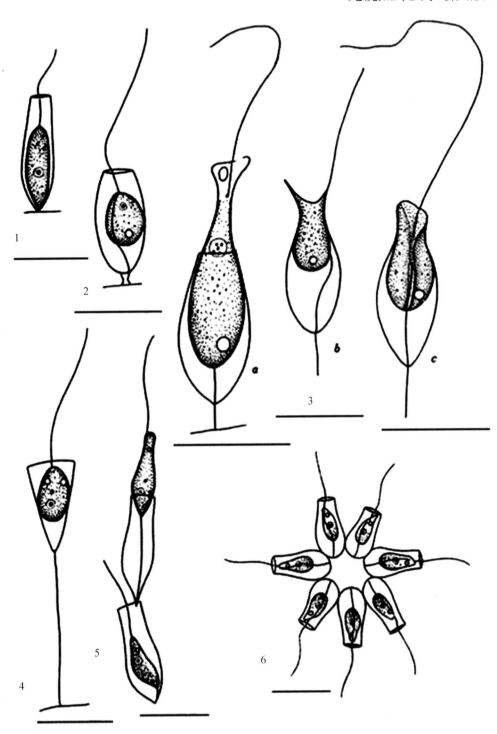

囊壳藻属Bicosoeca 1. 具眼点囊壳藻B. oculata；2. 卵形囊壳藻B. ovata；3，a-c. 湖生囊壳藻B. lacustris；4. 圆锥囊壳藻B. conica；5. 似锥囊囊壳藻B. dinobryoidea；6. 聚囊壳藻B. sociolis
标尺=10 μm

光镜照片及手绘图版VIII

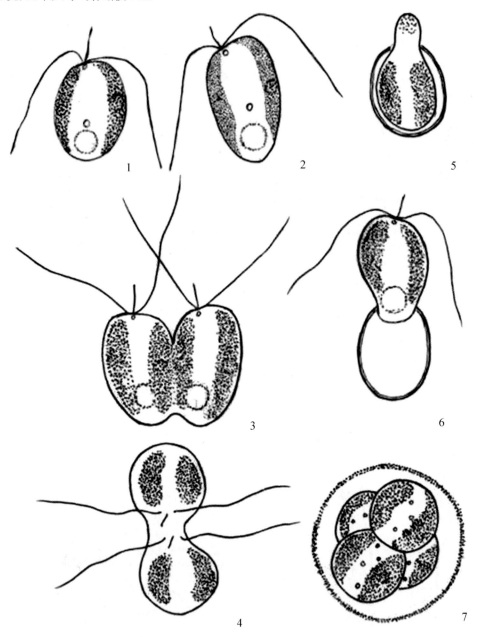

土栖藻 *Prymnesium parvum* Carter 1—2. 细胞正面观；3. 细胞进行纵分裂；4. 细胞进行纵分裂的垂直面观；5. 静孢子萌发；6. 新形成的细胞从孢孔逸出；7. 球形胶群体　标尺=10 μm

光镜照片及手绘图版IX

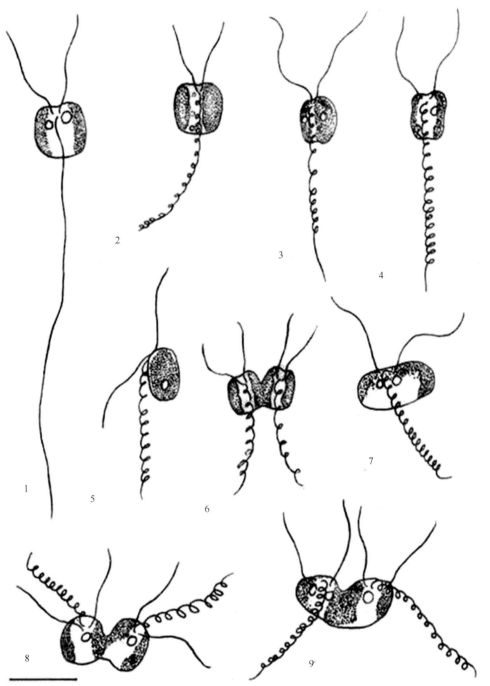

金色藻 *Chrysochromulina parva* Lackey 1—2. 细胞正面观；3—5. 细胞侧面观；6, 8. 细胞进行纵分裂的正面观；7, 9. 细胞进行纵分裂的垂直面观 标尺=10 μm

电镜照片图版I

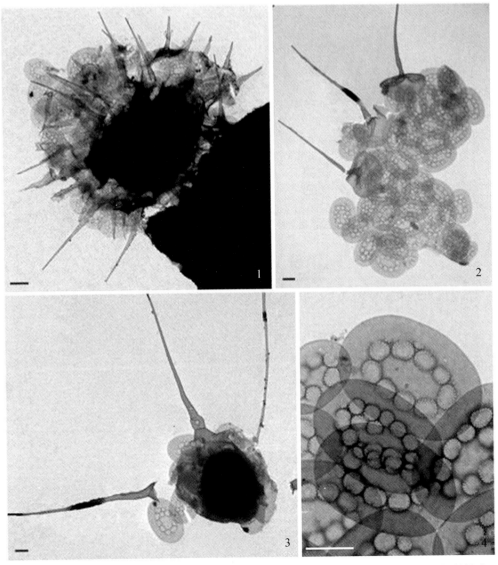

环饰金球藻 Chrysosphaerella annulata Kristiansen & Tong 1, 3. 整个细胞; 2. 刺状鳞片和板状鳞片; 4. 板状鳞片 标尺=1 μm

电镜照片图版II

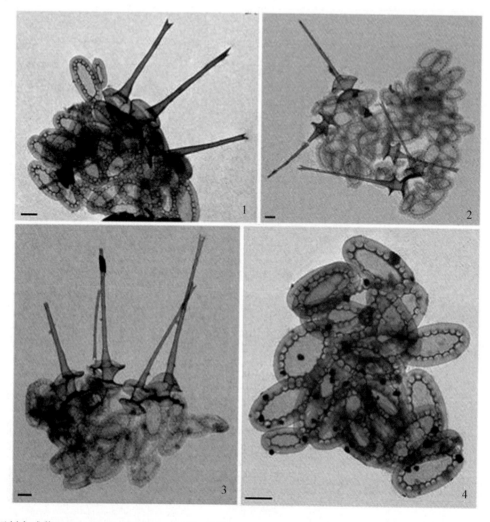

短刺金球藻 *Chrysosphaerella brevispina* Korshikov em. Harris & Bradley 1—3. 刺状鳞片和板状鳞片；4. 板状鳞片 标尺=1 μm

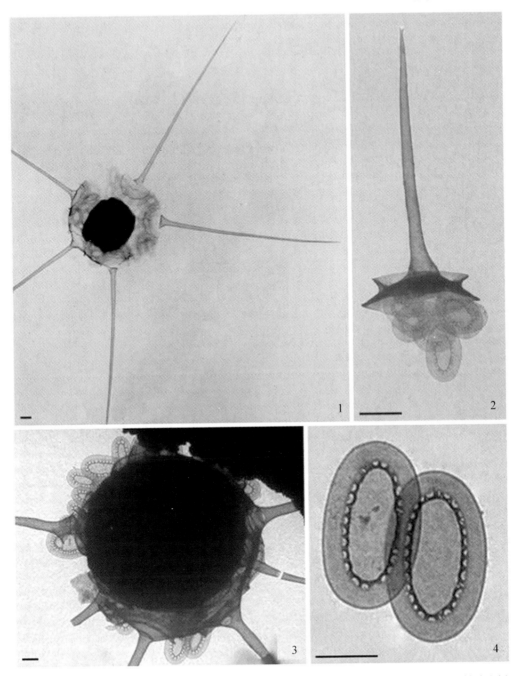

花环金球藻 *Chrysosphaerella coronacircumspina* Wujek & Kristiansen 1. 整个细胞；2. 刺状鳞片和板状鳞片；3. 细胞部分放大；4. 板状鳞片 标尺=1 μm

电镜照片图版IV

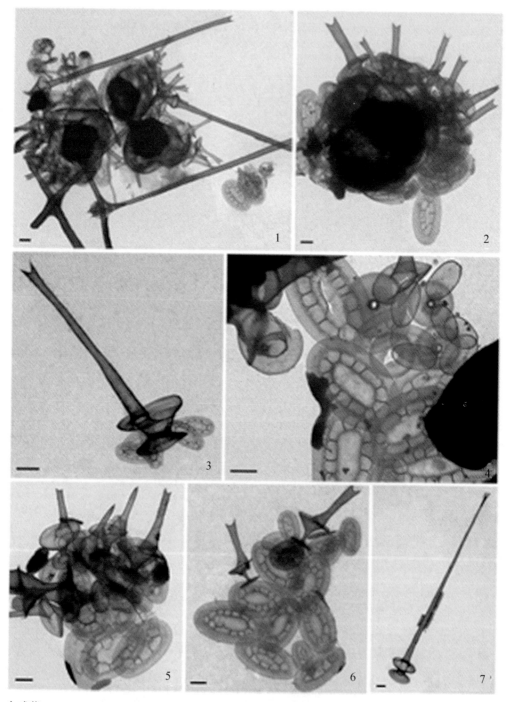

金球藻 *Chrysosphaerella longispina* Lauterborn em. Nicholls 1—2. 整个细胞；3. 长刺状鳞片和板状鳞片；4. 三种板状鳞片；5—6. 短刺状鳞片和板状鳞片；7. 长刺状鳞片 标尺=1 μm

电镜照片图版V

隔刺金球藻 *Chrysosphaerella septispina*（Nicholls）Kristiansen & Tong 1. 整个细胞；2—4. 刺状鳞片和板状鳞片 标尺 = 1 μm

电镜照片图版VI

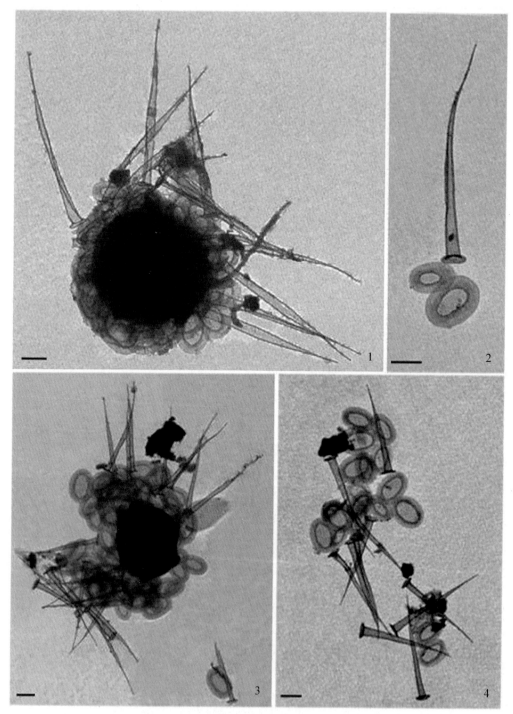

阿贝刺胞藻 *Spiniferomonas abei* Takahashi 1，3. 整个细胞；2，4，刺状鳞片和板状鳞片 标尺=1 μm

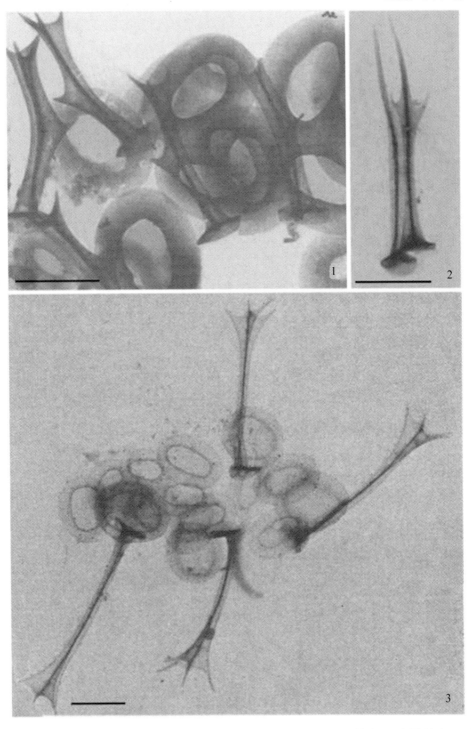

1—2. 高桥刺胞藻 *Spiniferomonus takahashii* Nicholls，1. 刺状鳞片和板状鳞片，2. 刺状鳞片；3. 具翼刺胞藻 *Spiniferomonas alata* Takahashi，刺状鳞片和板状鳞片　标尺=1 μm

电镜照片图版VIII

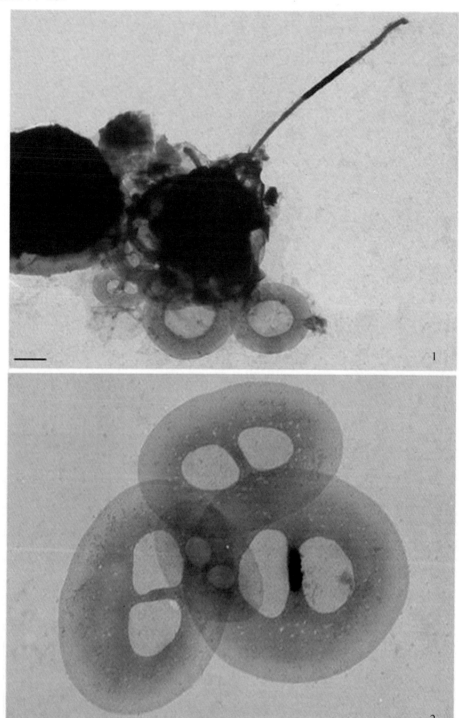

双孔刺胞藻 *Spiniferomonas bilacunosa* Takahashi 1. 整个细胞；2. 板状鳞片　标尺=1 μm

电镜照片图版IX

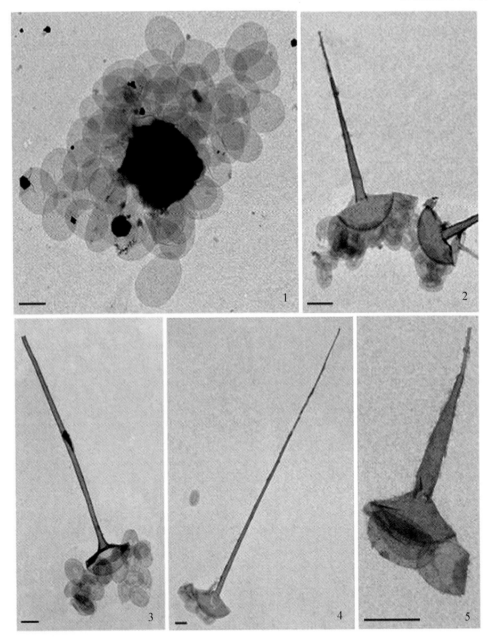

刺胞藻 *Spiniferomonas bourrellyi* Takahashi 1.具有板状鳞片的整个细胞；2—5.刺状鳞片和板状鳞片
标尺=1 μm

电镜照片图版 X

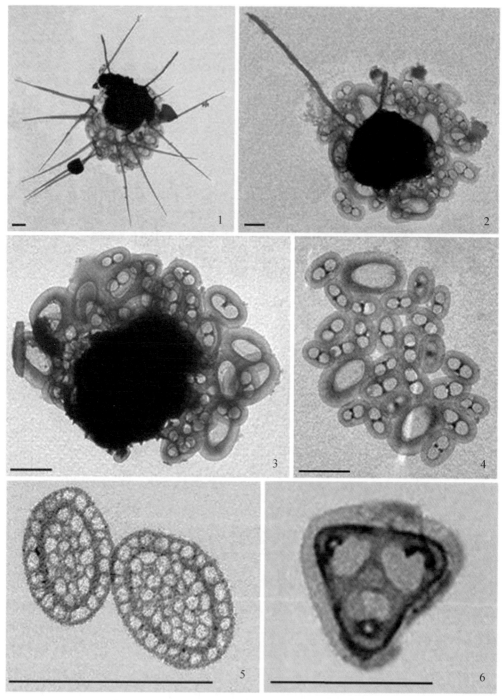

1—4 角状刺胞藻 *Spiniferomonas cornuta* Balonov 1. 整个细胞，2. 缺少刺状鳞片的整个细胞，3—4. 2种板状鳞片；5. 同形近囊胞藻 *Paraphysomonas homolepis* Preisig & Hibberd，板状鳞片；6. *Thaumatomastix triangulate*（Balonov）Beech & Moestrup 图1—5标尺=1 μm，图6标尺=0.5 μm

电镜照片图版XI

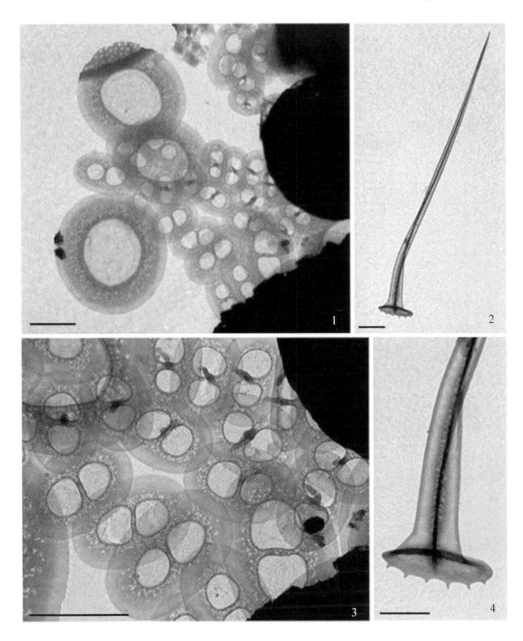

锯齿状刺胞藻 *Spiniferomonas serrata* Nicholls 1. 两种形状的板状鳞片；2. 刺状鳞片；3. 板状鳞片；4. 刺状鳞片的部分放大 标尺=1 μm

电镜照片图版XII

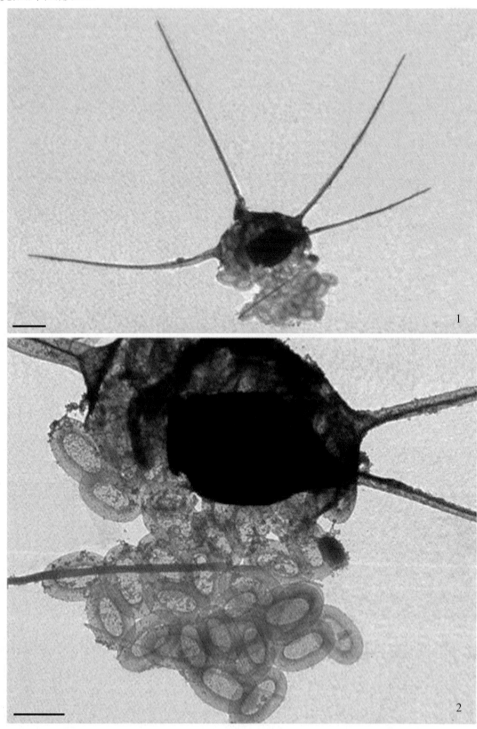

银湖刺胞藻 *Spiniferomonas silverensis* Nicholls 1. 整个细胞；2. 细胞部分放大 标尺=1 μm

电镜照片图版XIII

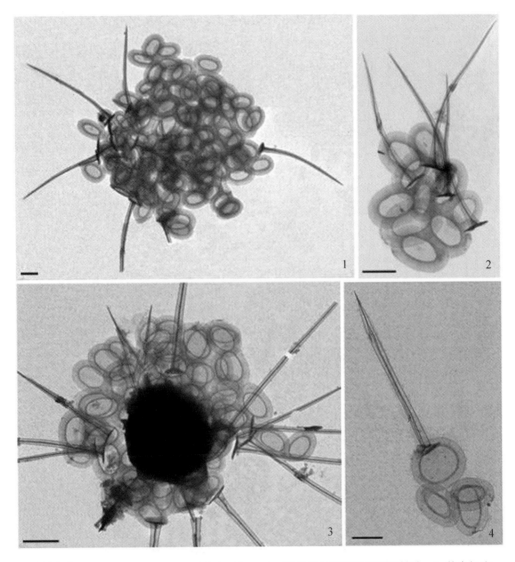

三肋刺胞藻 *Spiniferomonas trioralis* Takahashi 1—2. 刺状鳞片和椭圆形板状鳞片；3. 整个细胞；
4. 1条刺状鳞片，1个圆形和3个椭圆形的板状鳞片　标尺=1 μm

电镜照片图版XIV

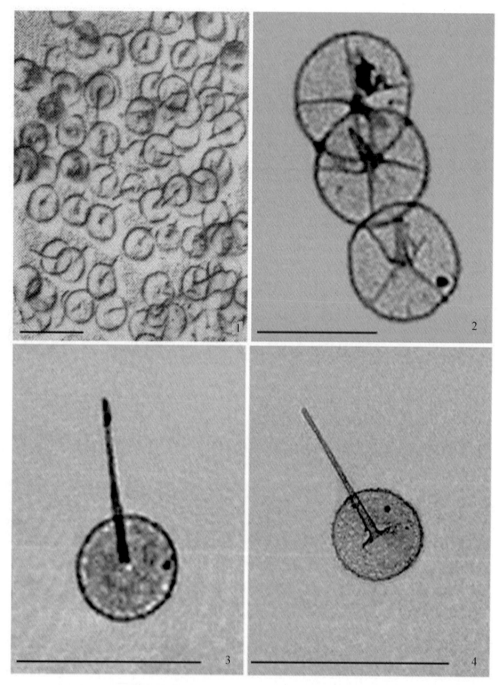

1—2. 班达近囊胞藻 *Paraphysomonas bandaiensis* Takahashi，刺状鳞片；3. 环孔近囊胞藻 *Paraphysomonas circumforaminifera* Wujek，刺状鳞片；4. 多孔近囊胞藻 *Paraphysomonas porosa* Dürrschmidt & Cronberg　标尺=1 μm

电镜照片图版XV

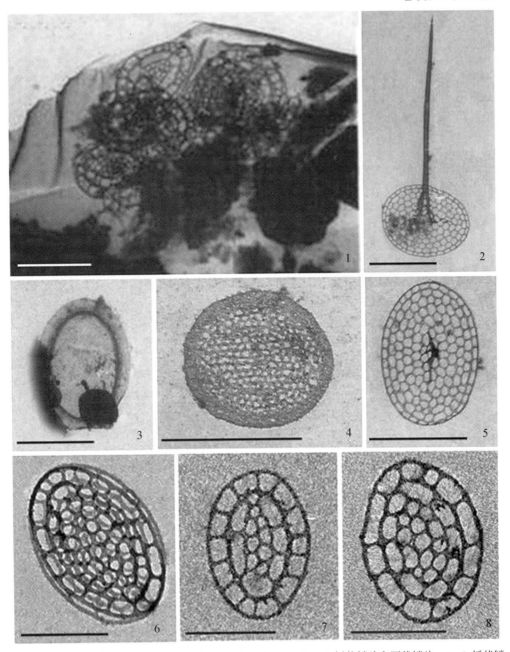

1，6—8. 布彻近囊胞藻 *Paraphysomonas butcheri* Pennick & Clarke，1. 板状鳞片和冠状鳞片，6—8. 板状鳞片；2，5. 高桥近囊胞藻 *P. takahashii* Cronberg & Kristiansen，2. 刺状鳞片 5. 退化的刺状鳞片；3. 环脊近囊胞藻 *P. circumvallata* Thomsen，板状鳞片；4. 点纹近囊胞藻小鳞变种 *P. punctata ssp. microlepis* Preisig & Hibberd，板状鳞片 除图6—8的标尺=0.5 μm外，其他图的标尺=1 μm

电镜照片图版XVI

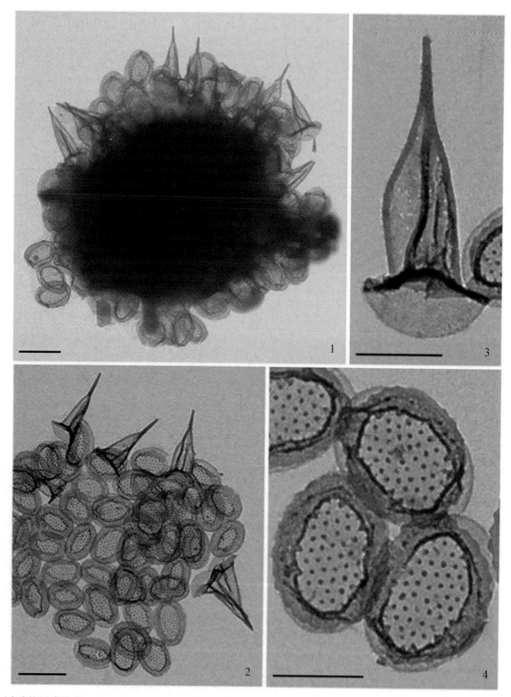

浮雕状近囊胞藻 *Paraphysomonas caelifrica* Preisg & Hibberd 1. 整个细胞；2. 板状鳞片和刺状鳞片；3. 刺状鳞片；4. 板状鳞片 1—2. 标尺=1 μm, 3—4. 标尺=0.5 μm

电镜照片图版XVII

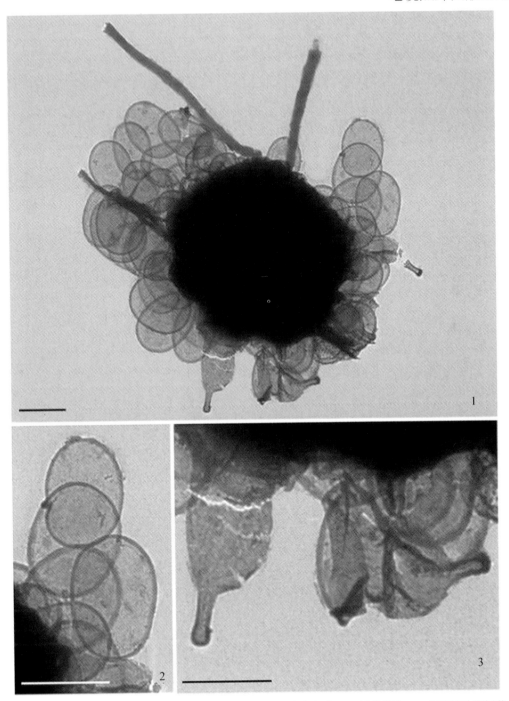

钟形近囊胞藻 *Paraphysomonas campanulata* Nichollis　1. 整个细胞；2. 板状鳞片；3. 刺状鳞片和板状鳞片　标尺=1 μm

电镜照片图版XVIII

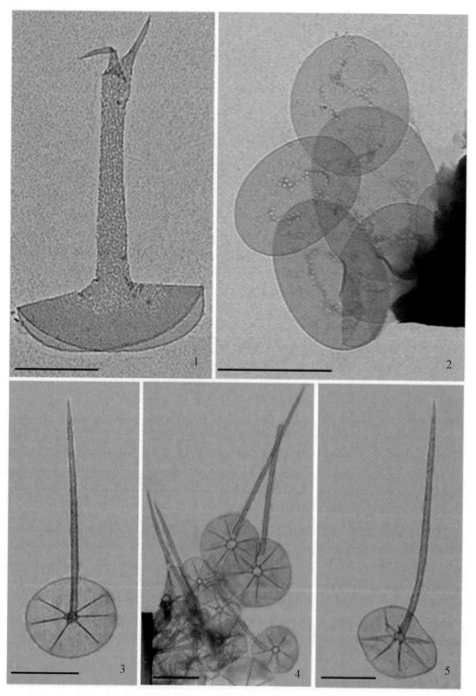

1—2. 具卷须近囊胞藻 *Paraphysomonas capreolata* Preisig & Hibberd，1. 刺状鳞片，2. 板状鳞片；3—5. 近囊胞藻未定种 *Paraphysomonas* ssp. 刺状鳞片 标尺=1 μm

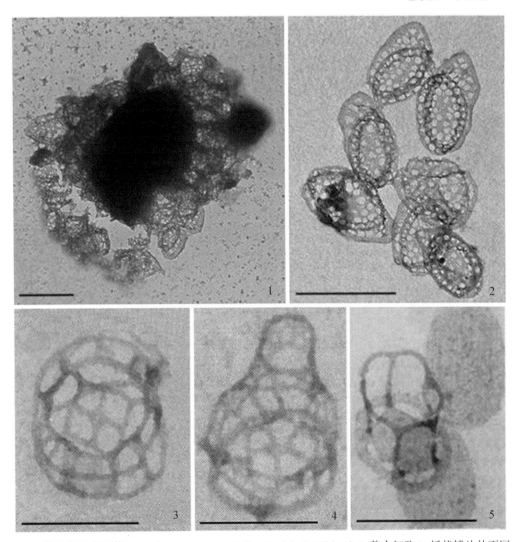

1—2. 倒齿状近囊胞藻 *Paraphysomonas runcinifera* Preisig & Hibberd 1. 整个细胞 2. 板状鳞片的不同面观；3—4. 蜂巢状近囊胞藻*Paraphysomonas morchella* Preisig & Hibberd，冠状鳞片的不同面观；5. 冠状近囊胞藻*Paraphysomonas diademifera*（Takahashi）Preisig & Hibberd，板状鳞片和冠状鳞片

标尺=1 μm

电镜照片图版XX

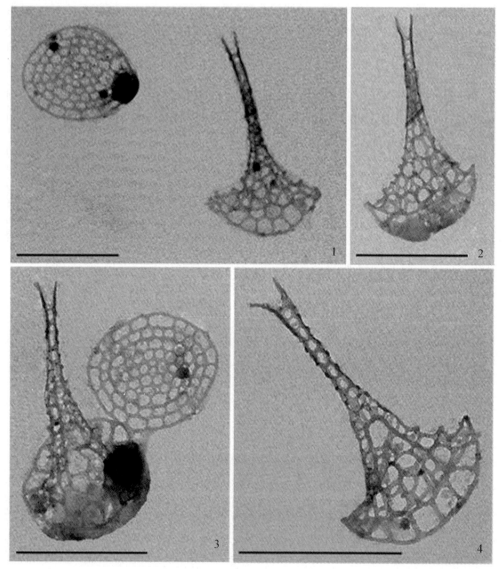

埃菲尔铁塔状近囊胞藻 *Paraphysomonas eiffelii* Thomsen 1，3. 刺状鳞片和板状鳞片；2，4. 刺状鳞片 标尺=1 μm

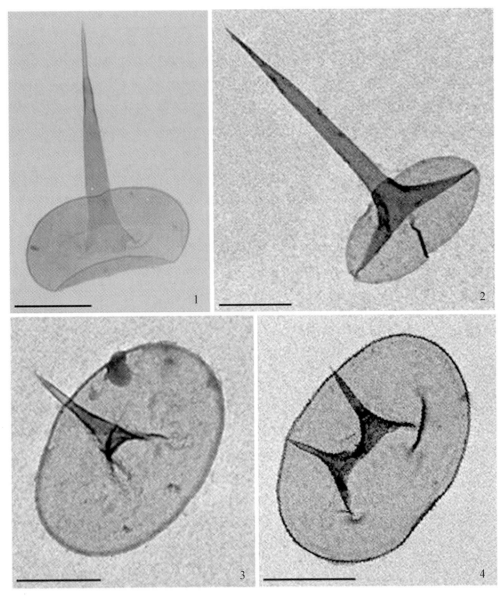

剑状近囊胞藻 *Paraphysomonas gladiata* Preisig & Hibberd 1—3. 刺状鳞片；4. 刺状鳞片具双刺

标尺=1 μm

电镜照片图版XXII

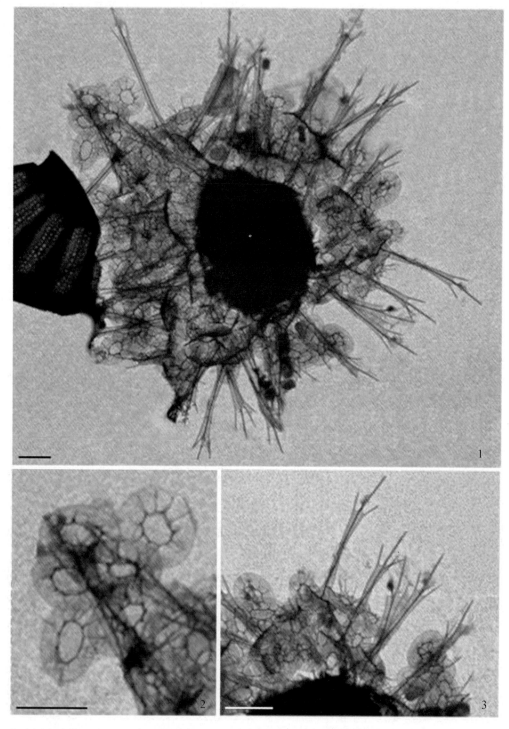

海南近囊胞藻 *Paraphysomonas hainanensis* Wei & Kristiansen 1. 整个细胞；2. 板状鳞片；3. 刺状鳞片和板状鳞片 标尺=1 μm

电镜照片图版XXIII

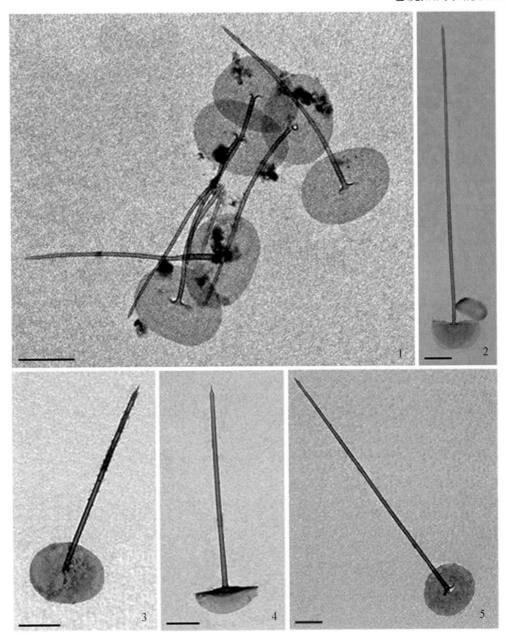

无穿孔近囊胞藻 *Paraphysomonas imperforata* Lucas 1—5. 刺状鳞片 标尺=1 μm

电镜照片图版XXIV

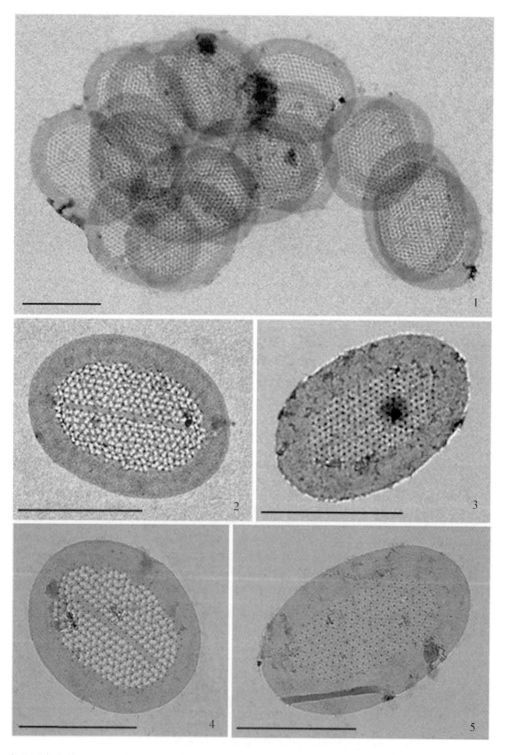

点纹近囊胞藻 *Paraphysomonas punctata* Zimmemann 1—2，4. 板状鳞片的远轴端的一面；3，5. 板状鳞片的近轴端的一面 标尺=1 μm

电镜照片图版XXV

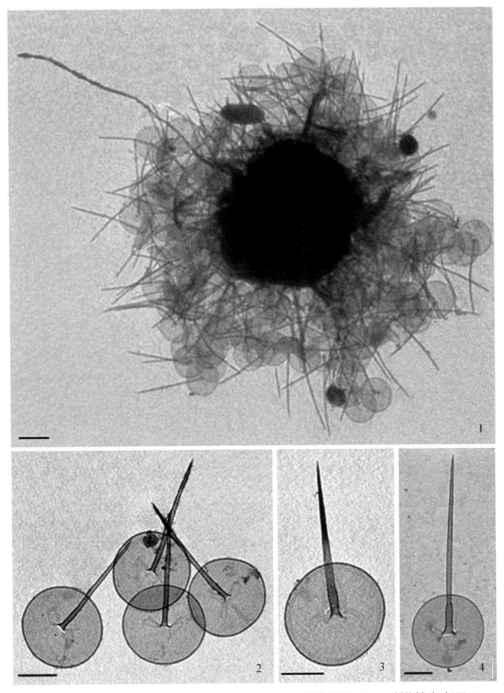

近囊胞藻 *Paraphysomonas vestita* （Stokes）de Saedeleer 1. 整个细胞，2—4. 刺状鳞片 标尺=1 μm

电镜照片图版XXVI

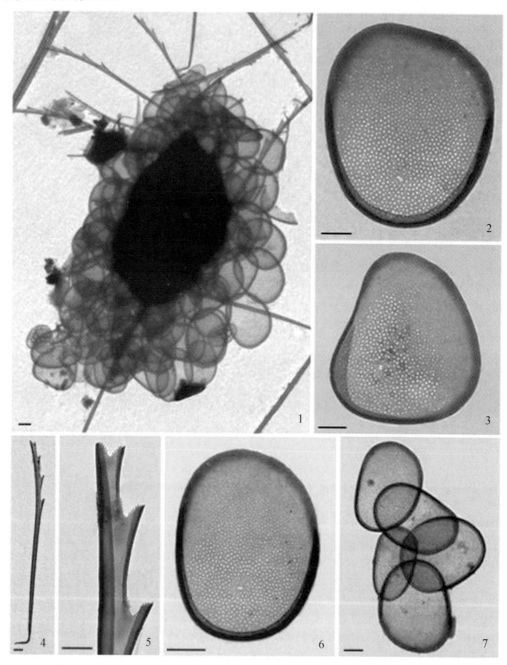

具尾鱼鳞藻 *Mallomonas caudata* Ivanov em. Krieger 1. 整个细胞；2, 6. 体部鳞片；3. 尾部鳞片；7. 体部鳞片和尾部鳞片；4. 刺毛；5. 刺毛顶部放大 标尺=1 μm

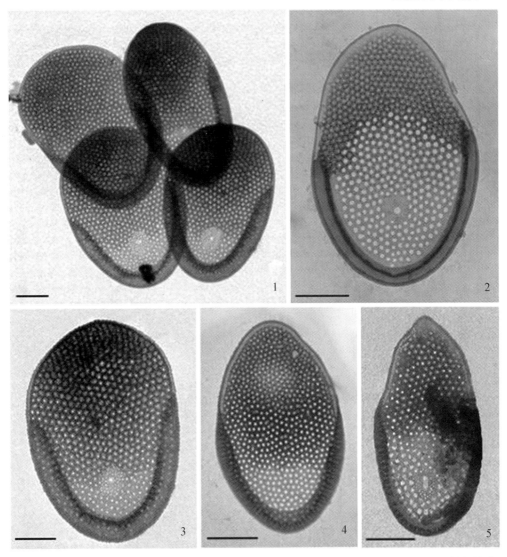

马伟科鱼鳞藻 *Mallomonas matvienkoae*（Matvienko）Asmund & Kristiansen 1—5. 体部鳞片. 标尺=1 μm

电镜照片图版XXVIII

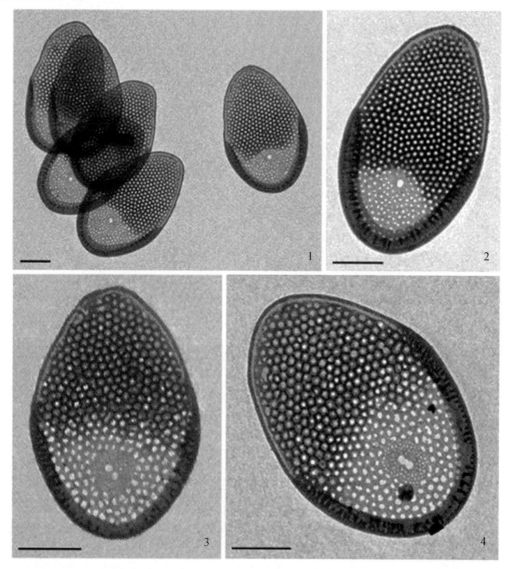

六角状网纹鱼鳞藻 *Mallomonas hexareticulata* Jo, Shin, Kim, Siver & Andersen 1—4. 体部鳞片
标尺=1 μm

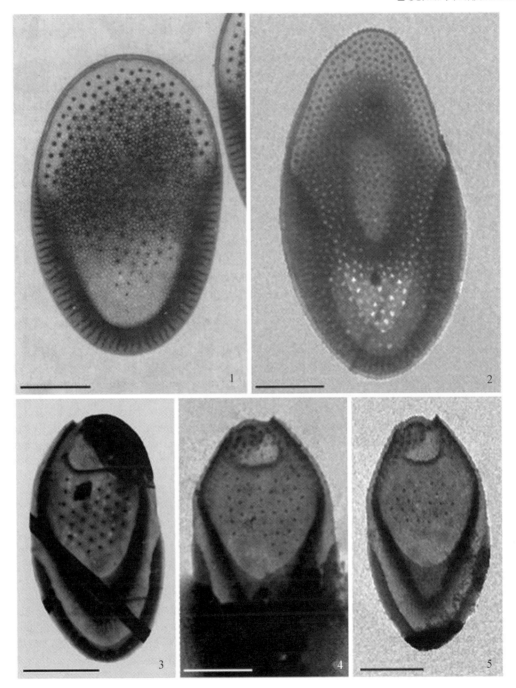

1. 耐受鱼鳞藻 *Mallomonas tolerans* (Asmund & Hilliard) Asmund & Kristiansen 体部鳞片；2. 斯里兰卡鱼鳞藻 *Mallomonas ceylanica* Dürrschmidt & Cronberg. 体部鳞片；3—5. 拖鞋状鱼鳞藻 *Mallomonas calceolus* Bradley 体部鳞片 标尺=1 μm

电镜照片图版XXX

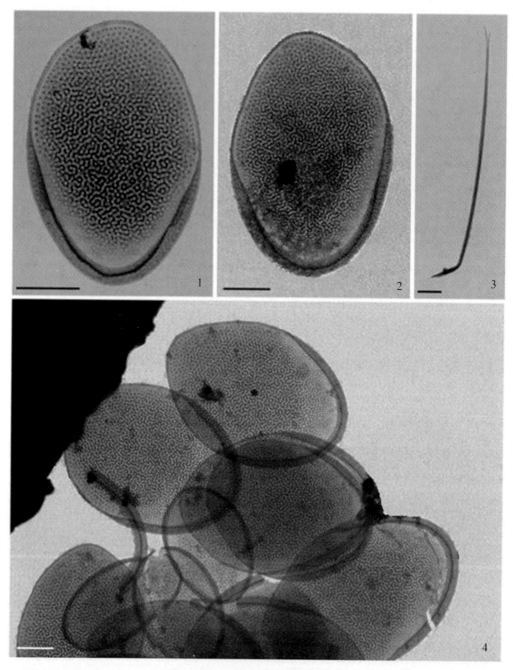

卵形鱼鳞藻 *Mallomonas oviformis* Nygaard 1—2. 体部鳞片；3. 刺毛；4. 体部鳞片和尾部鳞片
标尺=1 μm

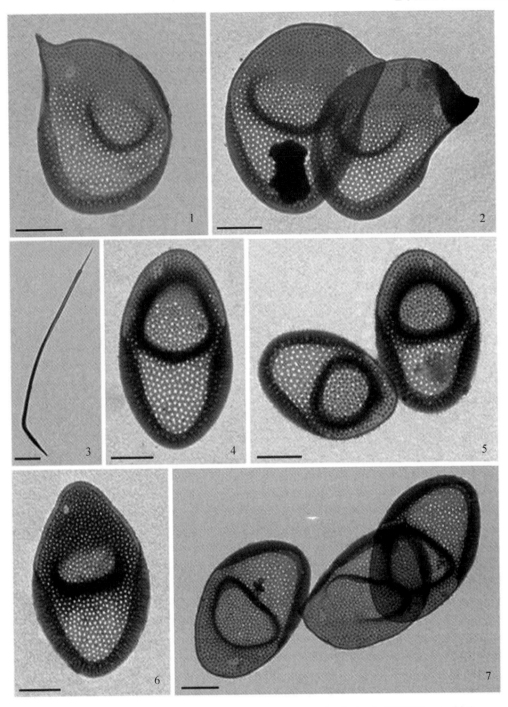

胸针形鱼鳞藻 *Mallomonas peronoides*（Harris）Momeu & Péterfi 1—2. 前部鳞片；3. 刺毛；4—6. 体部鳞片；7. 体部鳞片和后部鳞片 标尺=1 μm

电镜照片图版XXXII

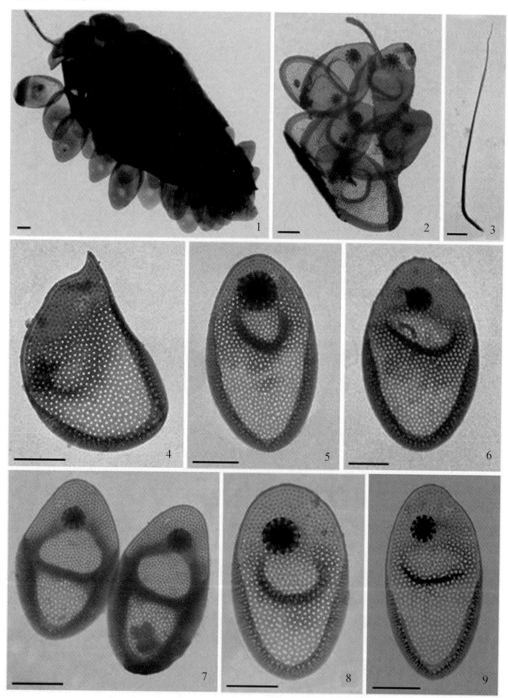

胸针形鱼鳞藻孟加拉变种 *Mallomonas peronoides* var. *bangladeshica* (Takahashi & Hayakawa) Kristiansen &Preisig 1.整个细胞；2,5—9.体部鳞片；3.刺毛；4.前端鳞片 标尺=1μm

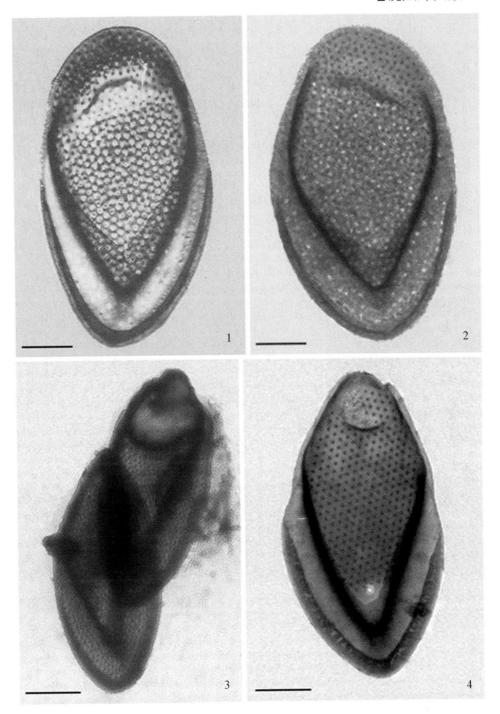

1—2. 多刺鱼鳞藻 *Mallomonas multisetigera* Dürrschmidt 体部鳞片；3—4. 卡利纳鱼鳞藻 *Mallomonas kalinae* Řezáčová. 体部鳞片　标尺=1 μm

电镜照片图版XXXIV

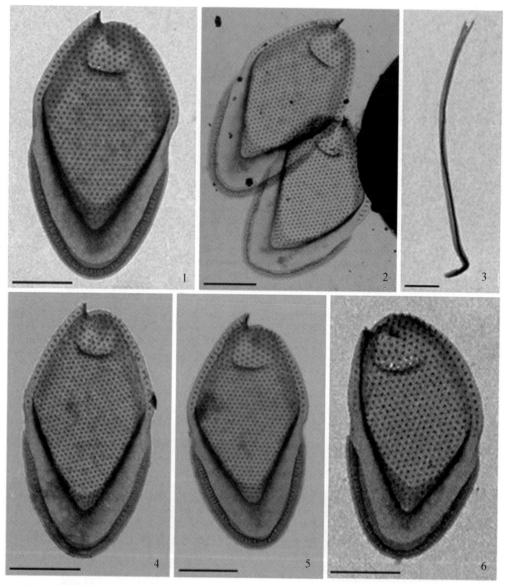

钉状鱼鳞藻 *Mallomonas paxillata* (Bradley) Péterfi & Momeu 1. 顶部鳞片；2. 顶部鳞片和体部鳞片；3. 刺毛；4—5. 顶部鳞片；6. 体部鳞片 标尺=1 μm

电镜照片图版XXXV

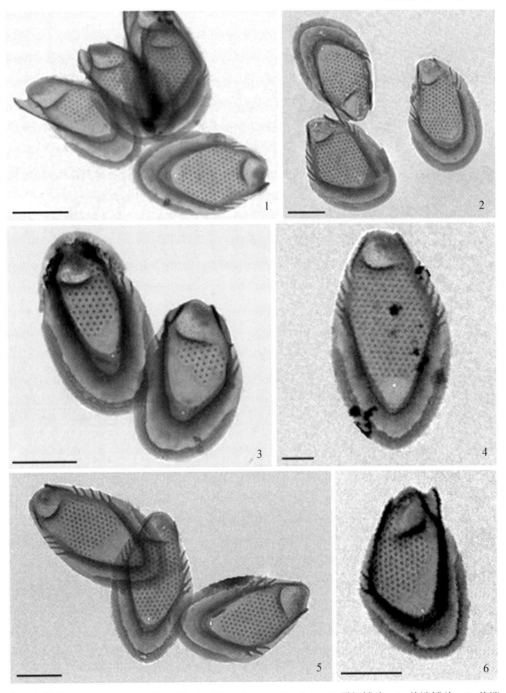

乳突鱼鳞藻 *Mallomonas papillosa* Harris & Bradley em. Harris 1, 6. 顶部鳞片；2. 前端鳞片；3. 前端鳞片和体部鳞片；4—5. 体部鳞片 标尺=1 μm

电镜照片图版XXXVI

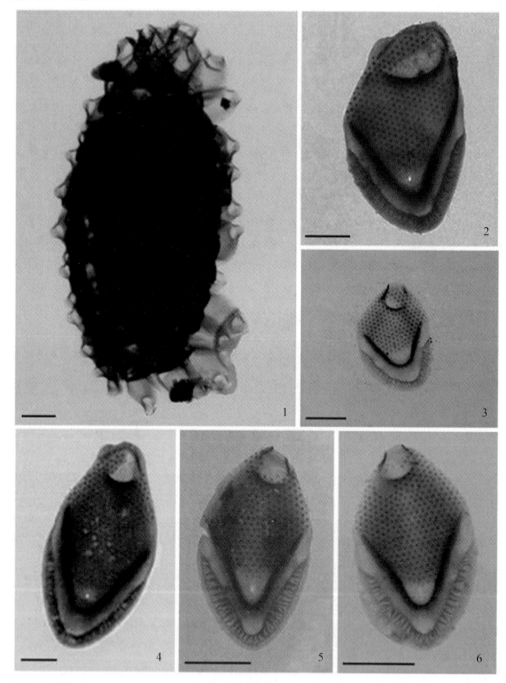

平滑鱼鳞藻 *Mallomonas rasilis* Dürrschmidt 1. 整个细胞；2. 顶部鳞片；3. 尾部鳞片；4—6. 体部鳞片
标尺=1 μm

电镜照片图版XXXVII

凹孔纹鱼鳞藻 *Mallomonas guttata* Wujek 1. 整个细胞；4. 细胞部分放大；2—3，5—6. 体部鳞片
标尺=1 μm

电镜照片图版XXXVIII

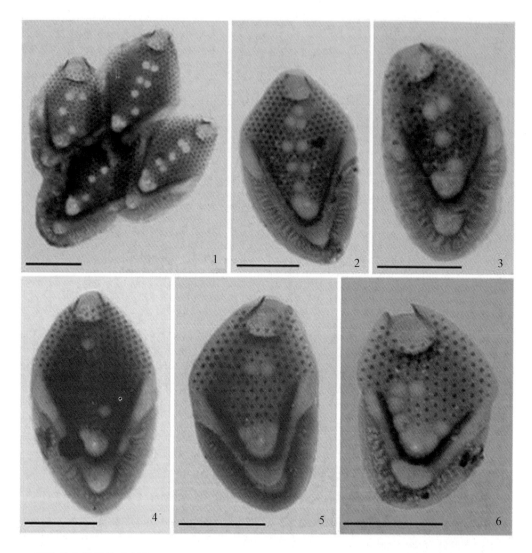

凹孔纹鱼鳞藻单列变种 *Mallomonas guttata* var. *simplex* Nicholls 1—5. 体部鳞片；6. 尾部鳞片
标尺=1 μm

电镜照片图版XXXIX

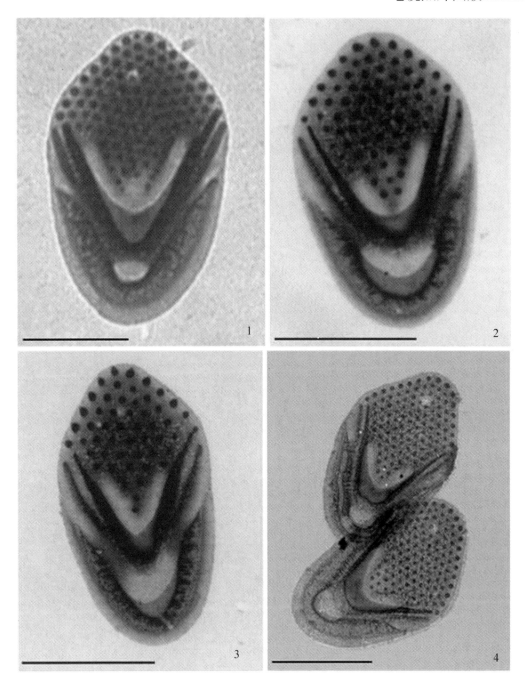

小鱼鳞藻 *Mallomonas parvula* Dürrschmidt 1—3. 顶部鳞片；4. 体部鳞片 标尺=1 μm

电镜照片图版XL

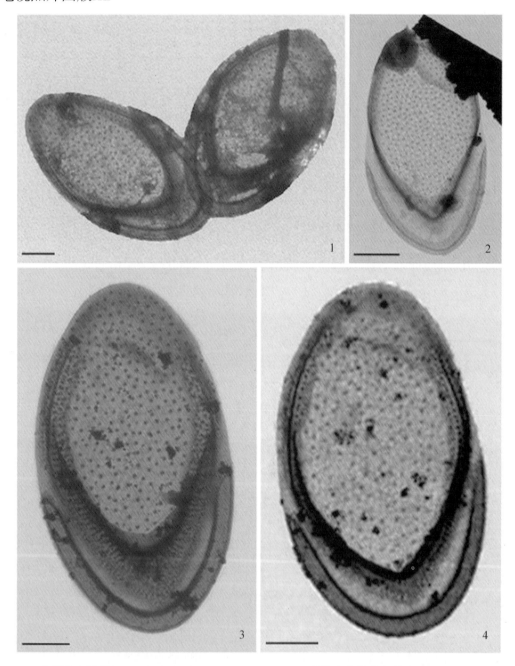

鱼尾状鱼鳞藻 *Mallomonas ouradion* Harris & Bradley，纹饰变化的体部鳞片 标尺=1 μm

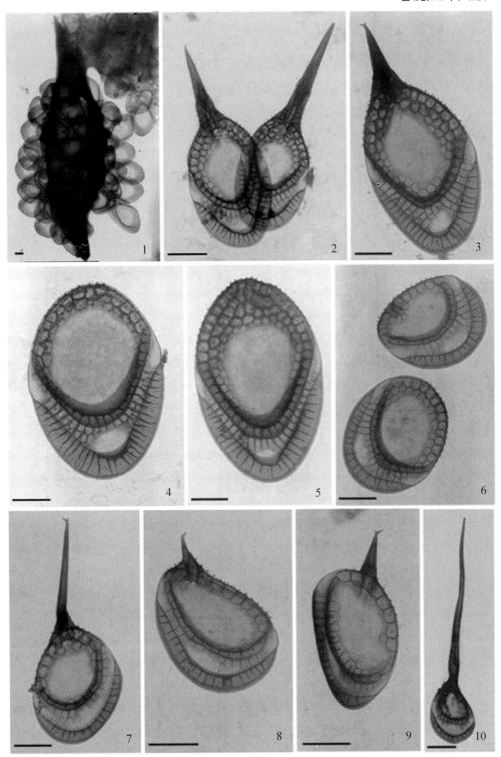

显著鱼鳞藻 *Mallomonas insignis* Penard 1. 整个细胞；2—3. 顶部鳞片；4—5. 体部鳞片；6—9. 后端体部鳞片；10. 尾部鳞片 标尺=1 μm

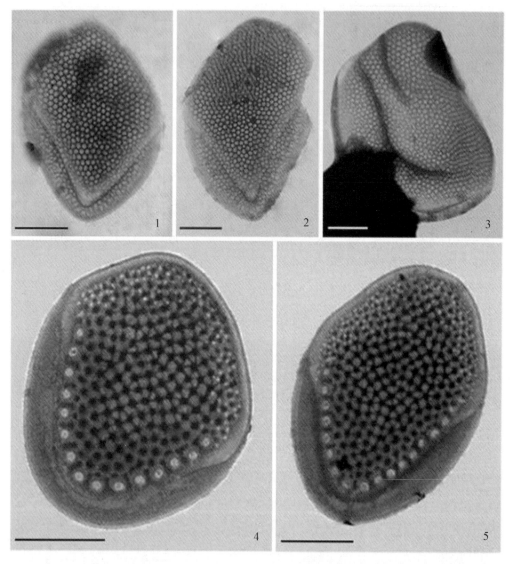

电镜照片图版XLII

1—3. 华美鱼鳞藻 *Mallomonas splendens*（G. S. West）Playfair em. Croome, Dürrschmidt & Tyler 1—2. 体部鳞片；3. 后部鳞片；4—5. 斑点纹鱼鳞藻 *Mallomonas maculata* Bradley 体部鳞片
标尺= 1 μm

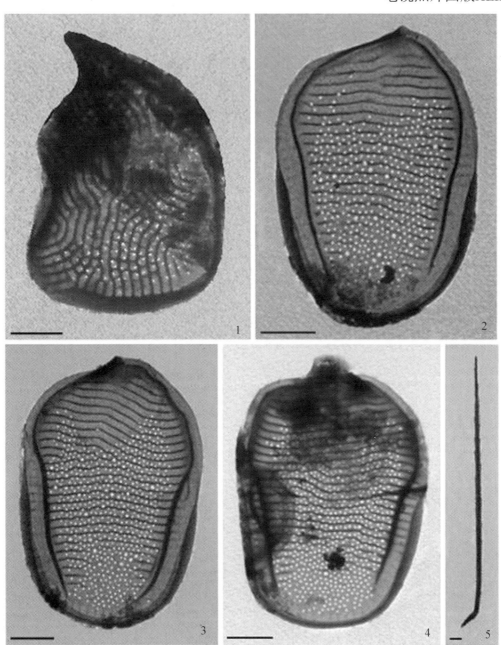

特兰西瓦尼亚鱼鳞藻 *Mallomonas transsylvanica* Péterfi & Momeu 1. 顶部鳞片；2—4. 体部鳞片；5. 刺毛 标尺=1 μm

电镜照片图版XLIV

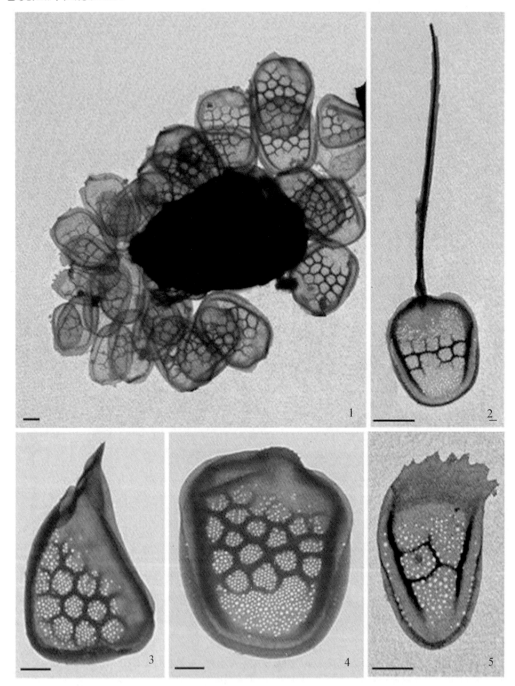

点纹鱼鳞藻 *Mallomonas punctifera* Korshikov 1. 整个细胞；2. 具刺毛的体部鳞片；3. 顶部鳞片；4. 体部鳞片；5. 尾部鳞片　标尺=1 μm

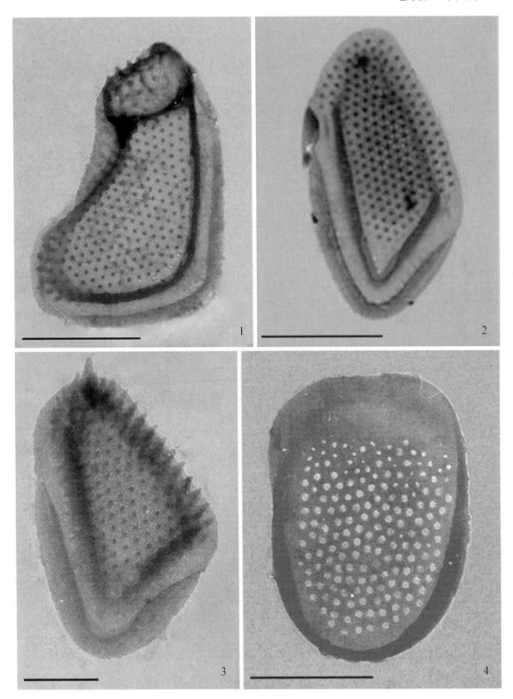

1—3. 增高鱼鳞藻 Mallomonas elevate Kim, H. S. Kim J. H. Shin & Jo 1. 领部鳞片；2. 体部鳞片；
3. 尾部鳞片；4. 羽状鱼鳞藻 M. plumosa Croome & Tyler 体部鳞片 标尺=1 μm

电镜照片图版XLVI

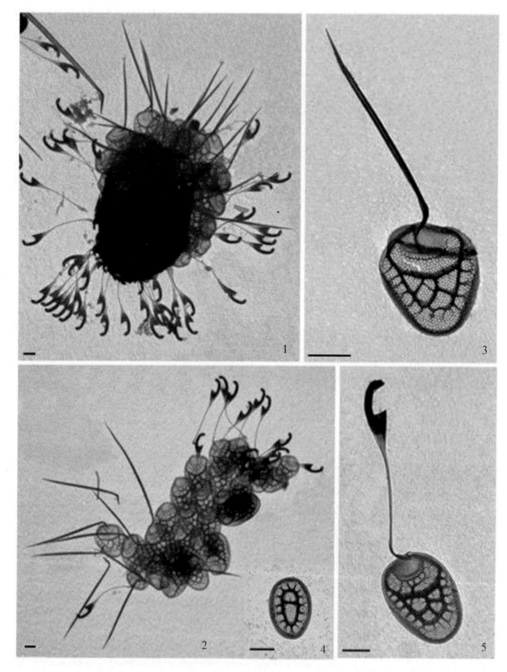

异刺鱼鳞藻 *Mallomonas heterospina* Lund 1. 整个细胞；2. 具针状和钩状刺毛的鳞片；3. 具针状刺毛的顶部鳞片；4. 尾部鳞片；5. 具钩状刺毛的鳞片 标尺=1 μm

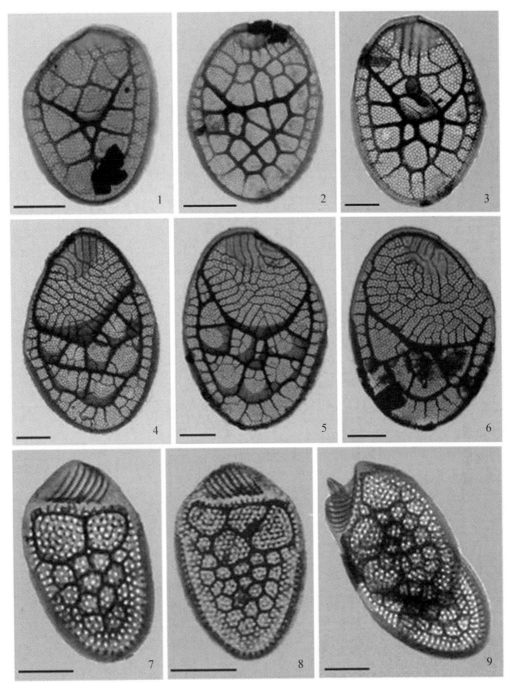

1—6. 哈里斯鱼鳞藻 *Mallomonas harrisiae* Takahashi 具不同纹饰的体部鳞片；7—9. 多钩状刺毛鱼鳞藻 *Mallomonas multiunca* Asmund 具不同纹饰的体部鳞片　标尺=1 μm

电镜照片图版XLVIII

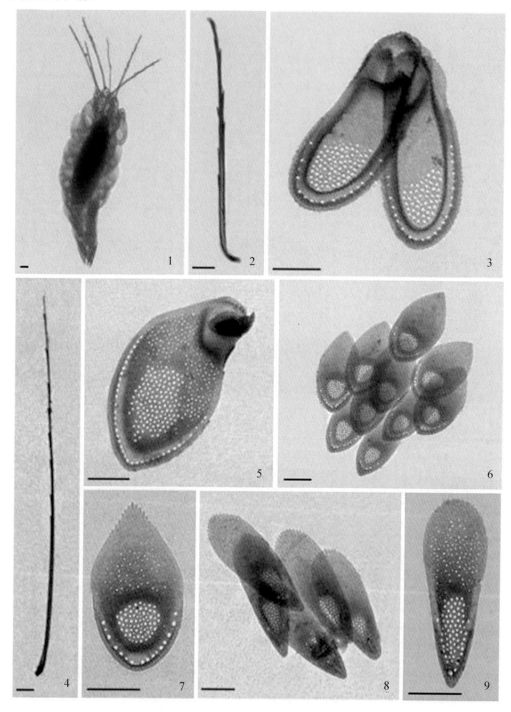

顶刺毛丛鱼鳞藻*Mallomonas akrokomos* Ruttner, in Pascher 1. 整个细胞；2. 短刺毛；3. 细胞顶部第一列鳞片；4. 长刺毛；5. 细胞顶部第二列鳞片；6—7. 体部鳞片；8—9. 细胞后端的体部鳞片
标尺=1 μm

电镜照片图版XLIX

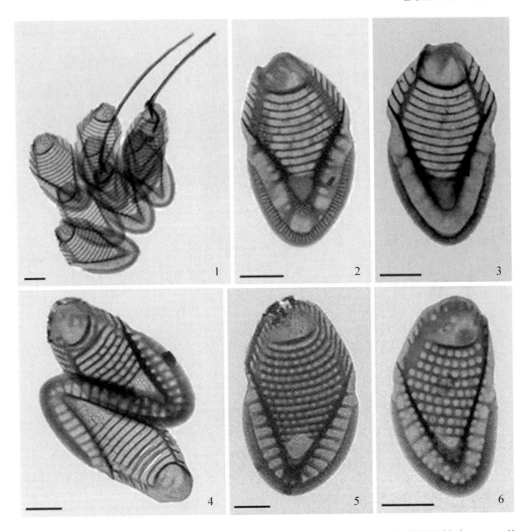

线纹鱼鳞藻 *Mallomonas striata* Asmund 1. 具网状拱形盖的体部鳞片和具刺毛的体部鳞片；2—3. 体部鳞片；4. 细胞前部的鳞片；5—6. 横肋与发育较好的纵肋相连接的体部鳞片 标尺=1 μm

电镜照片图版L

1—3. 篮形鱼鳞藻 *Mallomonas cratis* Harris & Bradley 1. 顶部鳞片，2—3. 体部鳞片；4—10. 宽翅鱼鳞藻 *M. alata* Asmund, Cronberg & Dürrschmidt 4. 领部鳞片，5—9. 不同形状和纹饰的体部鳞片，10. 尾部鳞片　标尺=1 μm

电镜照片图版LI

花形鱼鳞藻 *Mallomonas flora* Harris & Bradley 1, 3—4. 具刺毛的体部鳞片；2, 5. 体部鳞片
标尺=1 μm

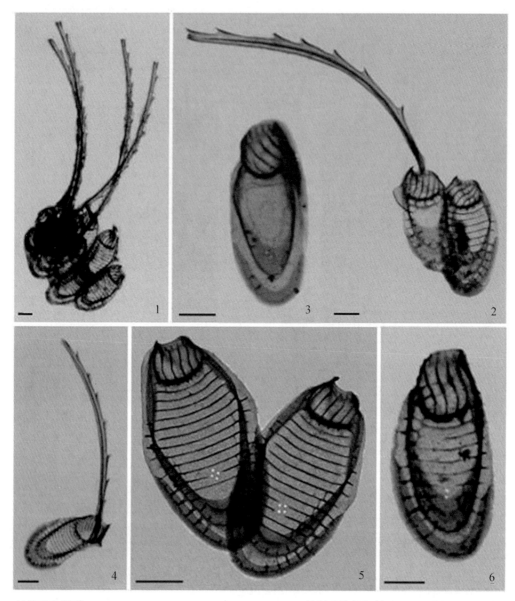

似篮形鱼鳞藻 *Mallomonas pseudocratis* Dürrschmidt 1—2. 具刺毛的体部鳞片；4. 具刺毛的顶部鳞片；3，5—6. 体部鳞片 标尺=1 μm

电镜照片图版LIII

1—2. 辐射肋鱼鳞藻 *Mallomonas actinoloma* Takahash, in Asmund & Takahashi 1. 具拱形盖和不具拱形盖的体部鳞片，2. 不具拱形盖的体部鳞片；3—4. 花形鱼鳞藻 *Mallomonas flora* Harris & Bradley 3. 具刺毛的顶部鳞片，4. 体部鳞片　标尺=1 μm

电镜照片图版LIV

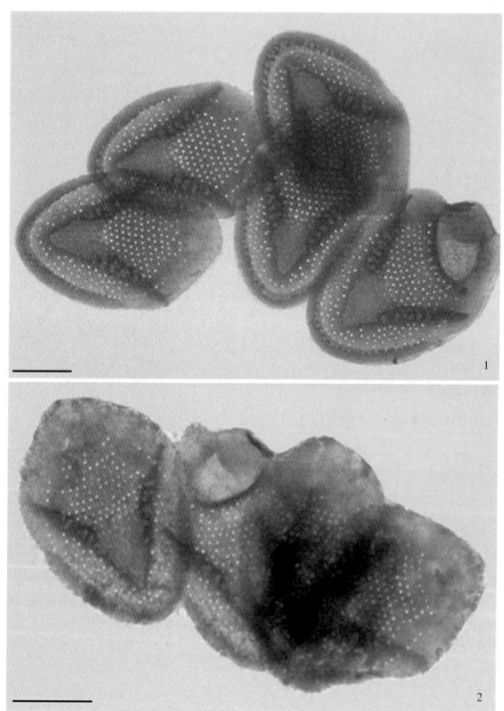

鸡冠状鱼鳞藻 *Mallomonas cristata* Dürrschmidt 具拱形盖和不具拱形盖的体部鳞片　标尺=1 μm

高山湖鱼鳞藻 *Mallomonas alpina* Pascher & Ruttner em. Asmund & Kristiansen 1. 整个细胞；2. 顶部和体部鳞片；3. 具刺毛和不具刺毛的体部鳞片；4. 具刺毛的顶部鳞片；5. 体部鳞片；6. 体部鳞片和尾部鳞片 标尺=1 μm

电镜照片图版LVI

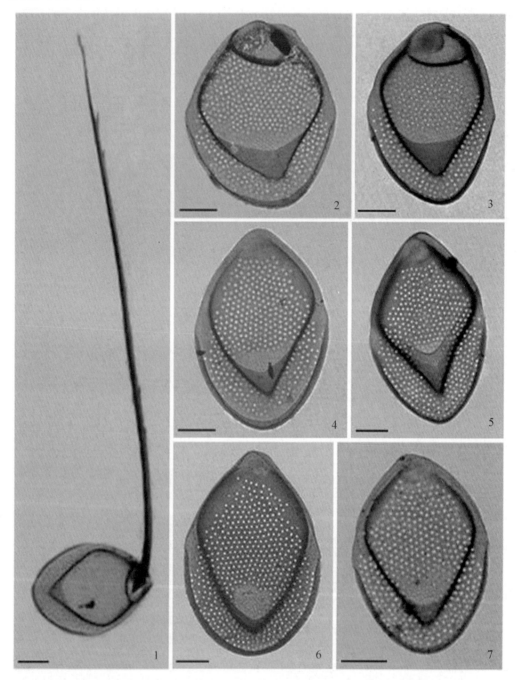

网纹鱼鳞藻 *Mallomonas areolata* Nygaard 1. 具细长刺毛的体部鳞片；2—3. 具拱形盖的体部鳞片；4—7. 不具拱形盖的体部鳞片 标尺=1 μm

电镜照片图版LVII

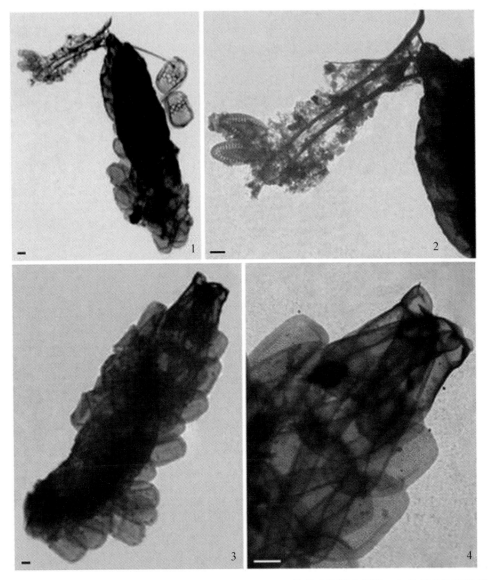

1—4. 不对称鱼鳞藻 Mallomonas asymmetrica Ma & Wei 1. 具刺毛的整个细胞；2. 具刺毛的细胞前端部分；3. 不具刺毛的整个细胞；4. 不具刺毛的细胞前端部分　标尺=1 μm

电镜照片图版LVIII

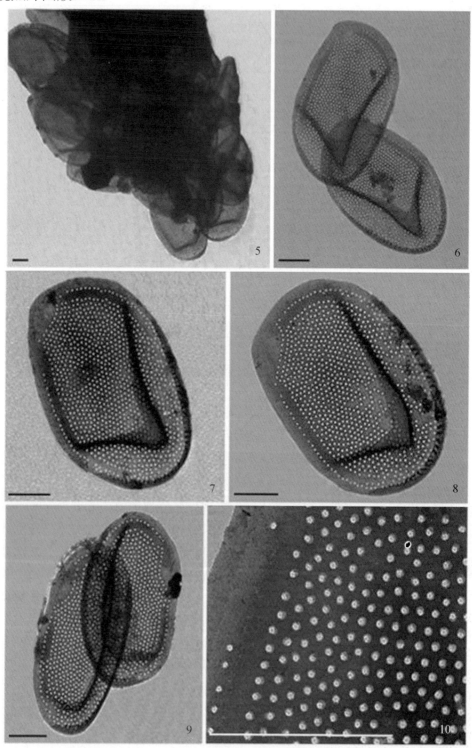

5—10. 不对称鱼鳞藻 *Mallomonas asymmetrica* Ma & Wei 5. 细胞的后部；6—8. 体部鳞片；9. 尾部鳞片；10. 体部鳞片部分放大 标尺=1 μm

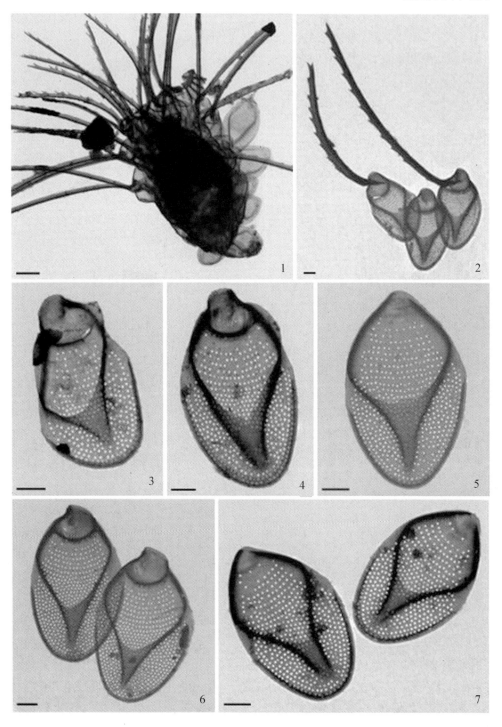

长鱼鳞藻 *Mallomonas elongata* Reverdin 1. 整个细胞；2. 具刺毛和不具刺毛的体部鳞片；3. 顶部鳞片；4，6. 具拱形盖的体部鳞片；5，7. 不具拱形盖的体部鳞片 标尺=1 μm

电镜照片图版LX

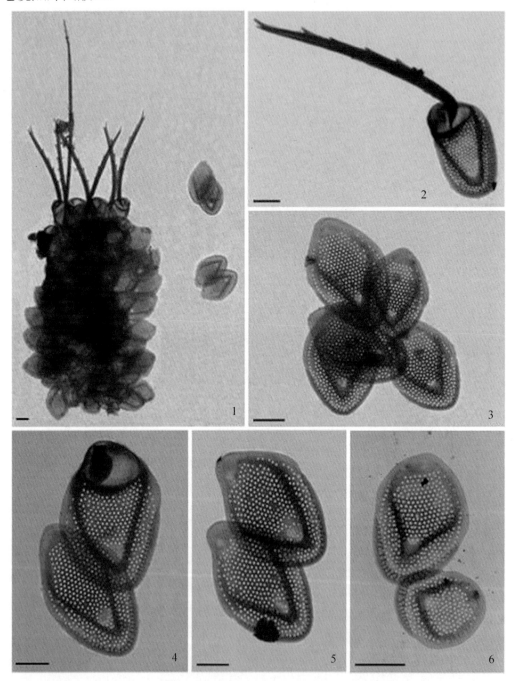

光滑鱼鳞藻 *Mallomonas tonsurata* Teiling em. Krieger 1. 整个细胞；2. 具刺毛的顶部鳞片；3，5. 不具拱形盖的体部鳞片；4. 具拱形盖和不具拱形盖的体部鳞片；6. 尾部鳞片　标尺=1 μm

电镜照片图版LXI

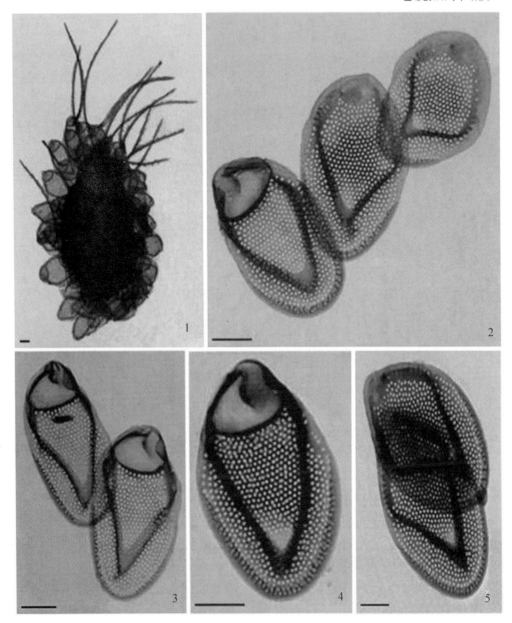

花序状鱼鳞藻 *Mallomonas corymbosa* Asmund & Hilliard 1. 整个细胞；2. 具拱形盖的体部鳞片、不具拱形盖的体部鳞片和尾部鳞片；3. 具拱形盖的顶部鳞片；4. 具拱形盖的体部鳞片；5. 不具拱形盖的体部鳞片 标尺=1 μm

电镜照片图版LXII

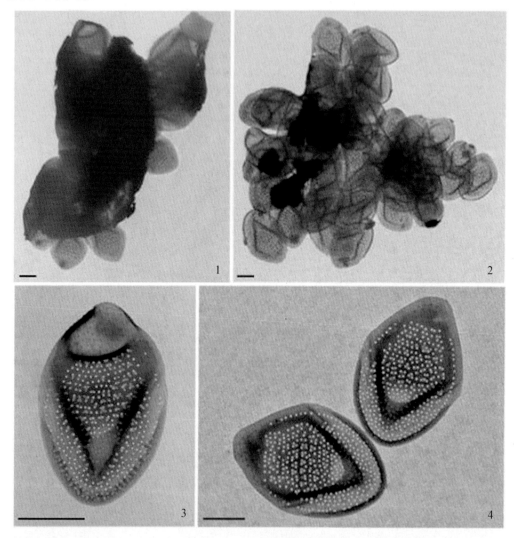

杯状鱼鳞藻 *Mallomonas cyathellata* Wujek & Asmund 1. 整个细胞；2. 具拱形盖和不具拱形盖的体部鳞片；3. 具拱形盖的体部鳞片；4. 不具拱形盖的体部鳞片 标尺=1 μm

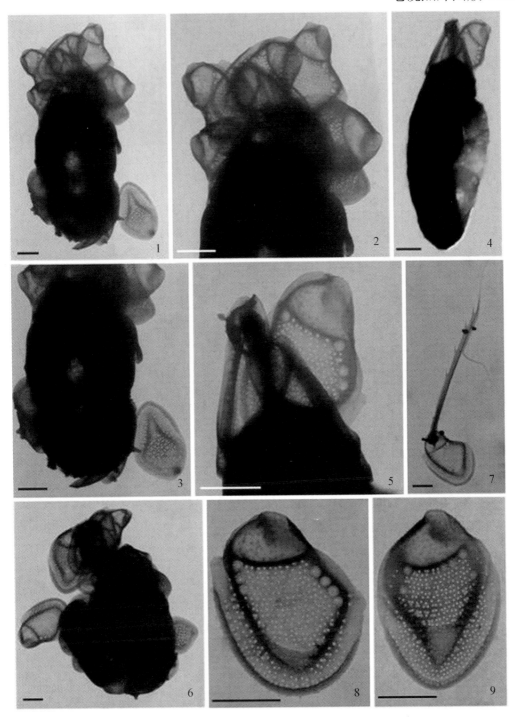

韩国鱼鳞藻 *Mallomonas koreana* Kim, H. S. & Kim J. H. 1, 4, 6. 整个细胞; 2, 5. 细胞前部放大; 3. 细胞后部放大; 7—8. 具刺毛和不具刺毛的顶部鳞片; 9. 细胞前端的体部鳞片 标尺=1 μm

电镜照片图版LXIV

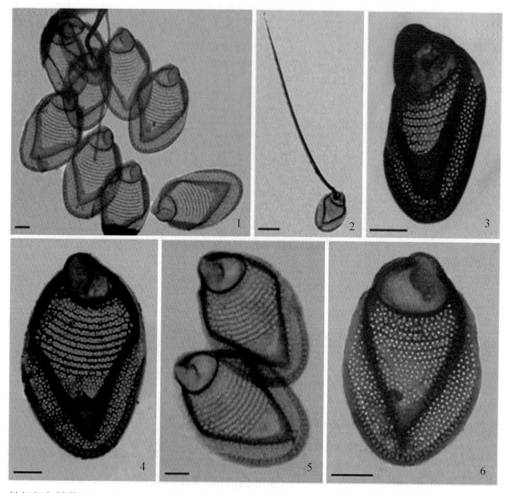

铁闸门鱼鳞藻 *Mallomonas portae-ferreae* Péterfi & Asmund 1，4—6. 具拱形盖的体部鳞片；2. 具刺毛的体部鳞片；3. 顶部鳞片　标尺=1 μm

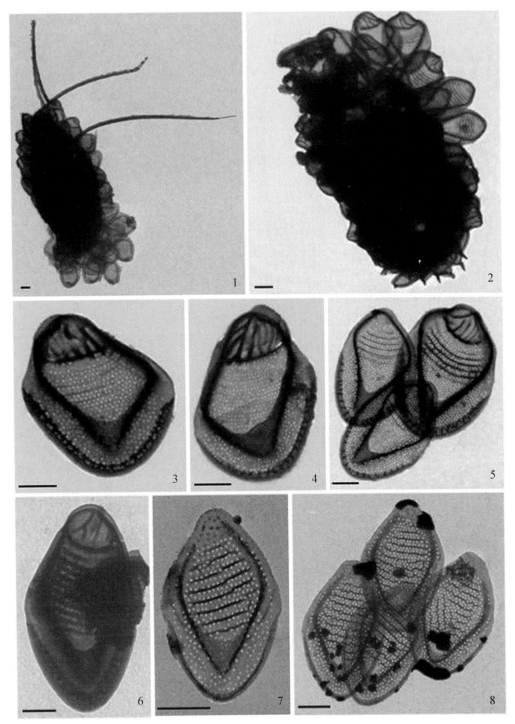

具肋鱼鳞藻 *Mallomonas costata* Dürrschmidt 1—2. 整个细胞；3—4. 顶部鳞片；5. 具拱形盖和不具拱形盖的体部鳞片；6. 具拱形盖的体部鳞片；7—8. 不具拱形盖的体部鳞片 标尺=1 μm

电镜照片图版LXVI

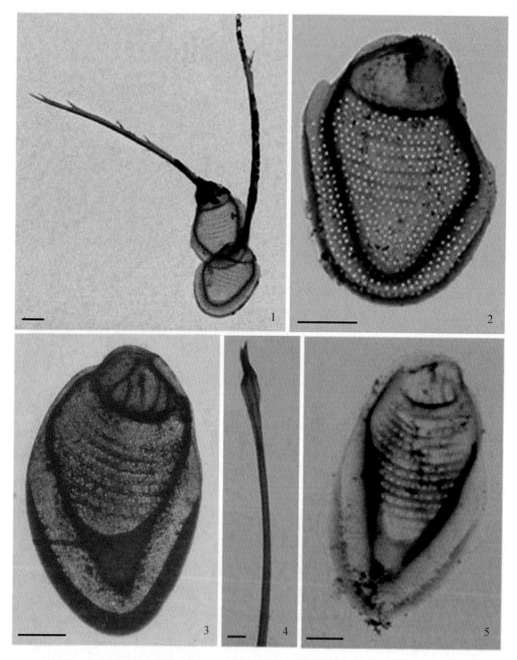

具肋鱼鳞藻 *Mallomonas costata* Dürrschmidt 1. 具刺毛的顶部鳞片和体部鳞片；2. 不具刺毛的顶部鳞片；3, 5. 具拱形盖的体部鳞片；4. 披针形刺毛　标尺=1 μm

电镜照片图版LXVII

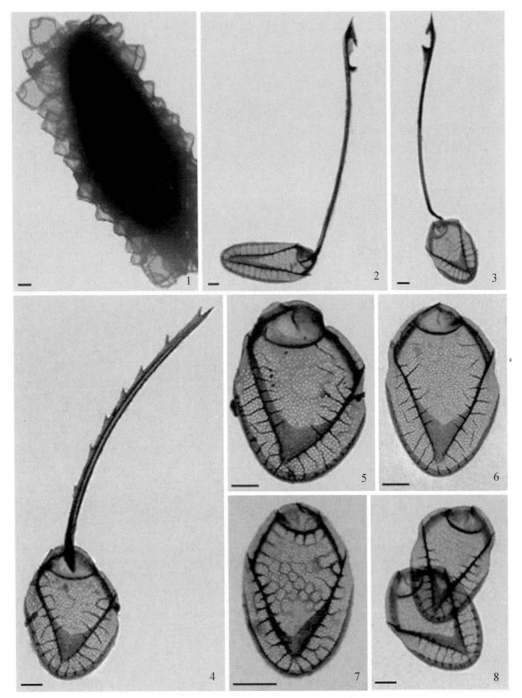

鱼鳞藻 *Mallomonas acaroides* Perty em. Ivanov 1. 整个细胞；2—3. 具头盔形刺毛的体部鳞片；
4. 具锯齿状刺毛的体部鳞片；5. 顶部鳞片；6—8. 体部鳞片 标尺=1 μm

电镜照片图版LXVIII

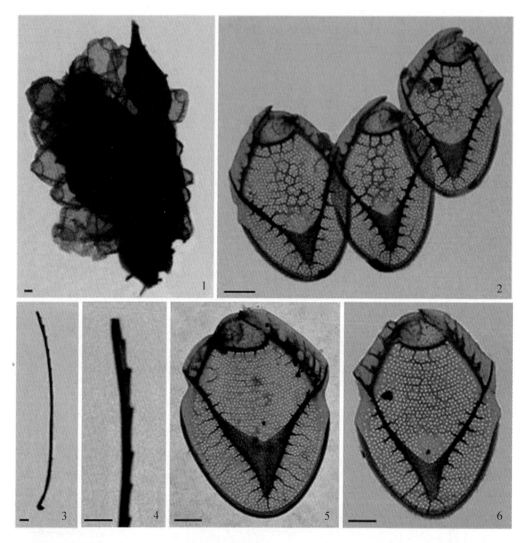

鱼鳞藻钝顶变种 *Mallomonas acaroides* var. *obtusa* Ito 1. 整个细胞；2，5—6. 体部鳞片；3. 刺毛；4. 刺毛前部放大 标尺=1 μm

电镜照片图版LXIX

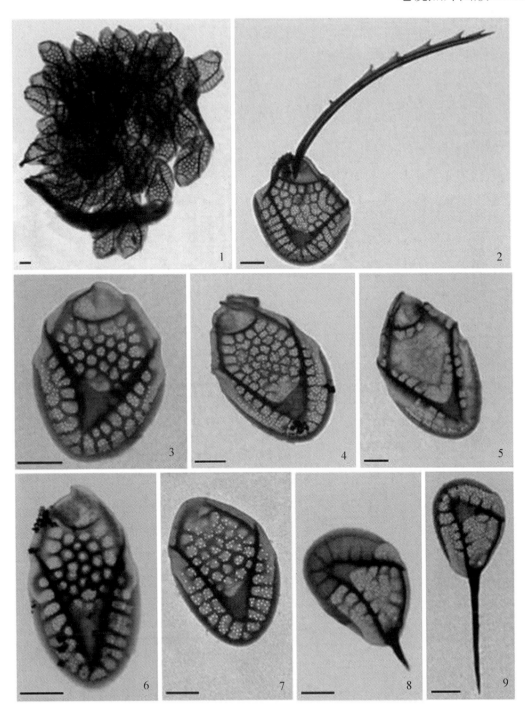

厚鳞鱼鳞藻 *Mallomonas crassisquama* （Asmund） Fott 1. 整个细胞；2. 具刺毛的顶部鳞片；3—6. 具拱形盖的体部鳞片；7. 不具拱形盖的体部鳞片；8—9. 具刺的尾部鳞片 标尺=1 μm

电镜照片图版LXX

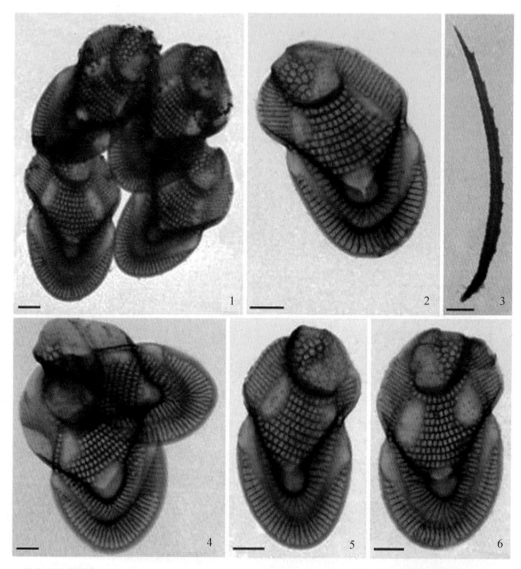

散刺毛鱼鳞藻 *Mallomonas lelymene* Harris & Bradley 1—2，4—6. 不同纹饰的体部鳞片；3. 刺毛
标尺=1 μm

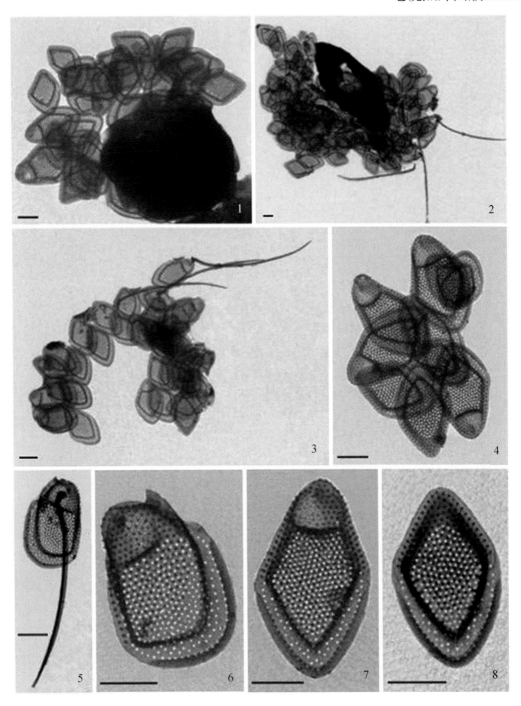

环饰鱼鳞藻 Mallomonas annulata（Bradley）Harris 1—2. 整个细胞；3—4. 具刺毛和不具刺毛的体部鳞片；5. 具刺毛的顶部鳞片；6. 不具刺毛的顶部鳞片；7. 具拱形盖的体部鳞片；8. 不具拱形盖的体部鳞片 标尺=1 μm

电镜照片图版LXXII

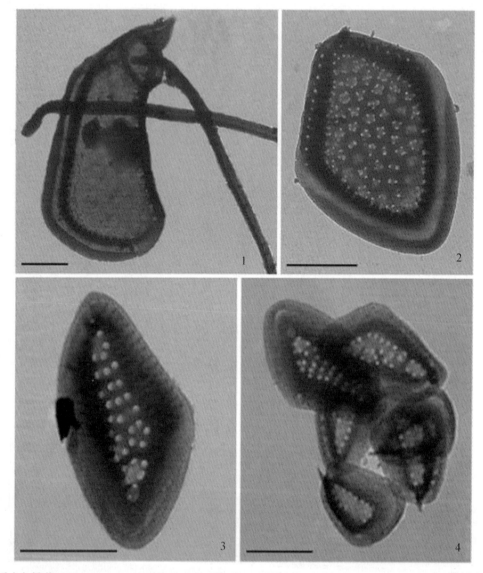

矮小鱼鳞藻 *Mallomonas pumilio* Harris & Bradley em. Asmund, Cronberg & Dürrschmidt 1. 具刺毛的领部鳞片；2. 体部鳞片；3. 后部的体部鳞片；4. 后部的体部鳞片和具刺尾部鳞片 标尺=1 μm

电镜照片图版LXXIII

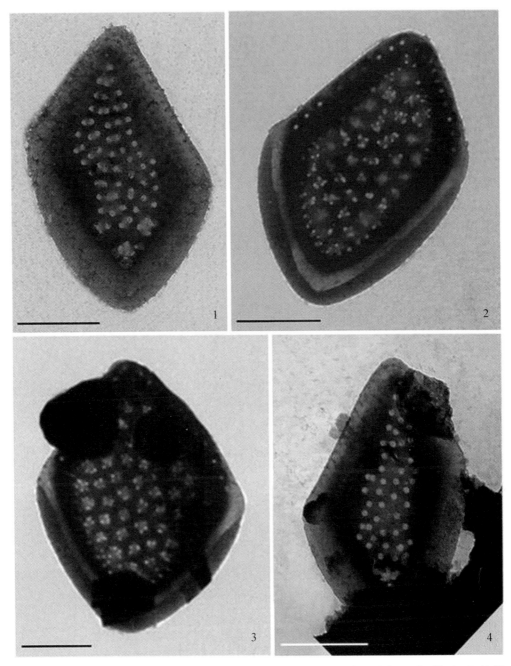

矮小鱼鳞藻*Mallomonas pumilio* Harris & Bradley em. Asmund, Cronberg & Dürrschmidt 1—3. 体部鳞片; 4. 后部的体部鳞片 标尺=1 μm

电镜照片图版LXXIV

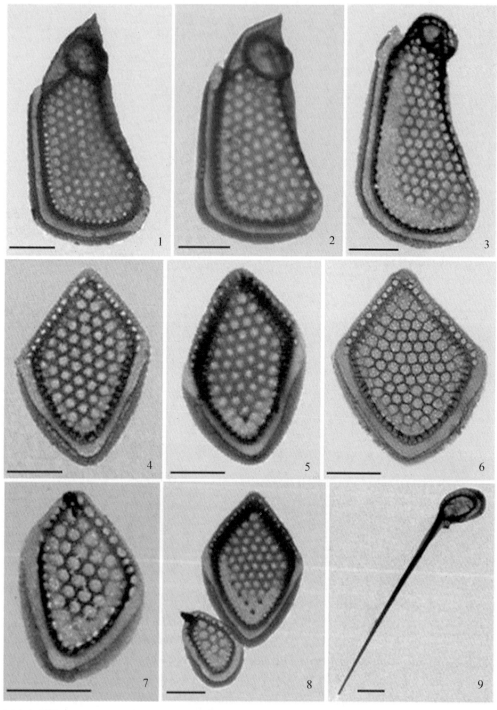

远东鱼鳞藻 *Mallomonas eoa* Takahashi in Asmund & Takahashi　1—3. 领部鳞片；4—7. 体部鳞片；8. 体部鳞片和具刺尾部鳞片；9. 尾部鳞片　标尺=1 μm

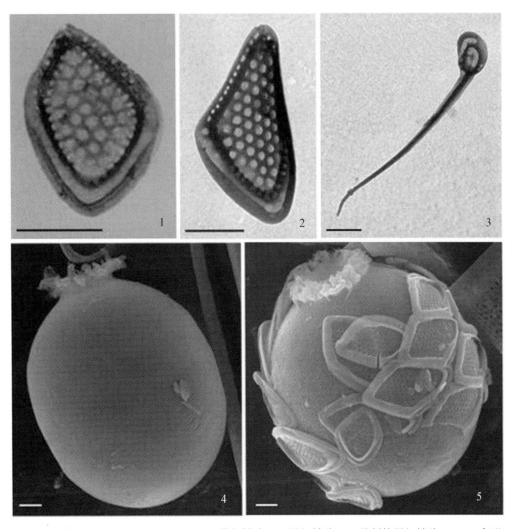

远东鱼鳞藻 *Mallomonas eoa* Takahashi 1. 体部鳞片;2. 尾部鳞片;3. 具刺的尾部鳞片;4—5. 卵形的金藻孢子囊;5. 具鳞片的卵形金藻孢子囊 标尺=1 μm

电镜照片图版LXXVI

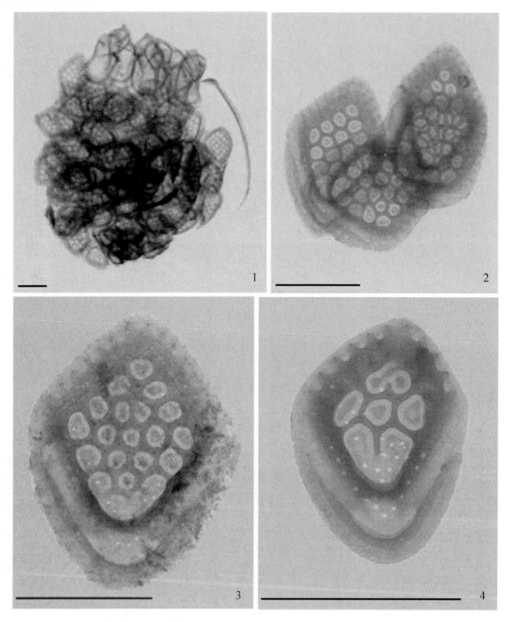

眼纹鱼鳞藻 *Mallomonas ocellata* Dürrschmidt & Croome　1. 整个细胞; 2—3. 体部鳞片; 4. 尾部鳞片
标尺=1 μm

电镜照片图版LXXVII

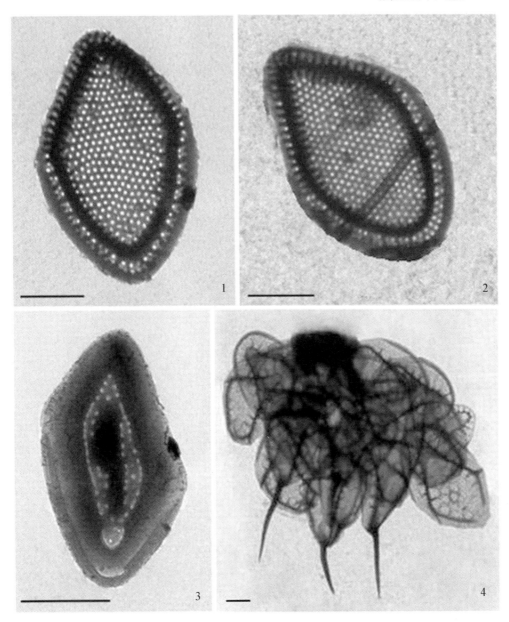

1—2 怪异鱼鳞藻 *Mallomonas phasma* Harris & Bradley 1—2. 体部鳞片；3. 凹孔纹鱼鳞藻 *Mallomonas scrobiculata* Nicholls 体部鳞片；4. 厚鳞鱼鳞藻 *Mallomonas crassisquama*（Asmund）Fott 尾部鳞片 标尺=1 μm

电镜照片图版LXXVIII

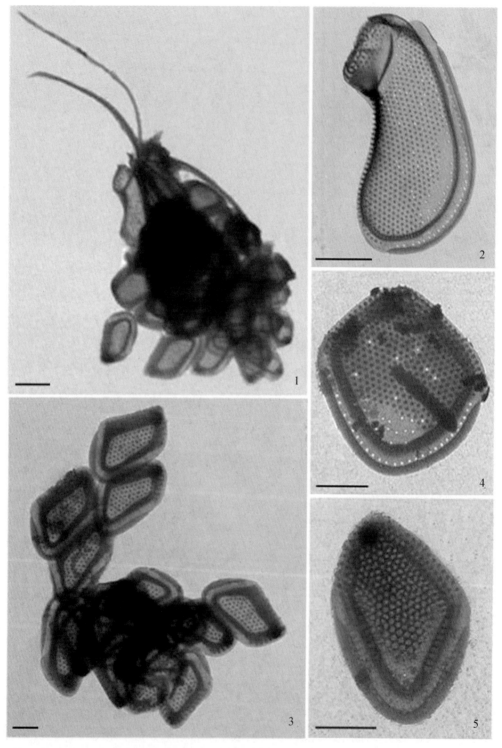

芒果形鱼鳞藻 *Mallomonas mangofera* Harris & Bradley　1. 整个细胞；2. 领部鳞片；3—5. 体部鳞片
标尺=1 μm

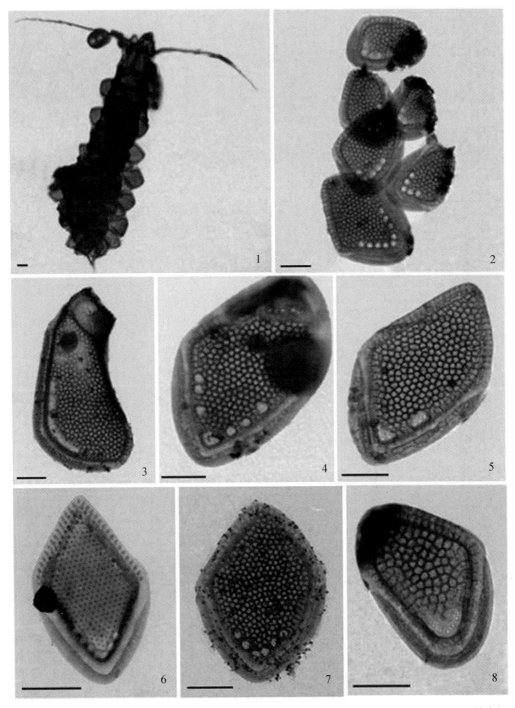

芒果形鱼鳞藻凹孔纹变种 *Mallomonas mangofera* var. *foveata*（Dürrschmidt）Kristiansen 1. 整个细胞；2. 体部鳞片和尾部鳞片；3. 领部鳞片；4—7. 体部鳞片；8. 尾部鳞片 标尺=1 μm

电镜照片图版LXXX

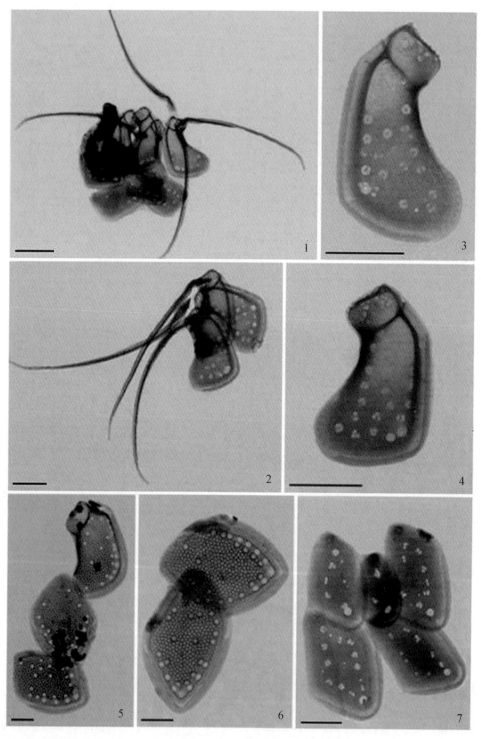

芒果形鱼鳞藻凹孔纹变种 *Mallomonas mangofera* var. *foveata*（Dürrschmidt）Kristiansen　1—2. 具刺毛的领部鳞片，体部鳞片；3—4. 领部鳞片；5. 领部鳞片和体部鳞片；6—7. 体部鳞片和尾部鳞片　标尺=1 μm

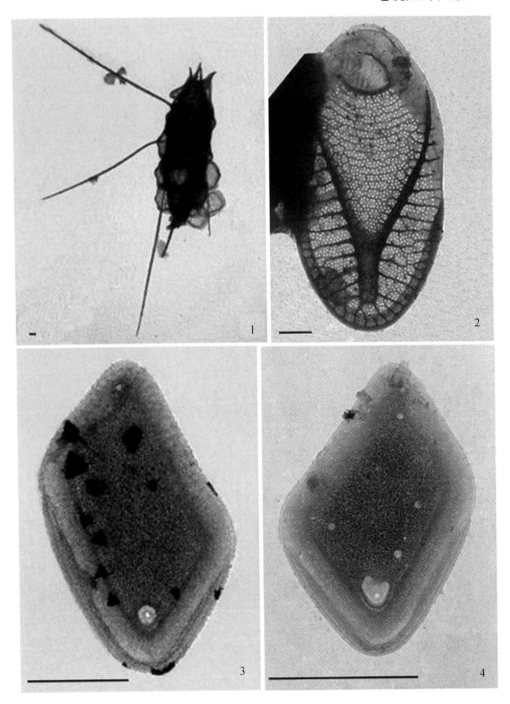

1. 点纹鱼鳞藻 *Mallomonas punctifera* Korshikov 整个细胞；2. 拉博鱼鳞藻 *Mallomonas leboimei* Bourrelly，体部鳞片；3—4. 芒果形鱼鳞藻精致变种 *Mallomonas mangofera* var. *gracilis* (Dürrschmidt) Kristiansen，体部鳞片　标尺=1 μm

电镜照片图版LXXXII

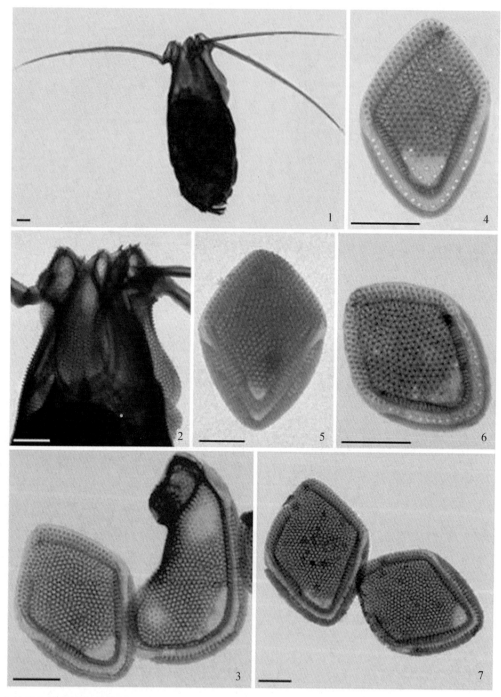

芒果形鱼鳞藻网纹变种*Mallomonas mangofera* var. *reticulata*（Cronberg）Kristiansen 1. 整个细胞；2. 细胞前半部的鳞片；3. 领部鳞片和体部鳞片；4—7. 体部鳞片 标尺=1 μm

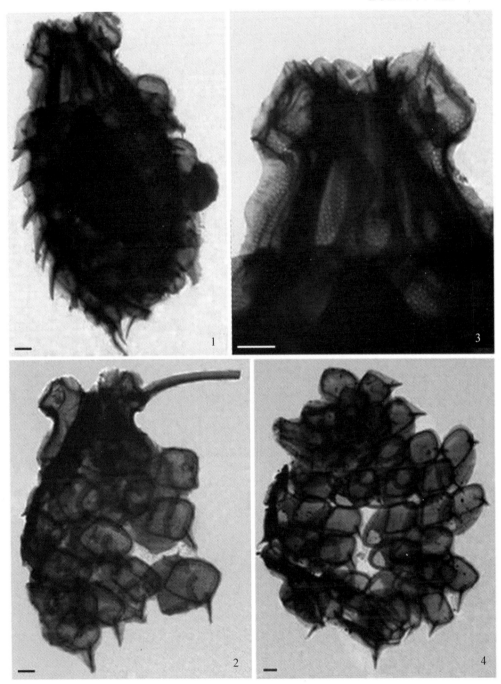

1—4. 具刺鱼鳞藻 *Mallomonas spinosa* Gusev em. Wei & Kristiansen 1. 不具刺毛的整个细胞；2. 具刺毛的整个细胞；3. 细胞前部的领部鳞片；4. 体部鳞片和尾部鳞片 标尺=1 μm

电镜照片图版LXXXIV

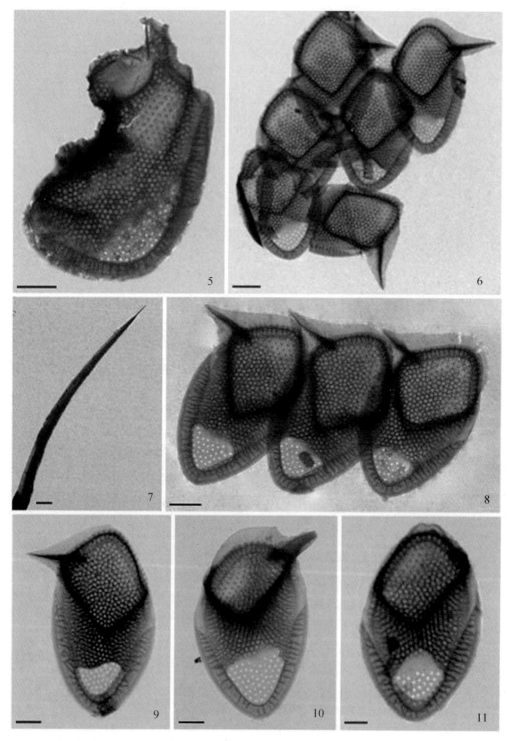

5—11. 具刺鱼鳞藻 *Mallomonas spinosa* Gusev em. Wei & Kristiansen 5. 领部鳞片；6，8—11. 体部鳞片；7. 刺毛 标尺=1 μm

电镜照片图版LXXXV

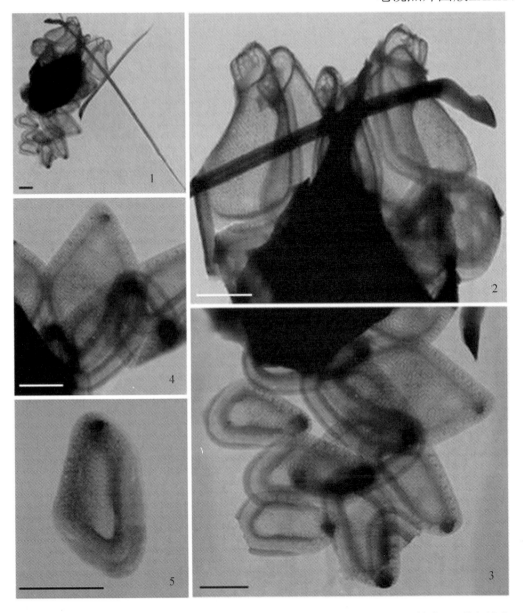

蜂窝纹鱼鳞藻 *Mallomonas alveolata* Dürrschmidt 1. 整个细胞；2. 细胞前部领部鳞片；3. 体部鳞片和尾部鳞片；4. 体部鳞片；5. 尾部鳞片 标尺=1 μm

电镜照片图版LXXXVI

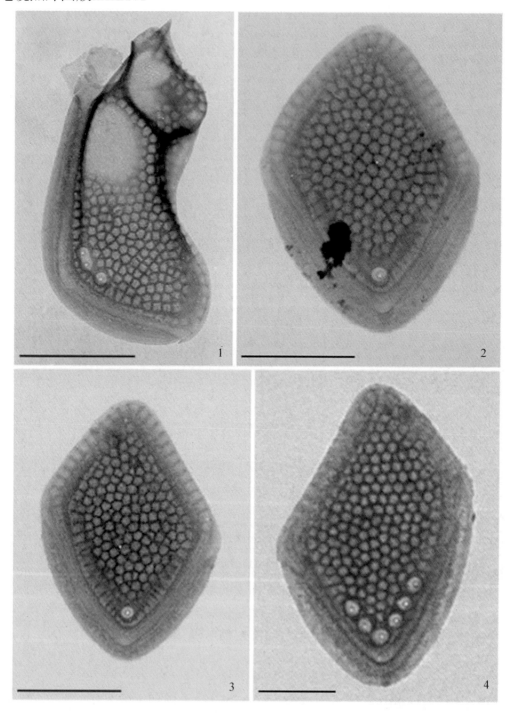

窝孔纹鱼鳞藻 *Mallomonas favosa* Nicholls　1. 领部鳞片；2—4. 体部鳞片　标尺=1 μm

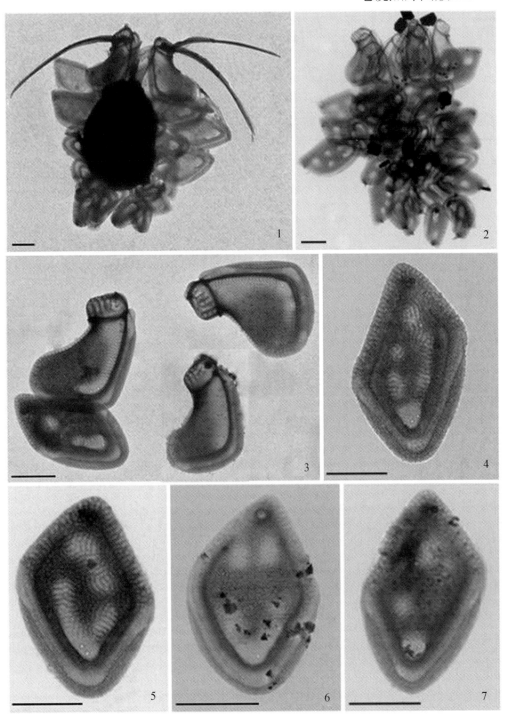

喜悦鱼鳞藻 *Mallomonas grata* Takahashi in Asmund & Takahashi 1. 具刺毛的整个细胞；2. 不具刺毛的整个细胞；3. 领部鳞片和体部鳞片；4—7. 不同纹饰的体部鳞片 标尺=1 μm

电镜照片图版LXXXVIII

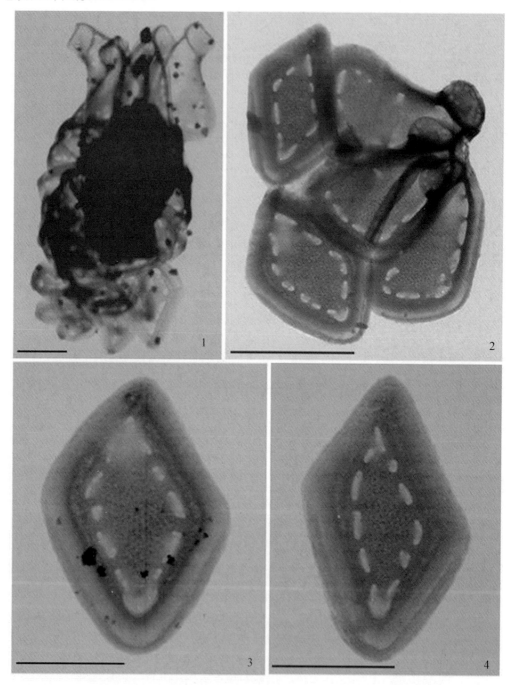

济州鱼鳞藻 *Mallomonas jejuensis* Kim, J. H. & Kim, H. S. 1. 整个细胞；2. 细胞前端部分的领部鳞片和体部鳞片；3—4. 体部鳞片标尺=1 μm

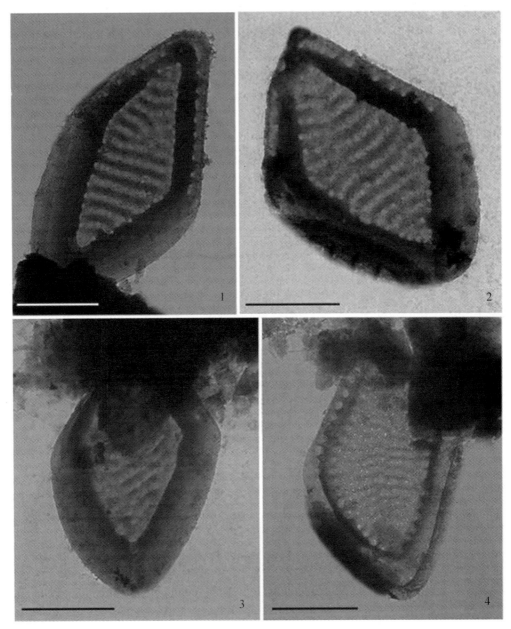

1—3. 多伊格诺鱼鳞藻 Mallomonas doignonii Bourrelly em. Asmund & Cronberg　1—2. 体部鳞片，3. 尾部鳞片；4. 多伊格诺鱼鳞藻细肋变种 Mallomonas doignonii var. tenuicostis Asmund & Cronberg 体部鳞片　标尺=1 μm

电镜照片图版XC

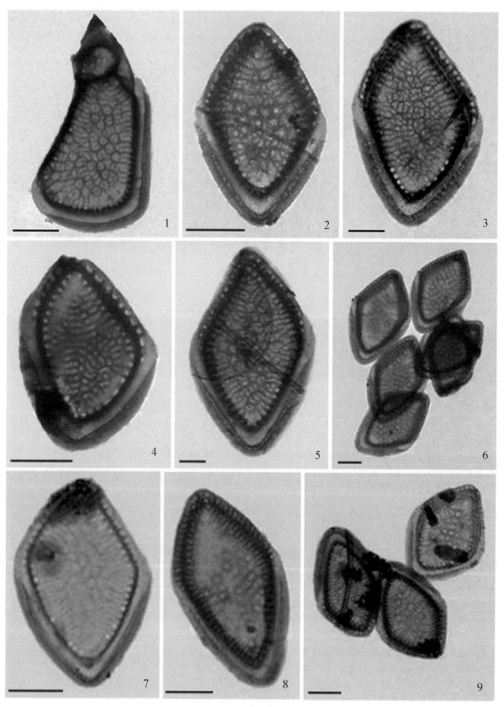

颈环鱼鳞藻 *Mallomonas torquata* Asmund & Cronberg 1. 领部鳞片；2—9. 各种纹饰的体部鳞片
标尺=1 μm

电镜照片图版XCI

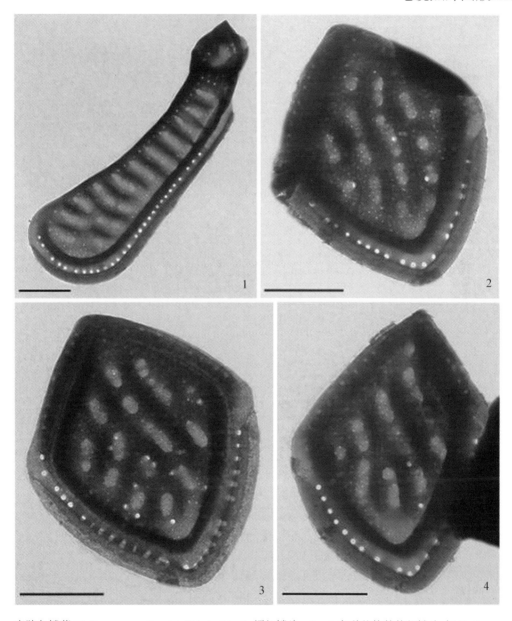

直肋鱼鳞藻 *Mallomonas recticostata* Takahashi　1. 领部鳞片；2—4. 各种纹饰的体部鳞片　标尺=1 μm

电镜照片图版XCII

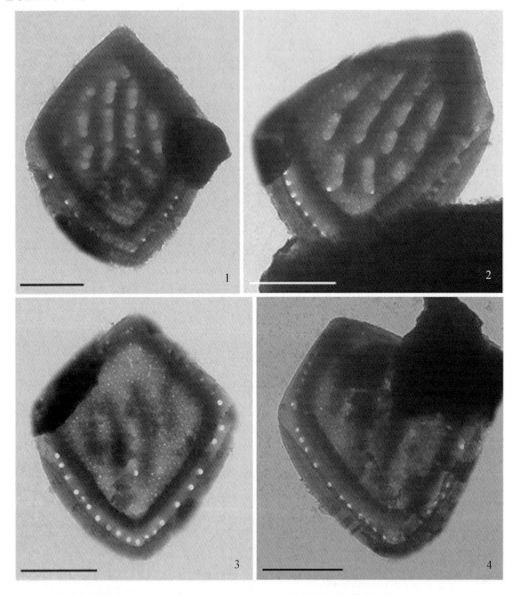

直肋鱼鳞藻 *Mallomonas recticostata* Takahashi 各种纹饰的体部鳞片 标尺=1 μm

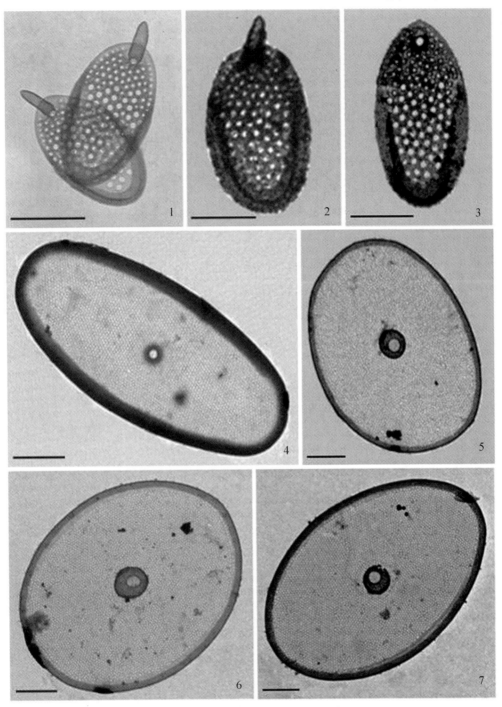

1—3. 聚合双金藻 *Chrysodidymus synuroideus* Prowse　1—2. 具刺的体部鳞片；3. 无刺的尾部鳞片；4—7. 拉普兰棋盘藻 *Tessellaria lapponica*（Skuja）Škaloud, Kristiansen & Škaloudová 各种形状的板状鳞片　标尺=1 μm

电镜照片图版XCIV

短刺黄群藻 *Synura curtispina*（Petersen & Hansen）Asmund 1—2. 整个细胞；3. 体部鳞片、转换鳞片和尾部鳞片；4，7. 体部鳞片；5. 转换鳞片；6. 体部鳞片和转换鳞片；8. 尾部鳞片 标尺=1 μm

小刺黄群藻 *Synura echinulata* Korshikov 1. 整个细胞；2. 体部鳞片和转换鳞片；3—4. 体部鳞片；5. 转换鳞片；6—7. 转换鳞片和尾部鳞片；8. 转换鳞片 标尺=1 μm

电镜照片图版XCVI

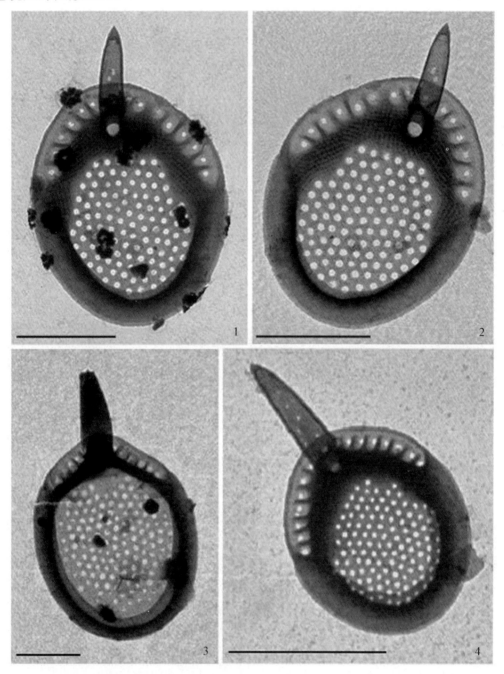

细脊黄群藻 *Synura leptorrhabda* (Asmund) Nicholls　1—4. 体部鳞片　标尺=1 μm

电镜照片图版XCVII

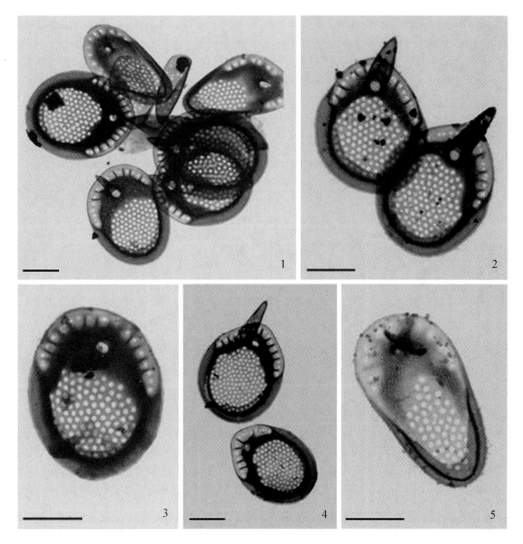

乳突黄群藻 *Synura mammillosa* Takahashi 1. 体部鳞片、转换鳞片和尾部鳞片；2—3. 体部鳞片；4. 体部鳞片和转换鳞片；5. 尾部鳞片 标尺=1 μm

电镜照片图版XCVIII

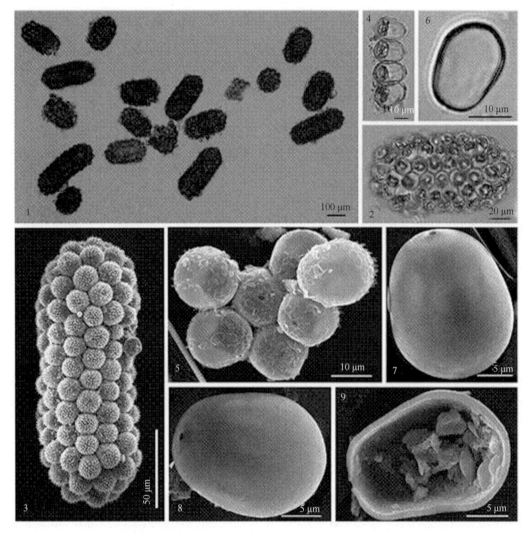

似桑葚黄群藻 *Synura morusimila* Pang & Wang　1—2. 群体（光学显微镜）；3. 群体（扫描电镜）；4. 金藻孢子囊（光学显微镜）；5. 具鳞片的金藻孢子囊（扫描电镜）；6—9. 金藻孢子囊（扫描电镜）

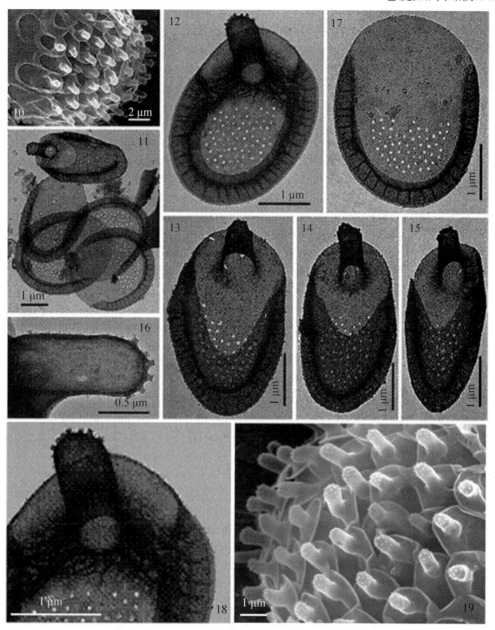

似桑葚黄群藻 *Synura morusimila* Pang & Wang（10，19. 扫描电镜，11—18透射电镜）10. 细胞的部分体部鳞片；11. 体部鳞片和尾部鳞片；12—15. 体部鳞片；16. 体部鳞片的刺；17. 尾部鳞片；18. 体部鳞片的前端部分放大；19. 细胞的部分体部鳞片放大

电镜照片图版C

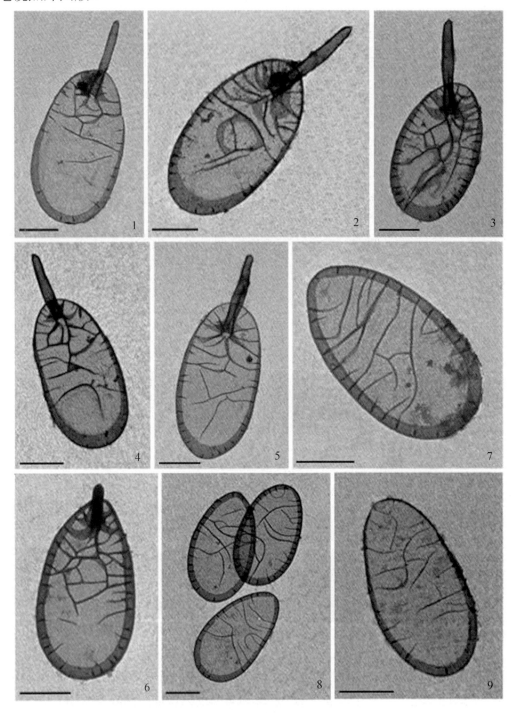

斑纹黄群藻 Synura punctulosa Balonov 1—6. 不同纹饰的、具刺的体部鳞片；7—9. 不同纹饰的、无刺的尾部鳞片　标尺=1 μm

电镜照片图版CI

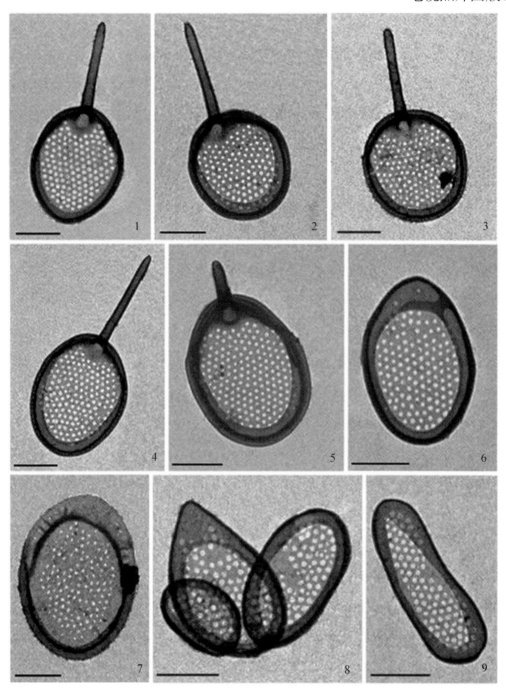

泥炭藓黄群藻 Synura sphagnicola (Korshikov) Korshikov 1—5. 具刺的体部鳞片；6—7. 不具刺的体部鳞片；8. 转换鳞片和尾部鳞片；9. 尾部鳞片 标尺=1 μm

电镜照片图版CII

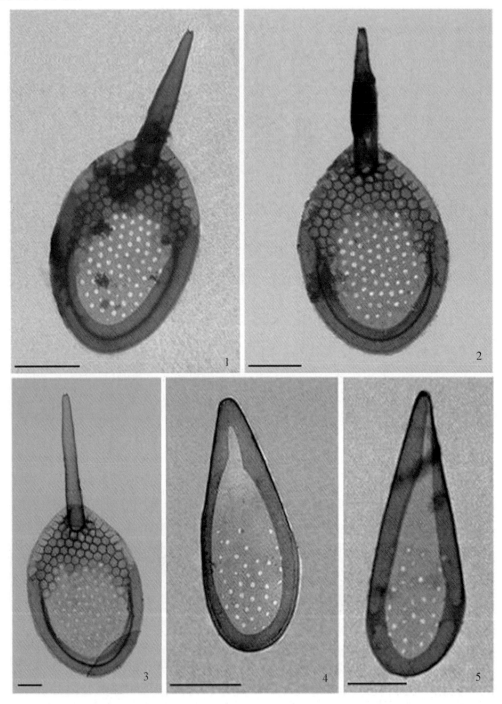

具刺黄群藻 *Synura spinosa* Korshikov　1—3. 体部鳞片；4—5. 尾部鳞片　标尺=1 μm

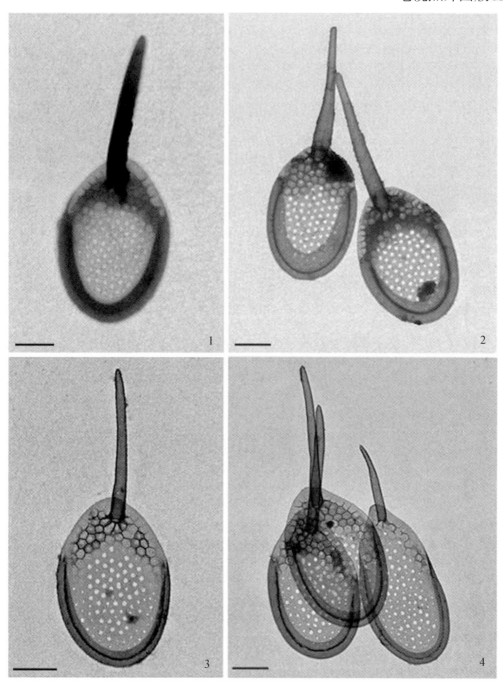

具刺黄群藻长刺变型 Synura spinosa f. longispina Petersen & Hansen 1—3. 体部鳞片；4. 体部鳞片和尾部鳞片 标尺=1 μm

电镜照片图版CIV

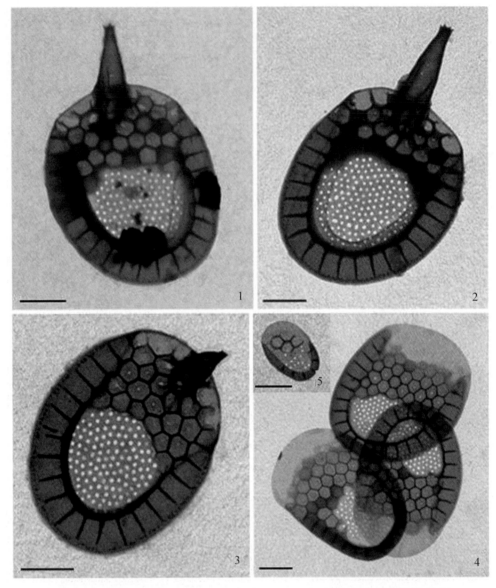

黄群藻 *Synura uvella* Ehrenberg em. Korshikov　1—3. 体部鳞片；4. 尾部鳞片；
5. 最尾部的鳞片　标尺=1 μm

电镜照片图版CV

1—3. 彼得森黄群藻 *Synura petersenii* Korshikov em. Škaloud & Kynčlová　1. 整个细胞；2. 体部鳞片；3. 尾部鳞片；4. 澳大利亚黄群藻 *Synura australiensis* Playfair em. Croome & Tyler 体部鳞片，引自Asmund的电子显微镜照片收藏品，保存在丹麦哥本哈根的植物学博物馆　标尺＝1 μm

电镜照片图版CVI

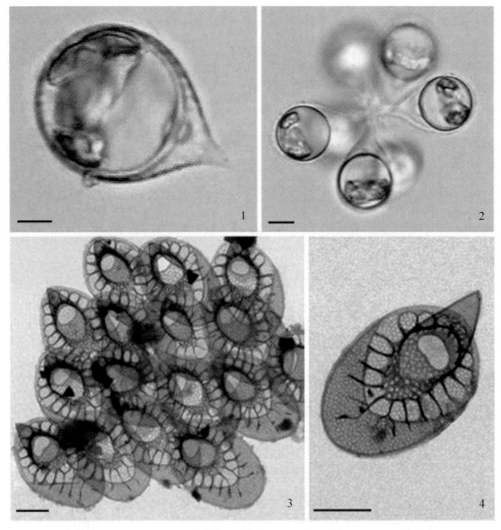

比约克黄群藻 Synura bjoerkii (Cronberg & Kristiansen) Škaloud, Kristiansen & Škaloudová　1. 单个细胞；2. 多个细胞的群体；3. 细胞中的部分体部鳞片；4. 单个体部鳞片（1—2 光镜照片，3—4 电镜照片）　图1标尺=2 μm，图2标尺= 5 μm，图3—4标尺=1 μm

电镜照片图版CVII

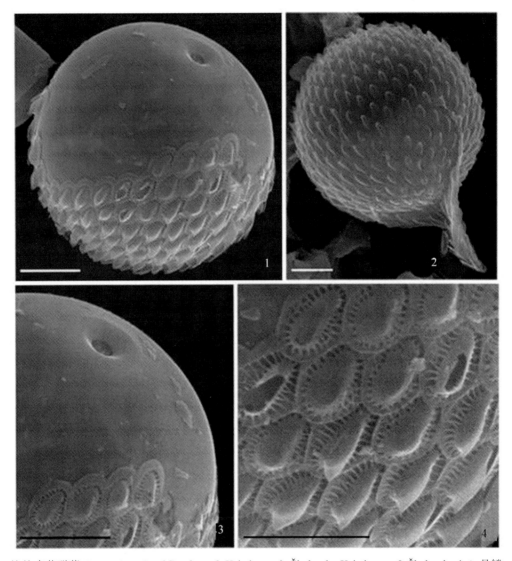

比约克黄群藻 Synura bjoerkii（Cronberg & Kristiansen）Škaloud, Kristiansen & Škaloudová 1. 具鳞片的金藻孢子囊；2. 细胞正在形成金藻孢子囊；3. 金藻孢子囊部分放大；4. 体部鳞片（1—4. 扫描电镜照片）　标尺 = 5 μm

电镜照片图版CVIII

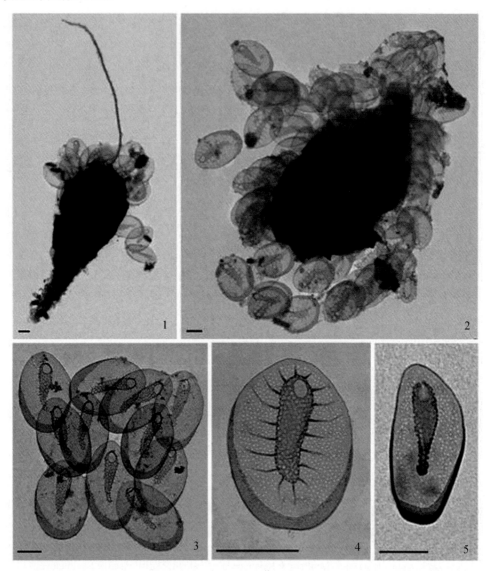

平滑黄群藻 *Synura glabra* Korshikov em. Kynčlová & Škaloud 1—2 整个细胞；3. 数个体部鳞片；4. 体部鳞片；5. 尾部鳞片　标尺=1 μm

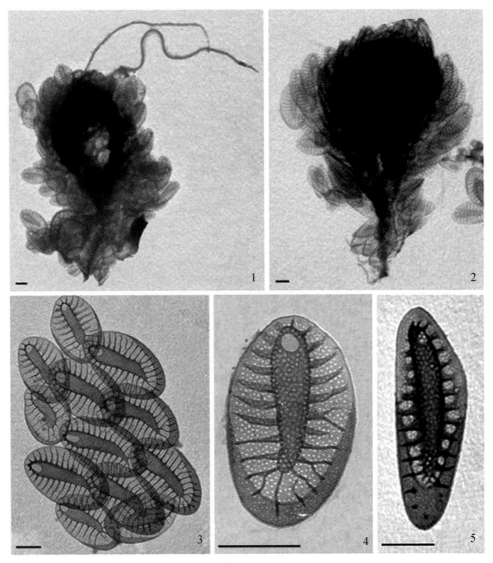

彼得森黄群藻 *Synura petersenii* Korshikov em. Škaloud & Kynčlová 1—2. 整个细胞；3—4. 体部鳞片；5. 尾部鳞片 标尺=1 μm

电镜照片图版CX

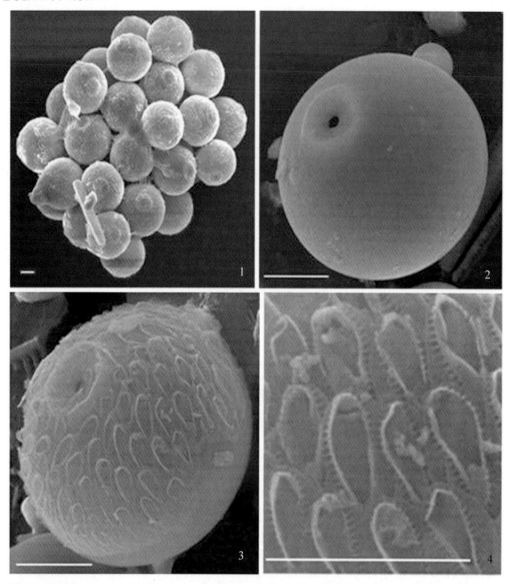

鳟鱼湖黄群藻 Synura truttae（Siver）Škaloud & Kynčlová 1. 群体中的细胞正在形成金藻孢子；2. 单个金藻孢子囊；3. 细胞正在形成金藻孢子囊，金藻孢子囊上具硅质鳞片；4. 体部鳞片
标尺= 5 μm

电镜照片图版CXI

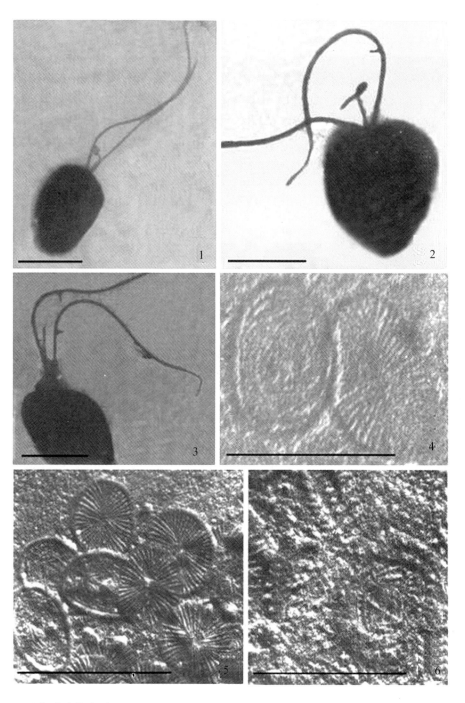

1—3. 土栖藻盘状变型 Prymnesium parvum f. patelliferum 细胞外形；4—6. 土栖藻 Prymnesium parvum；4. 外层鳞片远轴面和近轴面，5. 外层鳞片远轴面和近轴面，内层鳞片近轴面，6. 内层鳞片远轴面（1—3. 透射电镜，4—6. 扫描电镜）；1—3. 引自Chen和Tseng（1986）标尺=1 μm

彩　　图

光镜照片及手绘图版Ⅲ

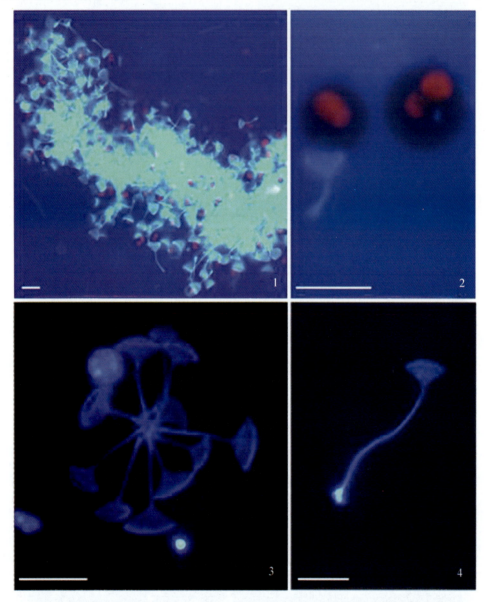

马勒姆杯棕鞭藻 *Poterioochromonas malhamensis*（Pringsheim）Peterfi，用卡尔科弗卢尔荧光增白剂-伊文思蓝染色剂（Calcofluor White-Evans blue）染色，在荧光显微镜下观察到细胞中的囊壳和原生质体，1. 许多单细胞个体，绿色示后端具1条细长柄的杯状囊壳，红色示原生质体；2. 细胞中的蓝色示后端具1条细长柄的杯状囊壳，红色示卵形到球形的原生质体；3. 蓝色示数个后端具1条细长柄的杯状囊壳；4. 蓝色示1个后端具1条细长柄的杯状囊壳，淡蓝色示囊壳细长柄基部的足
标尺=10 μm　彩色照片(另见书后)由马明洋博士提供

光镜照片及手绘图版V

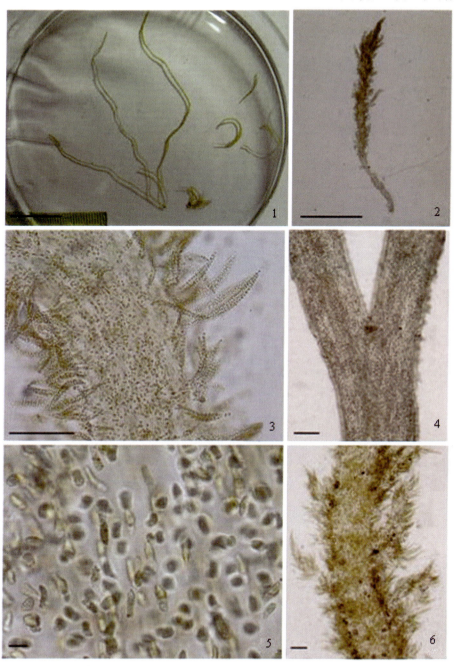

水树藻 *Hydrurus foetidus* (Villars) Trevisan 1. 大形胶群体；2. 分枝的树状胶群体；3. 胶群体部分分枝放大；4. 树状胶群体的分枝；5. 胶群体小分枝中的细胞；6. 胶群体部分小分枝。1. 原大；2. 标尺=1000 μm；3—4. 标尺=100 μm；5. 标尺=10 μm；6. 标尺=50 μm. 彩色照片（另见书后）由田友萍先生提供

Q-4027.01

ISBN 978-7-03-053231-2

定价：168.00元